U0383613

“十三五”国家重点图书

网络信息服务与安全保障研究丛书

丛书主编　胡昌平

数字信息服务与网络安全保障一体化组织研究

Research on Integrated Organization of Digital Information Service and Network Security

胡昌平　著

图书在版编目(CIP)数据

数字信息服务与网络安全保障一体化组织研究/胡昌平著.—武汉:武汉大学出版社,2022.1
"十三五"国家重点图书　国家出版基金项目
网络信息服务与安全保障研究丛书/胡昌平主编
ISBN 978-7-307-22895-5

Ⅰ.数…　Ⅱ.胡…　Ⅲ.信息网络—网络安全—安全管理—研究　Ⅳ.TP393.08

中国版本图书馆 CIP 数据核字(2022)第 017956 号

责任编辑:黄河清　　责任校对:汪欣怡　　版式设计:马　佳

出版发行: **武汉大学出版社**　(430072　武昌　珞珈山)
(电子邮箱:cbs22@ whu.edu.cn　网址: www.wdp. com.cn)
印刷:武汉中远印务有限公司
开本:720×1000　1/16　印张:25　字数:462 千字　插页:5
版次:2022 年 1 月第 1 版　2022 年 1 月第 1 次印刷
ISBN 978-7-307-22895-5　定价:99.00 元

作者简介

胡昌平，武汉大学教授、博士生导师，1946年2月出生，武汉大学人文社会科学研究院驻院研究员，曾任武汉大学信息管理学院副院长、教育部重点基地武汉大学信息资源研究中心常务副主任、院学术委员会主任等职，国家“985工程”哲学社会科学创新基地——武汉大学信息资源研究创新基地负责人；社会任职包括国家社会科学基金学科评审组成员等；被评为湖北名师、武汉大学杰出学者，为国务院政府特殊津贴获得者、湖北省有突出贡献中青年专家。在信息管理与信息服务领域，出版著作20余部，发表学术论文300余篇；所提出的“面向用户的信息管理理论”被认为是一种新的学科理论取向；《信息服务与用户》等教材多次再版，《创新型国家的信息服务与保障研究》入选国家社科文库，所取得的教学、科研成果获国家和省、部级成果奖20余项（其中一等奖3项）。

网络信息服务与安全保障研究丛书
学术委员会

网络信息服务与安全保障研究丛书

主　编：胡昌平

副主编：曾建勋　胡　潜　邓胜利

著　者：胡昌平　贾君枝　曾建勋
胡　潜　陈　果　曾子明
胡吉明　严炜炜　林　鑫
邓胜利　赵雪芹　邰杨芳
周　知　李　静　胡　媛
余世英　曹　鹏　万　莉
查梦娟　吕美娇　梁孟华
石　宇　李枫林　森维哈
赵　杨　杨艳妮　仇蓉蓉

总　序

“互联网+”背景下的国家创新和社会发展需要充分而完善的信息服务与信息安全保障。云环境下基于大数据和智能技术的信息服务业已成为先导性行业。一方面，从知识创新的社会化推进，到全球化中的创新型国家建设，都需要进行数字网络技术的持续发展和信息服务业务的全面拓展；另一方面，在世界范围内网络安全威胁和风险日益突出。基于此，习近平总书记在重要讲话中指出，“网络安全和信息化是一体之两翼、驱动之双轮，必须统一谋划、统一部署、统一推进、统一实施”。① 鉴于网络信息服务及其带来的科技、经济和社会发展效应，“网络信息服务与安全保障研究丛书”按数字信息服务与网络安全的内在关系，进行大数据智能环境下信息服务组织与安全保障理论研究和实践探索，从信息服务与网络安全整体构架出发，面对理论前沿问题和我国的现实问题，通过数字信息资源平台建设、跨行业服务融合、知识聚合组织和智能化交互，以及云环境下的国家信息安全机制、协同安全保障、大数据安全管控和网络安全治理等专题研究，在基于安全链的数字化信息服务实施中，形成具有反映学科前沿的理论成果和应用成果。

云计算和大数据智能技术的发展是数字信息服务与网络安全保障所必须面对的，“互联网+”背景下的大数据应用改变了信息资源存储、组织与开发利用形态，从而提出了网络信息服务组织模式创新的要求。与此同时，云计算和智能交互中的安全问题日益突出，服务稳定性和安全性已成为其中的关键。基于这一现实，本丛书在网络信息服务与安全保障研究中，强调机制体制创新，着重于全球化环境下的网络信息服务与安全保障战略规划、政策制定、体制变革和信息安全与服务融合体系建设。从这一基点出发，网络信息服务与安全保障

① 习近平. 习近平谈治国理政[M]. 北京：外文出版社，2017：197-198.

作为一个整体，以国家战略和发展需求为导向，在大数据智能技术环境下进行。因此，本丛书的研究旨在服务于国家战略实施和网络信息服务行业发展。

大数据智能环境下的网络信息服务与安全保障研究，在理论上将网络信息服务与安全融为一体，围绕发展战略、组织机制、技术支持和整体化实施进行组织。面向这一重大问题，在国家社会科学基金重大项目“创新型国家的信息服务体制与信息保障体系”“云环境下国家数字学术信息资源安全保障体系研究”，以及国家自然科学基金项目、教育部重大课题攻关项目和部委项目研究成果的基础上，以胡昌平教授为责任人的研究团队在进一步深化和拓展应用中，申请并获批国家出版基金资助项目所形成的丛书成果，同时作为国家“十三五”重点图书由武汉大学出版社出版。

“网络信息服务与安全保障丛书”包括 12 部专著：《数字信息服务与网络安全保障一体化组织研究》《国家创新发展中的信息资源服务平台建设》《面向产业链的跨行业信息服务融合》《数字智能背景下的用户信息交互与服务研究》《网络社区知识聚合与服务研究》《公共安全大数据智能化管理与服务》《云环境下国家数字学术信息资源安全保障》《协同构架下网络信息安全全面保障研究》《国家安全体制下的网络化信息服务标准体系建设》《云服务安全风险识别与管理》《信息服务的战略管理与社会监督》《网络信息环境治理与安全的法律保障》。该系列专著围绕网络信息服务与安全保障问题，在战略层面、组织层面、技术层面和实施层面上的研究具有系统性，在内容上形成了一个完整的体系。

本丛书的 12 部专著由项目团队撰写完成，由武汉大学、华中师范大学、中国科学技术信息研究所、中国人民大学、南京理工大学、上海师范大学、湖北大学等高校和研究机构的相关教师及研究人员承担，其著述皆以相应的研究成果为基础，从而保证了理论研究的深度和著作的社会价值。在丛书选题论证和项目申报中，原国家自然科学基金委员会管理科学部主任陈晓田研究员，国家社会科学基金图书馆、情报与文献学学科评审组组长黄长著研究员，武汉大学彭斐章教授、严怡民教授给予了学术研究上的指导，提出了项目申报的意见。丛书项目推进中，贺德方、沈壮海、马费成、倪晓建、赖茂生等教授给予了多方面支持。在丛书编审中，丛书学术委员会的学术指导是丛书按计划出版的重要保证，武汉大学出版社作为出版责任单位，组织了出版基金项目和国家重点图书的论证和申报，为丛书出版提供了全程保障。对于合作单位的人员、学术委员会专家和出版社领导及詹蜜团队的工作，表示深切的感谢。

丛书所涉及的问题不仅具有前沿性，而且具有应用拓展的现实性，虽然在专项研究中丛书已较完整地反映了作者团队所承担的包括国家社会科学基金重大项目以及政府和行业应用项目在内的成果，然而对于迅速发展的互联网服务而言，始终存在着研究上的深化和拓展问题。对此，本丛书团队将进行持续性探索和进一步研究。

胡昌平

于武汉大学

前　言

随着互联网的发展，网络化数字信息服务的普及及其带来的创新发展和社会经济效益，决定了该项服务的社会化组织构架。各国在持续推进信息化基础设施建设的同时，不断开拓新的网络服务业务，同步加强网络安全保障措施。从网络信息服务的社会化实施，到网络强国的建设，我国正面临着新的机遇和挑战。数字信息服务发展不仅需要进行网络信息服务技术和信息资源组织手段与方法的深层变革，而且需要在大数据、智能化环境下进行服务拓展，同步构建与网络信息生态环境相适应的网络安全保障体系。

网络信息服务与安全保障以数字化形态存在，依托于互联网的信息服务与安全关系决定了数字化服务与安全保障的一体化组织机制。网络安全保障与网络信息服务体制与体系构建，在理论上将网络信息服务和信息安全作为一个整体，在揭示网络化数字信息服务组织机制的基础上，从全球化环境、国家创新和网络安全出发，以信息化发展需求为导向，进行基于大数据和智能技术的数字化信息服务与安全保障融合组织构架；在面向国家创新发展的各行业信息服务中，进行国家层面、行业层面、区域层面和机构层面的实践研究，在实践探索的基础上，推进信息服务和安全保障的有序化实施。

近20年来，学界和业界虽然在网络信息服务机制、网络安全保障研究中不断取得进展，然而其研究，一是处于分散状态，往往强调具体问题的解决，或者强调其中的某一方面，没有充分考虑到网络信息服务与信息安全的关联和同步发展机制以及网络信息服务生态变化；二是未能将数字化信息服务与网络安全保障结合机制进行进一步的深化，因而需要在顶层制度设计和技术管理协同中进行研究上的深入。当前的研究进展和实践发展，构成了学术研究的新起点，决定了基本的逻辑结构和内容。

本书作者在承担国家社会科学基金重大项目和专注数字信息安全保障实践探索的基础上，围绕服务链和安全保障环节进行了研究上的深化和拓展。本书在全球化数字信息服务趋势分析的基础上，从用户的数字化信息与安全保障需求和社会化保障框架下的数字信息服务与安全体制出发，进行智能环境下的信息服务与安全保障体系构建和大数据背景下的数字信息内容揭示与网络化组织研究；在面向知识创新的系统变革与平台化发展中，围绕用户需求导向下的数字信息服务组织和利用，着重于服务推进、安全质量认证、协议管理和服务与安全的社会化监督研究。

本书的著述目的在于，在全球化环境和“互联网+”背景下，促进数字信息服务与安全保障一体化的实现，推进以用户为中心的系统建设与服务组织。本书一是适应于网络环境的变化和基于大数据、云计算的技术发展；二是实现面向用户的数字信息服务与安全保障一体化目标，以此出发进行服务与安全保障组织和技术规范。

全球化环境下，面向用户的智能交互与数字信息服务嵌入是一个值得关注的重要问题。对这一问题的研究，拟在数字信息服务与安全保障机制基础上进行进一步拓展和深入。对于这方面，本书所涉及的研究有待进一步深化。

本书由胡昌平撰写完成，林鑫、查梦娟、吕美娇负责《网络信息服务与安全保障研究丛书》资料的全面搜集和整理任务，同时为本书的撰稿提供了支持。

在“网络信息服务与安全保障研究丛书”项目中，本书在机制、体制、体系和实施上研究数字信息服务与网络安全保障一体化组织问题，对业界和参与丛书指导工作的学者，以及完成丛书的研究团队，致以深切的感谢。同时，感谢武汉大学出版社责任编辑的出色工作和对书稿的斧正。

胡昌平

目 录

1 全球化网络环境下的数字信息服务及其发展

数字信息服务在信息资源组织和服务内容上深化了信息内涵，在服务方式上拓展了服务渠道；通过数字信息资源网络化交互，实现全球化背景下的数字服务与安全保障融合发展的目标。基于网络数字信息服务与安全保障形态的服务与安全的社会化组织与保障机制，适应了形态变革中的整体化服务与网络安全保障要求。

1.1 网络环境下的数字信息存在形式与组织方式

随着数字技术的发展和网络环境的形成，信息的产生、存储、传播和利用方式已发生根本性变化，数字信息资源以传统信息资源难以比拟的优势，成为信息资源的主体形式。科技进步、经济发展、文化繁荣以及全球化水平的提升，无不依赖于网络安全环境下的数字信息服务发展，其社会化组织水平很大程度上决定了信息化发展水平。

1.1.1 数字信息及其存在形式

数字信息是以计算机和数字编码与传输技术为支持的数字化信息，其存在、流动、组织和利用直接由计算机系统和互联网承载。通过计算机记录和网络交互传输，实现文本、图形、声音、视频等各种形式信息的跨时空利用。数字信息不仅以新的载体形式而存在，而且在更广的范围内使传统载体形式的信息得以数字化，从而适应于海量信息资源的有序管理和深层次利用。由于数字化、程序化和网络化，数字信息及其传播形式易于转换和调整，因而具有高度的灵活性、适时性和跨时空的高效组织与利用特征。从信息作用上看，离开了数字信息和网络，信息化的发展目标将无法实现。

计算机与智能技术的发展和广泛应用，使得信息资源的形式发生了变化，主要是信息资源处理与存储的数字化形式发生了巨大的变化。大数据与智能环境下，只有数字化了的信息才能成为可利用的网络信息资源。信息载体的数字化，使得信息组织形式实现了从基于传统载体的管理向计算机网状管理的转变。这一环境下，数字信息突破了空间限制，可实行异地或远程查询和资源共享，从而为信息效率的提升奠定基础。数字信息存储有助于传输不同载体的信息，通过信息集成进行关联和链接。在这一场景下，人们对数字化信息资源的利用不再受时间和位置的限制，因而极大地加快了信息传递与反馈的速度，减少了信息的冗余。

数字信息资源网络储存、传递和利用的社会化发展中，网络信息资源作为数字信息资源的主体，以数字形式将文字、音像、视频等多种形式的信息进行存储，通过网络进行传播。按照数字图书馆联盟电子资源管理 I 组(Digital Library Federal Electronic Resource Management I，DLFERMI)的界定，实现了可供直接获取和远端使用的多种形式的资源交互。目前，全球网络信息空间中可索引的公共渠道的数字信息资源已达信息资源利用总量的 90%。

网络环境下数字信息的存在分为网络形式和非网络形式两类。其中，网络形式的存在是数字信息实现网络化共享的基本条件，非网络形式的数字信息是指非联网的数字信息资源(如各部门、单位内部的数据库以及数字化的媒体信息、数字文本等)。网络环境下的数字化信息资源开发，一是非网络信息资源的网络化组织，二是网络信息资源的深层开发。非网络信息资源的网络化组织实质是实现非网络信息资源的网络共享，即将可以共享的数字信息资源汇入信息网络，因而应从网络环境下数字信息资源的最终共享出发，进行网络信息资源形式与结构的转化。

数字信息资源可以从不同的角度进行划分和归类。按不同的标准，数字信息资源可分成不同的类型，主要有如下几种划分：

按时效性和文件组织方式分类。按时效性可分为动态信息、文本信息和书目数据库等；按文件组织形式可分为自由文本和规范文本两类。

按信息发布方式分类。按信息发布方式可将数字信息资源分为非正式发布信息、正式发布信息和定向交互信息。非正式发布信息的流动性、随意性较强，往往难以保证和控制信息的内容质量。正式发布的信息，是指受产权保护的公开出版物和其他形式的信息。

按信息内容所属领域分类。将数字信息资源进行领域分类，主要是在科技、经济和社会活动领域进行内容和来源上的区分。

按信息的利用形式分类。数字信息资源按利用形式可分为不同形式的载体资源、文献、数字文本、统计数据、图像数据、音视频数据和各种形式的数据库等。

对数字信息资源的分类，应该既考虑数字信息资源的社会化利用需要，又能反映数字信息的组织特点，同时兼顾数字信息管理的便捷性与完整性。网络环境下数字化信息资源与传统载体形式的信息资源相比，具有以下特点：

①信息资源类型繁多。网络环境下，信息资源种类繁多，主要包括多种形态的数字化信息。网络动态信息和各种数据库、软件资源等信息的多模态存在、传播和利用是必须面对的现实问题。

②信息来源广泛。在网络环境下，信息的交流具有多种渠道，任何人都可以很容易地在互联网上发布来自多方面的信息，同时进行信息的交互利用；信息服务已不局限于单一来源的信息组织，而需要进行多源信息的开放组织和利用。

③信息增长迅速。当前，互联网环境下的信息增长之快、信息量之大、传播范围之广，是传统环境下无法比拟的，随着数字存储、处理技术的发展和基于数字网络的跨系统交互信息传播的社会化，网络大数据管理与服务已成为各行业信息服务所必须面对的关键性问题。

④信息内容庞杂。网络环境下，无论是传统的文献信息，还是网络上的数字信息资源，其内容丰富、结构复杂；在信息内容上，往往存在同一内容信息不同载体形式的交叉重复和分散分布。这就需要进行信息冗余的消除、信息来源的识别和处置。

⑤数字信息资源存在安全隐患。数字信息资源的安全问题包括两个方面：一是数字信息资源主体权益的安全，包括资源所有权、处置权和隐私安全；二是信息资源客体安全，包括内容真实性、完整性等方面的安全。信息资源安全隐患主要来自网络，包括网络入侵、违规信息交互、侵权等。

⑥数字信息资源的交互性。数字信息除文本外，还包括图表、声音、视频等多种媒体信息，通常以网状结构的形式来组织。资源存在于网状结构中的各个节点，节点与节点之间的超链接关系使其具有很强的动态交互性，信息提供者和接受者就同一问题的网络交流，决定了面向实时交互的动态信息组织机制。

1.1.2 网络环境下数字信息的组织方式

数字信息不仅包括符号流所表征的信息，如文字、声音、视频等，还包括驱使计算机进行工作的程序的多种形态的信息，数字信息的快速增长必然影响信息组织的网络机制。在这一前提下，数字信息的组织方式，由数字信息对象以及数字信息在各类活动中的作用机制所决定。

(1)数字信息的社会化组织

数字环境下，数字信息资源的多源存在形式与分布，使得传统组织机制无法适应。这意味着，在数字网络环境下应确立新的网络化资源组织机制。围绕数字信息资源的组织、控制、维护和利用，业已形成了网络化数字资源组织分工和协同关系。

数字信息资源组织以信息资源载体管理、数字资源处理、数字信息资源存储、数字信息资源开发、数字信息交互与传播，以及数字信息网络构建与运行为基础进行，与传统的组织模式相比较，需要确立各方面主体的社会化交互机制。在基于互联网的数字信息资源组织中，对数字信息技术的社会化利用，在于利用数字技术对信息进行处置、在所交流的信息内容上进行支持处理，从而构建通用的技术平台。

对非数字载体信息的数字化处理在于使其转换成数字信息，以进行网络化传播和利用。其中，基于数字信息内容的资源组织和数据库建设处于重要位置。在数据库建设中，数据库服务机构提供相应的数据库技术与服务，以及进行面向用户的数据库开发和利用组织。通过利用各类专门数据库工具、平台以及各领域的数据库产品，用户可以使用不同类型的数据库资源(如 Dialog、EBSCO、ProQuest 等)，以满足其定向需求。

网络信息组织是数字信息资源网络化利用中的一个重要前提条件，其社会化组织通过开放使用来实现，其代表如百度、Yahoo、Google 等。这些搜索工具随着数字网络的发展而拓展，如不断更新的地图搜索、知识搜索和智能搜索等。

信息化发展使得全球联系越来越紧密，全球化背景下的数字信息共享和安全组织的同步发展问题由此产生。对此，需要在数字信息资源开发与基于网络的交流、利用中，确立具有共识性的信息组织范式，形成相应的标准和规范。在网络化数字信息组织中，应同步建立法制化管理体系。

在数字化信息资源组织中，各类机构所拥有的数字信息资源具有来源广泛、形式多样和易于共享的特点。对于数字信息服务商和运营商而言，具有与信息资源机构的广泛合作前景，可通过不断拓展其服务业务，实现社会化发展目标。

数字信息资源组织与网络化传播的融合，适应了数字信息的社会化交流、组织、控制和利用需要，同时使信息交流的社会机制发生了深刻变革，这也是社会发展至信息时代的必然体现。

(2)数字信息资源的自组织与生态机制

从系统科学视角看，数字信息资源系统属于自组织的社会生态系统。根据自组织理论，数字信息组织是从一个平衡态走向另一个平衡态的无重复循环的动态演化过程，其基本关联关系如图 1-1 所示。①

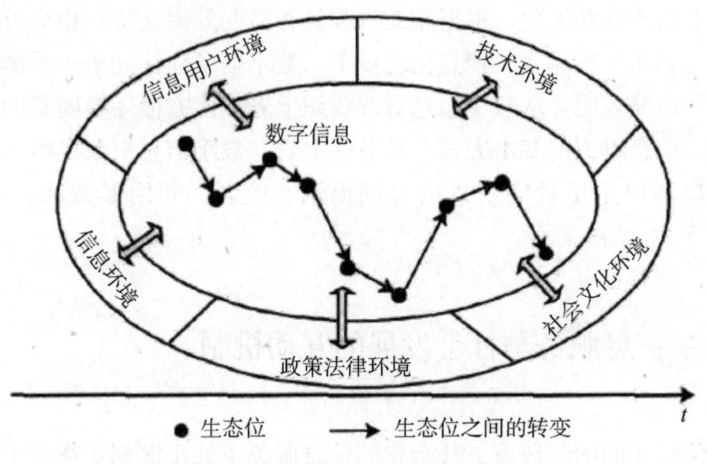

图 1-1 数字信息的自组织演化过程

在图 1-1 中，信息环境、技术环境、社会文化环境、政策法律环境和信息用户环境是数字信息资源存在的外部环境，数字信息资源在环境作用下形成相应的结构体系。从自组织的角度看，数字信息所形成的耗散结构，由数字信息与环境交互作用决定，即通过数字信息资源系统内部机制的调整来响应环境变化，因而系统结构及功能对环境变化具有特有的适应性和灵活性。在数字信息动态演化中的“生态位”上，环境的任何变化都会引发数字信息资源结构和功能上的变化，表现为从一个生态位转变到与新环境相适应的新的生态位上，体现出数字信息的动态有序性。因此，在数字信息服务中应遵循自组织规律，创

① 秦春秀，赵捧未，淡金华. 基于自组织理论的数字信息资源管理[J]. 图书情报工作，2008(2)：100-103.

造数字信息自组织合理演化的条件，促进系统内部元素的协同。在推动系统自主演化中，促使数字信息服务整体水平的提高，这也是信息资源系统从低序向高序方向演化和更好地满足社会需求的基本保障。

如图 1-1 所示，数字信息随着时空的变化，不断与环境进行交互。根据交互作用理论，信息组织形态演化形式有两种：一是经过临界点的突变式相变，其特点是经过临界点时系统的性质发生突变；二是临界点内的状态渐变，其特点是系统在临界下开始渐变，因而又称为渐进式相变。在数字信息系统的演化过程中，信息组织形态往往交互地进行着两种相变。其中，突变式相变表现为数字信息整体功能或性能的一次大的改变；渐进式相变则是在数字信息系统功能、性能上的改进和演化。根据相变过程是否需要外流支持，相变类型可区分为平衡相变和非平衡相变。信息化环境下，数字信息往往处于非平衡相变过程之中。这一情况表明，从数字信息资源组织上看，多方面环境因素的交互作用决定了数字信息组织的基本方式。从总体上看，数字信息资源自组织体系的确立从基本层面决定了数字信息内容的揭示、控制、利用形态和相应的组织规范。

1.2 数字信息服务与社会发展的互动机制

面对信息化的国际环境，社会化的信息服务正处于深刻变革之中，数字化信息服务业的兴起已成为社会信息化的一大主流。当前，国际科学技术环境、经济环境与信息环境的变化和社会发展需要，构成了新时期各国信息服务业的新的社会基础，决定了数字信息服务的取向、机制与模式；同时，信息管理机制上的变革与优化又是现代社会发展的必要保证。基于此，有必要从几个基本问题出发围绕信息服务机制与模式进行研究。

1.2.1 社会运行中的信息流及其数字化

信息服务业是各类信息服务的社会化集成，即各种形式、内容和功能的信息服务构成了被称为信息服务业的社会信息服务整体。信息作为社会运行和发展的一个基本要素，信息化环境中的数字信息资源与社会运行关系决定了信息服务发展的动力机制和社会作用机制。

恩格斯在论述社会发展时指出：“生产以及随生产而来的产品交换是一切

社会制度的基础。"①恩格斯所说的生产，在现代社会中不仅包括物质产品的生产，也包括知识性产品的生产(如科研成果、文化艺术产品等)。按通常的表述，我们将广义生产活动区分为生产、科研和其他活动。在组织社会生产中，物质、能源和信息是必要的条件，管理是必要的保证；生产者只有利用必要的物质、能源、信息，在有效管理的前提下，才可能生产出供社会消费的物质产品和知识产品，才可能提供相应的社会服务，实现"产品"交换。其运行机制如图 1-2 所示。

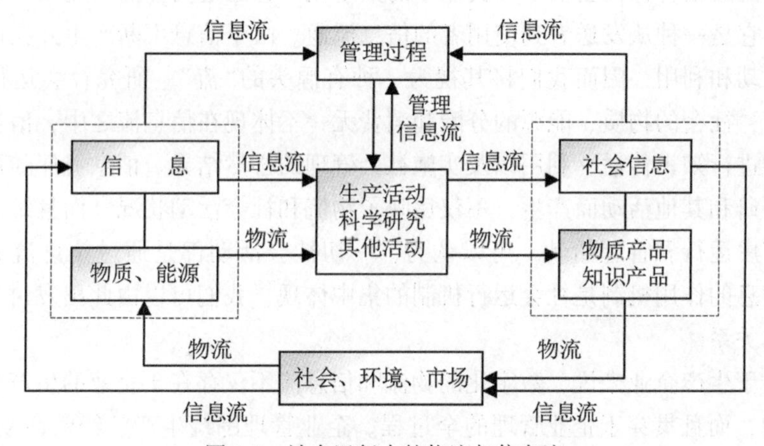

图 1-2　社会运行中的物流与信息流

如图 1-2 所示，社会运行中物质、能源和信息的利用是以其组织、流通为前提的，即支撑物质、能源和信息的社会利用的是物质流、能量流(统称为物流)和信息流。其中，信息流起着重要的联系、指示、导向和调控作用，通过信息流，物质、能源得以充分开发利用，科技成果和其他知识成果得以转化、应用。另一方面，伴随着物质、能源和信息交换而形成的资金货币流反映了社会各部分及成员的分配关系和经济关系，物流和信息流正是在社会经济与分配体制的综合作用下形成的，即通过资金货币在社会、市场和环境的综合作用下实现物质、能源和信息的交流与利用。

物流作为一个专业术语，其定义虽然不尽一致，但世界各国对它的解释却基本相同。美国物流管理协会认为："物流是使产品从生产线终点到消费者的有效转移以及从原材料供应地到生产线起点所需要的广泛活动，其要素有：货

① 马克思恩格斯选集(第 3 卷)[M]. 北京：人民出版社，2012：797.

物运输、仓储保管、装卸、工业包装、库存管理、工厂和仓库的地理选择、发货处理、市场、顾客服务。"日本通产省对物流概念的表述是:"物流是产品从生产者到需求者(消费者)的物理性转移所必需的各种活动。"①除物质外，物流还包含了各种能源(包括电能、热能和物质化的化学能等)的转移使用流动，它类似于物质流，是社会生产、生活不可缺少的要素。据此，人们往往将此归并到物流中加以研究，即将物流定义为包括物质和能源流动在内的物、能流。

信息化时代的数字信息流以基于网络的数字资源组织为特征，所形成的数字信息流是指各种社会活动和交往中的数字化信息的定向传播与流动；就流向而言，它是一种从发送者到使用者的信息流通。由于信息不断产生并在社会上不断流动和利用，因而我们将其视为一种有源头的"流"。研究社会运行后不难发现，社会的物质、能源的分配和消费无一不体现在信息流之中；信息流还是人类进行知识传播、利用以及实施社会管理的必然结果。信息流伴随社会生产、科研和其他活动而产生，不仅反映了物流和社会活动状况，而且维持着社会的有序运行和管理活动。可以认为，一切社会活动都是通过信息流而组织的。信息的作用机制是社会运行机制的集中体现，我们可以由此出发讨论其中的基本关系。

对于生产企业来说，数字化的物流和信息流不仅存在于企业的生产、经营活动中，而且贯穿于企业管理的全过程。企业管理围绕生产、经营活动进行，通过决策、计划和调节，保证企业的正常运行。这里的物流是指从原材料、能源的购入及技术的引进，到生产成品的输出、产品营销而发生的"物质运动"过程；信息流伴随物流活动和生产与经营管理活动而产生，反映了物流状态，控制和调节物流的流量、方向、速度，使之按一定目的和规则流动。在企业生产活动中，物流是单向不可逆的；而信息流要求有反馈，管理者通过指令信息和反馈信息进行控制和管理。

由于企业生产、经营是在一定社会环境中进行的，与社会信息的全面利用息息相关，所以企业中的信息流是以生产经营为主要内容的沟通企业内外部门的信息活动的产物。正因为如此，企业信息流的组织旨在最大限度地满足企业内外联系的畅通和企业的正常运行。

在企业运行中，企业各部门之间以及企业与外部组织和有关人员之间通过数字信息流进行联结，以此支持业务工作的开展。在某产品的生产经营中，企业在信息流动过程中输入顾客订单、原材料、能源及生产技术，输出成品和发

---

① 郑英隆. 市场信息经济导论[M]. 西安：西北工业大学出版社，1993：139.

货单等；各部门为了有效地生产产品、进行经营而从事各种业务活动。企业业务部门之间进行信息流动与反馈，经营管理部门通过管理指令信息流对企业活动进行全面管理。可见，企业所需信息在生产、经营活动中的作用处于关键位置，基于网络的数字信息流不仅支持包括企业在内的社会组织的运行，而且是科技、经济和社会发展的基础性保障。从总体上看，信息流的组织形式和内容由社会环境和运行需求所决定，不同的社会组织因而存在着信息流内容与形式上的差异。

与企业一样，对于科学研究机构和其他知识产品生产组织来说，在各自的研究工作和业务活动中也存在着数字化物流与信息流。这是由于科学研究等“知识”生产也要一定的物质、能源作保证(如科学研究中的仪器、设备供给，能源消耗等)，这方面的物流和信息流与生产企业的没有本质的区别。包括科学研究在内的知识生产与物质生产的实质区别在于，知识生产的主要输出是知识信息，在生产活动中只有充分利用现有的有关知识、掌握最新信息，才可能生产出具有创造性的新成果和新知识。这说明，信息流是知识生产的主流。

由此可见，对于经济、科技、文化和其他社会活动来说，数字信息流的作用都是关键的。这种信息流对社会各部门运转的作用可以概括为信息的微观社会作用机制。值得指出的是，随着社会的进步，社会组织的信息流量及流向必然发生新的变化。例如，企业组织的信息处理量随着企业经营环境的变化、技术的发展、产品的多样化、市场变革的加速和企业应用技术开发周期的缩短而加大，由此对信息服务提出了新的变革要求。

现代社会运行中的信息流宏观作用机制是在一定社会体制和环境下信息微观社会作用的总体体现。事实上，包括生产企业、科研机构、商业、金融、文化等部门在内的社会组织，在各自的社会业务活动中都存在内外部信息的流动和利用，由此构成了纵横交错的社会信息流。通过对社会信息流的分析，可以揭示社会运行的信息机制。

1.2.2 数字信息流作用下的网络服务与社会发展互动

从行业分工和社会经济、科技、文化、军事综合发展角度看，社会组织按其分工承担着各自的社会任务，在创造社会效益和经济效益的过程中，物流和信息流无疑具有专业性，存在按行业系统进行物质、能源分配及信息保障的问题，由此对信息服务的组织提出了基本的要求。

在社会运行与发展中，有效地开发数字信息资源、合理组织信息流、为社会各类企事业组织及其成员提供全方位信息服务，是社会化网络信息服务业的发展基点。事实上，信息的作用和利用可视为一个连续的动态过程，存在着信息的交互流动和组织利用，决定着数字化网络信息服务的基本环节和业务。据此，可将其归纳为信息流组织规范。值得指出的是，在“规范”中的信息流组织是以信息使用价值的实现为前提的；信息流的状况及其与信息源和用户的联系集中体现了信息服务业的发展水平，社会化管理与运行机制必然体现在信息流的形成和流向上。这是我们以信息流分析为起点，研究信息服务业与社会发展互动机制的原因所在。

信息服务业与社会发展的互动主要表现在以下三个方面。

(1)需求互动

社会运行中各方面需求的满足无不与信息需求的满足相关，各种社会活动的多方面需求最终将体现在信息需求上，从某种意义上说信息需求的满足是其他社会需求得以满足的“桥梁”，因此社会总体信息需求满足程度可用于衡量社会的基本运行状态和发展水平。

在人类社会中，任何行业的形成与发展都取决于社会对该行业的实际需求，即“需求”引发和促进了行业发展；同时，行业发展使社会的实际需求的满足状况得以改善，从而推动社会的不断进步。与其他行业比较，信息服务业与社会发展的互动有其特殊性。其一，社会发展对信息服务业的推动力表现为社会发展对其他行业推动的“合力”，这是由于任何行业的发展都必须有可靠的信息服务作保障，这一情况在社会信息化时代显得更为突出；其二，信息服务业与社会运行机制直接相关，它的发展从优化社会信息环境、资源利用、运行模式和管理机制方面作用于社会各行业，促进社会经济发展、科技进步和文化繁荣。

由于社会生产力的发展，当今世界正处于历史性变革阶段。在这一变革中，作为社会发展三个基本要素的物质、能源和信息的关系已发生转化，信息已成为合理开发物质、能源资源和推动经济发展、科技进步的关键因素。在社会内部因素作用下，数字信息需求与服务处于不断变革之中，如：

①社会产业、职业的知识化发展和产业结构与职业分布的变化，改变着社会信息流和职业工作信息保障模式，伴随着社会信息需求日益复杂化和高级化，信息服务业呈现出多元化和高效化的发展机制。

②随着社会运行节奏和发展速度的加快，社会竞争机制得以加强，由此产生了社会信息传递的高要求，这种需求与社会通信服务业相互作用的结果表现为高速数字信息网络的发展。

③社会信息量激增使用户处理和利用的业务信息量相应增长，从而引发了对信息检索的新需求，促进了数据库生产与服务等行业的发展，并由此为用户需求的满足创造了新的条件。

④社会进步导致了用户职业工作与信息利用的整体化发展，其信息需求贯穿于职业活动的始终，这一新需求模式使包括办公自动化在内的多功能、智能化信息服务与职业工作在互动中发展。

(2)技术互动

信息服务的发展表明，新的服务业务的开展和行业的产生在很大程度上取决于信息技术的进步，而信息技术又来源于科学技术的发展，这说明技术进步是信息服务业发展的重要基础。20世纪中期以来，在传统信息服务技术基础上不断开拓的新技术应用是信息服务业与现代科学技术同步发展的重要保证。当代信息技术的发展主要是通信技术与信息处理技术的发展，而这又以微电子技术和计算机技术的发展为基础，在此基础上开拓了一系列信息传输、处理和服务的新业务。其中，远程大数据处理与传输、计算机智能互联网的发展最引人注目，电子信息服务业的发展方兴未艾。在面向21世纪的发展中，以现代技术为基础的信息服务行业正迅速调整其技术结构，以崭新的面貌出现在人们的面前。

建立在技术进步基础上的新型数字信息服务业务的开展最终将优化科学研究和技术活动的信息环境，为科学技术的发展提供更加及时、可靠和充分的信息保证，从而促进新的技术发展机制的形成。例如，在科学研究与技术开发中传统的信息检索、搜集和服务模式已逐步被网络化的信息保障服务取代，研究开发人员信息获取和交流方式的优化不仅大大提高了信息利用效率，而且从多方面弥补了传统信息服务的不足，使科学研究与技术开发逐步实现“信息化”。从宏观上看，这种信息服务和电子信息服务业的发展将极大地推动科技进步。

就目前情况而论，社会发展中的技术进步与信息服务业的互动表现为：来源于现代科技的信息技术进步推动数字信息服务的发展和新兴服务产业的形成，同时以现代信息技术为依托的信息服务业发展又全面作用于科学技术活动，促进科技进步。这是一个良性循环过程，当前的互动主要集中于以下几个行业部门：

①信息网络化技术与网络信息服务；

②计算机信息处理技术与智能化信息服务；

③电子信息技术与电子信息服务；

④信息转换技术与大数据嵌入服务等。

(3)经济互动

经济互动是指社会发展中的信息服务产业经济与其他行业经济之间的相互促进、制约而共同发展的社会机制。这里，我们强调二者之间的互动关系，对于数字信息服务业发展的经济机制的分析，理应从这一基本关系出发。

在对社会运行的信息流分析中，我们强调了信息流的存在和重要性。对于生产活动、科学活动和其他社会活动的组织，管理信息流直接关系到活动的效益。这就要求围绕业务活动及其管理进行全面的信息搜集、处理、传递与控制，提供信息的动态利用。从宏观上看，通过信息服务业的业务有效组织信息流，可以为社会各行业的发展提供保障。

由于行业经济发展的限制，人们不可能将有限的资源进行不合理的投入，只能从实际出发，统筹安排作用于“物流”和“信息流”的资源利用，使其得以综合平衡。在经济不发达的情况下，由于“管理信息流”组织投入与“物流”投入相比，是一种软投入，投入的资金往往受到限制，从而导致行业在不充分信息条件下产生管理决策，最终因无法实现全局上的科学管理而使行业经济发展受到限制。

社会经济的发展不仅推动了社会进步，而且创造了改善信息环境和充分发展信息服务业的条件。我们可以将足够的资金用于“信息流”投入，使“物流”得以优化，行业经济效益得以改善。这是一种社会发展中经济增长与信息服务业发展的良性互动机制。根据这一理论，在信息化国际环境中各国纷纷实施各自的信息服务业发展计划，它们的共同特点是通过改善社会信息流，致力于现代信息服务业的发展，促进经济的持续增长。

1.3 基于互联网络的数字信息服务组织

各种类型和层级的信息网络，将分布的计算机设备和数据资源中心连接起来，构成由计算机硬件、相关网络设备和大量应用软件，以及海量的数据信息所连接成的网络共同体。通过网络共同体，人们可以进行资源共享和信息数据的传输。基于数字网络技术的信息沟通和交流平台便成为组织数字信息服务的基础，通过基于互联网的服务，用户可以有效获取外界信息、进行数字化交互，从而使其全方位信息需求得到有效满足。

1.3.1 互联网发展及其对数字化信息服务的影响

互联网对于人们社会生活的渗透和影响，已融入用户职业工作和社会活动的各个方面。不管是工作和学习，还是社会交往和生活，人们对于互联网的依赖程度，随着互联网的不断发展而迅速提高。在信息网络社会，用户已经不是单纯的信息消费者，同时也是信息资源的创造者。在信息网络的社会化发展中，互联网展示给网络行为主体的是海量的知识和信息，从而为人们的学习、创造、交往和社会活动的虚拟化和全球化提供基本的支持。通过互联网服务，用户不仅可以十分方便地在网上获取信息资源，而且可以将自己的创新和创造成果，及时地在网上发布，以便于及时地和同行及相关部门进行交流，获得保障。

对于社会活动中的个人、组织和机构而言，数字化和网络化的发展，不仅影响到个人、组织、机构的存在形式，而且也对个人、组织和机构的行为产生了多方面的影响。对于组织机构而言，互联网的迅速发展拓展了组织机构的物理边界，组织机构的管理和运行必然借助计算机网络展开。组织机构之间以及组织机构内部的业务往来、信息沟通和互动，都可以通过数字信息网络来实现。从总体上看，组织机构的运行显然是以数字信息流的网络化组织与支持为前提的。随着数字化网络技术和智能技术的应用拓展，信息的高效化组织和流动，保障了信息流的畅通。对于机构用户而言，形成了方便、高效和便捷的信息交互优势。同时，各类组织机构都可以凭借网络的传播沟通优势，来延伸和拓展其服务范围和服务内容。无论是企业、金融机构、研究机构和学校，还是政府组织，都可以依托于各个层级的信息网络，在交互、运作的同时，延伸其服务范围，拓展其服务内容。

对于用户而言，虚拟环境的形成及其对信息服务的影响，是一个值得关注的重要方面。① 例如，现代科学研究环境变化的基本特征是数字化和网络化，首先是信息资源空间的数字化，包括科学研究中所利用的期刊论文、技术报告、学术论文、会议文献等主流科技信息资源的全面数字化，由此形成了一个相对完善的数字化信息资源空间。在这一空间中，科研人员可以方便地通过网络跨时空地获取相关信息，这也是科学环境变化中信息服务数字化发展的必然选择。在此基础上，科学交流空间的数字化，使得研究人员的“非正式交流”

---

① Digital Library is a Cater：New Choices for Future [EB/OL]. [2007-07-10]. http://users.ox.ac.uk/~mikef/rts/ticer/img6.html.

日益依赖于社会网络以及各种数字化工具，其目的在于通过网络工具全面组织相关信息以及多种交流活动，使其融入科学研究与交流活动的全过程，从而创造数字化交流与协作环境。在虚拟科研环境形成中，网络系统进一步拓展面向科学研究的应用，以此为基础开展知识仓库服务、个性化保障和虚拟网络与智能服务，从而形成新的一体化数字集成信息服务平台。在虚拟的科研环境下，传统的由信息资源机构为主体的“本地化”信息服务应得到根本性改变。数字化网络环境下科研人员通过 Blog、Wiki、BBS、交互网络等同时成为信息资源组织者和提供者。从发展上看，数字化网络基础上的分布式信息服务模式必然成为信息服务的主流模式，而面向用户的定制化的交互服务将成为主要的服务形式。科学研究环境的数字化变化及其作用可归纳为图 1-3 所示的层次结构。

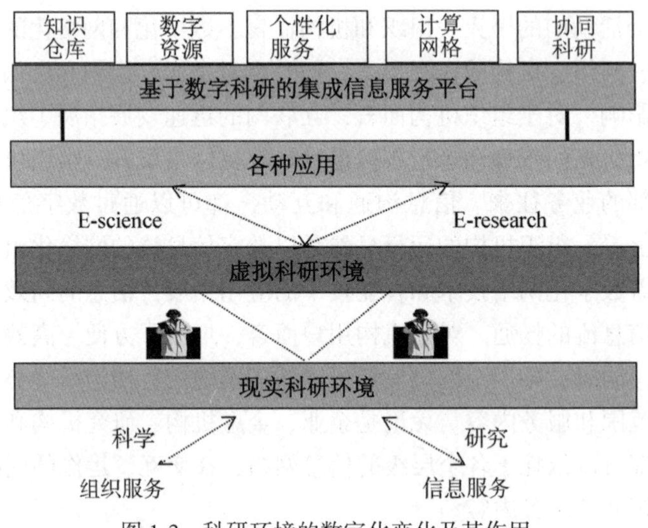

图 1-3　科研环境的数字化变化及其作用

由此可见，对各行业来说，数字信息流的作用都是关键的。这种数字信息流对社会各部门的作用可以概括为数字信息的微观作用机制。值得指出的是，随着社会的进步，社会组织的数字信息流量及流向必然发生新的变化。例如，科学研究和企业组织的信息利用，随着数字环境的变化、社会的发展利用变革，呈现出数字化、智能化、泛在化趋势，由此对信息服务提出了新的变革要求。

现代社会运行中的数字信息流的作用机制是在一定社会体制和环境下数字信息微观社会作用的总体体现。事实上，包括生产企业、科研机构、商业、金融、文化等部门在内的社会组织，在各自的社会化业务活动中都存在内外部数字信息的流动和利用，由此构成了纵横交错的大数据流，决定了基于数字信息流组织的信息服务内容与结构。

1.3.2 互联网环境下的数字化信息服务组织

随着网络平台的社会化应用拓展，信息的获取和交流除传统方式外，更需要依赖大数据分布网络以及面向用户的服务交互与融合。从总体上看，这一发展可以归纳为信息网络的数字化、智能化和面向各类社会主体的全球化利用。

在社会的信息化发展中，随着信息技术的进步和信息网络的全球化，数字信息资源的分布、组织、开发和利用正在发生深刻的变化，网络信息服务以其巨大的优势和潜力，日益成为信息服务的主流，由此形成了数字化信息资源组织、开发与利用的新趋势。在这一背景下，文本信息资源的数字化和网络业务的迅速发展，使网络集中了数量庞大的动态性信息，传统的信息资源组织与开发方式明显与之不相适应，由此产生了基于大数据的信息资源组织与开发的要求。

网络信息服务所具有的数字化和交互组织的特征，使其不再局限于向特定的机构和人员提供特定的信息服务。社会信息化的发展使得信息活动贯穿于用户职业工作的始终。由于职业工作的各个环节都存在着相应的信息需求，传统的部门信息服务模式已难以满足用户开放化的信息需求，这就需要在面向社会的高效化信息资源组织中，加速面向用户需求的社会化服务进程。①

信息作为社会的重要资源和财富，是科学技术、经济和社会发展不可缺少的基础性资源和前提性要素，数字信息资源的开发和利用服务因而具有重要性。随着大数据智能技术的深层次发展，信息资源的社会化利用已成为推动社会经济发展的重要战略选择。在全球化中的国际竞争中，信息资源服务已成为各国关注的重点。只有在信息资源开发利用方面占据优势，才能在国际竞争中夺取主动权。这说明，21 世纪的网络信息服务随着社会信息量的剧增，而越来越显示出其重要性。②

数字信息资源的大体量、多类型、跨语种，以及分散、无序分布，给人们获取信息造成的障碍不容忽视，在网络化数字信息资源组织中，随着大数据、

---

① 胡昌平，邓胜利. 数字化信息服务[M]. 武汉：武汉大学出版社，2012：52.

② 陈兰杰，崔国芳，李继存. 数字信息检索与数据分析[M]. 保定：河北大学出版社，2016：11.

智能和网络交互技术的发展和拓展应用，数据库有效信息量有限、信息加工深度不够、信息来源分散等方面的问题应得到根本性解决。网络信息的序化组织与利用，使得用户可以直接从互联网上获取信息，用户所需要的深层次信息，也可以通过机器学习和智能交互进行嵌入利用。在网络信息组织、开发和深化利用技术基础上，有必要针对用户的特定需求进行创造性的开发。为了弥补网络信息资源组织与用户信息需求间的差距，应依赖网络信息服务的不断发展。随着网络信息传输日益向方便、快捷、廉价的方向发展，网络信息服务在信息服务中的主体地位应加以确认。①

在全球化发展中，以网络信息组织与开发为基础的服务对信息社会的发展具有决定性意义。

数字化网络信息服务涉及以下几个方面的主体：①信息服务的提供者；②信息服务的需求者，包括中间用户和最终用户；③信息服务资源，包括各种信息资源及组织支持工具等；④传输网络设备，即网络信息服务基础设施；⑤信息资源与服务管理者，包括国家、地区、行业和系统层面的管理者。

网络信息服务由信息服务提供者来实现。在服务组织中，需要通过服务器搭建主干网；从通信部门获取大容量通信线路；采集和购买信息资源；组织与开发信息资源；进行网络的管理与维护。在此基础上，网络信息服务提供者通过增值业务的开展提供各种服务并获取社会经济效益。②

网络信息服务的使用者(即用户)总是为了达到一定的目的才使用这些信息服务的。用户所需要的信息服务不一定从固定的信息服务机构获取，其中存在多个信息服务者向其提供同样信息服务的情况。其中，信息服务提供者的声誉和服务质量、费用等便成为用户选择信息服务者的影响因素。

与传统的信息服务相比，基于网络的数字信息服务具有以下几个特征：①信息服务具有超时空特性，无论何时何地，用户都可以从网络中获取相应的信息服务；②服务具有全球化特征，网络连接之处，便是网络信息服务所能到达之处，由于互联网的发展，全球性的网络信息服务已成为现实；③用户获取信息服务的选择性加大，各网络信息服务供应商和网络信息服务需求者之间的关系由于具有极大的不确定性，用户可在广泛范围内选择自己所需的信息服务，同时信息服务提供者也可以拥有更广域的信息用户；④服务的管理难度大，网

---

① 马雨佳，于霏，高玉清. 现代图书馆信息管理及服务研究[M]. 北京：九州出版社，2018.

② 靳东旺，李梅英. 图书馆信息服务研究[M]. 西安：西安地图出版社，2013.

络信息服务的提供与使用所带来的隐秘性给相应的管理增加了难度，网络信息服务使用者使用信息服务时往往存在向外界发布信息的问题，从而增加了管理的复杂性；⑤国家信息主权和信息安全问题突出，全球互联网环境下各领域越来越依赖信息网络，信息网络安全不容忽视，因而需要全面应对国家网络安全和网络信息资源的全面安全保障问题。①

社会运行环境的维护离不开相应的组织和管理，对于网络信息服务也是如此。因此，必须对社会化网络数字信息服务进行合规管理，以此保证网络数字信息服务的有序组织和开展，以发挥网络服务的高效化组织优势，适应数字信息服务发展中的安全保证要求，促进信息化建设的深层次发展。由此可见，网络信息服务社会化管理决定了数字网络信息资源组织与开发社会化模式的形成。

1.3.3 基于网络的数字信息服务组织演化

数字信息服务组织与所依托的网络环境直接相关联，随着环境的改变，当服务进入与网络环境相对应的“生态位”时，其有序化的组织结构随之形成。从信息技术对数字载体组织、网络架构和服务模式的关联影响上看，其综合作用使数字信息服务处于非平衡状态下的演化中，体现为动态演化和发展关系。

“在正确的时间向正确的用户提供正确的信息服务”已经成为数字信息服务的组织目标。为了达到这一目标要求，信息服务机构必须针对不同用户的信息需求提供不同的信息产品和服务；同时，还应通过与用户之间的交互，掌握用户在不同时期的不同信息需求以及用户对所提供信息的满足状态，以提供更有针对性的网络化数字信息服务。这说明，数字化、网络化的信息环境为信息服务机构实现这一目标提供了可能。因而在满足用户动态性的个性化信息需求过程中，应致力于以用户为导向的数字信息服务在动态环境中的演化和完善。

计算机网络的迅速发展，使得信息传播、获取、存储方式发生了根本性变化，信息服务机构之间的分布式数据存储以及基于云共享的服务调用已不再局限于机构本身。信息资源服务提供者与网络服务的融合，在系统协同的基础上可便捷地实现信息服务资源的跨域融合。其中，集信息资源开发、存储、流通与利用的服务平台，在面向用户的服务中确立了新的开放模式。

在开放服务模式下，各系统用户不仅可通过网络入口，实现跨时空、跨地域的数字信息资源利用目标，还可以利用互联网进行信息存储和交互，使信息

---

① 罗森林，等. 网络信息安全与对抗[M]. 北京：国防工业出版社，2016.

资源的全球化交流与共享变成现实。当前，新一代智能化网络的出现与发展在兼容传统信息服务模式的同时，给数字信息服务的智能化发展带来了新的契机。数字信息服务的重心已从满足文本信息需求为主，转移到以满足知识信息需求为主和以大数据开发服务为主的服务组织。静态的、封闭的、单向的传统文本信息服务模式已转变为动态的、开放的、双向的、交互的数字化信息服务模式。对于数字信息资源机构而言，传统封闭型建设模式已逐步转变为开放型服务模式。例如，图书馆面向社会的开放，摆脱了文献处理的限制，在数字信息的采集、加工、组织和服务构架上，以新的方式进行信息内容的组织、控制、传播和利用，从而确立了辐射型的开放服务系统，其被动型服务方式也逐步转变为主动型服务方式。在信息资源共建共享中，我国数字图书馆工程的分阶段推进和面向数字化研究、智能制造、工业互联网、电子商务、政务与公共服务的发展，取得了进一步的社会效益和经济效益。

由此可见，数字化信息服务方式已成为当前信息服务机构的主要服务方式。在数字信息服务的社会化拓展中，提高服务质量、优化服务结构处于重要位置。

全球化网络环境下，用户对数字信息资源的需求已发生结构性的变化，大多数用户使用的主要是网络资源，同时注重基于数字网络的信息交互。此外，用户对服务的要求也发生了根本性变化。专业用户真正需要的是集成化服务，而不是大量的数据库或网站，用户希望的是服务的提供方能够提供包括技术支持和工具在内的个性化集成服务平台。

在环境与需求变化中，我国相对独立封闭的部门、系统的信息服务正向集成化、开放化方向发展，各部门、系统正致力于网络环境下的信息资源集成与信息服务业务拓展。以此为基点，信息服务的组织方式处于不断变革中。例如，近20年来，在地方信息资源整合服务中，上海地区在上海经济信息网、上海科技网、中国科技网上海分中心接入网络以及上海教育科研网和上海公共信息网的连接基础上，按“一网联五网”模式进行运作，采用资源共享的方式开展信息资源集成服务，同时推进知识社区服务和数字化嵌入服务的开展。与此同时，我国基于产业链的跨行业信息服务融合和协同服务的开发，以及面向创新价值链的知识服务组织，在国家、地域和行业层面上发展迅速，从需求上适应了各地创新发展的需要。

从总体上看，在新的服务需求驱动下，公共服务机构和各种专业性信息服务机构注重基于新的服务平台的内外信息资源集成和服务创新。其中，2000年以来，科技部联合有关部门组建的国家科技图书文献中心(NSTL)的数字资源集成服务的推进，中国高等教育文献保障系统(CALIS)项目的建设，国家数字图书馆计划(NDL)的展开，以及2003年以来国家科技基础条件平台中的科技数据共享平台、文献共享平台项目的实施和2006年国家科学数字图书馆集成数字信息资源服务的组织等，充分体现了这一时期的发展需求。2010年至今，在数字信息资源服务中，基于云计算的大数据服务和面向用户的智能交互服务发展迅速。随着智慧城市、互联网+、数字医疗和各领域数字化的推进，数字信息服务的社会化体系业已形成。

面对环境与需求的变化，我国数字化信息服务处于不断变革的深层次发展之中，各部门、系统的服务协同需要从国家层面和行业层面上进行科学规划、协调和控制，应进一步突破行业间、地区间的资源集成程度和"数字鸿沟"的限制。

泛在环境下，信息的增长无论从数量上还是速度上，都远远超出人们的想象。数字信息机构因此面临着新的挑战，一是如何整合信息，二是如何利用信息。从服务利用上看，信息服务的质量及其满足需求的程度决定着信息机构的价值。作为社会、经济和科技信息资源的重要保障和服务部门，信息服务机构应有针对性地提供数字化信息服务，以提高社会主体的自主创新能力，推动创新型国家的建设进程。因此，针对行业创新的数字化信息服务的提供处于重要位置。当前，我国各行业信息机构的服务手段已实现了数字化、网络化。如果不包括商务性的行业信息服务网，我国面向行业的信息中心网络已覆盖了90%以上的细分行业，然而行业内面向企业的信息服务系统，仍处于分散的发展状态，一个行业的多个中心往往重叠组建，运行与服务效率有待提高。近10年，随着大数据、智能化和行业云服务的迅速发展，这一局面正得到改善。从持续发展效应上看，在信息化环境下需要进行面向行业的数字信息资源与基于分布式资源结构的服务融合，同时构建面向行业的跨系统信息服务平台，推动行业自主创新服务的发展。

1.4 数字化信息服务的发展定位

数字化信息服务强调为用户搭建直接参与数字资源建设的平台，这就为信息资源共建共享和无障碍获取创造了条件。在面向用户的资源无障碍流动的数字资源建设中，服务应围绕用户而不是资源来展开，将服务嵌入用户活动过程之中，为用户提供无处不在的个性化服务。这一服务模式重视信息服务技术的开源性及服务系统的分布性，要求针对用户的需求自动组织相应的服务。因此，数字信息服务是对传统信息服务的理念、内容、方式和手段的变革。其中，用户随时、随地、随心获取信息是信息服务机构满足用户需求所追求的境界。随着智能化交互技术的发展，数字信息服务机构必须在构架、技术和服务方式上做出相应的改变。

1.4.1 以用户为中心的开放化服务

以用户为中心的开放化服务，一是强调面向用户，二是实现服务的开放和用户之间的信息交互。因此，服务组织应围绕用户的主体活动展开。对于从事科学研究的用户而言，需要按用户的活动轨迹和环节进行服务组织。John Unsworth 根据科学研究的共同特点，提出了研究基元的概念，他给基元下的定义是：基元在科学研究和学术活动中具有通用性，在一定的时空范围内以科学研究为中心的知识发现、收集、创造和分享活动是其基本方面，因此将其作为科学研究的基元进行展示。这四个基元及其关联关系能够展示和描述科研人员在整个科学研究中的活动。其他的单元如学术注释、比较、参照、陈述等都被包含在这四个基元之中。因此，发现、收集、创造和分享同样也代表了科学研究过程的各个阶段。在实践中，这四个阶段并不一定是连续的，因为研究人员有可能一次从事多个研究活动，各研究活动的进程也不是线性的。同时，科研活动是一个反复探索的过程，逐步向科学知识逼近。基于此，许多学者认为自己的科学研究永远也不会完结，因为他们总是要思考、扩充研究课题。从总体上看，使用基元可以使我们明确科学研究的阶段及其关系。研究活动的四个基元的相互关系如图 1-4 所示。①

在信息的获取、交流和利用中，发现活动包括各种形式的知识搜索，不管是偶然发现还是结构化的查询，都需要识别信息和任何与科学研究活动有关的资源；发现在很大程度上是寻找未知世界或对象的过程，其关键是将搜索对象信息与主体已具备的认知信息相比较，以期获得新的认知结果；发现包含对科研课题的对象搜索，以及知识搜索基础上的认知处理。在科学研究中，学科交叉知识的探索具有重要性，主要在于寻求新的研究视角，如研究人员受到所从事的研究领域的限制时，必然需要进行围绕研究对象的跨学科或领域的信息搜索与获取。在收集信息的过程中，要求区分资源的组织和获取类型。如在项目

---

① John Unsworth. Scholarly Primitives：What Methods Do Humanities Researchers Have in Common and How Might Our Tools Reflect This? [EB/OL]. [2007-05-13]. http://jefferson.village.virginia.edu/~jmu2m/Kings.5-00/primitives.html.

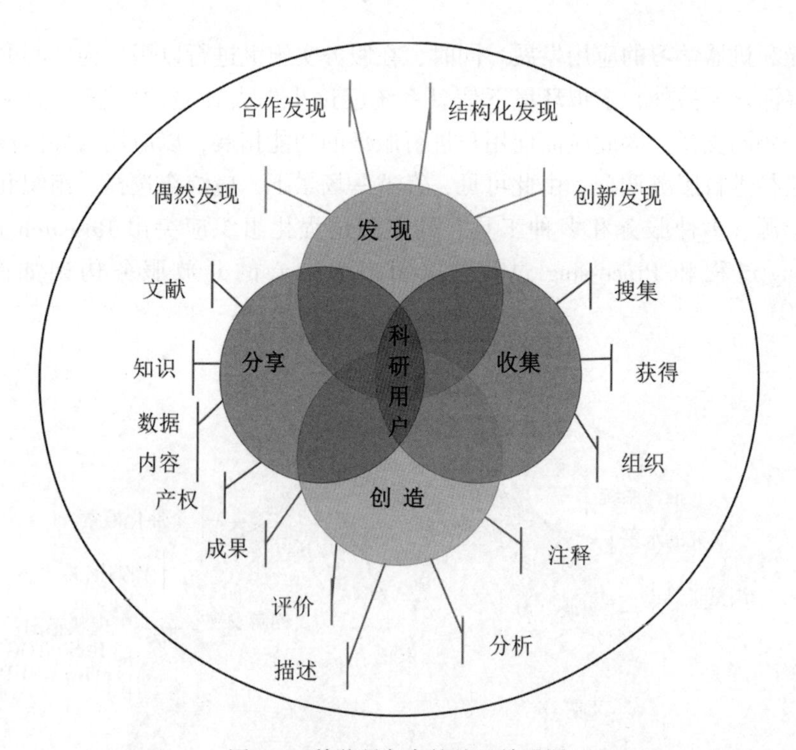

图 1-4　科学研究中的基元关系图

研究中，研究所采用的资料来源广泛、结构复杂，因而在数字资源组织上需要对所获得的资源进行数字化处理和存储，以便将其进行有序化管理和利用。在科研系统服务组织中，其相关的数据资料需要适时进行按个性特征的整理和处置，以便研究中的有序利用。创造指的是研究人员识别并获得了相关资料后所进行的创造活动，这一活动需要综合提炼信息内容，对数据资料进行分析，以形成新的认知或知识。分享即研究成果的传播、交流、发布和交互利用等，其中知识产权问题具有重要性，这是进行相关知识成果识别和管理的保障。

数字网络环境下，围绕四个基元开展的科学研究应适应新的环境变化，解决信息资源与服务环境的适配问题。面对这一问题，Google Scholar、Google Print、Google Book、Open Worldcat、Scirus、Yahoo！Answers 等进行了服务拓展。在数字信息环境下，E-science、E-learning、E-business、E-media、E-administration、E-community、E-library 等有了进一步发展。另外，泛在计算和泛在智能技术的出现提出了新的服务拓展要求，如 Ubiquitous Computing、Ambient Intelligence 等技术导致环境的变化，需要以用户为中心进行服务组织，即以用户为中心的知识发现、利用和集成等，因此应突出与用户的智能交互，推进人工智能和机器学习的应用发展。同时，在服务实施上进行以用户为中心的重组和内容深化。另外，虚拟环境下信息系统已逐步失去独立的"完整"意义，更多的是协同支撑，因此应面向用户进行服务的功能拓展，以应用为导向按用户行为路径进行服务调配。由此可见，在这一场景下，应综合选择、组织和利用多种资源、多种服务和多种工具。其中的过程化组织应突出 Research 过程、Learning 过程和 Processing 过程。以用户为中心的开放服务构架如图 1-5 所示。①

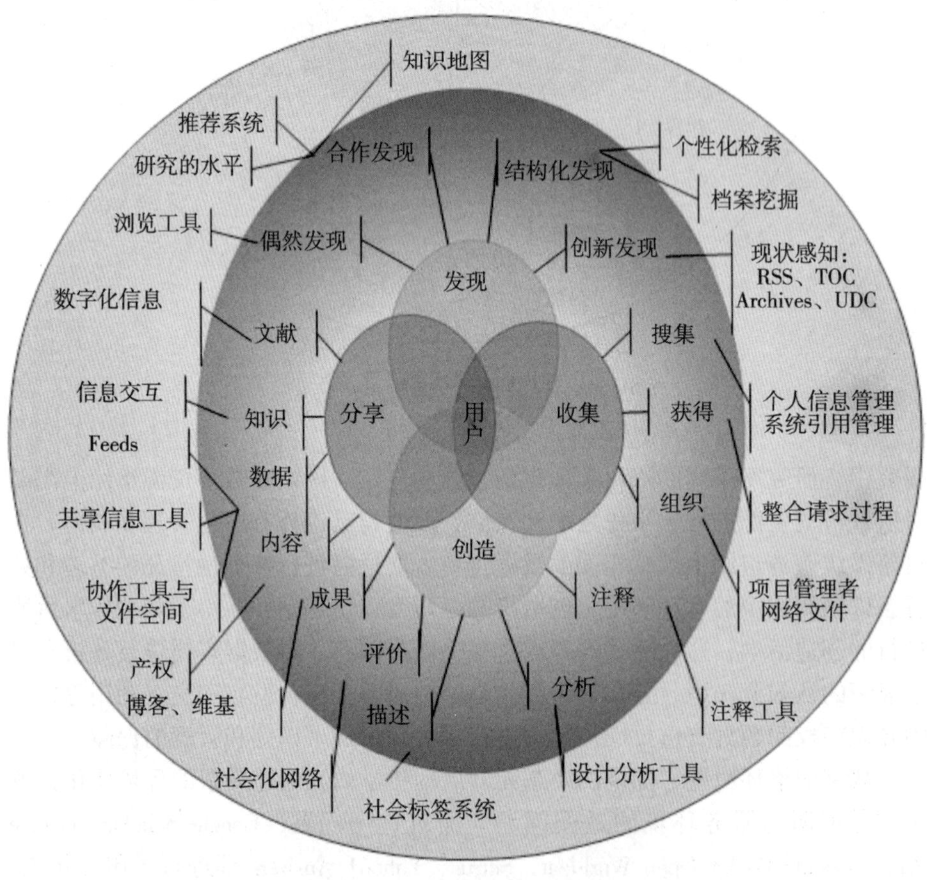

图 1-5 以用户为中心的开放服务

① John Unsworth. Scholarly Primitives: What Methods Do Humanities Researchers Have in Common and How Might Our Tools Reflect This? [EB/OL]. [2007-05-13]. http://jefferson.village.virginia.edu/~jmu2m/Kings. 5-00/primitives.html.

按以用户为中心的开放服务的要求，数字化服务可以被嵌入用户系统和用户流程之中；可以根据用户系统或流程需要进行解构、定制或重定位；可以与用户流程在应用上进行有机衔接。在信息服务组织上，数字化服务已不再是系统到系统(System to System)，而是应用到应用(Application to Application)，这样便可以做到情景敏感、流程驱动，也可以使其成为用户系统的一个部分。当前，以用户为中心的开放服务正得到迅速发展，Yale's student portal with library applications、Columbia's open learning with library applications 以及 OCLC XISBN 和 CSDL Cross-System DDL Services 等的拓展应用就是很好的说明。①

1.4.2 从资源为中心向用户为中心的服务方式转变

以资源为中心的信息服务面对各层次、需求各异的用户提供统一的普适性服务，因而难以满足不同用户日益增长的个性化需求。随着网络化信息服务的发展，信息资源的全面提供已不再是决定服务优势的唯一因素，而用户导向则越来越成为信息服务组织的基本依据。对于信息服务机构来说，以信息交互关系为中心实际上就是以用户为中心，以用户需求保障为前提，其目标在于提升用户的信息利用价值。因而，智能交互网络环境下，信息服务的组织必然从以资源为中心向以关系为中心转变。②

事实上，信息服务机构如 Amazon 的个性化信息服务，在于收集有关用户的信息需求与行为数据，在明确个性化需求与行为特征的基础上，提供面向用户的具有个性特征的服务。在开放环境下，因为安全和隐私的原因，其服务组织往往受到限制，因而需要同步进行基于信任关系和约束规范的安全保障。Lynch 曾指出，信息流通时，流通系统往往破坏了用户和资源之间的联系，这样信息资源服务难免失去提供更多个性化服务的机会。对于可能涉及的安全与隐私问题，个性化信息服务应该在有效安全规则的基础上推进。因此，信息服务机构不仅要考虑用户与信息源之间的联系，而且还要考虑信息源与用户之间的关联安全，确保个性化服务与用户信息安全保障的同步实现。

在以关系为中心的信息组织中，个性化信息环境(Personalized Information Environment，PIE)建设是一个重要方面。个性化的信息环境是指与用户个性信息需求相关的信息资源、信息交流等各种环境要素的总和。处于这一环境中

---

① 黄如花，司莉，吴丹．图书馆学研究进展[M]．武汉：武汉大学出版社，2017.

② 李峰，王怡玫，邵燕，等．用户导向的信息服务——纪念北京大学图书馆建馆 120 周年国际学术研讨会综述[J]．大学图书馆学报，2018，36(6)：13-20.

的信息资源除需要符合用户个性化要求外，还存在着对整体资源环境、技术环境和社会需求环境的适应问题。对此，在信息化环境和用户个性环境的作用下，应强调信息服务机构和用户的信息选择权与信息组织权。因此，网络信息资源的组织应强调网络信息资源系统组织模式的变革，通过动态化虚拟组织形式满足用户的个性化信息需求。这种关系和体系的形成给信息资源组织和服务带来新的前景，如 MyLibrary 系统的持续发展充分展示了个性化信息环境与个性化服务的前景。

从组织机制上看，以关系为中心的个性化信息服务需要平台去中心化。在数字网络环境下，我们必须重新思考信息服务及其系统的任务与目标。传统的信息服务系统必须由封闭的自我系统向合成信息服务系统转换，从某种意义上讲就是不但向用户提供信息而且还能够帮助用户利用信息，也就是去掉传统信息服务系统的自我中心而向去中心化方向发展。在此基础上，逐步向服务集成的方向发展，其中的集成作用在于保证服务的有效传递。一般而言，传统的信息服务机构的核心业务和服务可以通过描述信息收集——信息组织——信息利用的过程来实现。然而，在数字网络环境下情况却发生了改变，尽管信息收集仍然是关键环节，但信息收集仅仅是信息服务机构提供服务的一部分。这是因为现在的信息服务机构必须提供一个更加整体化的信息和信息交互利用工具。

数字网络环境下引导用户参与信息资源的建设，其直接结果就是开展面向用户的交互和推进服务的发展。其中，面向用户的内容服务既包括传统的信息服务，如内容查寻和搜索，也包括网络服务，如访问认证和处理等。其中，信息服务机构及其支撑系统的作用就是将相应的服务组合成以用户为中心的集成信息服务，而不仅仅是为用户提供信息。数字环境下的信息服务系统如图 1-6 所示。

从图 1-6 可以看出，一些由传统信息服务部门所提供的服务，如内容提供、交互服务、查寻服务等，转向由部门以外的机构合作或协同完成，从而形成了一些专门的网络平台或服务工具。随着数字网络的发展，其协同服务内容不断丰富，部门信息服务系统也更加开放。对此，新的信息服务系统模型应能提供相应的应用环境，以推进网络服务的集成化作用发挥和用户全面需求的整体化满足。这说明，面对环境的演化，应将分散的服务进行集成，以提供一种主动化的用户服务平台。

在当前的发展中，主动化是推动信息服务发展、创造附加价值的关键所在。信息服务的组织必须在用户需要信息时及时发现用户及其需求，同步提供他们所需要的信息及服务。因此，集成系统下的用户工具具有重要性。从集成

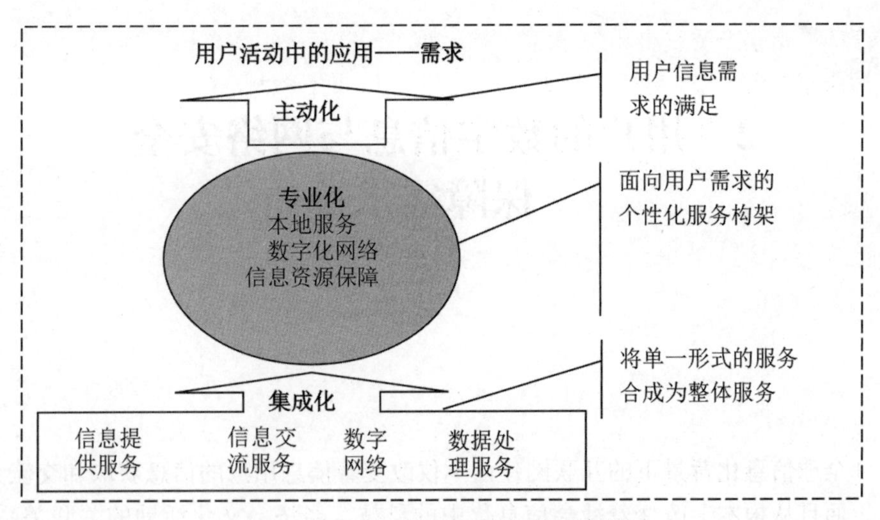

图 1-6 数字网络环境下信息服务系统

服务组织上看，任何数字化服务系统的功能实现都应提供从信息资源组织到用户服务的流程工具；在集成中，进行基于数字化资源空间和用户交互空间映射的流程管理，形成面向用户的资源组织与服务构架；将独立于用户行为流程的“信息服务”嵌入用户行为，强调流程环节的嵌接和功能拓展；同时，将显性信息交互转变为基于用户流程的智能化信息交互。以此出发，在整体化服务组织中，需要灵活处理和传递相关信息，以引导和调控相应的用户行为过程。这就意味着，最终的目的在于不仅为用户提供信息，而且帮助用户利用信息。

综上所述，数字化信息服务在资源形式、信息载体、服务方式和服务对象等方面已发生根本性变化。美国学者埃瑟·戴森在《2.0 版数字化时代的生活设计》一书中提出：“当原有的结构渐渐失去影响力时，怎样才能不仅在网络内部而且也在网络社区之间对电脑化空间进行关联，是网络服务必须面对的现实问题。”这一问题的提出在某种程度上代表了其对数字化空间有序规范的诉求，当现有的社会规范系统不能完全适用于网络系统时，新的网络规范体系应能满足维系网络社会系统秩序与服务变迁的需要。从实践上看，可以此出发进行网络化数字信息服务的组织规范。

2 用户的数字信息与网络安全保障需求分析

全球信息化背景下的互联网建设不仅改变着信息用户的信息获取和交流方式，而且从根本上改变着社会信息化中的科技、经济、文化活动的关联关系。一方面，这一环境下的大数据、智能技术和知识创新与全球产业链活动，决定了信息需求的对象、形态和内容。另一方面，基于互联网的各行业发展提出了信息服务与用户主体活动深度融合的要求。因此，有必要从全球化中的信息需求分析出发，对数字信息服务的需求引动、形态与安全机制进行分析，从而为服务与安全保障提供面向用户的组织依据。

2.1 基于网络的数字信息需求及其演化

从社会运行和发展上看，信息用户包括具有信息需求和利用条件的组织、机构以及所有社会成员，按信息需求形式和作用，其涵盖社会职业活动和社会交往的各个方面。全球网络环境下，信息需求与交互形态的数字化已成为一种必然趋势，然而这一形态上的变化并未改变信息与用户的交互关系和基本作用机制。因而，有必要以作为主体的用户的总体需求与信息需求之间的关系出发，分析基于主体活动的信息需求的引动机制。

2.1.1 用户的总体需求与信息需求

从社会运行和社会活动中的信息流及其作用机制上看，凡具有社会需求和信息交互条件的组织和个体，必然存在客观上的信息需求。从总体上看，人存在于社会中是有一定需求的，这一客观现实的存在（如同生物世界中的生物生存需求一样）是不难理解的。值得指出的是，人类社会是一个有机整体，“社会”是在一定地域内的、以物质资料生产活动方式为基础的、相互作用的人群所形成的共同体。我们讨论需求，应在社会这一前提下进行。

社会由人构成，人们的基本需求存在于社会之中，这便是我们所说的人的社会需求。社会心理学家 C. P. Alderfel 在研究社会结构的基础上提出了三种核心需求：①生存需求，解决人的衣、食、住、行等生存条件问题，是一种安全和生理的需要；②交往需求，包括人们在社会中与他人、组织、社区等方面的交往需求；③成长需求，指适应社会环境的个人成长需求，包括自我完善和发展的需求。美国心理学家马斯洛进一步将人的需求归纳为五个方面：①生理需求；②安全需求；③社交需求；④尊敬需求；⑤价值实现需求。他指出，五种需求依次变动，随着一个被满足，另一个强度就增大，最后自我实现的需求强度达到最大，这就是马斯洛的“需求层次论”。

显然，人们要想满足各方面的需求就得从事各种活动，在这些活动中人们又必须获取各种信息。这说明，人对信息的需求是由总体需求引发的，其需求关系如图 2-1 所示。

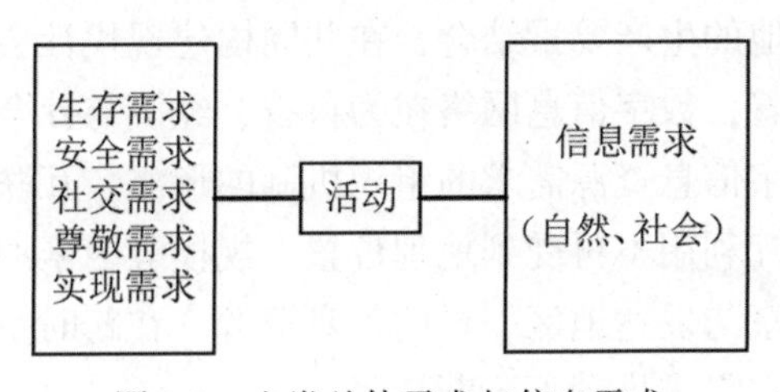

图 2-1　人类总体需求与信息需求

随着社会的变革、经济的发展和科学技术的进步，人的总体需求处于不断变化之中，当生存、安全、社交、尊敬需求不断被满足时，人们会更加强烈地追求“价值实现”这一高层次的需求。

人类对信息的需求包括两个方面：其一是自然信息需求；其二是社会信息需求。这两个方面的需求在创造性活动中是相互影响、交互产生的。然而，由于自然信息的“物质”特性，其规律可以用“物质”需求分析方式去认识，我们强调的是人们对社会信息的需求认知。

从信息需求的引动上看，生存需求、安全需求、社会需求、尊敬需求和职业活动中的价值实现需求具有相互融合的关系。这说明，用户信息需求，除对信息获取、交流和利用外，还包括了用户活动中的信息安全需求。据此，我们可以将用户安全视为信息活动的必要保障条件，以进行整体化的信息需求与安全服务体系架构。

随着全球互联网的发展和“互联网+”服务的推进，用户职业活动和社会交往的网络化、数字化，不仅导致了新的网络组织形态的形成，而且决定了基于网络安全的数字信息需求结构。从总体上看，基于网络的社会信息资源组织的变革和网络业务的开拓，决定了网络信息需求的基本内容和形式。

全球化对各国社会和经济发展的影响不断扩大和加深，这就要求网络信息资源发展在模式上做出新的反应，以适应网络环境下数字信息资源需求的变化。在全球化经济发展条件下，数字信息资源需求的满足应从全球化层面去考虑。围绕数字信息资源的利用问题，在国际层面上采取相应的对策。这种全球范围的合作，可以在数字信息资源的配置和利用上实现更大空间领域的共享与互补，以提高经济效益。因为，任何一个国家都不可能拥有满足本国社会与经济发展需要的不可或缺的所有信息资源，这就需要在世界范围充分发挥数字信息资源的区位优势，以适应全球化数字信息的需求与共享利用环境。

在全球化环境中，任何组织和个人都离不开基于网络的数字信息服务支持。数字信息与其他的生产要素结合，在共同构建现代社会生产力中发挥着固有的作用。这意味着，数字信息网络在为科技、经济与社会发展提供支持的同时，决定了面向数字信息资源需求的组织机制的形成。互联网的发展和利用可以使各类信息的交互利用不再受到地理位置、规模等因素的制约，从而使相对落后的地区可以共享与发达地区一样的信息资源。在跨时空的信息利用中，网络化数字信息范围在需求推动下不断拓展。

新一代网络智能技术的应用在于实现人与人之间的智能化信息沟通，不仅从根本上改变了人们的社会交互方式，而且实现了数字信息获取、处理、传输的重大变革。通过数字资源的全方位应用，可以有效进行数字信息的智能化共享。

2.1.2 用户信息需求的引动与行为影响

英国学者 T. D. Wilson 在进行用户信息行为模式研究中，探讨了信息需求、信息行为、信息利用与环境之间的关系，构建出了用户需求引动下的信息行为逻辑模型，如图 2-2 所示。① 图中揭示了社会环境作用下用户信息需求、

① Wilson T D. Model in Information Behavior Research[J]. Journal of Documentation, 1999, 55(3): 249-270.

信息认知和信息行为交互作用的关系。对于网络环境下用户信息需求的变化，可以从用户的社会角色出发，根据用户信息需求与信息行为的变化规律，进行面向需求的数字信息资源组织、管理和服务拓展。

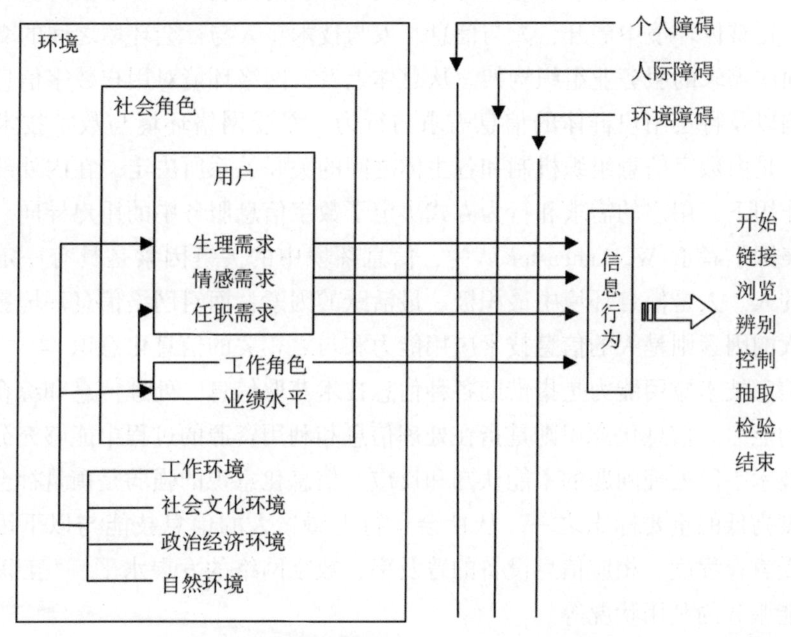

图 2-2 用户信息需求、认知与行为交互作用

围绕用户的数字化信息需求与网络环境的交互影响问题，国内外一些信息服务机构进行了针对各自用户的专门研究。其中，OCLC 从环境要素的作用出发，通过调查信息用户的直接感受，对用户现实的和潜在的需求进行了认知层面的分析，构建了物理网络和数字化技术的用户网络数字信息需求认知模型。此后，OCLC 在 2015 年提出的报告中，进一步归纳了有关数字网络信息用户对网络信息资源的需求认知和信息行为数据；强调在信息富有的时代，人们使用网络数字资源时所表现的兴趣和行为期望的重要性。英国联合信息系统委员会(Joint Information System Committee，JISC)针对网络数字信息需求与环境作用的研究表明，其集成网络信息服务环境已成为决定潜在信息需求向正式需要转化的重要因素。曼彻斯特大学图书馆与信息管理研究中心对 JISC 信息环境研究进行进一步的细化和拓展，针对 JISC 的用户服务功能、特征、可靠性、

准确性和适用性等指标进行了量化评估。① 2005 年英国 Wolverhampton 大学和 Loughborough 大学开展公共知识库用户需求和潜在用户需求分析，通过调查英国 5 个数字知识库用户群，分析了用户需求结构，构建了用户网络化信息需求模型，揭示了用户的需求表达和行为方式。以上研究表明，数字信息资源服务在网络化整体环境中展开，人与信息、人与技术、人与社会环境之间的交互决定了面向需求的服务业组织构架。从总体上看，网络环境对用户数字信息需求的影响以及特定用户群体的信息需求与行为一是受网络环境与数字技术的影响；二是由数字信息组织机制和各主体之间的关联关系所决定。在内外部环境交互作用下，用户的需求和行为方式决定了数字信息服务中的用户导向。

美国学者 J. W. Lancaster 认为，信息环境中的关键因素是具有一定相应知识的人。人是信息环境中最积极、最活跃的因素；而对网络信息环境影响最大的人的因素则是人的信息技术应用能力和与之相关的信息化意识。②

信息技术应用能力是指借助各种信息技术获取信息、处理信息和综合利用信息的能力。信息化意识则是指在处理信息和利用资源的过程中能够充分利用信息技术手段处理问题的本能认知和反应。信息化意识的强弱是衡量社会信息化程度高低的重要标志之一。从社会运行上看，人的信息技能与以下因素相关：受教育程度、相应信息设备的普及率、数字网络的发展水平、“互联网+”和智能服务的利用状况等。

全球互联网的不断发展、大数据智能技术的广泛应用和“互联网+”的全面推进，改变着信息用户的社会环境，以环境为依托，互联网将人类社会获得的各个领域联结成了一个关联整体。其中，虚拟技术的不断完善使人们的互联方式随之发生进一步变化。全球化环境下，人们可以突破时间、地域、过程的限制，方便而直接地从事学习、研究、生产、经营和文化交流等活动。在社会交往中，传统意义上的基于地缘、业缘关系而建立起来的人际关系被打破，人们的交往范围日益拓宽，人的社会活动空间进一步延伸。而这一切必然又会反过来刺激用户对互联网数字信息服务的需求。③

互联网所提供的跨时空交流平台，使信息传播、交流由传统模式向现代交

---

① Jillian R Griffiths. Evaluation of the JISC Information Environment：Student Perception of Services[J]. Information Research，2003，8(4).

② 江源富. 中国信息环境及对电子政务建设的影响[EB/OL]. [2006-10-15]. http://www.mie168.com/E-Gov/2004-09/44815.htm.

③ 邓小昭. 因特网用户信息需求与满足研究[D]. 武汉：武汉大学，2002：23-30.

互型转化。它提供的多样化信息发布、信息查寻与交互手段，克服了以往受时空局限的"点对点"的交流缺陷，实现了"点对面"、甚至全方位的数字化交流。在认知上，互联网改变了人们传统的思维方式、行为方式和认知模式。数字化网络环境下，人们的思维方式由一维向多维、平面向立体、线性向非线性、收敛向发散转变。① 例如，用户思维方式的变化，在知识信息服务中典型地体现在超文本浏览上。网络空间大量的超文本信息链接以多重路径提供了一个非线性的语义网络，引发了用户非线性、非等级的搜寻与思维方式；其中，数字资源网络化服务为创造性思维提供了平台，使得多个思维主体通过网络实现信息交流和情感交流；用户在相互学习、相互启发中实现认知和思维的同步，以此出发为创造力的发挥提供了一个巨大的思维空间。这一切，都直接影响用户的认识方式与能力，从而影响着用户数字信息交流的意识与效能。互联网作为人们信息交流的场所，同时也给人们带来了新的压力与挑战，必然促使用户不断地提高信息素养。为了更好地进行信息交流、满足自己的信息需求，用户必须关注各种新技术在网上的应用，随时了解新的信息产品与服务项目；同时，面对海量信息和大数据环境，用户需要采用更加有效的方法去进行信息选择与组织，以适应新技术发展环境。

由此可见，互联网的发展不仅改变着人们利用信息的方式，也深刻影响着社会的信息意识。社会信息意识是一定社会环境中信息对社会心理的作用状态。从心理学观点来看，社会信息意识是一种社会对信息的意识化倾向，反映社会观念、道德和行为规范的社会意识从总体上决定了社会的信息意识形态。由于社会运行的复杂性，反映这种存在意识的有两种体现形式：一是经过专门人员的引导而形成的社会意识形态；二是伴随人类社会活动的社会心理形态。这两个方面相互作用和影响，形成一个不可分割的整体，表现为一定形态引导下的社会信息心理活动。② 社会信息意识是社会信息活动和科技、生产、经济、军事、文化等方面活动的产物，是社会成员综合性意识的反映。它的形成过程可以利用心理学家 E. R. Hilgard 的内驱理论来解释。社会作为一个有机体，存在着一种趋向适应环境变化的原动力；面对环境的变化，在这一原动力作用下，社会成员必然产生趋于适应环境的信息意识形态。这种意识形态在控制人们社会信息活动的同时不断发生变化，因而是一种动态性意识。

社会信息意识与信息素质从整体上影响着用户的信息需求与信息活动，关

① 李志红. 网络与人的思维方式变革[J]. 江西社会科学，2004(3)：22-25.

② 胡昌平. 现代信息管理机制研究[M]. 武汉：武汉大学出版社，2004.

系到信息获取的全过程，如果形成障碍，势必对信息服务的及时性与效率产生影响。因此，我国已将信息技能培训与网络文化建设纳入国民经济和社会发展规划，其《2006—2020年国家信息化发展战略》的实施以及分系统推进，从根本上适应了信息化社会和社会化服务的发展。

2.1.3 用户及其数字信息需求的演化

调查和研究用户的构成及其信息需求是信息资源组织与服务有效开展的前提。社会信息化和社会化信息网络的发展从两个方面影响着信息用户的构成和信息需求。其一，信息化从本质上改变着用户的工作内容、行为方式和信息意识形态，决定着用户信息需求的新机制和基本的表现形式。其二，建立在现代技术和信息资源社会化共享开发基础上的信息网络化从根本上改变着用户的信息环境，决定着用户信息需求的满足方式和信息交流与利用的社会形态。

(1)用户构成多元化

数字信息时代的到来，使数字化信息成为一种社会化资源，人们的信息意识不断增强。用户逐渐把信息、知识的需求当成个人学习、生活与工作的一种基本需求，数字信息的社会化利用已成为从事职业活动的关键。在这一背景下，信息用户从各信息机构的服务对象拓展到所有具有信息需求的全社会成员。在用户构成上，以下几个方面的问题需要面对。

信息用户类型复杂多样。互联网信息服务的普遍使用，使人们可以充分利用各种资源。不同信息用户受其所处地理位置、社会角色和职业特征、专业特性的影响，会有不同的信息需求，而不同类型的用户需求形成了复杂多样的用户群。从用户的职业看，原有的用户类型不断发生变化，随着整个社会信息化程度的提高，潜在用户正不断向现实用户转化。

信息用户需求范围广泛。数字信息交流的跨时空发展，使网络信息资源更多样化和复杂化，服务形式和内容逐渐向社会化、综合化、集成化、智能化发展。信息用户已不再限于从信息资源机构和网络信息服务机构获取自己所需的信息或服务，而可以方便地使用更为广泛的社会化服务。分散在各地的用户在更广的范围内可以享受到多样化的服务。

信息用户个性化需求突出。在以文本服务为主的时期，着重于信息资源的共享和用户所需信息的全面保障，强调信息的全面性、完整性、新颖性和准确性，以个性化需求为中心组织更深层次的内容服务。随着互联网数字技术的发展和需求满足程度的提高，在服务拓展和深化中更应强调面向用户的个性化信息服务组织。事实上，在扩展用户范围的同时，信息用户在信息意识、知识结构、语言能力上的差别，使得其信息素质和信息技能存在很大差异，个性差异决定了用户层次服务的组织目标。

信息用户的“马太效应”明显。“马太效应”是信息利用中出现的一种现象。在数字信息需求与服务中，这种暂时无法克服的现象主要受用户信息素质、信息时空分布以及自然、社会等因素的限制，造成部分用户过多占有信息资源而产生更多效益，而另一部分用户则少量占有甚至失去占有信息资源的机会而遭受损失。在信息利用中，马太效应与资源的不对称分布相对应，因而在服务组织中应予以面对和优化。

(2)用户需求及其转化

网络环境下，社会化信息需求及信息的社会化利用日益广泛，用户与信息的交互日益密切，社会交往方式的变化使得信息需求的满足更加迫切。从需求层次上看，用户的信息需求必然向纵深发展。

在基本需求被满足以后，用户的社会交往和个性需求随之产生。个性化和社会化是当前用户需求日益深化的特征表现。个性化需求的网络延伸不仅意味着个性化需求范围的网络化拓展，而且体现了基于网络交互的新的个性化信息需求形态的变化。例如，网络社区中越来越多的用户由于内在需求的驱动，需要通过网络表达自己的特定需要和个性。同时，用户对互联网的深度参与存在于个人与个人和群体与群体之间，以不同方式形成个性交互网络。社会网络作为用户参与和共享的平台，发挥着个性开放的保障作用。因而，社会性网络信息交互需求与服务组织也是必须面对的问题，从服务组织上看，应进行社会网络服务中的用户行为规范和安全保障的同步实现。

随着互联网的发展，用户对信息内容互动性的需求越来越高，用户与服务之间按需响应的服务机制已经不能适应用户的需要，因而用户与外界的交流和互动已成为一种趋势。在交互服务中，互动的用户关系决定了基于人机交互的虚拟服务实现。

互联网数字信息迅速积累，使得用户的信息需求越来越多样化、个人化、即时化，用户越来越不满足于传统内容提供的推送。同时，用户对互联网的参与、体验意识增强，他们不仅希望自己成为互联网内容的获取者，也希望成为内容的创作者，这也是用户原创内容越来越重要的原因。

21世纪，基于网络基础平台和数字化信息载体的在线环境的形成值得关注。在这一环境下，用户主要有四种基本需求：第一是信息传递与知识获取的需求；第二是群体交流和资源共享的需求；第三是人们对于个性展现和兴趣满足的需求；第四则是信息交互或交易的需求。在这些需求的作用下，传统的活动方式正在向在线模式转变，个性展示和互动在用户所有需求中所占比重随之加大。从图 2-3 可以看出，在网络用户需求的变迁以及互联网模式的演化中，用户群体交流与资源共享、个性展示和互动，以及数字化信息传递和知识获取具有固有的增值特征。当前，互联网应用正向多领域拓展，各种服务的整合与平台化组织，在于为用户提供智能化的"一站式"服务。同时，通过多种服务的协作使用和互相带动，达到了吸引用户的目的。

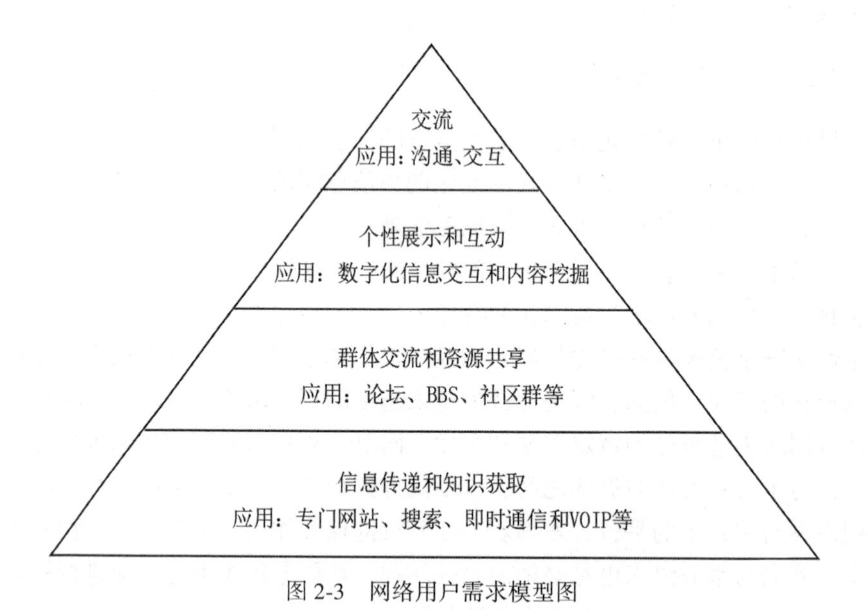

图 2-3　网络用户需求模型图

用户信息需求的存在形式可分为三个阶段：潜在阶段—意识阶段—表达阶段。在数字信息资源组织与服务中，尤为重要的是用户潜在信息需求的显化及如何挖掘用户的客观信息需求。

在潜在阶段，用户往往不能完全意识到自己有某方面的信息需求，主要通过"探索式"的浏览来捕捉一些对自己有价值的信息。在此阶段，需要信息服务人员设置一些醒目的标识来唤醒用户的信息需求，并通过信息推荐方式向用户提供他们实际所需的信息。

在意识阶段，用户已经对自己的需求有了一定的认识，但可能比较模糊、零碎，还不能通过语言进行明确的表述。在此阶段，需要信息服务人员利用相关工具或交互服务来帮助用户明确自己的实际需求。

在表达阶段，用户对自己的需求有了明确的认识，并能够用一些具体的词语加以表达。在此阶段，需要信息服务人员充分利用知识组织、内容管理、元数据设计、搜索代理等技术帮助用户准确快速地找到所需信息。

信息资源组织与服务中，用户潜在信息需求的显化和挖掘，可以采取以下措施：一是从信息服务组织角度显化潜在信息需求，需要服务组织者具有较高水平的信息收集、整理、分析和综合能力，以及多种智能交互方法的应用；二是从用户管理出发进行潜在需求的显化，挖掘潜在信息需求。在服务中，需要了解用户的目标和要求，掌握用户的心理，从用户的角度考虑问题。另外，在用户的信息反馈基础上，可建立同用户的长期交互关系。与此同时，利用人机交互方法，开发或引导用户潜在信息需求的显化。数字信息服务组织还可以通过激发机制，使潜在的信息需求得到满足，从而使其信息需求转化为现实信息需求。

2.2 网络安全环境下的用户信息需求

在网络信息服务中，网络安全是数字信息资源组织、交流、传播和利用的基础，用户信息活动中的网络安全因而也是一种最基本的要求和必然条件。开放环境下，用户的信息需求如果缺乏网络安全环境保障就会失去任何意义。由此可见，网络安全与用户的信息需求息息相关。从信息保障与利用上看，网络安全与数字信息服务具有一体两翼的关系，因此有必要从基本的网络安全保障出发，明确网络安全对网络用户信息需求的影响，以利于面向需求的服务组织和安全保障的整体化实现。

2.2.1 网络环境安全对用户信息需求的影响

信息化发展中，不仅需要充分而完善的信息服务支持，同时也必须以基本的信息网络安全保障为前提。这说明，网络安全是用户信息需求得以满足的前提。随着全球化网络的发展，关系国家安全、公共安全和社会安全各个方面的网络安全处于关键位置，需要从各个层面构建安全的网络信息环境，以此为基础设立安全基线，推进法制化安全保障体系建设，实现网络安全与信息服务的有机融合。

从总体上看，网络安全环境要素直接影响到用户信息需求。在网络信息服务组织中，用户信息需求的存在离不开安全的网络环境，因此有必要从安全环境要素及其作用出发，明确其对数字信息需求的影响，继而展示用户信息需求的内在机制。

网络信息环境安全直接决定了基于网络的客观信息需求的存在，在用户的信息感知和安全意识作用下，认识和表达出的需求则受到更深层次的影响。这一客观存在，提出了网络安全治理和安全环境构建的要求。从总体上看，网络信息环境是网络用户所处的对网络信息活动具有关联作用的社会环境和网络联系。对此，Taylor 提出了社会视角下的信息环境构建问题。网络化数字信息需求环境不仅具有社会环境和信息环境的所有特征，从作用上看，网络化数字信息需求环境在影响数字信息的传播和使用的同时也决定了数字信息网络的利用机制。

网络环境包括网络设施、物理架构、技术支持、数字资源组织以及与此相关的规则和资源环境。规则和资源决定了信息、网络和技术的利用安全，数字信息需求环境安全与否是设计和使用信息网络和数字化信息系统过程中遇到的不可回避的问题，它也是构建网络安全环境的基本出发点。

规则和资源作为网络信息环境两个基本的结构要素而存在。规则在于形成和规范网络信息的行为过程或技术利用环境。在网络构建中，安全的网络规则确立处于重要位置；作为网络信息服务的支撑要素，其数字化信息资源、网络信息技术和物理设施处于核心位置。用户的数字信息需求与行为不可避免地受这两个方面要素的影响，其环境安全则是需求推动和服务运行的基础。

数字化网络信息环境的安全结构如图 2-4 所示。在数字化网络信息环境

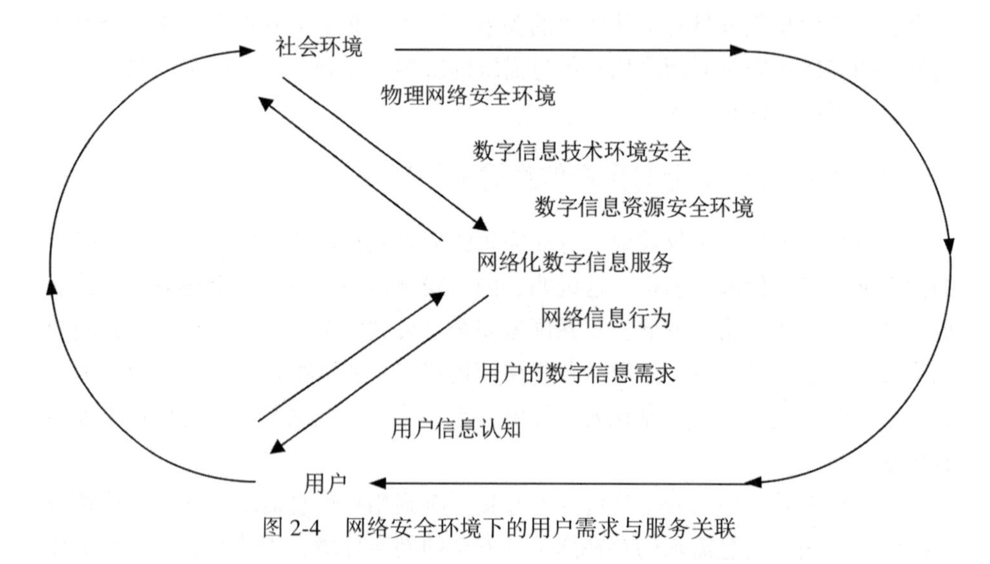

图 2-4　网络安全环境下的用户需求与服务关联

中，信息技术和数字信息资源的关系，意味着资源和规则共同构成了网络信息环境的要素。数字化网络信息设施在社会大环境中确立了基本的网络物理构成；信息技术支持、网络运行、信息资源交互等方面的关联结构和关系，从各个方面影响着用户需求和服务组织。基于网络安全的用户需求认知具有安全性的结构化需求表达，以实现信息认知活动的目标。用户的网络交互因而可视为相应规则和资源约束下信息利用的价值实现。从信息价值的角度看，正是用户利用了数字化信息环境下的资源与规则，才能使他们的信息活动目标得以实现。其中，网络安全环境作为用户安全、有效利用资源和服务的前提而存在，在要素构建上包括物理网络安全环境、数字信息技术环境安全和数字信息资源安全环境。

数字信息需求的引动与服务组织基于网络安全环境而展开，网络环境的特点必然体现在信息活动的方式和内容上。从管理的宏观组织和微观作用上看，环境的变化和安全机制的确立是其中的关键，它不仅决定数字化信息服务的组织与业务的开展，而且影响着整个网络信息服务行业的发展。

网络信息环境安全的变化对信息需求的影响是多方面的，它不仅作用于信息的存在形式、资源分布、开发利用，而且作用于以信息为对象的信息需求认知和面向需求的服务组织机制。网络信息环境作为人类社会环境的一个重要部分，随着社会信息化的发展，其安全保障环境的构建已成为关系全局的问题。

在更广范围内，人(用户)、数字信息、信息技术、信息政策和法律法规等是网络化数字信息环境的基本构成要素，它们的关系如图 2-5 所示。在网络信息环境诸要素中，信息技术和数字信息的发展处于主导地位。

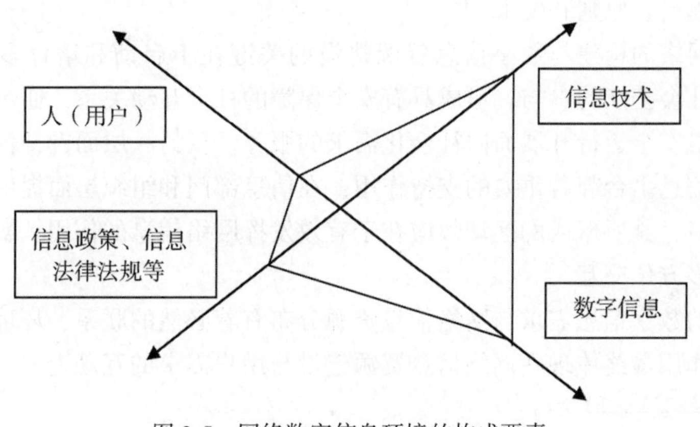

图 2-5 网络数字信息环境的构成要素

信息与社会有着不可分割的关系，一定的社会条件和环境必然对应着基本的社会信息交互方式和体制。网络化服务发展中，网络信息安全环境作为一种基本的社会安全环境，是社会特征在信息生产、传递、控制与利用方面的集中体现，网络信息环境安全随之成为关系国家安全和信息化发展的基础性保障。

在基于网络的信息服务发展中，技术进步不仅加快了信息流动的速度，而且深刻地改变了人们的社会信息关系和信息需求结构，也引发了诸如网络攻击、信息泛滥、信息污染、信息犯罪等安全问题。因此，在网络信息组织和服务中，应基于安全的网络环境进行构架，在安全前提下明确用户信息需求，开展面向需求的服务。

网络安全环境与用户及社会组织活动既相互联系又相互影响、既相互制约又相互促进。为了更好地开发利用网络数字信息资源，使之更符合社会发展的需要，必须控制和保护数字信息环境。数字信息环境与社会的相互作用是多方面的，随着社会的发展和信息技术的进步，网络信息环境与社会之间的相互作用也越来越显著。这就要求我们注重信息环境与社会整体及各个因素的相互联系、相互影响，以保证网络数字信息环境安全与面向需求的服务的同步发展。

2.2.2 网络安全环境下的用户信息需求

在网络安全环境下，用户是数字信息服务的使用者，作为信息服务的对象始终处于中心位置。用户的基本状态、需求和行为不仅影响着网络数字信息资源的组织方式和信息服务内容，而且决定了信息服务的机制和模式。在局部上，某部门的用户需求与行为决定了该部门的信息管理与信息服务业务内容；在全局上，一个国家各种类型和层次的用户及其信息服务需求，决定了信息服务的总体规模、原则和要求。①

安全网络的构建与数字信息资源建设的关键在于启动和培育多方信息需求，激发社会公众的参与，形成具有安全保障的社会互动关系，通过信息体系联动和网络安全运行开展面向社会化需求的服务。从另一层面看，信息资源机构的网络信息平台起着重要的支持作用，在信息部门和组织层面提供公共参与的安全环境，其所形成的互动效应在于有效发挥网络信息的作用、实现信息化建设中的多方位交互。

用户的数字信息需求与网络信息资源分布有着必然的联系，环境安全前提下的关联作用最终体现在网络信息资源建设与用户需求的互动上。

---

① 胡昌平. 信息服务与用户研究[M]. 武汉：武汉大学出版社，2008：213-217.

从技术角度看，网络信息需求的满足是以安全的信息交流和用户的即时交互为基础的。在信息的单向流动中，信息从信息源流向接收信息的用户，信息接收者处于被动接收信息的状态，而且信息发送者对信息的前馈和后馈有限。网络信息流动的最大优势是信息的即时交互，因为信息在网络上产生和传递，信息接收者存在变被动接收为主动寻找的客观需求，因而必然面对信息交互流动安全的问题。这说明，基于网络的即时互动沟通和信息交流，使得信息发送者和接收者的界限变得模糊而具有同一性，其基本关系如图 2-6 所示。

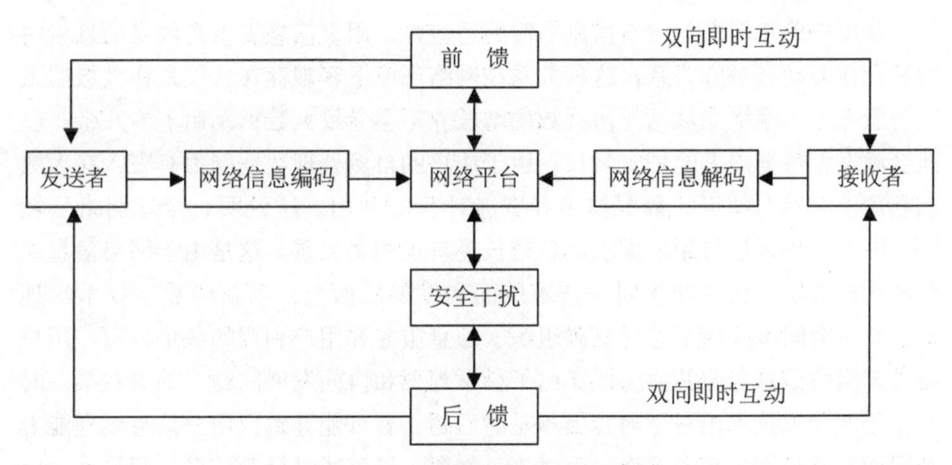

图 2-6　网络信息资源的交互流动

基于网络交互关系，用户的数字信息需求在安全环境保障下已发生深刻的变化。对用户需求调查的结果表明：用户希望通过网络，在实现服务共享的同时进行面向应用的安全交互，从而满足具有个性特征的需求。用户希望得到具有安全保障的信息资源，而不希望被信息的海洋所淹没，也不希望受单一定制服务的限制。从整体上看，安全环境下的用户网络信息需求具有综合性、全方位、及时性和专门化的特征，具体来说，其特征体现在用户对多方面信息的需求上。网络信息需求在职业活动上的特征主要体现在以下几个方面：

①全方位的信息需求特征。就信息资源的网络化组织与服务而言，诸多形式和内容的服务可以自成体系，在物理网络、资源和技术的支持下，网络化数字信息已不再局限于信息内容的表层组织、存储和面向用户需求的提供与交流，而希望提供包括信息开放存取、云服务和智能交互在内的各种专门服务，从而为网络信息的社会化共享和信息化环境下的知识与数据深度利用提供保

障。从数字信息网络构建、资源组织和技术实现上看，用户的全方位信息需求决定了网络化数字信息服务的社会化发展。这一环境变化与用户活动的互动，也是全方位信息需求的特征体现。从信息需求内容和形式上看，用户的网络化数字信息需求不仅包括了文本载体的信息和音视频形式的信息，而且包括来源广泛的网络信息；从信息组织上看，用户的网络化数字信息需求包括基于网络的共享数据库信息、跨系统信息以及网络开放存取信息和网络社区交互信息等。网络安全环境下用户的全方位信息需求决定了网络信息服务的多元组织和跨系统融合服务的发展。

②用户信息需求与网络信息资源的适应性。用户信息需求与网络信息量的增长存在着动态对应关系，这种关系在网络环境下客观存在，反映在大数据组织与服务中，网络大数据几何级数的增长并不会导致大数据利用上的冗余，反而会激发大数据需求的相应增长。由于用户的自然处理数据能力有限，在大数据利用上必然求助于大数据技术和智能计算的利用。这说明，全球网络环境下，网络信息增长与用户需求信息增长具有正相关关系。这是由于网络信息组织和用户的信息利用处于同一技术层面和发展层面上，当新的数字技术出现时，必然会同步应用于信息资源组织、信息服务和用户利用的各个方面。用户需求与网络信息资源的适应性提出了科学规划和协同发展问题。如果在某一时期，资源组织技术相对于内容服务是滞后的，有可能导致因用户信息处理能力有限而造成利用效率的下降。面对这一情况，可以通过提升信息组织技术的应用水平来解决，以实现二者之间的动态平衡。

③信息需求的层次化特征。在数字网络环境下，“互联网+”的发展不仅拓展了用户信息需求的范围，而且深化了信息服务的内容，致使用户从浅层次的信息需求向深层次的数据、知识和智能需求转变。信息需求的深层化在科学研究中是十分典型的。从总体上看，社会进步和经济发展对科学研究所产生的巨大需求，促进了科学技术的高速发展。新技术、新方向、新领域的不断生长，以及知识创新日益加快，迫切需要在面向知识创新的信息服务中不断提升科学信息的利用水平，反映在需求上便是从信息向知识的深化，在数字服务的利用上便是数字化科学研究的全程保障。

全球化环境下，科学技术对经济发展和社会进步的影响越来越大，知识创新已成为物质生产中最重要的因素，以知识创新为基础的经济体系业已形成。在这一背景下，知识的急剧增长、迅速传播、综合集成以及知识成果的加速应用已成为科学研究的必然趋势，这也是未来社会最显著的特征。鉴于科学研究在创新中的重要推动作用，需要以创新需求为导向进行信息内容层面的不断深化。同时，科学研究的前瞻性是科技创新的重要条件，这就需要根据科学研究的主流着眼长远需求，进行科学大数据的跨系统挖掘，实现深层服务面向科学研究过程的嵌入和数字化交互。

④延伸信息的交叉需求特征。网络环境下的跨系统、跨行业或领域的合作，反映在信息需求上便是跨系统和部门需求的特征体现；相对于传统服务而言，则是延伸信息的交叉需求。其中，科学研究中的整体性认知趋势越来越明显，多学科研究、跨学科研究和整体性研究发展日益加强。显然，面向科学研究的信息服务应根据研究的交叉性、综合性和整体性，进行跨学科和交叉学科信息的交互共享。对交叉学科信息进行整合，突破学科界限，进行学科信息的集成，促进多学科交叉性信息的获取，在跨学科信息的融合中进行知识创新保障服务的优化。

另外，由于任何一项技术的发展都不是孤立的，许多技术之间密切相关，这就需要进行行业信息服务的协同组织。在这一背景下，企业信息需求不仅限于本行业信息，而且需要从关联行业和产业链出发，开展跨行业的信息交互，以推进产业链经济的发展。

网络用户的信息需求随着信息化的发展、技术的进步而不断发生变化。由于物理网络数字技术的发展，网络环境下用户的信息需求已发生结构性变化。这种变化是社会信息化和社会化信息网络持续发展作用的结果，由于用户信息需求的变革受社会信息化的牵动，网络化服务则是用户信息需求得以全面满足的基本条件。网络化环境下，用户的信息需求体现出以下几个特点：用户信息需求的社会化；用户信息需求的综合化；用户信息需求的集成化；用户信息需求的高效化。网络化信息服务的发展，除物质、技术和资源基础外，用户信息需求的变革和引动是其中的关键，也是网络化信息服务得以存在和发展的必要条件。由此可见，网络化环境下用户信息需求的变革又是网络信息服务发展的永恒动力。在网络用户信息需求的引动下，网络化信息服务朝下面几个方面发展：有利于用户利用最原始信息；有利于信息资源充分开发和合理利用；促进信息管理与用户业务更加密切的结合；实现网络环境下网络服务与非网络服务的有效结合；有利于用户自主地利用各种信息服务和技术；促进"互联网+"服务的深层发展。

总之，信息服务与网络用户信息需求在不断变化的过程中相互促进，在环境变化中得到发展，在新的发展阶段不断进化，进而形成一个持续发展的过程。

网络信息资源组织与开发的社会化需求一方面极大地丰富了网络信息资源

的内容；另一方面也使用户“淹没”在网络信息资源的“海洋”之中，即大量不相关信息的存在给用户利用网络信息资源带来了新的不便。这就要求以用户需求为导向组织和开发网络信息资源，同时为以需求为导向的信息资源的组织与开发营造新的氛围和外部环境，为新的网络信息服务组织提供支持。

2.3 用户与数字信息的关联及其交互作用

信息资源数字化使得整个信息空间的任何一层内容都可以按用户需求进行关联，实现基于内容的解析、链接、交互和融合，以便从各个层面进行信息资源的组织和利用。随着 E-science、E-learning、智能制造与数字化经营的发展，各行业的信息组织都可以实现面向过程的内容组织和面向用户的服务融合。

信息资源的数字化组织所形成的数字空间，有利于数字信息的交互和基于关联关系的共享利用。

2.3.1 基于共享模式的用户与数字信息关联

在传统信息共享模式下，信息资源之间、信息资源与用户之间、信息系统和用户之间的距离越来越大，因而这一模式下的信息服务不能很好地满足用户的特定信息需求。对此，有必要构建基于交互关系的多元信息共享模式，以推动信息服务的变革。变革中的信息服务应能支持研究学习型用户信息需求的全面满足，同时适应学习和创造行为的变化。因此，需要重新审视和重新定位信息服务在支持用户学习和探索中的作用，以实现信息服务与网络支持之间的结合和融合，通过融合协同平台来提供全方位的服务支持。在目标实现中，信息服务机构不仅需要提供信息，而且需要在网络支持下利用 IT 技术，为面向用户的服务提供支撑，同时构建基于用户的信息共享空间(Information Commons, IC)。①

在服务发展中，IC 已在大学图书馆中得到了广泛应用，目前主要基于两种构架。一种是在面向用户的数字信息服务中，把 IC 作为一种综合性服务设施和协作学习环境来对待，其中，美国北卡罗来纳大学 Donald Beagle 就是这一服务构架的推进者之一，他认为 IC 是一种新的基础设施，是围绕综合数字

---

① 任树怀，孙佳春. 信息共享空间在美国大学图书馆的发展与启示[J]. 大学图书馆学报，2006(3)：25-27.

技术而设计的服务空间。作为一个数字空间实体，IC 涉及数字信息网络环境的重构以及技术和服务功能的整合。另一种是在开放存取的背景下，把 IC 作为共有设施来对待，在 IC 设施中最大限度地进行数字信息的自由存取和利用。美国图书馆协会(ALA)前主席 Nancy Kranich 作为主要倡导者，认为 IC 确保了数字信息的开放存取和利用，它以价值实现为导向，进行信息资源的组织，促进信息共享和自由存取，为用户交互学习和交流提供新的服务基础。①

尽管对 IC 的解释不尽相同，但基本认知都是一致的。IC 作为一种协同学习环境和社会信息交互环境的融合体，是一个经过规范设计，支持数字信息开放存取的一站式服务设施和协作平台。IC 构建在于整合使用方便的互联网、功能完善的计算机软硬件设施以及内容丰富的知识库资源，在信息资源服务机构和网络服务方的共同支持下，开展面向用户的共享服务，促进用户学习、交流、协作和研究。在这一原则框架下，其基本组织要素包括空间、资源和服务三个方面，其中空间与资源是基本的保障要素，而面向用户的服务则是空间活动中的实体内容，如图 2-7 所示。

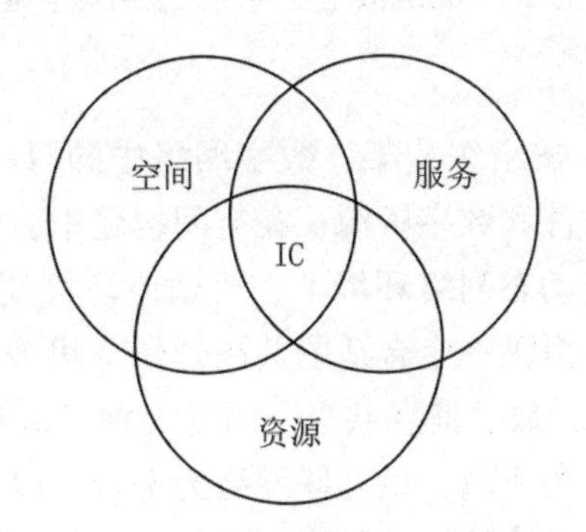

图 2-7　数字信息资源服务的空间结构

IC 的构成可用一个三层模型来描述，即实体层、虚拟层和支持层，如图 2-8 所示。实体层提供具有可伸缩性的数字技术设施和服务场所，进行数字信息组织和利用支持；虚拟层提供用户协作学习和共享资源，如 SNS、IM、数据库、DL 资源等；支持层由信息资源服务机构和相关方提供软硬件支持服务。②

---

① 卞清，信息共享空间：面向用户的信息服务新模式[J]. 图书与情报，2007(4)：5-9.

② 任树怀. 信息共享空间背景下的大学图书馆 2.0[EB/OL]. [2007-11-01]. http://doldhuai.bokee.com/6506834.

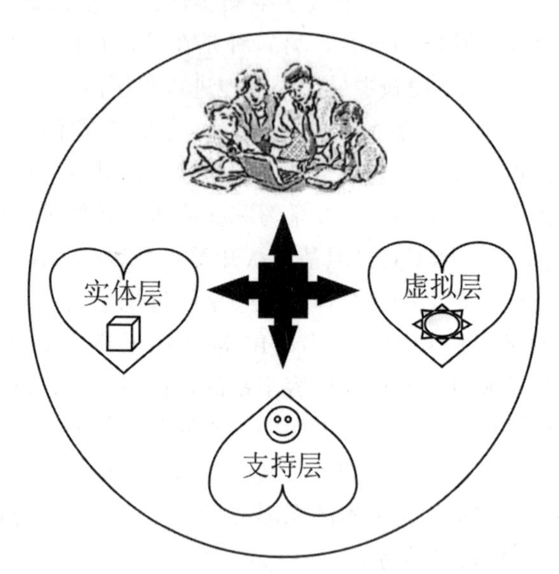

图 2-8 信息共享空间的三层结构模型

IC 具有以下特点：按组织构架，数字网络中的每一个计算接口都有相同的界面，使用同样的软件和数字资源；在空间构建中，资源组织和技术支持适应各种用户的需求；在动态网络环境下，可适应环境变化和技术发展的需要；按面向用户的原则，可提供一个合适的共同合作空间。①

在 Web2.0 服务中，数字信息共享空间是一种以用户为中心的动态服务空间场所，它以用户需求为驱动，以互联网络为平台，以多种信息技术和工具为支持，以用户参与、交互体验智能处理为基础，以数字化网络资源为载体，以多功能服务为内容进行构建。在这一空间场所中，用户以实体和虚拟相融合的方式进行信息交流和共享，在网络信息空间活动中，支撑和驱动系统运行与发展用户参与处于关键位置。

在数字化网络空间中，信息共享的最大特点就是用户参与。用户参与不仅表现在用户接受信息服务的交互过程之中，更主要的是用户可以参与信息资源的建设，在资源选择、管理和服务中发挥应有的作用，从而形成用户、服务和资源互动的信息共享格局。

---

① 施强. 信息共享空间：意蕴、构成与保障[J]. 大学图书馆学报，2007(3)：53-57.

2.3.2 用户与数字信息的交互

数字环境中的信息交互受到各种因素的影响，其交互结构具有复杂性，涉及用户、信息、系统等要素；对于交互关系的分析，不仅要考虑技术因素，更要考虑到用户的认知因素和环境因素。数字环境中用户的信息交互多是非结构性的复杂过程，需要在面向用户的信息服务中实现。在用户交互工具的使用上，Laurel 认为交互界面应是一种有利于用户体验和使用的接口界面，其交互界面设计必须从感性和理性两方面使用户满意。由此可见，只有服务内容是不够的，服务的组织形式也十分关键。Laurel 以此出发，进一步强调用户体验和行为分析的重要性，因此，基于用户体验的服务组织需要通过反馈循环机制不断改善交互过程。Nardi 和 O' Day 认为，需要在设施、资源和技术所组成的系统中进行有效的信息交互和利用。因此，数字信息交互系统并不是单一结构的计算机网络系统，而是系统各部分的关联和功能整合。①

随着互联网的发展，用户对内容的互动性要求越来越高，传统的用户需求响应已经不能有效满足不断变化的用户需求，而用户与用户之间的交流、互动以及用户与系统的交互将成为必然趋势，互动用户间的关系将越来越密切，最终形成以虚拟关系为基础的互联服务。2005 年以来，信息搜索服务已普遍采用交互式的智能方式。在此后的发展中，网络社区的人际交互已成为互联网服务的重要内容。其中的人际互动在于深化交互内容、在开拓互联网信息来源的基础上实现线上服务的社区化和线下服务的协同化。在这一模式下，可以进一步整合技术和服务中的用户交互关系，以便在互联网服务基础上进行紧密关联的融合空间构建。

信息服务的数字化和网络化，引发了新的信息生成、流通和利用需求，在基于新技术的发展中，用户的信息需求和信息利用行为已发生新的变化。在信息利用中，用户更加关注多样化的信息源，不再仅仅关注单一的专门信息来源；从来源形式上看，用户更关注各种数据库、网络信息、讨论组、Wiki 等多种信息来源。信息来源的多元化导致了多样化信息利用方式的产生，用户可以更多地借助网络上的各种工具和手段来获取信息。随着用户对网络依赖的增强以及网络所带来的自由空间变化，用户的信息利用行为具有极大的随意性，用户所习惯的各种利用方式因而得以在网络上广泛使用。应该说，用户在信息

---

① Medin D L, Lynch E B, Solomon K O. Are There Kinds of Concepts? [J]. Annual Review of Psychology, 2000 (51): 121-147

交互中的独立性正不断强化，具有独立判断能力和思维能力的用户，更易于在交互中获取更多的信息。① 总体说来，网络环境中的用户在实体空间和虚拟空间的不断转化中，可方便地进行社会性交互和学习性交互，其社会性交互和学习性交互结构如图 2-9 所示。

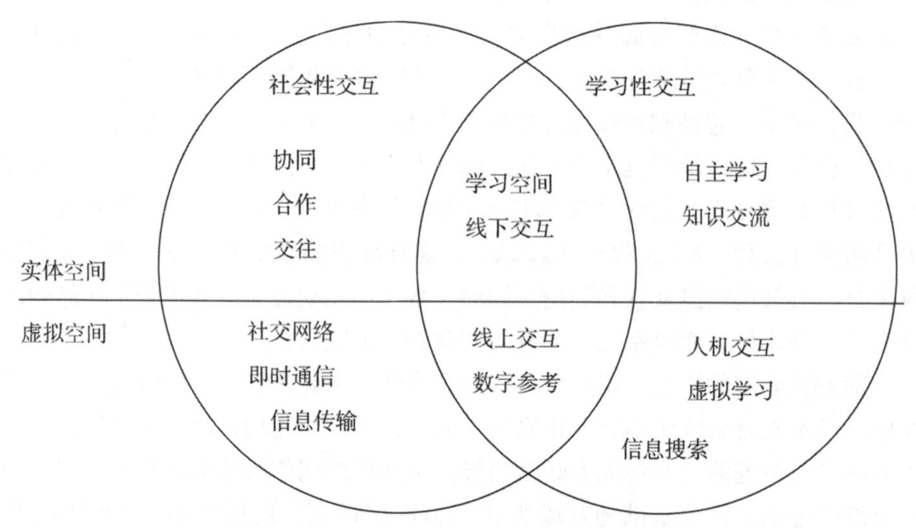

图 2-9 用户社会性交互与学习性交互表现

互联网所具有的交互特征使得基于网络的人机交互和机器学习得到迅速发展，因而，用户对信息服务的需求更多地转向网络平台。网络交互中，用户可以方便地借助数据库、搜索引擎以及各种工具来获取信息，利用所具备的信息能力和知识来利用信息，从而反馈到信息交互平台服务之中。在交互中用户通过自身体验，进行信息服务的合理选择和更为有效的利用。如果用户的信息需求得到满足，必然会转向更高水平的需求；如果信息需求没有得到满足，用户会根据反馈调整自身的需求，产生相应的信息行为。这一过程进一步说明了用户信息交互的重要性。

图 2-9 归纳了用户社会性交互与学习性交互的表现，交互中的体验和行为决定了实体空间和虚拟空间的构建和环境优化。对此，以面向用户学习的服务

① Michael C Habib. Toward Academic Library 2.0: Development and Application of a Library 2.0 Methodology [D]. Chapel Hill, NC: University of North Carolina at Chapel Hill, 2006.

为例进行了交互过程的展示，鉴于社会性交互的普遍性，可以在更广范围内进行用户信息交互空间结构的优化。

2.4 数字信息需求的存在形式与状态

信息服务提供方式应该与用户信息需求的状态和内容相适应，这说明用户需求的状态和内容形式决定了信息服务的组织构架，因而有必要明确用户数字信息需求的层次结构和关联关系。处于网络化环境下的用户个体或群体，其信息需求存在着由低层次向高层次转变的过程。数字网络中的用户环境、技术环境和需求环境已发生了根本性变化，正是这种变化引动了用户信息需求的存在状态、层次结构和需求形态的转化。

2.4.1 数字信息需求的存在形式

可以将用户的信息需求看作有机结合的系统性需求，它具有一定的内在结构和外部联系。从整体上看，用户信息需求包括生活中的信息需求、职业活动中的信息需求和社会化过程中的信息需求，而这种系统性需求结构，又是以职业活动中的信息需求为核心的。在用户的系统性信息需求中，其需求形式由主体需求机制决定，包括获取信息、发布信息和信息交流等方面的需求。①

①获取信息的需求。网络环境下用户获取信息的需求包括用户获取各种信息线索的检索需求和获取原始信息的直接要求。从需求客体对象上看，它既包括各种形式的文献、图像、数据、事件等数字化资源，也包括存储、揭示与检索信息的网络工具和系统需求。对于汇集这些信息的资源而言，其自然分布、分散组织和网络开发形式决定了信息需求的最终对象。

②发布信息的需求。发布信息的需求是指用户向其他个体或外界发布、传递相关信息的需求，包括对外发表研究成果、发布业务信息、公布有关数据等。这种信息发布在一定的社会规范和法律制约下进行，具有与业务活动密切联系的特征，其中大部分活动被视为业务活动的有机组成部分(如企业产品广告发布、科研部门的成果公布等)。

③信息交流的需求。与信息发布需求不同，用户的信息交流需求是一种双向的信息沟通需求，即用户与他人或外界进行相互之间的信息交互传递需求。

① 胡昌平. 现代信息管理机制研究[M]. 武汉：武汉大学出版社，2004：203-213

米哈依洛夫通过社会交流体系，研究科学信息的交流渠道，从而确立了科学信息交流的系统模型。在网络环境下，这种交流模式已发生了新的变化。属于非正式交流过程中用户之间的“个人接触”和“直接对话”，以及社会化的互联网信息交流，集中体现了信息交流需求的多元化发展趋势。

Web2.0 的发展将用户的信息获取、发布与交流活动推进到了一个新的阶段，网络用户在社会活动中首先要考虑的是面向需求的信息交互、传递和利用。互联网能够发展的根本原因就在于其互联互通的信息传播和信息的交互利用支持。由于社会环境和技术发展等因素的影响，用户的信息需求处于不断变化之中。这说明用户信息需求的状态具有动态结构特征，用户不同的信息需求状态决定了不同的要求类型。随着数字网络和智能技术的广泛应用和数字化信息资源的快速增长，用户存取和利用数字化信息的需求与日俱增。从总体上看，影响用户信息需求及其转化的因素是多方面的、复杂的。识别信息用户的需求状态及其转化机制，将有助于信息服务的组织与开展。

大数据和智能环境下，用户的数字信息需求结构趋于复杂化，需求的载体形式和内容包括文本、数据、音视频等，对这些信息的内容提取和组织是一种基础性的信息需求。与此同时，用户需求还包含了互联网服务需求，信息获取、发布、交流、技术需求以及用户网络信息活动的保障与安全需求。

2.4.2 用户信息需求状态及其关联

科亨在用户信息需求研究中将其状态划分为三个层次结构，以此构建了图2-10所示的需求状态模型。① 按用户信息需求的存在状态，第一个层次是需求的“客观状态”，即客观存在着的信息需求状态，其状态并不以用户主观认识为转移，而由用户的职业活动、环境、知识、能力等客观条件决定；第二个层次是需求的“认识和唤起状态”，包括用户自己认识到的信息需求和被外界激发而唤起的信息需求，不包含未被认识和发现的信息需求；第三个层次是需求的“表达状态”，即通过与外界的交往与交流，用户认识并得以表达的信息需求状态。图2-10反映了基本的状态结构。用户信息需求的认识和表达状态除了受用户心理、认知和素质等因素影响外，还受到客观因素的影响，因而往往只有部分需求能够被用户认识并表达。②

---

① 胡昌平. 信息服务与用户研究[M]. 武汉：武汉大学出版社，2008：163-167.

② 谭英. 网络环境下的潜在情报需求分析[J]. 图书情报工作，2003(12)：71-73.

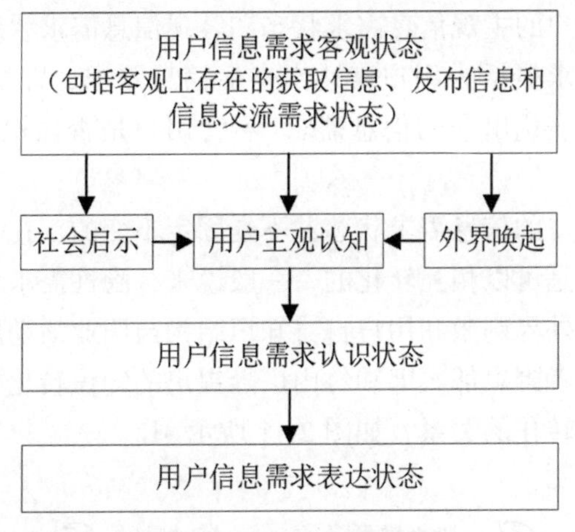

图 2-10　用户信息需求状态

进一步研究表明，一定社会条件下具有一定知识结构和素质的用户，在从事某一社会活动中必然存在一定的信息需求。这是一种完全由客观条件决定、不以用户主观认识为转移的需求状态。但是，用户并不一定会全面而准确地认识客观信息需求，由于主观因素和意识作用，用户认识到的可能仅仅是其中的一部分，或者全然没有认识到，甚至有可能对客观信息需求产生错误的认识。无论何种认识，都可以概括为信息需求的不同主观认识状态。通过用户活动与交往，用户认识的信息需求将得以表达，这就是信息需求的表达状态，也即显性信息需求状态，这一状态与用户的实际体验和表达有关。①

如果将用户信息需求的认识状态看成用户主观信息需求的话，则可以进一步研究用户信息需求的内在机理。需求状态之间的关系可能存在以下几种可能：客观信息需求与主观信息需求完全吻合，即用户的客观信息需求被主体充分意识，可准确无遗漏地认知其信息需求状态；主观信息需求中属于客观信息需求的一部分，即用户虽然准确地意识到部分信息需求，但未能对客观信息需求产生全面认识，用户的这部分信息需求如果得到正确的表达，就成为了显性的信息需求；主观信息需求中超出客观信息需求的内容，即用户意识到的信息需求不仅是客观上真正的信息需求，还有可能产生一部分由错觉导致的主观需求；如果客观信息需求的主体部分未被用户认识，即用户未对客观信息需求产生实质反应，其信息需求则以隐性的形式出现。

---

① 胡昌平. 现代信息管理机制研究[M]. 武汉：武汉大学出版社，2004：101-103.

总之，无论用户的主观信息需求状态和客观信息需求状态的关系如何，都可以把用户信息需求概括为用户表达出来的信息需求，即用户的显性信息需求，以及用户没有表达出来的信息需求(不管用户是否认识到)，即用户的隐性信息需求。

一般来说，用户的信息需求状态并不是固定不变的，在一定条件下隐性需求和显性需求之间是可以相互转化的。一般说来，隐性需求和显性需求之间的转化由社会交往、外界刺激和用户自身知识结构与职业活动所决定。在这里我们可以借用日本学者野忠郁次郎和竹内广隆提出的知识转化模型来表示显性需求和隐性需求相互转化的关系，如图 2-11 所示。①

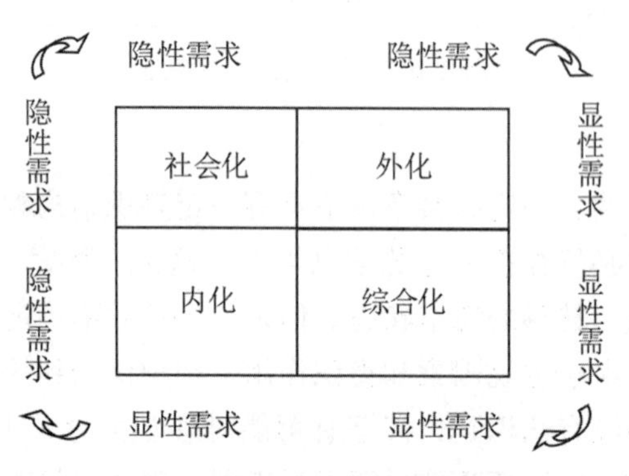

图 2-11　信息需求转化螺旋模型

如图 2-11 所示，信息需求的社会化是个人隐性需求转化为显性需求的过程，主要通过学习、思考和实践等方式使个体的知识结构发生变化，从而在隐性需求的显化中激发新的隐性需求认知和转化；外化是对隐性需求的明确表达，将其转化成信息服务提供方易于理解和确定的形式，其主要依赖于服务提供者或者系统交互、沟通、启发等方式来推动隐性需求向显性需求的转化；综合化是一种显性需求整合的过程，通过一定方式和方法将分散的、不系统的和表达不准确、不规范的显性需求进行整理，重新提炼成新的、更加明确与系统化的显性需求，为用户更好地获得信息服务奠定基础；内化意味着显性需求转化为隐性需求，用户接收信息后，通过学习和思考使得自己的知识结构得以改

① Ikujuor Nonaka, Hirotaka Takeuchi. The Knowledge-Creating Company: How Japanese Companies Create the Dynamics of Innovation[M]. New York: Oxford University Press, 1995.

变和优化，从而产生新的更高层次的隐性需求。

分析信息需求状态及其转化过程可以得知：用户的信息需求认知状态在信息利用之初往往是模糊的，而且不容易清晰地表达出来；在这一过程中，用户需要通过信息的相关性分析进行判断，以便逐渐明确其需求，并系统化地表达出来。用户在得到满意的信息服务并解决自己遇见的问题后，新的需求又会随之产生。因此，用户对信息需求的认知状态也是客观信息需求的萌芽状态，即信息需求的引动状态。任何表达出来的显性需求都是由此而引发的。在网络环境下，信息需求的总体构成包含了显性信息需求和隐性信息需求。由于隐性信息需求在数字网络环境下所呈现出的关联特征，从某种意义上说，其状态描述有利于我们通过数字环境的作用来优化需求认知结构，以利于消除各方面的障碍，促使隐性需求向显性需求转化。

2.4.3 用户隐性需求的显性化转变

网络环境下，挖掘用户隐性信息需求并促使其向显性需求转化是信息服务机构日益关注的关键问题，也是我们研究数字信息需求状态转化的主要内容。促进用户信息需求状态转化的因素有很多，主要包括社会层面的、文化层面的、技术层面的等方面因素。在这里我们重点从信息服务参与主体和客体的角度来分析用户信息需求状态转化的问题。从总体上看，信息资源、用户和服务提供三个方面直接关系到信息需求的客观存在和确定性表达。

①信息资源层面。从信息资源的层面上提高用户需求状态转化的效率，就是要深化信息资源面向用户的内容揭示和组织内容，力求信息标识空间与用户认知空间的同一性，以相对准确的信息资源标识来满足用户的需求认知。面向用户需求的信息资源建设是一项系统性工程，需要从全局出发，在分工协作中形成数字信息资源建设群体。在建设过程中，要统一标准规范，避免出现互不兼容的现象。同时，进行面向需求的信息资源跨系统整合。对于网络信息资源要建立合适的用户指引库，建立用户指引关系，以便用户能方便地通过指引库获取自己需要的显性信息。另外，建立统一的用户平台，以克服因缺乏围绕信息资源共享、交换、开发、利用的技术支撑体系而造成的信息孤岛的限制。总之，信息资源的建设是一个需要多方面用户配合的工作，需要围绕用户各层次需求来实施。在信息资源内容标识中，一是建立基于用户认知的映射关系，二是确保用户认知空间和信息资源构建空间的一致性。在资源系统运行中，还需要构建用户交互平台，实现基于需求认知的内容覆盖。从根本上看，数字信息资源标识应与需求相匹配，以保证信息用户具有充分的信息认知体验，促使其

隐性信息需求向显性需求转化。

②服务提供者层面。处于这个层面的主要是信息资源服务机构、网络服务机构和数字技术服务机构。各类信息机构均利用各种条件实现其存在的社会价值，促进信息交互和数据利用，在满足社会的信息需求中，促使用户的隐性信息需求的转化。具体说来，可以采用如下策略：在开展用户服务中，提高用户利用数字化资源的信息意识和信息能力。其中，用户利用数字资源的信息意识是指用户对数字化资源作用的自觉认知与反应，直接表现为用户是否主动接触、利用和吸收数字信息。另外，用户使用信息技术的能力提升对激发用户的信息需求也十分重要。一般而言，用户使用信息技术的能力越强，信息需求由隐性形式转化为显性形式的过程就越顺利。因此，提高用户的信息意识和信息能力不仅是信息需求得到满足的途径，而且是信息机构在新环境下面临的挑战。在数字网络环境下，信息源类型、服务方式、内容和手段都发生了根本性变化，信息机构为了充分利用网络技术拓展服务业务，应不断推进与用户的互动。由于网络与用户日益密切的融合，必须强调针对用户特定需求的服务交互。为了满足用户的多样化需求，应利用相应的工具在实时交互中促进用户隐性需求的显性化。

③用户层面。用户信息需求的提出是以一定的知识积累为前提的，由于用户信息接受能力往往受其知识水平的限制，并不是所有的用户都能明确自己的客观需求，更不是所有的用户都能正确表达出自己的具体需求。其结果必然导致用户获取信息和信息服务利用障碍。这说明，信息用户本身的知识结构及信息素养都是影响隐性信息需求正确表达为显性信息需求的重要因素。作为信息的使用者，信息用户应充分了解所从事领域的发展动态及前景，准确表达自己的信息需求，同时不断提高信息素养和使用信息系统的能力，将更多的隐性需求转化为显性需求，继而转化为信息获取、交流和利用行为。因此，应引导信息用户的主动认知行为，促进其隐性信息需求向显性需求的转化。

2.5 数字环境下的用户信息利用行为

用户对数字信息的利用作为信息活动的基本环节而存在，在认识需求、获取信息的基础上进行。用户的信息利用水平和效果不仅取决于信息的价值，而且由用户的主客观条件和状况决定。因此，研究用户利用信息的行为，应对其中的基本问题进行归纳和分析。

2.5.1 数字环境下用户的信息利用行为与特点

从信息利用行为目的的角度可将数字用户信息利用行为分为信息发布行为、信息交流行为、信息查寻行为、信息选择行为、信息下载行为和信息吸收行为等。由于用户多方面信息行为并非相互独立，而是各有交叉，所以可以从整体上进行行为的关联展示。从用户行为范畴上看，可以围绕服务的组织进行针对性研究。图2-12围绕数字信息资源发布、交流、查询等行为进行了展示和分析。如图所示，信息发布行为和信息查寻行为是相对独立的，而信交流行为则和信息发布行为、信息查询行为有一定的交集，信息选择行为则贯穿于以上三种行为之中，且与以上三种信息行为都有交集。据此，可面对这四类信息行为进行特征分析。

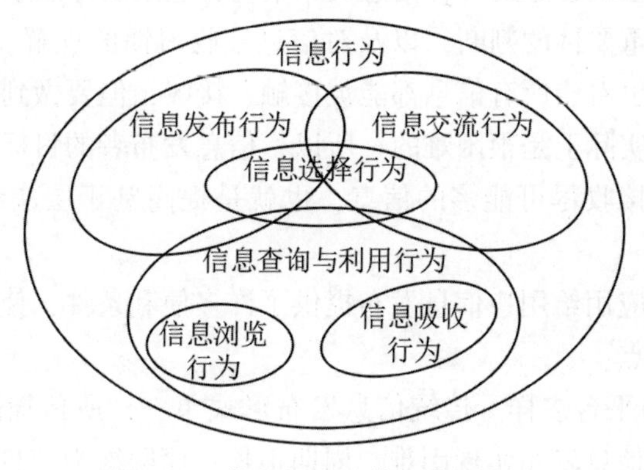

图2-12　信息行为及其相关概念图

(1)信息发布行为

网络交互环境下，信息发布的渠道具有多样性、交互性和普遍性，用户的网络信息发布可以利用个人微博、Wiki、Free Tag、P2P等方式，将数字化信息在网络上进行提供，以实现对外传播和交互信息的目的。对于用户而言，信息发布是信息生命周期的开端，对此后的信息流动起着重要作用。网络环境下，信息发布的方式有直线式、队列式和层次式等形式。①

直线式信息发布指信息发送者与接收者之间用直接传播的方式进行信息发

① 彭兰. 网络新闻传播结构的构建与分析[EB/OL]. [2007-11-03]. http://net.chinabyte.com/chxjj/231/2166731.shtml.

送。直线式发布是连接信息发送者与信息接收者的最便捷的途径，它可以是点对点的，也可以是点对面的，可以发布一条信息，也可以在一组信息集成基础上一次发送。

队列式信息发布是指按一定原则(如 Blog 文章的顺序)来依次排列信息的发布方式。例如，通过 Blog 发布博文或者评论，虽然不同 Blog 决定博文或评论次序的原则各不相同，但总体来看，信息间的关系是线性的，有先后顺序之分。对于用户的接收而言，越是靠前的信息，通常被接收的可能性越大。

层次式信息发布是指信息被人为地分成若干层，使不同信息处于不同层次的信息发布方式，如通过 P2P 服务器来进行信息发布。在层次式发布中，信息之间的关系通常是层次树的结构，位于上层的信息被人们接收并采用的可能性较大，而位于下层的信息被人们接收和采用的可能性较小。层次结构是最能体现信息发布者主观意志的一种信息发布结构，它集中体现了信息发布者的认知结构、对信息重要性的判断，以及对信息接收习惯的理解。在层次结构中，信息发布者虽然也希望所有信息都能被接触、接收，但要做到每一个接收者接收到所有信息，实际上是很困难的。所以，信息发布者的目标，最终是让接收者以最小的代价接收尽可能多的信息，也就是提高基于层次结构的信息发布效率。

社会网络的应用给用户信息发布提供了许多便利条件，使信息发布行为具有以下独有的特点：

① 信息发布平台多样。传统信息发布形式单一，所传播的信息往往有各种限制条件，且信息发布实现困难、周期很长；而网络为信息发布提供了形式多样的平台，使网络信息发布更为便利。

②难以控制信息内容的传播。传统信息分布的对象、范围可由发布者自行控制，从而可以对发布信息进行有效管理；社会网络环境下，由于网络的交互性和开放性，这种作用逐渐变小甚至消失，因而网络信息发布者的行为更加自由。

③传播的范围广、时效性强。在传统的信息传播模式中，信息发布渠道单一、时效性差；而网络覆盖面广，可突破时空的限制，由于传输时间间隔短，网络信息发布更加快捷。

④ 网络信息发布成本低。网络信息发布的成本与传统发布相比处于低成本状态，许多站点都可以提供开放的信息发布平台，从而给信息发布者提供了极大的便利。

(2)信息查询行为

网络环境下，用户信息查询行为主要是检索行为和搜索行为，但又并非所有的信息查询行为都可归纳为这两种行为。网络信息检索行为是具有明确信息需求的网络用户借助专门信息检索工具或使用信息检索语言在网上获取所需信息的行为；信息搜索行为则在缺乏明确信息需求目标的用户获取信息活动中发生。搜索行为是一种探索，是靠发现而获取信息的行为。网络的冲击使探索性信息搜索的重要性与日俱增，目前已成为网络用户最常见的信息查询行为。另外，通过网络社区的交互查询作为一种新的行为方式，已普遍存在于网络信息活动之中。从总体上看，可将用户的信息检索和搜索行为的特点概括为以下几点：

①易用性原则。用户由于受网络环境、信息质量、内在能力等因素的影响，不可能获得与自身信息需求相关的所有信息，在信息检索中用户一般首先选择容易获得且适用的信息资源。

②单一词汇的使用和复杂手段的规避。Spink 等曾对 Excite 搜索引擎的近 300 位用户做过实验，发现在用户的搜索提问中，人均输入的检索词为 3.34 个。国内的一些专门研究表明，90%左右的用户输入的检索单字为 3~6 个。用户在使用检索系统时，尚缺乏复杂的检索技能，往往采用相对简的单策略。①

③网络搜索方式固定。信息搜索中用户的浏览方式主要是页面间浏览和搜索引擎链接指向下的网站间浏览。其中，页面间浏览在于对同一服务器上不同网页之间的链接内容进行搜索，其典型方式就是按系统所提供的主题指南逐层浏览用户感兴趣的信息；网站间浏览根据不同服务器上的不同网页之间的链接关系进行信息搜索。

④搜索的目标明确。用户往往希望延伸已有信息范围，顺着文本或链接查找一些与已获信息相关的信息，同时跟踪新信息，如定期浏览某些网站或栏目，以保证对某一领域的信息有及时的了解。这一行为在于全面获取专门信息以供持续使用。用户因某一信息的刺激而引发对其进一步探寻时，“过程性满足”行为便得以发生和持续。

---

① Spink Amanda, Xu J L. Selected Results from a Large Study of Web Searching: The Excite Study[EB/OL]. [2017-11-15]. http://informationr.net/ir/6-I Jpaper90.html.

(3) 网络信息交流行为

信息交流是社会活动中借助某种符号系统、利用某种传递通道而实现的信息发送者和信息接收者之间的信息传输和交换。信息交流不同于其他信息行为，关键在于信息交流是双向交互的行为。网络信息交流行为是指网络用户利用网络这一平台、以数字化的内容为传播对象进行在线交流的信息行为。

在网络信息交流的过程描述中，信息交流过程被视为一种信息源(S)、信息渠道(C)、信息用户(U)三者相互作用的过程。网络信息交流涉及的诸多方面也不外乎是数字网络渠道和交流主体。

数字信息作为网络信息交流的客体，其形式、载体和内容都会对信息交流产生特定的影响。信息交流的主体即信息的传播者与接收者，包括个人、机构等不同层次和类型的用户，主体之间的交互和关系决定了行为的发生。信息渠道对于交流的影响，由渠道的技术特征和功能特征决定，前者如网络信息传输结构、不同的渠道功能和过程模式等。依据网络信息交流行为的时间差，可以将数字环境下的信息交流行为分为两大类：

第一，同步式信息交流行为，指信息的交互发布与接收几乎不存在时间差，有一对一、一对多、多对多等方式，如 QQ、ICQ、MSN 等即时通信工具等。同步式信息交流的特点是信息发送者与信息接收者处于同一网络环境之中，当信息发送者呼叫信息接收者时，接收者可以决定是否接收信息。

第二，异步式信息交流行为，指信息交互发布和信息接收可以存在一定的时间差，如 Blog、Free Tag、P2P 等。异步式信息交流行为的特点是信息交流的发起方处于主导地位，信息交互的响应方处于相对被动的状态，无论响应者是否需要，都会被动地接收到发起方的信息，从而进行异步交互反馈。

互联网交互环境下，信息交流的行为特点体现在以下几个方面：

①社会性。互联网服务中，用户通过网络可以建立网络大型社区，也可以在所存在的大社区里再建若干个主题社区，从而形成回归现实的组织架构。数字网络以较低成本提供大空间，使得人们在交互空间中方便地进行信息交流、社会交往和互动。

②交流平台的开放性。网络为公众的信息交流提供了多种类型的平台，用户可根据自己的使用偏好，选择一对一、一对多、多对多、同步或异步的交流方式进行交互。如用户可以把自己的研究成果通过个人 Blog 进行发表，也可以订阅他人的 Blog。在交流中，伴随着即时音视频软件的使用，可进行面对面的线上交流。

③交流流程得以简化。基于交互网络的信息交流系统集信息发布、组织、传递和服务为一体，因此可以便捷地进行网上信息的交流，使信息的生产者和接收者在虚拟的网络系统中直接沟通，进行双向互动式的信息交互。网络环境下，信息交流的各个阶段已没有明显的界限，传统的正式交流和非正式交流的区别变得越来越模糊。

④个性化与大众化信息交流方式的统一。大众化社交网络的形成使得用户之间可以方便地进行具有个性特征的信息交互，传统信息交流中常常存在的信息非对称在这里不再明显，双向的、畅通的、全面的交流突出了每一个人的社会角色或个性特征。

(4) 网络信息选择行为

数字化网络环境下，信息资源服务机构往往鼓励用户参与信息资源的建设与服务，在方便用户使用信息服务的同时，也为用户增加了新的责任。由于信息过量和用户参与程度的提高，网络信息的选择便成为网络用户集中关注的重要问题。虽然搜索引擎和专门的网站为用户的网络信息选择提供了便利，但是由于网络信息的开放，用户仍需自己进行筛选和处理，正如 OECD 早期报告所指出的，选择相关信息，忽略不相关的信息，识别信息的形式，理解和释读信息内容，所有这些对用户而言显得越来越重要。① 网络交流和资源社会化共享的发展，使得大数据环境下的信息选择更加关键。所谓信息选择，是对大量的原始信息以及经过加工的信息进行筛选和判别，从中选取所需内容的信息行为。信息选择是一种综合判断、评价与决策的行为，它包含着感知、注意、记忆、思维和情感过程的发生。网络用户信息选择行为可以独立的行为方式出现，如用户离线后对已经下载的信息进行选择，但有时这并非一种独立行为，而是贯穿于信息查询与交流等行为过程之中，专门分析旨在更加明晰地展示用户信息选择行为的全过程。

网络环境下，用户的信息选择具有以下原则和行为特征：

①价值匹配性。用户对外界信息刺激的有选择的注意和接收在很大程度上取决于信息价值与用户需求认知的匹配，以进行自己感兴趣或希望了解的信息获取。按照“认知不和谐”理论，任何人都有一种倾向，即让自己接触与原有态度和价值观念相吻合的信息，而避开那些与己不合的信息。

②最省力行为特征。这是指在解决任何一个问题时，人们总是力图使所有

---

① OECD. 以知识为基础的经济[M]. 北京：机械工业出版社，1997：20.

可能付出的工作消耗最小化。网络用户在进行信息选择时，总是选择最容易获取信息的信息源，而不会舍近求远，一般从易于获取的信息资源搜集开始，按需查询信息，最后获取难以搜寻的信息，直至借助他方获取所需信息。

③ 注意力强度特征。用户会不由自主地选择引起其注意的信息，影响用户注意力的因素主要有：信息刺激的强度、对比度、重复率、变化率、新颖性等客观因素以及接收者的个性、兴趣、爱好、需要、动机、经验、知识背景、意识状态等主观因素。

④行为经济性。用户在网络信息活动中，尽量避繁就简，弃难从易，选择那些方便、易用、可用的信息；在对传播媒介的选择上更注重实效性、便利性和经济性。面对同样价值的信息或信息服务，用户首先选择的是公共信息和价格较低廉的信息源。

⑤选择的非理性。网络信息过载甚至信息间的相互矛盾往往给用户造成心理和时间上的压力，甚至使得用户难以做出正确合理的判断而显得无所适从。这种在非理性的状态下由暂时的感性冲动所引发的信息选择行为应得到控制。一般情况下，情感、情境等因素常常会超过信息价值本身或用户原来的期望，成为影响行为的要素，这便是信息选择的非理性。除了这种非理性选择之外，在信息超载的情况下，用户往往会出现延迟选择，长此以往，必然会引起用户信息选择能力的弱化。

⑥首因效应与近因效应。网络用户信息选择行为的首因效应，即用户容易根据最先触及的信息来源来接收信息，因为最先呈现在用户面前的信息不受前期的干扰。① 这时，如果信息是按与用户需求的相关度来排列的，首因效应可能会有利于信息需求的满足；反之，则会影响信息选择的准确性。近因效应是指用户最后接触的信息受到更多的干扰，所以会改变先前所有的印象，留下最后的印象。这两种效应在用户的信息获取中同时产生作用，在交互作用下，处于中间阶段的信息必然有所损耗，不利于用户全面地选择信息。

⑦信息选择的路径依赖。网络用户在信息选择上受经验、定势、印象扩散等因素的影响，从而体现出信息选择的路径依赖。也就是说，用户在进行信息选择时，通常会选择比较熟悉的信息类型，这种依赖不仅体现在对信息本身的选择上，还体现在对信息源、信息服务方式的选择上。路径依赖一方面提高了用户信息选择的速度，但另一方面限制了用户的信息选择范围，同时不利于及时调整以适应变化的网络信息环境。

---

① 邓小昭. 因特网用户信息需求与满足研究[D]. 武汉：武汉大学，2002：67-75.

2.5.2 用户需求引动下的信息行为机制

用户的信息行为是用户为了满足信息需求而产生的行动。它是一种有目的的活动，即指向某种满足信息需求的活动。在数字网络环境下，需求驱动下的用户信息行为，如信息发布行为、信息查寻与检索行为、信息交流行为和信息选择行为等，在信息技术不断进步的网络情境下，其行为驱动力得到了进一步强化。也就是说，在网络应用平台上，限制用户信息行为的负面影响已得到很大程度上的克服，从而促使用户信息需求向信息行为的转化。

在需求和行为转化中。英国情报学家 T. D. Wilson 进行了用户信息行为模式研究，探讨了信息需求、信息行为、信息利用与环境之间的关系，给出了一个用户信息行为的逻辑模型结构。

用户信息行为是一定社会环境下用户信息需求、信息心理和信息行动交互作用的结果。从总体上看，用户总是处于特定的信息环境之中，环境对用户行为的影响是基本的。在大环境中扮演一定社会角色的用户，由于职业活动和学习的需要，必然会产生各种需求，从而引发相应的信息行为。当前，网络环境的复杂性以及利用的广泛性使得用户的角色和活动方式发生了改变，用户的情感以及认知需求都会发生相应的变化。尽管信息利用会受到个人信息能力以及环境的影响，但是用户通过不断学习，已实现从被动适应环境到主动应对环境的转变，从而使得环境与用户的互动更加密切。

在网络交互环境下，用户的信息查询行为具有普遍性，因而可通过查询行为分析来阐述需求和行为之间的转化关系。信息查询行为主要分为信息浏览行为和信息检索行为，我们可以按有无明确的信息需求目标来对二者加以区分，但这种区分从根本上讲只是一种程度之分。也就是说，在实际的信息活动中，二者有时是难以清楚地划清界限的，它们常常相互联系和整合在一起，共同构成了互联网信息查寻行为过程。

在对这一问题的分析上，Carol C. Kuhlthau 提出的信息查询行为模式为我们提供了有益的参考借鉴。① 库尔梭在其总结的用户信息查询行为模式中，将信息查询行为分为开始(Task Initiation)、主题选择(Topic Selection)、观点形成前探索(Prefocus Exploration)、观点形成(Formulation)、信息收集(Information Collection)、搜寻结束(Search Closure)六个阶段，即开始觉察信息

① Kuhlthau C C. Seeking Meaning: A Process Approach to Library and Information Services[M]. Norwood, NJ: Ablex Publishing, 1993.

需求、选择查询课题、调查一般的文献情形以进行初始了解、明确信息需求、收集相关信息，直到完成查询为止。该模式最基本的假设是：用户因其信息需求的不确定性所引起的疑惑与挫折会随着信息查询过程的推进，所获得的相关信息随之递减。这说明，信息查询行为过程是一个不断修正需求的实现过程；阶段性需求目标的形成是信息查询的关键。

从信息搜索到有明确目标的信息检索，用户网上信息查询行为实际上是需求和行为不断转化的过程。从表 2-1 中可以看出，用户的信息搜索行为在信息查询过程中具有不可忽视的作用，用户搜索的结果常常可能在用户事先可察觉的需求之外，这就在一定程度上增加了需求满足的概率。此外，在浏览过程中，受到某些情景或线索的刺激，一些原本隐藏的信息来源又会浮出表面。随着信息查询内容的深入，用户对信息需求的认识由模糊到清晰，最终到用户能够根据明确的需求目标进行特定信息的检索。因此，信息搜索行为反过来作用于认知，继而促进用户将潜在信息需求转化为现实信息需求，进而转化为信息行为。

表 2-1 信息查询中用户需求和行为转化

信息行为过程	对信息需求的认知	信息行为环节
登录	开始感知信息需求	进入某一网站
链出	在意外发现中强化已感知的需求	围绕兴趣，沿初始页链接到其他相关网站/页面
浏览	形成较明确需求范围	细浏览信息内容：页面、标题、网站指南等
选择	形成较明确的需求目标	用书签选择有用的页面与网站，打印、拷贝、粘贴相关信息
跟踪	形成稳定的需求目标	重复访问感兴趣的网站或通过个性化服务来获取最新信息
检索	有明确目标的、按照一定的方法或程序进行的系统检索	利用搜索引擎进行专指度更高的检索

在互联网发展中，基于 Web2.0 的网络应用在很大程度上影响了用户需求向行为转化的效率和效果，如用户通过浏览专题博文，逐步了解专门领域的研

究热点、动向等，进而刺激信息需求的认知转化，从而通过专门的检索系统搜索相关的信息。专家博客之所以能够在热点和动向等问题上给用户以启发，除专业研究水准外，主要是因为专家具有更高的学术敏感度和更多的机会参加学术交流。另外，利用即时通信工具(IM)能够激发用户信息需求和行为的转化。在IM上往往存在着不同规模的群体，他们构成了在某方面有共同兴趣和任务的团体。团体中的信息交流必然能够给其中的成员带来新的信息，新的需求也随着沟通和交流的进行而产生。

德国心理学家 Kurt Lewin 运用力场理论，提出了关于人类行为的公式：B=f(P，E)。该理论公式说明，人类行为(B)是人(P)及其环境(E)的函数，是作为主体的人和作为客体的环境的交互。① 同样，网络数字用户信息行为，也是用户主体和外界环境交互作用的结果。在交互过程中，用户往往受到个人因素和环境因素的影响。因此，可以认为用户信息需求与行为的转化过程也受到这两个方面的影响。

用户主体因素。用户因素是制约行为转化的内因，是矛盾的主要方面，这些因素主要包括：信息意识，具体表现为对信息的敏感性、选择能力和吸收能力的影响，在信息获取和利用中起着关键的作用；信息技能是指信息活动的操作能力，信息技能的强弱对用户能否正确定位和获得所需信息有重要影响；认知则是用户在信息活动中所表现出来的一种持久的思维过程，它既包括用户知觉、记忆思维等方面的认知，也包括用户个体态度、动机等主体反应。

环境客体因素。外界环境会影响用户的潜在信息需求向现实信息需求及信息行为的转化，主要因素包括：网络信息资源状况，主要是指网络信息资源的超载或有用信息的贫乏，这对矛盾同时影响着网络用户的信息行为，互联网上的信息资源对用户来说，可用的信息数量决定着信息行为的引发；网络的易用性，首先表现为信息的合理程度和有效利用的便捷性，影响着用户信息行为效率，同时信息查询和交流工具的易用程度也会直接影响用户的利用行为。另外，从社会化网络信息组织上看，网络设施和网络安全等基本影响因素，直接关系到用户的网络信息利用行为的过程和结果。

① William S Sahakian. 社会心理学的历史与体系[M]. 周晓红，等，译. 贵阳：贵州人民出版社，1991：67-69.

3　社会化保障框架下的数字信息服务与安全体制

科学技术生产力的发展和经济全球化的加速，导致了生产关系的变革和国家发展方式的转变。在基于信息化的国家创新发展中，随着国家经济、科技、文化和社会改革的全面推进，国家创新发展制度不断完善。与此同时，全球化中的信息服务正处于转型和体制变革之中。从国家和社会发展需求上看，社会化框架下的数字信息服务与安全体制的确立已成为其中的关键。

3.1　社会发展中的制度变迁与信息服务制度建设

制度创立、变更、稳固及随时间变化而被新制度取代的过程，即制度变迁过程。国家制度随着国家发展而变迁。从经济学角度看，制度变迁过程是一种效益更高的制度对原有制度的替代过程。国家创新制度的建立体现了基于创新的生产力发展，这种发展不仅改变着上层建筑，而且决定了社会运行机制及体制的变革，在信息服务组织上提出了全球化发展中的信息服务与安全制度建设问题。

3.1.1　社会发展与国家制度变革

人类社会发展是新的生产力取代原有生产力、新的生产方式取代原有生产方式的过程。在发展中，属于上层建筑的国家制度必然由生产力发展中的生产关系所决定，由此提出了社会发展中的制度变迁要求。从国家发展上看，国家制度作为国家治理的基础，其变迁轨迹为一系列规则体系的连续性变革，其变迁过程错综复杂，涉及诸多要素。总体上，可以从物际规则、人际规则、价值规则三个方面进行考察。①

物际规则对资源配置进行约束。国家作为各种资源的掌管者和分配者，随着不同发展阶段的生产要素变化，资源分配也应有相应的规则变化。在以体力劳动为首要生产要素的社会，谁拥有最多的自然资源谁就拥有最高的支配权；农业经济时代，由于种植业对土地的依赖，土地成为最难以替代的生产要素；在工业时代，由于机械化生产及规模经济的发展需要，各种分散的物质生产要素需要通过资本的价值尺度与流通手段来有效组织，资本因此成为难以替代的要素。信息化环境下的国家创新加速了知识经济的发展，在资源配置中形成了创新发展驱动的新模式，使得核心知识和信息的分配在资源系统中的地位越来越重要，也就是说，国家主要通过合理的知识分配和信息资源配置来保证科技、经济和社会的全面发展。②

人际规则即人际关系的基本准则。人际关系作为社会活动中人与人之间的基本关系，其形态与社会生产力发展密切相关。随着工业化的推进，工业逐渐代替农业成为社会的主导产业，除物质资源外，资本便成为所有生产要素中的重要生产要素，由此决定了基本的生产关系和基于生产关系的人际社会活动关系。社会进入信息时代，信息资源在社会发展中处于核心位置，信息化背景下知识的创造、传播和利用已成为经济增长的主要动力。知识的创造和应用使得知识的交换需求变得更为迫切，人作为知识的第一载体，其相互之间的交往、互动和协作变得更加密切，从而构建了新型的人际关系。总体说来，人际规则围绕着人际关系的变化而改变，沿着从封闭到开放的轨迹转变。

价值规则体现了国家制度的价值取向。价值规则作为无形的“软约束”，已成为社会发展的内在驱动力。它反映和代表了社会整体的精神面貌、道德规范及其寻求发展的文化内涵。在国家发展中，价值规则是增强国家凝聚力、保证社会行为合理性和规范性以及推动国家发展的形态规则。如果没有基于价值规则的价值观念约束，社会组织和个人的交往关系就会缺乏主导意识。信息经济时代，知识成为最重要的生产要素，人与人之间的纽带是知识，科学研究中的价值取向转变为对创新发展的追求。

总体来看国家制度中的物际规则、人际规则、价值规则体现的是社会发

---

① 刘斌，司晓悦. 完善国家制度体系的维度取向[J]. 齐齐哈尔大学学报，2007(1)：19-23.

② 陈华. 生产要素演进与创新型国家的经济制度[M]. 北京：中国人民大学出版社，2008：45-47.

展中的制度关系和人与人之间的意识形态互动关系。其中，物际规则影响着人际规则，人际规则决定价值取向，价值规则又作用于物际规则。这说明，三者相互影响、相互制约。从发展的观点看，国家制度的变迁具有连续性，它是在物际关系、人际关系、意识形态变化和交互影响中演变的，如图 3-1 所示。

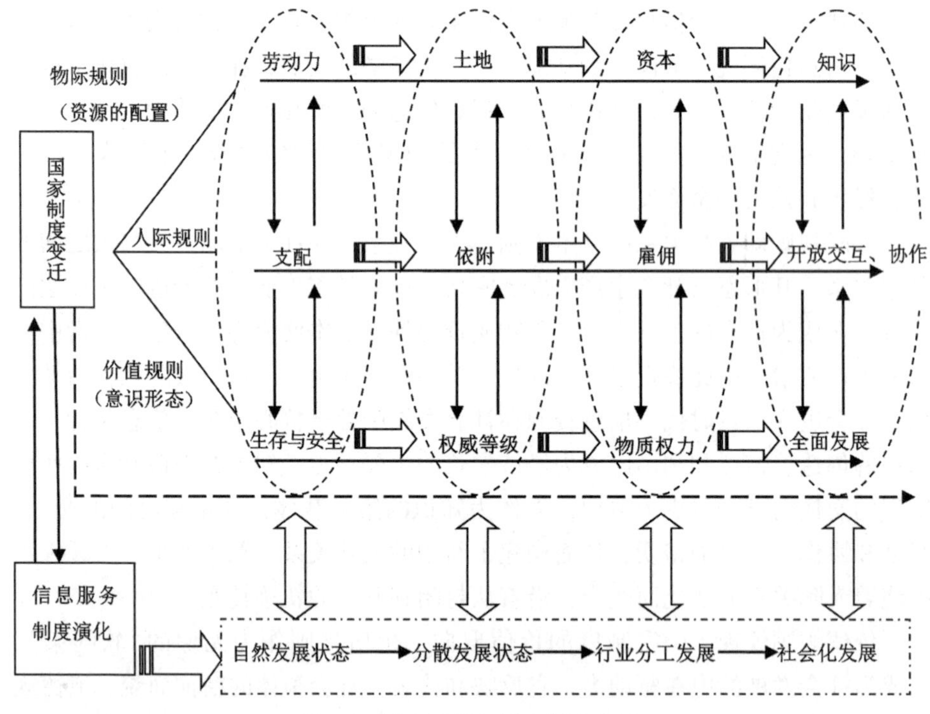

图 3-1 社会发展与国家制度变迁

在国家制度变迁中，信息服务制度不仅依赖于国家体制，同时对国家制度产生影响。在信息服务制度框架下，信息服务经历了服务内容、服务技术和服务体系的演化过程。物际规则、人际规则、价值规则作用下的国家制度决定了信息服务的发展和组织形态。人类社会发展初期，生产力的发展水平仅限于满足人类生存需要，信息服务制度仅限于自然发展需要。随着农业经济的发展，人类活动范围逐渐扩大，形成了信息服务制度的雏形。工业经济发展过程中，随着生产力的不断提高，社会分工逐渐细化，科学信息、生产信息、物质信息、生活信息、安全信息等各类信息的交换和流通变得专业化、行业化。在这一背景下，通信、流通以及包括图书馆、档案馆和各行业信息资源机构在内的信息资源服务得以迅速发展，继而形成了行业分工明确的信息服务体系。当前，科学技术作为社会发展的第一生产力，以知识为基础的创新已为各国所重视，由此提出了国家创新发展中的信息服务制度变革和基于制度变迁的服务转型问题。

国家制度变迁与信息服务制度的演化不是孤立的，而是随着社会的进步和发展转型不断创新。从制度作用看，制度对所有社会关系和社会成员起到行为规范和约束作用，是处理一切社会关系、维护社会秩序的最根本的规范。信息服务制度对信息行业的基本关系进行规定和约束。在制度演化过程中，国家制度作为制定信息服务制度的前提条件，确定了经济运行与社会交互的行为规则，对信息服务组织起着决定作用。然而，信息服务的制度性变革也会对国家制度产生影响。在创新型国家建设中，信息服务已成为影响社会发展的重要基础，在制度层面上推动着信息服务业与其他行业的协同，因此，必然在全局上影响着创新型国家的制度建设。信息服务制度必须在国家制度基础上建立与国家制度一致的信息服务制度，对国家制度目标的实现起着积极的促进作用。反之，当信息服务制度不完善或与国家制度不一致时，必然会影响制度建设的全局。此外，信息服务制度的演化也会对国家制度的局部调整或改善提出要求。

总之，国家制度是决定社会发展的根本制度，是主导信息服务制度建设的依据。国家制度处于支配地位，信息服务制度则是国家制度在信息服务领域的具体化，是国家制度在信息服务领域得以有效体现的保证。

3.1.2　信息化和全球经济发展中的信息服务与安全保障制度建设

社会经济发展与制度建设具有相互促进的内在关系。一方面，经济发展需要制度作保证，要求确立与生产力发展相适应的制度；另一方面，制度变迁体现了社会的进步，任何一项制度变革必然以经济发展为基础。

从总体上看，社会性质决定了根本的社会制度，反映在政治制度、经济制度和社会发展制度上的不同。然而，在科学技术生产力发展促动下，经济全球化和知识创新国际化使国家之间的开放和交互成为一种必然。国际信息化环境下的知识创新和经济合作，进一步提出了制度层面上的适应性问题。这意味着在社会发展、经济振兴和科技进步中，各国存在着发展上和制度上的共同点。因此，在我国国家制度和信息服务制度建设上，必须坚持开放原则、面向创新发展和全球化实现原则，即遵循世界经济发展中的制度变迁规律，进行符合我国发展需要的信息服务制度建设。

国家的制度变迁，一方面，反映了国家的总体经济趋向和经济发展方式转变中的经济和社会变革；另一方面，由于各国经济对全球经济的发展影响，相应的制度影响力也具有客观性。从这一认识出发，可以通过各国的制度变迁分析，总结国家制度下的信息服务制度发展规律。

国家的信息服务制度建设，出自国家经济、社会发展的需要。其制度，一是由国家基本制度决定，二是在国家总体发展战略中进行架构。随着经济发展方式的转变和产业结构的变化，政府通过政策和法律手段，不断强化其制度建设。表3-1反映了其中的基本关系。

表3-1 国家制度变迁中的信息服务制度变革

时期	背景	经济发展	国家制度建设	信息服务制度建设
20世纪40年代至60年代	在经济发展中，技术、资本、市场开始有机结合，企业生产经营规模扩大，产业竞争趋于突出。	以R&D为基础，以资本市场为依托发展工业经济和农业经济，工业化水平的提高和市场规模的扩大成为主流，以此带来物流经济发展。	强调对资本和金融管理，推进贸易和跨国经济的发展，完善资源建设制度、保障制度、行业制度，促进企业发展。	在制度层面上，推进行业化信息服务，实现公共图书馆服务和政府部门服务的结合，完善信息服务市场制度、知识产业保护制度、信息安全制度等。
20世纪70年代至80年代	社会信息化趋势形成，R&D投入加大，技术创新对生产发展的作用明显；在工业化基础上的经济转型中，物流和服务业发展迅速。	经济发展对技术的依赖加强，高新技术产业发展与信息经济兴起，在新的经济增长中，电子信息产业和先进制造业发展迅速，经济发展对环境变化的影响突出。	加强政府对经济和社会发展的治理，在政府主导国防、军工产业发展的同时，完善物流业制度、信息产业和服务业制度，奠定信息化社会的制度基础。	完善公共信息服务制度，在制度上规范数字信息服务、咨询服务和信息组织与提供服务，推进信息服务的行业化，扩展信息服务范围，建立计算机软件业制度和电子信息业产权制度。

续表

时期	背景	经济发展	国家制度建设	信息服务制度建设
20世纪90年代	信息服务和知识产业地位日趋突出，信息网络基础上的经济全球化已成为经济发展的必然。	信息经济、知识经济迅速发展，服务业和新兴战略产业地位突出，经济区域化、国际化趋势加强，风险加大。	进行政府职能的变革，增加公众的参与机会，完善信息化建设制度，战略产业发展制度和国际合作制度。	建立社会化信息服务制度，完善互联网信息服务制度，规范信息服务产业和电子政务、商务行为，建立知识创新管理制度。
21世纪初	全球化中的“互联网+”发展、大数据智能技术的应用，使知识创新成为经济和社会发展的主导因素，经济发展风险控制机制和持续发展成为关键。	新经济增长方式的出现，经济全球化和创新国际化趋势加强，各国经济交融和新的风险机制不容忽视。	在知识社会构建中，进行创新型国家制度变革；创建适应经济全球化的监管制度、资源制度和创新发展制度。	围绕国家创新发展进行信息服务制度变革，在信息交流、信息资源开发、信息化服务和技术创新与成果转化中规范各主体的信息行为。

从信息制度建设上看，信息服务与信息安全具有内在的必然联系，在制度变革中，这两个方面密切结合而成为交互关联的整体。“二战”结束到20世纪70年代末，发展经济已成为战后各国政府的首要任务。国际经济竞争的加剧，使信息成为各国经济发展中的关键要素，信息产业已成为各国基础性产业之一。各种信息需求逐步上升，促使信息服务业有了新的发展。在这一时期，信息自由的观点受到较广泛的关注和公众的认可。对此，美国等国家制定了《信息自由法》《信息获取法》，从民权的角度规定了公民有获取信息和传播信息的自由。大部分国家将信息视为国家的重要资源，在制度层面上，促进科技信息活动的开展，依法建立了信息服务指导和管理行政机构，如美国在1958—1977年，科技信息领域提交的制度性政策报告就有16件。1980年，美国国会制定并通过《文书削减法》，在联邦管理和预算局中成立了信息与规章事务办公室，并将信息政策职能赋予该办公室，以加强对整个信息生命周期中的信息

需求、信息利用、信息传播的管理。①

英国早在1965年就成立了科技信息咨询委员会及科技信息局，对科技信息进行规划管理。日本战后依托于科技、经济、技术信息的市场需求，在信息服务制度建设中，注重利用世界的科技信息来促进本国的信息现代化，设置了科技信息管理和规划的专门机构科学技术信息中心(JICST)，出台了《关于科学技术信息流通的基本政策》《信息处理振兴事业协会及有关法律》等一系列制度性政策，从国家层面整顿和强化信息流通，以及完善信息服务体制。

20世纪80年代后，各国一方面延续对信息服务的管理和控制，另一方面在经济上，采取宽松政策，促进信息服务的产业化、商业化发展。如美国政府加强了关系国家安全的科技信息控制，签署了《国家安全决议指令》《出口管理法》等文件，从制度上限制信息的传播范围。欧盟先后制订实施了一系列具有重大战略意义的发展计划，在开放信息市场、促进信息服务手段数字化和内容多样化以及欧洲科技资源整合等方面给予了制度上的支持。② 此外，欧洲的一些国家，如英国1982年实施了《信息技术规划》，德国和法国也在1985—1988年颁布了政府专业信息规划，依据当时的制度和规定对信息服务的发展进行了整体布局。这一时期，日本在信息服务制度上进行了调整，加强了数据库行业的制度管理和控制，采取统一的方针促进政府和民间数据库服务的振兴，对于学术型数据库的发展，出台了《关于数据库服务的报告》等。

20世纪90年代以后，各国针对信息服务产业的兴起，在信息服务制度建设上采用两种方式：一种为根本性变革，这种转型主要由经济制度改革引发；另一种为变革性转型，在技术、文化、国家战略的推动下进行信息服务制度变革。属于根本性变革的有俄罗斯、南非、罗马尼亚、匈牙利等国，它们在经济发展过程中进行了信息服务的制度变革与转型。其中，俄罗斯在1991年的转型过程中，开始重新构架原有的公益信息服务体系，公益信息服务部分进入市场，通过开展商业化服务补贴经费不足。后期，俄罗斯开始信息服务发展的整体规划，出台《国家信息政策构想》等制度性政策。南非于1994年基于立法框架，从国家层面和部门系统层面提出了国家制度规范，确立了政府管理信息资源的体制。属于信息服务变革性转型的主要是以美国为代表的一些国家，这些国家随着产业知识化趋势的不断加强，信息服务业结构出现了大的变化。由于

① 吕先竞. 欧美信息服务体系分析与借鉴[J]. 四川工业学院学报. 2004(1)：93-98

② 胡昌平，张敏. 欧盟支持行业创新的信息服务平台实现及启示[J]. 图书馆论坛，2007(6)：32-36

各国体制、经济状况、文化传统以及社会制度的发展形态存在差异，因此大多根据本国国情和资源优势进行信息服务制度建设。如美国从自由分散的信息政策导向下的制度建设向统一国家信息政策主导下的制度建设方向转变，通过各方利益的制衡，进行超前立法和推进前瞻性的制度变革。20 世纪末，欧盟开放了信息服务业务，在加快制度建设方面做出了很大努力。欧盟各国纷纷颁布旨在促进信息服务发展的法律法规。芬兰、瑞典等国进行了加工经济向知识经济的转型，通过发展网络信息服务业务，为知识经济的发展提供充分保障。① 欧盟作为一个整体联盟，在欧盟各国信息服务产业制度建设中发挥着积极作用。日本在信息服务制度变革中，1994 年组建了高度信息化社会推进部，从行政服务、财政和人才等方面对信息服务业予以引导和支持，通过发布《关于面向新世纪应采取的科学技术综合基本方针政策》《开拓未来推进信息科学技术的战略政策》等促进信息服务体制改革，推进信息服务的国际化发展。

进入 21 世纪，经济全球化驱使各国将新世纪的发展战略聚焦于信息产业，以此构筑本国的信息服务产业基础，继而以全球经济一体化的大市场为目标，支持国家创新为导向的信息服务行业发展。美国、欧盟、日本以及亚洲的一些新兴国家和地区的信息服务业发展，在很大程度上取决于宏观信息产业制度的完善和信息服务制度环境的优化。美国为确保在 21 世纪的优势地位，将创新视为“获得成功的最重要因素”②。2009 年发布的《美国创新战略》，加强了国家对信息服务的宏观管理，将私人部门的作用在制度层面上提升到突出位置。欧盟采取框架式的信息制度体系，制定了构建新型信息社会的一整套联盟政策，出台了《电子欧洲——面向全体欧洲人的信息社会》《欧洲 2020 战略》等带有全局性的政策文件，旨在构建欧洲知识型社会，在制度创新上支持国家间的创新活动开展。日本进入 21 世纪后，为了适应创新需求，对信息政策进行了重新定位，由“知识传播与扩散”向“知识创新”转变，从以技术为导向的发展战略转向弹性体制的建立。2006 年发布的第三期科学技术基本计划，重点推进体制改革和制度调整。2009 年提出的《数字日本创新计划》，强调通过科技和信息服务创造新价值，以此出发推进了制度改革。

综上所述，各国的信息服务与安全制度建设与体制改革，都是在国家宏观经济和制度框架下进行的。虽然由于各国信息服务发展进程不同，政治、经济

① 王海涛. 爱尔兰的国家创新体系[J]. 全球科技经济瞭望，2006(2)：15-19.

② National Governors Association. Innovate America：A Final Report 2006—2007[R/OL]. [2009-10-15.]. http://www.nga.org/Files/pdf/0707INNOVATIONFINAL.PDF.

状况各异，在相关制度政策和法律规制上各有侧重，但国家制度的变迁和信息服务与安全制度建设必然在国家战略规划和信息法律的基础上进行。随着国家制度的变迁，信息服务制度处于不断调整与创新之中。显然，这种创新和完善，在创新型国建设中是必不可少的。

3.1.3 我国信息化发展中的信息服务与安全制度建设及规范

我国国家制度建设以社会生产力发展为基础。中华人民共和国成立至20世纪80年代，集中的计划管理决定了经济制度、科技制度、文化制度和社会发展制度的建设。与此相适应的信息服务国家制度，决定了科技信息事业的发展和经济与公共信息服务的开展。国家集中管理的信息制度保证了经济和社会发展目标的实现。20世纪90年代以来，面对经济全球化和社会信息化机遇，在我国改革开放战略的实现与全面改革的推进中，社会主义市场经济制度得以确立并不断完善。进入21世纪，知识创新与国家可持续发展决定了信息服务的组织机制和适应于国家发展环境的信息服务制度变革。

我国长期以来实行的事业制为主体的信息服务和分部门的安全保障制度，在社会主义市场经济和信息化的全球经济与科技发展环境下，开始了适应性变革。事业制的科技信息服务和经济信息服务步入政府主导和市场调节相结合的发展轨道。传统事业型信息机构的组织制度、投入制度和运行制度与市场经济制度的确立相适应，由政府直接管理转向政府主导的公益服务与市场化运作的结合。

与此同时，政府推动多元结构的信息服务产业发展。在运行制度的改革探索中，信息服务机构开始引入竞争机制。国家支持事业机构以多种形式进入市场，发展信息服务经营实体。另一方面，通过专利法、技术合同法等相关法律的制定和完善，促进信息的转化、利用和转移。以此出发，信息资源管理制度得以不断完善。这一时期的信息服务制度虽然在多个方面进行了改革，但也存在服务组织与运行体制上的问题，突出问题是信息服务机构缺乏进一步的市场运营制度支持。

20世纪末，信息服务与安全制度在国家创新发展战略导向下，开始进行重大调整和改革。1991年国家制定了《关于今后十年信息服务业的发展方案》，提出了建立以信息采集、加工、处理、传递和提供为基本内容的综合信息服务体系问题。在制度建设上，要求把信息服务业建成推动国民经济迅速增长的产业部门。这无疑为信息服务产业制度的建立和完善做了战略上的准备。1996年国务院成立信息化工作领导小组，负责规划、领导全国的信息化工作。在信息组织上，将科技、经济各方面的信息服务纳入一体化的管理轨道，以推动信息服务的网络化和社会化发展。这一时期，信息服务机构改革从财政拨款制度转向以国家投入为主的多元投入制度。转制采取的策略是：一方面持续发展公共和公益型信息服务，完善事业管理制度，实行机构重组；另一方面推进与经济建设密切相关的商业、金融、技术等应用型信息服务机构改革，使其以多种形式、多种渠道与经济结合，进入市场。在转制过程中，由于各系统信息服务机构的情况各异，因此在总体方针指导下，又区分为不同的改革模式。

在制度变革中，事业型信息服务机构，实行分类改革，其中一部分仍然实行事业运行机制，具有面向市场需要的信息服务机构则整体或部分转为企业体制。在机构改革和体制变革的同时，国家支持数据库产业和网络信息服务的企业化发展。在制度变革与发展中，国家大力推进社会化信息服务的发展，从政策激励、项目支持和基金资助上为信息服务机构发展创造条件。在发展中，通过理顺信息服务业的产权关系，规范了信息服务事业机构及其衍生的信息服务企业的运行，从而使信息服务行业结构发生了深刻变化，市场机制开始发挥越来越重要的作用。这一时期，信息服务市场也得到了发展，开始建立风险投资机制，知识产权的管理和保护制度也得到了进一步的完善。其存在的主要问题是，随着信息服务机构的转制，行业信息服务制度有待进一步完善，公益性信息服务与市场化服务之间的协调机制有待进一步确立。在信息服务制度变革和社会化发展中，信息安全保障与服务制度相适应，在发展中逐步确立了国家全面部署、实施与监督的制度构架。

进入 21 世纪，信息服务开始形成多元化的投入体系，国家对信息服务管理从直接配置资源的微观管理转向新制度环境下的宏观管理与社会化组织管理轨道。在国家规划下，以服务于创新发展为目标的信息服务机构，在面向国家知识创新网络各主体的服务组织中，需要重构信息服务体系和进行信息服务制度创新和安全的全面保障。

综上所述，无论何种信息服务与安全制度，都是在特定国家制度环境下产生的，国家制度构成了信息服务制度绩效实现的基本条件。信息服务与安全制度的演化表现为与国家制度建设互动的复杂过程。① 我国传统的信息服务制度强调国家统一集中管理，这种制度与计划经济体制及其信息资源配置方式紧密相连。20 世纪 80 年代以后，我国信息服务和安全制度运行的大环境发生了根本变化，传统的信息服务制度已难以适应社会改革与发展的需要，由此而呈现

---

① 李风圣. 中国制度变迁的博弈分析[D]. 北京：中国社会科学院，2000：45-48.

出制度运行在一定程度上的低效状态。这种状态已经影响到我国社会信息化和创新型国家建设的进程。为此，与我国国家发展的宏观导向相适应，信息服务制度应进行适时的变革。随着创新型国家制度建设的不断推进，信息服务制度如何为国家发展、科技进步提供更有力的支撑，是一个应该持续关注的问题。

创新型国家制度建设从根本上适应了以知识创新经济为先导的产业结构调整和经济与社会转型发展的需要，制度变革的同时也提出了支持国家创新发展的信息服务转型的要求。在信息服务转型发展中，应明确创新制度下的信息服务与安全保障机制，进行从科学价值观出发的服务定位，实施转型发展战略。

创新型国家的建设建立在制度变革与创新基础之上，其制度建设是一个不断延续的国家经济制度、科技制度、文化制度和社会发展制度的变革过程。从信息服务组织上看，创新型国家的信息服务应从国家政策、法律角度进行体制和管理上的规范，以实现资源产业经济到知识创新经济的转变。由此可见，创新型国家的制度是一种实现国家创新动态发展目标的制度，这也是进行信息服务合理组织和安全保障的基本依据。

3.2 数字信息资源网络的发展取向与体制建设目标

信息服务主体作为承载信息服务制度关系的实体，即信息服务制度运行的行为体，包括不同类型的机构和组织。信息服务机构和组织运行制度在不同层面，具有不同的对象特征和作用机制。在国际层面，作用对象为国家、国家之间的信息服务联盟以及信息服务国际组织(包括正式组织和民间组织)。在国家层面，作用对象为各种类型的信息服务组织，如公共信息部门、各类企事业信息机构和市场组织等。在行业层面，作用对象为行业内信息服务管理机构、信息服务组织、非政府组织以及个人等。在具体的组织层面上，作用对象是信息服务机构、人员以及信息用户和社会公众。在信息服务组织运行过程中，信息服务实体之间具有相互关联的关系，一方面，信息服务组织应与国家制度相适应、相协调；另一方面，信息服务的实施依赖于信息服务系统中的组织行为。这两个方面相互作用，信息服务的社会体系结构得以形成。

3.2.1 数字信息服务发展中的价值取向

信息服务组织不仅依靠内在的约束、自治力，而且需要信息法律、政策、规则的强制。一般而言，信息服务依靠外在制度进行规范，在外在制度作用下，按照信息服务组织需要，制定信息组织与服务运行规则。另一方面，通过强制性规则保证，在环境变化中进行服务体制、体系变革，以适应信息服务的发展需要。信息服务组织的有效性取决于服务制度和服务机制，因此对制度运行中的有效机制进行确立是重要的。

任何制度的设计承载着一定的价值承诺和取向，总是在一定的价值理念和价值原则的导向下进行的(不管这种理念和原则是否被人所意识和把握)。这些理念和原则直接作用于制度设计的方向选择、目标设计和模式确立，由此对社会发展的最终结果产生关键性影响。① 社会发展到一定阶段，应该有比较统一的价值理念作为转型所追求的目标导向原则。我国传统的信息服务采用分部门组织模式，在社会资源利用均等和同质服务的基础上，着重于社会总体价值的实现。互联网背景下的信息需求日益多样化、复杂化，使得原有的信息服务体制难以适从，这就需要对其进行全面变革。值得注意的是，信息服务制度在变革发展过程中其价值取向不是单一的，而是多方面的，在不同的时期价值取向上的区别主要体现在面向需求的服务组织上，需要在环境和需求变化中协调解决来自多方面的问题。面向国家创新的数字信息服务与安全保障，其价值取向应体现在信息公平和服务效率上。

(1)信息公平

公平是人类追求的最普遍的价值目标，它是一定历史时期社会主体间利益关系的合理均衡，是现代社会的基本价值取向，也是现代制度设计和安排的基本依据。现代社会，公平的价值理念逐渐深入信息服务制度设计，主要体现为：作为一种分配规则，决定着一定的主体应当享有的信息权利和利益，它是一种评价和衡量规则，用于处理矛盾冲突的诸方权利和利益，通常表现为信息资源的配置规则。传统信息服务中的公平配置是一种绝对的平均配置，它并不考虑个体偏好。但在信息资源可以实现无障碍共享的情况下，由于各人的偏好不一样，把所有的信息产品或服务平等地分给每一个人虽然看起来公平，但不一定能使所有用户感到公平，因此信息占有公平必然向信息利用公平转化。

客观地说，信息公平是一个动态实现过程，没有静止的、永久不变的公平。当前，从知识创新主体的角度看，不同创新主体因自身信息能力、信息需求的差别而形成了获取和使用信息的差别。显然，消除差别的关键是消除差别

① 薛汉伟，王建民. 制度设计与变迁：从马克思到中国的市场取向改革[M]. 济南：山东大学出版社，2003：174-177.

存在的因素影响，实现均衡服务。从信息资源价值看，信息也不是一种匀质资源，而是多样性的统一和异质信息源的汇集，其分配不能采用简单的统计学意义上的平均分配方式。此外，在信息的收集、整理、提供和使用的各个环节中，差异性同样普遍存在。因此，很难想象不同内容和层次的信息源、信息量和信息获取工具能够平均地配置给每一主体。由此可见，以创新为导向的信息服务公平价值取向，其逻辑起点是承认不同主体的信息需求差异和同一信息的价值因不同主体的不同利用所产生的差别。从实质上看，这种公平是相对的公平，而不是绝对的公平，是承认差异和消除差异的公平。基于这种相对价值取向，信息公平在于使有差异的公平趋于合理，这是当前信息服务公平应该追求的目标。

新时期的发展对信息服务提供者和利用者提出了新的要求，资金、技术、人员能力的差异也会导致信息利益分配的失衡，可能引发多领域、多层面的信息不公平现象。如在数字资源组织中，一些信息服务经营实体可能使公众与用户利益受到妨碍；又如信息服务市场运行中的监督缺陷有可能引发不公平竞争；数字信息服务中的条块分离和部门分割，也会造成信息服务的不公平。如何正确对待信息主体的层次差异，通过有效的协调方式消除这些差异，在信息总量和总供给力不变的情况下，进行相对合理的体系构建，是当前在追求信息公平和服务安全目标时需要解决的问题。

因此，我们只有承认差异性的存在，才能有效促进数字资源和信息服务的合理组织和利用，以带来科技和经济发展安全。需要指出的是，无差异的信息公平虽然也反对“差异”，主张追求信息公平，试图人为地对信息获取和分配进行全程控制，其结果有可能只是平均主义的信息公平。因此，相互差异的信息主体要更为合理地获得相互差别的信息，需要以权、责、利对称原则和社会公正为基础。

信息公平的原则应包括以下内容：①平等性原则，主要指信息服务权利主体的地位、信息获取机会等的平等性，以及信息服务活动的规则及标准的同一性；②正义和公正原则，主要指信息服务权利的正义性以及信息服务权利体系的公正性，这是因为信息服务权利的非正义会使得信息服务权力的失控，其结果必然导致信息服务不公。信息服务制度设计必须考虑到公正，这是由制度设计的目的所决定的。信息服务业由多元化的信息服务机构组成，彼此间存在着竞争和冲突，其恶性的没有规范的竞争会导致信息服务业的整体无序，内耗严重，效率下降。只有公正才能实现维护正当竞争而不乱秩序这个目的。此外，从历史上看，制度越是公正就越是可以减少强制性力量的威慑。只有公正的制度才能使社会成员的合作成为自觉自愿、积极主动、富于创造性的合作。

(2)服务效率

在数字信息服务系统中，效率是指系统通过消耗一定的投入而实现某种目标或产出的能力与绩效水平，由投入与产出或成本与收益所决定，提高效率则意味着社会总成本的降低。① 从数字信息服务资源利用的角度衡量信息服务效率，在于进行信息服务机构提供的信息服务的价值与所消耗资源的价值比较。从提供信息产品到信息消费的流程来看，数字信息服务效率可分为信息服务生产效率、信息服务分配效率、信息服务交易效率和信息服务消费效率。其中，信息服务生产效率是信息服务经济效益的基础和起点，其目的是以尽可能少的资源投入，提供尽可能多的信息服务及产品，从而达到信息服务经济效益良性增长的目的；信息服务分配效率反映对信息服务及产品进行合理分配的水平；信息服务交易效率是指以尽可能小的流通或交易成本来实现信息服务及产品的流通和使用效益的最大化能效；信息服务消费效率关系到所提供的信息服务在消费过程中所得到的增益，通过提高消费者的信息利用效益，可以促进数字信息服务的效用最大化。以上四种效率既互相区别又互相联系。

道格拉斯认为，制度改进本身至少可以在两个方面促进效率的提高。一方面制度改进的目标之一是降低交易费用；另一方面有效率的制度可以从根本上降低交易费用和生产费用。我国传统的信息服务部门作为国家事业机构的一部分，其经费由国家安排，社会效益的追求是其出发点和归宿。这些机构所需的各项经费全部由国家下达，资源配置实行计划管理。对机构效益与服务效率的测评以其对社会贡献的多少作为标准，较少从经济角度来考察其信息服务活动。值得指出的是，公益制信息服务由于始终处于稳定状态，所产生的社会效益评价也是静态的。当前，全球经济一体化发展使得信息服务向开放化方向发展。一方面，国外信息服务已进入国内市场，这对我国的信息服务市场产生了多方面影响；另一方面，随着全球化网络的发展，大数据、云计算和互联网下服务随之兴起，这些服务显然改变着社会信息服务结构，在服务范围、服务内容、服务方式等方面产生了深刻影响，从而呈现出数字信息服务的多元化发展格局。由于产业制信息资源服务部门可以满足特定用户的需求，同时创造自身的经济效益。因此，在衡量信息服务业运行效率时，使用经济效益衡量中的利

① 战松. 制度与效率：基于中国债券市场的思考[D]. 成都：西南财经大学，2006：78-79.

润率指标是必要的。事实上，信息服务业满足用户信息需求的能力越强，信息资源高水平的利用效率也越强，信息服务必然具有较高的运行效率。反之，信息服务业必须进一步加大信息资源开发与利用的力度。因此，在重视社会效益的同时也要重视经济效益的提高。这里的效率和公平是统一的，具体表现在：一方面信息公平必然促进效率的提高，信息资源与服务资源分配公平在于调动不同信息服务主体的主动性、创造性和积极性，促进信息服务业稳定发展；另一方面，效率的提高有助于推动信息公平，即实现效率层次的信息公平。

知识经济不仅是“知识资源经济”，而且是“知识社会的经济”。世界经济的发展表明，经济价值不仅在知识含量上越来越高，而且在人文含量上也越来越高。如今的“技术”越来越显示出人文价值，数字信息产品和服务也越来越显示出其人文与社会价值的构成特点。社会经济活动中数字化知识存量与流速的增加，以及知识的传播和利用社会化决定了服务效率的社会取向。这说明以知识为核心的信息服务价值取向也必然是以人为本的取向。

3.2.2 网络化数字信息服务转型发展中的服务与安全融合

国家创新发展中的信息作用不断强化，全球化中创新主体的信息需求也在随之处于不断变化之中。这些变化推动着信息服务从内容到形式上的变革，促进了网络化数字信息服务新机制的形成。

当经济发展到一定阶段，产业结构调整成为一种无法回避的潮流。随着经济全球化的加速，全球范围内的产业结构调整已涉及信息服务业。为了适应经济全球化和信息服务国际化的需要，信息服务正发生新的变化。

在产业发展关键因素作用下，信息服务组织形式、技术支持、业务模式和服务空间的变化，使得信息服务向依赖于系统与数字化技术的形式转变，呈现出社会化、网络化、开放化的整体发展格局。

与在数字信息服务组织同步，大数据和云服务环境的影响使得网络信息的存储、分布、组织和交互利用关系发生了深刻的变化。其中，物理存储位置的不可控性和虚拟数字环境的形成，可能带来进一步的安全风险；服务商与数字信息资源服务主体间的安全责任划分问题也随之出现。安全责任不明确可能导致安全保障存在体制上的空白，进而引发安全事故，同时导致事故发生后的责任认定出现困难。另外，大数据所有权问题，还涉及信息资源服务主体在应用数字技术过程中的资源所有权归属依据问题。以上问题的全面解决，需要从机制、体制上着手。

2014 年，我国开始推进网络安全与信息化融合体制建设，在中央统一部署下已经形成了进一步的组织发展基础。同时，大数据和云计算技术的应用促使其与安全保障的同步，由此形成了大数据云环境下数字信息服务与网络安全融合体制的现实基础。

全球化背景下，国家对信息技术的快速发展进行了多方面的部署，着重于对网络安全和信息化融合的推进。20 世纪 80 年代，我国网络安全和信息化管理体制开始形成，其演化历程如表 3-2 所示。

表 3-2　我国网络安全和信息化领导机构

时间	机构	主持
1982 年	计算机和大规模集成电路领导小组	国务院副总理任组长
1984 年	国务院电子振兴领导小组	国务院副总理任组长
1986 年	国家经济信息管理领导小组	国家计委主任任组长
1993 年	国家经济信息化联席会议	国务院副总理任组长
1996 年	国务院信息化工作领导小组	国务院副总理任组长
1999 年	国家信息化工作领导小组	国务院副总理任组长
2001 年	国家信息化领导小组	国务院总理任组长
2003 年	国家网络和信息安全协调小组	国务院副总理任组长
2014 年	中央网络安全和信息化领导小组	中共中央总书记任组长
2018 年	中央网络安全和信息化委员会	中共中央总书记任主任

我国的第一个国家级信息化领导机构是 1982 年成立的计算机与大规模集成电路领导小组，组长是国务院副总理。之后，为适应国家信息化与信息安全形式的快速变化，多次进行了体制创新，领导机构的名称也多次变迁，包括 1984 年的国务院电子振兴领导小组、1986 年国家经济信息管理领导小组、1993 年的国家经济信息化联席会议、1996 年的国务院信息化工作领导小组，除 1986 年成立的领导小组组长由时任国家计委主任兼任外，其他一直由国务院副总任兼任。1999 年，为协调和领导国家信息化的发展，领导小组更名为国家信息化工作领导小组，将信息化工作协调和领导的范围由国务院下属部门和国家某一专门领域扩大到全国的各个方面，组长仍由国务院副总理兼任。

为在更大范围内协调推进信息化工作，2001 年 8 月对信息化领导小组进行了重组，由国务院总理任组长，并同时成立国家信息化专家咨询委员会和国务院信息化办公室，作为领导小组的办公机构；2003 年，为适应信息化与网络安全发展的新形势，在领导小组之下成立专门负责信息安全的国家网络与信息安全协调小组，组长由国务院副总理担任。①

2013 年 11 月，习近平总书记在十八届三中全会上指出，面对互联网技术和应用飞速发展，现行管理体制存在的弊端主要是多头管理、职能交叉、权责不一、效率不高。为完善体制机制，《中共中央关于全面深化改革若干重大问题的决定》提出"坚持积极利用、科学发展、依法管理、确保安全的方针，加大依法管理网络力度，完善互联网管理领导体制"。此后，成立了中央网络安全和信息化领导小组，组长由习近平总书记担任，副组长由中共中央政治局常委李克强、刘云山担任。新一届领导小组的职责是集中统一领导、统筹协调我国各领域的网络安全和信息化事业发展，制定实施相关发展战略、总体规划和重大政策方针。为便于领导小组开展工作，同时设立了中央网络安全和信息化领导小组办公室作为其办事机构。体制创新改变了以往侧重信息化的局面，将网络安全放在了更突出的位置，初步形成了网络安全和信息化整体推进的工作机制；同时，由总书记担任组长，提高了小组纵览全局的整体顶层协调能力。

2018 年 3 月，为加强中央的集中统一领导，强化决策和统筹协调职责，在中央网络安全和信息化领导小组基础上中央网络安全和信息化委员会成立，其职责是负责网络安全与信息化领域重大战略和制度的顶层设计、总体布局、统筹协调、整体推进、督促落实。

为对应中央和国务院机构改革，地方、部委及相关企事业单位也进行了相应的改革，成立了网络安全和信息化领导机构，从而为数字信息资源安全与信息化融合体制推进奠定了组织基础。另外，近年来的网络安全和信息化工作的推进，已逐步形成了统一谋划、统一布局、统一推进、统一实施的工作体制，确立了数字信息资源网络安全与信息化相融合的工作机制。

在服务组织与安全保障中，我国始终坚持依法治网，注重加强法律法规建设和完善，目前已初步建立了网络安全法律体系。2017 年 6 月 1 日在统筹体制下，《中华人民共和国网络安全法》正式实施，从而将网络安全各项工作纳入法制化轨道。与此同时，陆续配套出台了多项规章、政策，包括《国家网络空间安全战略》《网络空间国际合作战略》《网络出版服务管理规定》《互联网信

---

① 汪玉凯. 中央网络安全和信息化领导小组的由来及其影响[J]. 信息安全与通信保密，2014(3)：24-28.

息内容管理行政执法程序规定》《区块链信息服务管理规定》《云计算服务安全评估办法》《关于加强国家网络安全标准化工作的若干意见》《国家网络安全事件应急预案》等；形成的一批草案或征求意见稿，包括《个人信息出境安全评估办法》《数据安全管理办法》《网络安全审查办法》《关键信息基础设施安全保护条例(征求意见稿)》等。这些政策法规的出台，既有利于数字信息服务商、国家数字信息资源服务主体等相关利益群体约束和行为规范，也有助于政府机关、行业组织、用户组织等对其进行安全监督，从而推进了国家数字信息资源安全治理的法制化。

近年来，我国加速推进协同体制下的网络安全和信息化标准化建设，制定了一批国家级标准，对网络安全与信息化工作的开展具有重要指导作用。通用信息安全方面，围绕安全等级保护、灾难恢复、身份识别、数据传输、网络和终端隔离产品、安全保障指标体系、安全管理体系等出台了一系列标准。同时，围绕云计算平台建设、服务组织、安全保障等方面已制定20多项标准，包括《信息安全技术 云计算安全参考架构》(GB/T 35279-2017)、《信息安全技术 云计算服务安全指南》(GB/T 31167-2014)等。尽管这些安全标准面向通用信息行业领域制定，但其对国家数字信息资源云服务与安全保障具有普遍意义。由此可见，我国已经形成了服务推进和安全保障的标准制度基础。

当前，我国仍处于信息化和网络安全立法及标准制定的快速发展期，在政策法规和标准体制框架下，将通过新法规、新政策、新标准的制定，迅速丰富和完善制度体系，为网络安全和信息化融合体制建设奠定更加坚实的基础。

传统IT环境下，网络安全和信息一体化推进的内生动力不足。数字信息资源网，安全保障多采用物理隔离、内外网分离、防火墙等硬件安全设备或安全设施来实现。经过多年的发展，已经形成了行之有效的安全保障软件技术和管理体制。在安全保障实施中，只要按照相关标准规范进行系统研发与安全措施部署，即可获得比较高的安全性。受此影响，数字信息资源服务机构显然更愿意先推进信息化，在取得更多的基础上再由安全部门采取措施进行系统加固与动态防御。显然，这一方式使信息服务与安全保障脱节；同时在机构体制上，信息安全部门难以对其工作进行全面约束和规范。

大数据和云计算环境下，安全保障贯穿于业务环节始终，由此促成了安全保障与信息化融合体制建设的契机。如推进数字信息资源云计算服务，需要将资源存储在云平台之上，系统架构在云服务之上。这一背景下，由于云计算的技术限制，以及虚拟机安全、云平台安全等问题的突出，必然要求云环境下数字信息资源安全保障的协同。由于当前建立良好协同机制的路径仍不清晰，而且还存在数据所有权、云服务商在客户行为数据分析与利用上的争议等问题，因此数字信息资源的安全无法得到全面保障，以致难以避免较为严重的安全事故。这种情况下，应以协同安全保障体制建设出发，在信息资源服务协同基础上将安全保障与云计算应用服务进行统一部署，以便在保障安全的前提下进行云服务的推进。

由此可见，大数据和云计算环境的高安全风险特征，使得国家信息资源服务机构产生了同步推进信息化与安全保障的内在动力，促使其在体制建设上综合考虑，在服务组织中加强信息化部门与安全保障部门的协同。因此，安全保障与信息化融合体制的确立在于提供安全的外部环境，在风险可控的融合服务实现中加快体制创新进程。

3.2.3 数字信息资源服务与安全整体化保障体制建设的目标

全球化网络环境下，数字信息资源服务与安全整体化保障体制建设的总体目标是，在国家信息安全体制框架下，建立与国家数字信息资源安全保障机制相适应的管理体制；不断增强安全保障能力，促进数字资源管理、服务利用与安全保障的协同发展。具体而言，主要包括建立数字信息资源安全保障集中统一领导体制、确立国家数字信息资源安全保障与信息化协同推进制度、完善数字信息资源的外包安全协作与监督制度和建立国家数字信息资源安全共享制度。

①建立国家数字信息资源安全保障集中统一领导体制。从构成上看，除了图书馆和文献中心外，信息资源服务主体还包括国家信息中心、各行业信息服务机构，以及高等学校、科研机构的信息中心。各机构由于隶属于不同的主管部门，因此数字信息资源安全保障的顶层设计在多部门之间进行。从运行机制上看，数字信息资源的安全监管通常在部门系统内进行，因而难以保障监管的集中统一。同时，大数据云环境下，云服务商作为数字信息资源安全保障的协同主体，云服务云平台的安全监管也必须纳入其中。显然，这对单一的部委或事业单位管理体制提出了挑战。这说明，在国家数字信息资源安全保障的顶层设计中，应进行跨部门、跨行业的统筹协调体制建设，进而进行全局性的、战略性的安全保障全面实施部署。

为解决这一问题，需要加强国家层面上数字信息资源安全保障的统筹力度，打破部门和行业界限，形成保障合力。具体而言，需要建立具有广泛性的国家数字信息资源安全保障顶层监管体制，使其不仅涵盖信息资源服务主体及主管部门，而且涵盖信息安全监管职能部门、大数据云服务行业监管部门等相关主体。同时，确保国家数字信息资源安全顶层监管机构的权威性，以便于在安全保障中充分发挥集中统一领导作用和开展跨部门、跨行业统筹协调。

②建立国家数字信息资源安全保障与信息化协同推进制度。国家数字资源安全保障与信息化是一体两翼的关系，安全保障的目标是为了实现数字信息资源的安全共享和利用，而信息化只有以确保安全为前提才是稳固的和可持续的。云环境下数字信息资源面临着因技术成熟度、安全保障机制变革而引发的更大的安全风险，如单一推进云计算应用，则可能因为安全事故的发生而导致数字信息资源出现不可恢复的系统性破坏。另外，对信息资源及系统的安全性要求应适度，不能为了确保绝对安全而过度限制资源共享利用，影响其价值的正常发挥。以此出发，推进云环境下安全保障与信息化的协调发展是国家数字信息资源建设的内生要求。

基于此，为落实网络安全与信息化协调发展战略，促进国家数字信息资源管理与服务利用中云计算的安全应用，需要建立安全保障与信息化协同推进制度。具体而言，在国家信息资源服务系统的组织机构设置上，需要将其置于统一的全国体系中，以便于进行协调合作；同时，还需要开展国家数字信息资源安全保障与信息化推进的统一规划，从源头上增强其协调性；另外，进行安全保障部门与信息化部门的协作体制建设，确保其在安全保障中的全面协作效率。

③完善国家数字信息资源外包服务的安全协作与监督制度。大数据云环境下，只有同时实现安全保障全覆盖、安全措施全方位部署，国家数字信息资源安全保障中的多主体协同才能收到预期效果。实践中，往往由于对其认识不足，存在未知的安全风险，因此在安全保障职责划分中常常难以实现全覆盖的安全目标，即便进行了较为细致的安全分工，实际执行中也可能会存在界定不清的交叉和模糊地带，从而对工作开展带来困扰。更关键的是，受技术机制的影响，还可能存在无法有效干预的情况。另外，对信息资源服务主体来说，云服务商作为业务外包合作方，并非完全信任的主体，其可能出于自身原因在安全措施部署上受限，从而对数字信息资源带来安全隐患。此外，受技术实力的影响，数字信息资源系统往往通过外包的形式进行建设，从而导致信息安全实际上的三方协同保障，这也从客观上增加了安全协同的难度。

基于此，云环境下数字信息资源整体安全体制建设中，需要建立外包安全协作与监督制度。其一，需要确立清晰的安全责任划分机制，责任划分按照云环境下的安全保障机制的要求进行；其二，需要建立多安全主体间的协作制度，包括需要多方配合的安全事件处理和安全风险管控等；其三，需要建立对云服务商、外包系统建设商的安全监督制度，及时发现其在安全保障中的漏洞，推进其整改，同时避免影响数字信息资源服务主体安全的行为发生。

④建立国家数字信息资源安全共享制度。云环境下，信息资源服务主体选择的云服务商和云服务之间存在较多交叉，数字信息资源安全而需要进行集中保障。受此影响，一旦云平台或者所选用的 PaaS、SaaS 云服务遭受安全攻击，应避免数字信息资源及其系统的进一步影响。另外，云平台上某一机构的系统被攻破后，必须规避其他资源系统所面临的安全风险。从实质上看，云计算应用引发的数字资源信息安全风险的积聚效应，需要在出现安全事故时对可能受到的大面积影响进行实时响应，确立相应的安全隔离体制。

为应对云环境下数字信息资源的安全风险，需要建立国家层面的数字信息资源安全感知预警和安全共享制度。通过安全预警，明晰各云平台及信息资源系统当前所处的安全态势，以便做出适时的动态应对。鉴于该项工作的牵涉范围广、实施难度大，而且具有较强的公共影响属性，需要从国家和行业层面进行统一推进。在体制上，通过信息安全共享机制，可以实现安全风险信息与应对策略的及时传递，支持数字信息资源系统及时作出安全反应，以减小安全攻击的影响范围和程度。

3.3 数字信息资源安全体制的基本框架

国家数字信息资源安全保障机制建设，在面对全球化环境下安全体制变革的同时，围绕我国信息资源安全保障建设的目标实现，需要推进信息资源安全体制创新，建立政府部门、行业组织、信息资源服务主体、服务商、社会公众共同参与的社会化协同体制，以加快数字信息资源、服务与安全保障一体化进程。

3.3.1 数字信息资源社会化协同安全体制框架

大数据、智能化与云服务环境下，建立社会化协同的数字信息资源安全体制既是信息资源开放共享与服务社会化发展的要求，也是适应于环境的数字信息资源安全保障的必然选择。从实质上看，数字信息资源社会化协同安全体制建设在于，在国家部门监管下，根据信息资源及系统安全运行的基本准则，全面实施服务商、相关行业组织、第三方机构、用户及用户组织、社会公众等主体的协同和安全保障与监督，由此建立各主体之间的协作体制，以发挥其在安全保障中的协同作用。①

数字信息资源安全保障机制的变革，要求社会化主体在安全保障中发挥体制上的作用，成为安全体制中不可或缺的组成部分。例如，云服务商作为数字信息资源安全保障的参与主体，决定了其安全保障社会责任的履行。这说明，数字信息资源安全管理，以及基础设施、互联网通信网络等关键设施的安全保障应依赖于政府主导下的安全体制，而信息资源系统的安全和服务则由信息机构和协同服务主体直接承担。

创新型国家建设和社会化信息服务与保障的推进，不仅改变了信息服务的组织关系和结构，而且提出了在国家体制改革的基础上确立信息服务行业体制的问题。当前，信息服务行业应由政府主管转变为政府主导。在体制变革中，一是确立行业体制，二是实现公益服务与市场服务的双轨制管理。

全球化环境下，创新型国家的建设从发展上提出了深化体制改革和支持创新的进一步要求。在创新型国家建设中，自主创新将进一步深化。因此，存在着体制变革中的行业信息服务重组和创新方式的选择问题。国家体制改革为创新型国家的建设和发展提供了基本的制度条件。创新型国家建设中的国家体制变革是社会经济、科技、教育、文化体制改革的进一步深化。总体说来，信息服务正从政府主管向政府主导转变，重组的全面实现则由政府主导下的行业推进。

政府主管制是指信息服务由政府统一规划和分工管理的部门体制。我国体制改革中的信息服务行业机构隶属关系的变化和结构调整，充分体现了政府主管的原则。在这一时期，信息服务行业的任何一项具体改革，也都是在中央政府直接管理下进行的。如国务院机构改革中的行业信息服务机构的重新定位和改制，综合性科技信息服务的平台制度建设和国家层面上的资源共建共享体制的确立等，都是在中央政府部署下完成的。然而，随着体制改革的深化，行业信息服务改革必然涉及多元主体发展均衡问题，因而需要在政府主导下完成。

政府主导制是指由政府集中规划行业信息服务，从政策面确定行业服务重组方向和内容，在实施重组上推动各主体的协同建设，确立政府主导行业服务的一种制度。例如，美国在发展面向行业的信息服务中，首先在政策和法律上，确立了联邦政府规划、主导信息服务业发展的制度。20世纪90年代，美国政府推行的“信息基础设施建设计划”，集中体现了政府主导、多元主体协

① 胡昌平，吕美娇，林鑫. 云环境下国家学术信息资源社会化安全保障的协同推进[J]. 情报理论与实践，2018(2)：34-38.

同的发展原则。在这一原则下，行业信息服务由政府主导投入和运行。又如，欧盟国家推行的欧洲信息市场计划，也充分体现了欧盟委员会政府合作制度层面上的主导行业信息服务的制度原则。实践证明，主导原则和主导制度，同样符合我国行业信息服务重组的要求，由此决定了体制建设规范。

我国行业信息服务重组中的政府主导制度有着我国的优势和特点：

其一，我国的国家制度保证了国家规划下的行业信息服务重组规划的集中性，体制改革的深入发展，显示了我国在国家层面上主导行业信息服务改革的优势，从而可以避免行业信息服务组织上的分散化。

其二，发达国家的行业信息服务体系是在工业化过程中长期形成的，具有其定势结构，行业的自组织程度高，行业间的联系不够；而我国行业信息服务具有信息化背景下的发展起点，因此可以充分发挥自己的起点优势，在信息化环境下进行面向行业的信息服务的制度性重组。

尽管行业信息部门早已存在，但地位从来没有像现在这样被凸显出来。在工业化过程中，信息机构仅仅作为部门而存在；在以信息化为特征的行业创新发展中，这些信息机构必然成为面向整个行业创新发展的核心运转部门和支撑机构，从而担负着为国家的行业管理、行业自主发展和企业创新运营提供全方位信息保障的任务。由此可见，行业信息服务战略是基于创新型国家建设的信息化全局战略，涉及制度与体系建设两个基本方面。①

在行业信息服务体制确立与体系构建中，我国计划经济制度下隶属于国务院各部委和地方政府的行业性信息服务机构(中心、所)，随着改革的深化进行了相应的变革。国务院有关部委撤并、职能转变和国有企业运行机制的变革，改变了服务于行业的信息机构的隶属关系和运行机制，从而呈现出多元化的发展格局。这种变革在我国行业信息服务的转型中，集中反映在体制变革和网络化数字信息服务的发展上。

在体制变革与机构改革的同时，行业信息服务与安全保障从依赖于传统手段向数字化、网络化组织发展。目前，我国各类行业机构的服务在大数据和“互联网+”服务拓展上发展迅速。我国面向各行业的不同规模、不同隶属关系和不同管理体制的全国和地方性行业信息服务网，在社会服务中发挥着主体作用。我国面向国家创新的行业信息服务转型发展与包括美国、欧盟国家、日本在内的发达国家相比，既有自身的优势，也存在着有待解决的问题。

---

① 胡昌平，谷斌，贾君枝. 组织管理创新战略(6)[J]. 中国图书馆学报，2005(5)：14.

首先从发展历史上看，行业信息服务由政府部门管理或主导，从而保证了国家规划下的行业信息服务的协调发展。这一方面，有别于以美国为代表的”市场主导型”模式。由于各国在发展中具有各自的优势，美国、日本和欧盟对行业信息服务中的政府行为的强化，虽然值得借鉴，但我国信息服务业理应充分发挥我国的制度优势，避免行业信息服务的过度市场化。其次，充分发挥我国行业信息服务所具有的信息化背景下的发展起点优势，在信息环境下进行面向行业的信息资源整合与基于分布式资源结构的服务集成。

我国行业信息服务的转型问题集中在以下几个方面：

①在以行业协会为主体的行业信息服务制度建设中，行业协会机制有待确立；同时，行业协会与政府职能管理的关系有待理顺行，以建立政府主导、规划与监督下的行业协会信息服务的制度。

②在行业信息服务面向行业创新发展的保障中，行业组织的信息服务系统处于分散发展状态，一个行业的多个中心往往重叠组建，因而其运行和服务效率有待进一步提高。

③对行业创新发展中的信息服务制度改革有待进一步深化，国家主导下的行业信息服务应从制度上得到保证；同时，行业机构的服务和政府部门的服务之间的关系有待进一步确立。

④行业信息服务的国际化、开放化有待进一步加强，在这一方面的工作中欧盟为了推进经济全球化和欧盟共同发展，实施了共同信息市场计划，通过推进区域合作，促进行业信息服务的发展。显然，这一经验可用于我国的行业信息服务的组织。

⑤行业信息服务投入与发达国家比存在差距，因此存在着行业信息服务投入调整和机制转变问题，关键是确立与创新发展相适应的多元信息服务投入体制。

3.3.2 社会化体制下的数字服务与安全保障组织结构

我国数字信息服务与安全保障，在信息化和经济全球化环境中进行组织，以提升我国行业的自主服务能力、核心保障能力和国际化发展能力。在信息服务的组织实施中，应突出科学研究与发展成果的产业化和行业经营管理创新的需求。在发展公共服务与面向行业的信息服务过程中，应进一步深化行业信息服务的体制改革，理顺多元化主体的关系，形成政府主导的以行业为依托的开放化行业信息服务与安全保障体系。通过完善行业信息服务体制，拓展发展空间，确立数字信息服务的良性发展机制，从政策和法规上予以保障。我国行业信息服务机构转型与重组结构如图 3-2 所示。

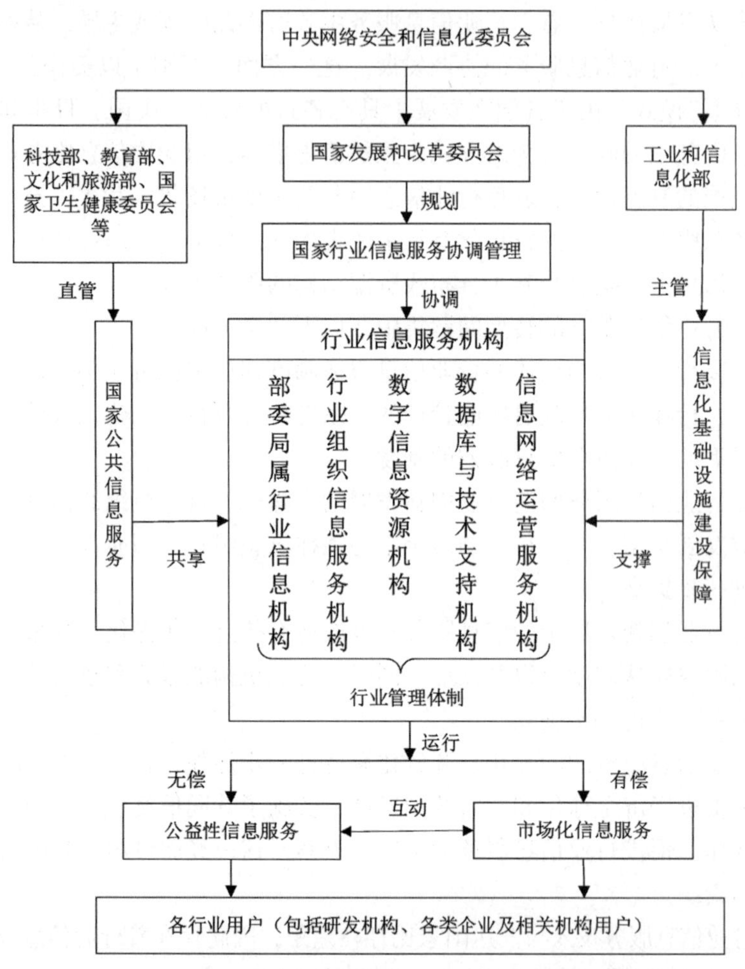

图 3-2 我国行业信息服务机构改革与转型重组结构

在数字信息服务转型重组中，应立足于以下问题的解决：

①充分发挥我国的制度优势，强化政府对行业信息服务的管理。行业的创新发展是科技创新的最终体现，直接关系信息化和创新型国家的建设。行业创新必须由国家主导，作为行业创新基本保障的信息服务理应体现政府集中控制与宏观管理的原则。同时，信息资源作为创新型国家建设的一种核心资源，其管理、开发与服务直接关系到行业信息化支撑和创新保障。因此，必须强调政府对行业创新信息资源的所有权和支配权，在中央网络安全和信息化委员会统一部署下，国家发展和改革委员会统筹进行行业协调。在国家宏观管理中，应

强调核心信息资源的社会价值，发挥国家组织行业信息的优势，进行合理的资源配置。在机构改革和大部制前提下，协调各部门的关系，进行面向国家创新的行业信息服务体制改革，推进信息基础设施建设、规划信息资源开发与服务，强化行政管理职能。这样，不仅可以弥补国家机构改革后各部门、行业信息服务的分散发展的缺陷，而且可以协调隶属于国家发展和改革委员会及科技部等系统的信息机构(包括国家信息中心以及国家科学工程技术信息机构系统)的关系，实现对国家创新中信息化建设和服务的全面规划与运行管理。

②在行业信息服务体制改革中，明确政府、行业协会和其他主体的作用，构建政府主导下的以行业协会为主体的社会化行业信息服务体系。在行业信息服务变革与发展中，首先应明确政府与行业信息机构的关系。对于政府机构改革后仍然隶属于国务院部、委、局的信息机构，拟进一步强化在行业信息服务中的作用，加强机构的建设，为其良性发展提供条件，特别是要根据创新型国家建设发展规划，结合现实情况，不断提升服务质量，拓展服务范围；对于改制后隶属于行业协会的信息机构，拟在行业协会制度建设中，结合各行业的不同特点和行业创新发展的国际化需要，区别以国有企业集团为主体的行业(如电力、电信、能源、船舶、航天、兵器工业等)和其他行业(如轻工、电子、日化等)的不同情况，按行业化改革发展框架，进行协会信息机构的建设，探索既有利于政府调控又有助于行业协会发展的体制。行业信息服务的变革，最终将形成有利于国家的行业创新发展的制度，实现多元主体向行业协会管理的转型。

③在政府部门和行业协会所属的行业信息机构中，在强调公益性服务的同时，积极开拓市场化的服务业务。国家和行业协会所属的行业信息服务机构，作为行业创新的信息服务主体和核心，尽管其投入来源存在区别，但其服务的公益性是一致的。政府部门所属的行业信息机构经费来源于政府投入，行业协会的信息机构经费来源于行业协会筹集。机构在面向政府、行业和公众提供公益性服务的同时，可以将一部分服务转化为有偿形式，实行市场化经营。这一形式在中国科学技术信息研究所等单位的改革发展中已得到了应用。中国科学技术信息研究所隶属于科技部一方面面向科技部、科学研究机构、高等学校、企业和公众开展公益服务；另一方面，组建市场化运作的万方数据公司，进行科技信息资源的数字化开发，开拓发展空间十分广阔的市场化经营服务。这两个方面服务交互发展，确定了事业型机构的新机制。

④在发展行业信息服务中，理顺相关行业的关系，以协同组织的方式，建设行业群信息网，实现全国性与区域性行业信息网的联动。行业服务的组织，

一是信息行业的组织与运行；二是面向科技、经济和工农生产、经营各行业服务的组织与管理。对于信息行业中的网络运营服务、数据库服务与数字信息搜索、数字技术与智能云服务，以及信息增值服务等，应确立社会化运营服务构架，进行基于国家安全的服务规范，同时进行具有分工、协作的社会化体系构建。对于信息化中的行业信息资源组织与服务，针对我国行业信息服务发展中的分散和规模效益不高的情况，应着手于行业信息服务体系的重构。因此，理应根据行业创新发展的相关性和行业分布特征进行以大行业为主体的行业群信息网建设，在兼顾各方面利益的基础上，构建面向全行业创新的社会化系统。据此，可以按工农业及服务业的大门类，组建立足于高新技术产业发展的行业中心机构。对于这一问题的解决，应从行业中心的调整着手，进行整合。在这项工作中，应强调政府管理监督和行业协会的协调作用。

⑤关注行业信息服务的法制建设，实现行业信息服务的制度化、标准化。行业信息服务的法制建设是保证行业信息服务有序发展，提升服务质量，促进基于知识创新的企业信息化的重要保障。目前，信息服务法律仅涉及信息安全、产权保护等局部问题与美国、欧盟相比相对滞后。① 对于行业信息服务而言，法制建设一是明确行业信息服务机构的法律地位和服务组织中的法律关系；二是在法律框架下，进行行业信息服务的制度规范，对信息服务的管理、调控与监督做出规定。同时在制度化的前提下，推进服务的标准化(包括服务技术与业务标准)，从而保证行业信息服务在创新型国家建设中的健康发展。

3.3.3　数字信息服务与网络安全保障中的双轨制管理实现

信息服务行业体制有别于其他行业，就工农业和经营性服务业而言，按产业市场方式运行，在市场经营中获取利润，在实现价值中拓展发展空间。就公益性的行业组织而言，面对公众或特殊群体，在无偿提供产品和服务中，实现社会价值，其运行投入一般由政府承担或主导社会团体投入。就信息服务行业整体而言，显然有别于以上两类行业部门，既有公益性部分，又有经营性部分，因而需要确立双轨制管理体制。

---

① Fairbank J E, Labianca G, Steensma H K, et al. Information Processing Design Choices, Strategy, and Risk Management Performance[J]. Journal of Management Information Systems, 2006, 23(1): 293-319.

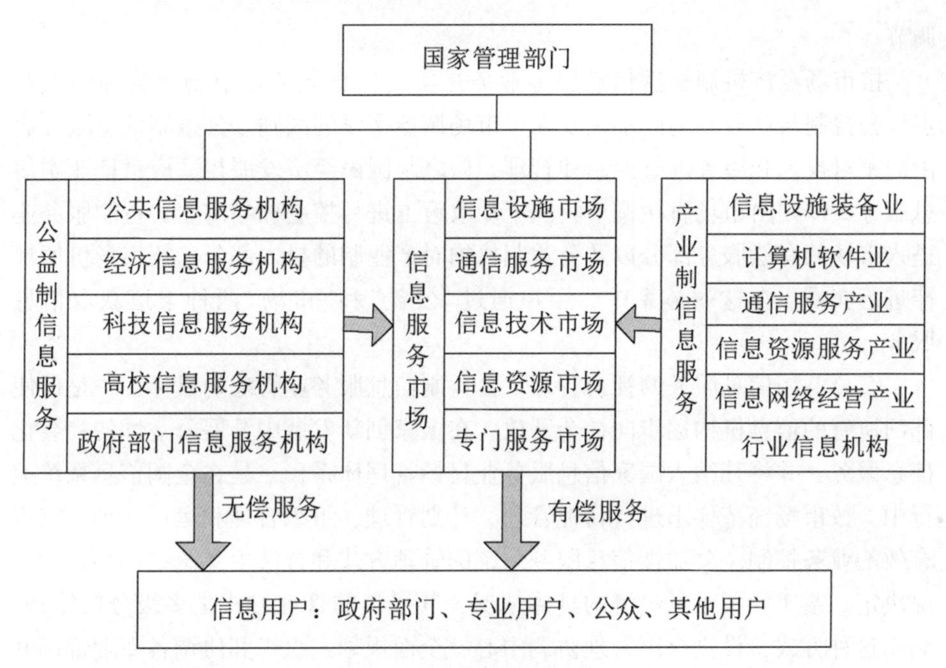

图 3-3　信息服务双轨制

图 3-3 归纳了公益制和产业制机构的运行关系。所谓双轨制管理，是指在市场经济中按系统协调模式进行公益制与产业制信息服务的管理。在管理上，由国家管理部门进行业务协调和公益制机构管理，同时进行产业制实体管理与信息服务市场，即对二元化的信息服务组织及其业务实行一元化的管理。在这种管理体制中，用户按服务规范通过“市场”利用有偿服务，通过直接交往获取公益性服务。

信息服务业的双轨制管理主要体现在以下几个方面：

①公益制与产业制机构的协调。应该说，“公益制”与“产业制”是信息服务业发展中相互协调和统一的两种体制，因而由国家管理部门对其进行整体化的协调管理具有必要性。我国公益制信息服务机构主要包括各类型图书馆、档案馆、文献信息服务机构、国家各部门信息中心(所)、地方信息机构以及国有单位信息机构等；产业制信息服务机构，除信息软件产业外，主要为各类型信息服务经营实体，包括通信、咨询等行业实体。公益性机构以提供无偿信息服务为主，有偿服务为辅，其服务效益主要是社会效益和间接经济效益，以此为中心拓展社会化服务业务；产业制实体以专门信息需求为对象，通过服务取得直接经济效益，以此为基础拓展服务业务。这两个部分按市场经济机制进行

调节。

按市场经济机制管理信息服务业务是实现信息服务业市场化管理的出发点，公益制与产业制的区别主要在于市场调控手段的区别。公益制信息服务业由国家对投入和服务进行控制和管理，使之与国民经济发展相适应；产业制信息服务实体则由市场直接调节，国家从政策上进行控制和导向。公益制服务业进入市场的有偿服务部分以及公益制机构对产业制的投入部分，按市场价值规律进行交易。在这一体系中，用户通过“公益”和“市场”两种渠道获取信息服务。

②公益制信息服务的社会管理。公益制信息服务业管理的目标，一是促使部门所有的信息机构逐步向社会开放，在国家创新发展中开展公益性的社会化信息服务，并将其纳入国家信息服务业目标管理体系；二是在全国信息系统运行中，按市场经济要求进行目标管理、计划管理、组织管理和运行管理，实现有效的业务控制。公益性信息服务系统的管理方式和方法由系统结构和运行状况决定。鉴于我国市场经济的具体情况，其最佳的管理方式是多级分层管理。利用这种方式，设立全国管理协调中心，全面规划、组织和协调各专业部门和地方的信息服务，使之服务于社会总目标；在发展专业信息服务和地方信息服务的过程中，建立相应的职能管理机构，负责各自的业务管理；根据信息服务业的自然层次结构，由各层次的各级机构组织运行业务，以便根据市场的变化优化服务项目。这一方式既体现了集中管理的优点，又体现了分层管理的长处，且有一定的灵活性，能够适应市场经济发展对公益性信息服务业的改革要求。

③产业制信息服务的社会管理。产业制信息服务管理是指对各种形式和成分的市场经营型信息服务实体(包括网络设施与技术服务商、数据库服务商、云服务商和基于“互联网+”的增值服务商等)的管理，其主要问题集中在三个方面：

首先，我国目前多部门管理信息服务产业和信息服务产业部门协同管理的问题比较突出。要解决这一问题应建立信息服务产业的专门管理机制，确立专业化管理体制，进行分门别类的系统化管理。与此同时，对于已有的行业管理(如数字通信、云服务、网络交互与智慧服务等)，在新环境中加以完善，使之与整体化的社会管理协调。

其次，我国目前的信息服务产业管理法律法规包括《保密法》《企业法》《经济合同法》《专利法》等，然而对于信息服务产业管理来说有待进一步完善，其中有些专门问题的解决应予以关注。因此，应从信息服务产业的运行机制、外部联系以及社会化服务的规范出发，建立完善的信息服务产业管理法规，使社会管理与监督规范化、制度化。

最后，信息服务是一种具有一定风险性的服务，为了有效保障信息服务机构和用户的利益，有必要开拓信息服务保险业务，并使之社会化。

④信息服务市场管理。从市场运行角度看，一定市场经济体制下的信息服务供求关系和管理关系是两种基本的关系，这两种关系决定了进入市场交换的"信息服务"的商品类型、价格、交换方式和监督形式。从信息服务需求机制看，用户对信息服务的购买有两个前提：一是该需求通过公益性服务不能得到有效的满足；二是从经济行为上看，购买信息服务具有可行性。用户对信息服务的购买行为直接关系到市场与产业发展，这就要求在市场中确立有效的以"求"定"产"和以"产"促"求"的机制。鉴于信息服务市场发展具有超前于物资与能源市场的特性，在我国市场与产业机制相互适应的情况下，可以通过适当超前的"生产"与"供给"，刺激市场与产业发展。

信息服务市场中介管理的职能是：通过法律、法规手段管理信息服务市场的运行；运用价格机制调节信息服务的供求关系和组织有效的市场系统；进行市场监督，维护国家利益和信息服务交易各方的权益。有关这三个方面的问题有必要从根本上加以解决。

3.4 数字信息资源安全主体责任划分与体制保障

经济全球化和创新国际化环境下，为实现信息资源协同服务主体与服务方在安全保障上协同，需要明确多方的安全保障责任范围，完善安全责任体制，建立责任制度，在实践中推进其在安全保障上融合。

3.4.1 数字信息资源安全保障主体责任划分依据

大数据、云计算的技术特点决定了数字环境下信息资源安全保障需要，而这种需求应由信息资源服务主体与相关主体协同完成。以便在各方合作关系基础商，明确其在安全保障中的具体职责。在安全保障实现上，进行协同安全保障责任体系的建立。

大数据与云计算环境下，随着 IT 资源管理与运营的外包，信息资源服务主体也实现了部分安全保障服务的外包，但是主体安全责任却不能发生转移，其主体机构依然是信息资源安全的最终责任方。作为最终责任方，需要主导信息资源安全保障的开展，对信息资源安全保障的最终结果负责。从责任划分上看，信息资源机构的主要职责包括信息体系建立、信息安全规划制定、信息安全管理制度制定、信息安全保障的过程管理等。

在信息资源安全保障的具体实施中，信息资源服务主体扮演着安全保障措施的执行者和服务商安全保障的监督者两方面角色。

作为执行者，信息资源服务主体及其联盟主要职责包括两个方向：一是，根据自身所拥有的信息资源特点、业务发展需要及安全需求，选择安全可信的服务商和服务业务；二是，与服务方明确安全保障的职责范围，切实做好职责内的安全保障工作。在安全保障职责范围上，信息资源服务主体的安全保障职责范围大小与其所采用的服务模式有关。如图3-4所示的安全责任划分中，对于云服务应用而言，在IaaS模式下，信息资源服务主体需要负责操作系统和基础开发环境、应用软件、数据(包括信息资源、用户行为数据等)和云平台客户端的安全，云服务商负责基础设施、硬件和云计算基础服务(包括资源调配、网络连接、存储、虚拟机管理等)的安全；在PaaS模式下，信息资源服务主体则需要负责应用软件、数据和云平台客户端的安全，云服务商除了IaaS模式下的安全责任外，还需要担负操作系统和基础开发环境的安全保障；在SaaS模式下，信息资源服务主体则只需要负责数据和云平台客户端的安全，其他环节的安全都需要云服务商进行保障。同时，鉴于信息资源服务及其联盟主体有可能同时采用多种云计算服务，因此其在安全职责划分上需要与每一个服务商单独进行约定。

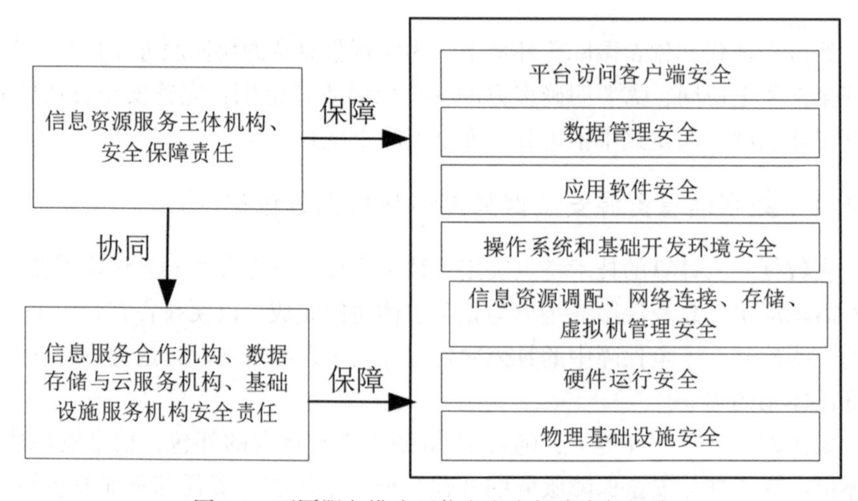

图3-4 不同服务模式下信息安全保障责任划分

作为监督者，信息资源服务及其联盟主体需要对服务的安全保障进行监督，确保服务协同方尽职尽责地完成了其应承担的任务。其主要监管职责包括：监督云服务商严格履行合同规定的各项责任和义务，遵守信息资源安全相关的规章制度和标准；协助协同服务方进行重大信息安全事件的处理；对协同服务平台定期开展安全检查；在协同服务方的支持配合下，对服务运行状态、性能指标、重大变更监管、监视技术和接口、安全事件等进行监管。

数字信息资源云服务中，云服务商作为安全保障的重要责任机构，其在信息资源安全保障中的主要定位是安全保障的执行者，其主要职责包括三个方面。第一，按照信息资源服务主体的安全保障责任划分规定，采取有效的管理和技术措施确保信息资源及业务系统的保密性、完整性和可用性。第二，在服务组织中，协同服务方与信息资源机构主体在安全保障中呈互补关系，在主体机构协同下，协同服务方主动接受信息资源服务主体的监管，并为其监管的实施提供支持，一方面可以提供一些便于信息资源服务主体开展监管的应用工具，另一方面向信息资源服务主体反馈安全监测信息。第三，对于市场经营协同主体，需要遵守我国的信息安全法规和标准，开展周期性的风险评估和监测，保证安全能力持续符合国家安全标准，同时接受信息资源服务主体的安全监管，配合其监管活动。

推进信息资源服务主体与协同服务方在安全保障中的融合，其目标是实现两者在安全保障中的无缝协同，既不留下安全保障盲区，也避免安全保障效果参差不齐的情况发生。为此，需要从以下几个方面进行组织：

①分工明确，建立安全保障效果量化指标体系和约束机制。分工明确是确保不留安全保障盲区的基础，因此实践中需要在信息资源服务及其联盟主体与协同服务方安全责任划分机制的基础上，将安全责任具体化至特定的模块、资源甚至操作。以此出发，针对各项具体的安全责任，建立量化指标体系，以便于双方或多方对于安全要求达成一致，在把控安全保障风险的情况下选择合适的安全保障工具或技术。同时，还需要建立对于服务的约束机制，以督促各方保质保量地完成安全保障工作，实践中应用较为广泛的解决方案是基于安全协议的安全保障实施。

②对于需要信息资源服务主体和协同服务方共同参与的安全保障工作，建立响应和合作机制。在安全保障实践中，安全措施的部署和安全事件的处理需要双方或多方完成，如在云平台的升级中，信息资源服务主体需要协同云服务商进行工作。为保障协同安全保障的效果和效率，需要将这些工作进行类型细分，以此出发分别建立响应和合作机制，通过流程上的规范化来确保安全效果

和效率的稳定性。

③协同服务方需要面向信息资源服务主体提供安全防护和管理工具、最佳实践指南等，以帮助信息资源服务主体做好安全保障工作。在安全保障实施中，各信息资源服务主体具有一些相似的安全防护和管理工具需求，协同服务方通过向其提供可定制和二次开发的技术工具，既有助于降低信息资源服务主体的技术开发成本，也有助于保障工具与服务平台的兼容，从而改善安全保障效果。另外，协同服务方向信息资源服务主体提供的最佳实践指南，在于协助设计效率更高、效果更好的安全保障解决方案。

信息资源服务主体在进行服务部署时，需要充分适应其技术特点和安全保障机制。这一点尤其适用于Iaas和PaaS云服务的部署。在使用这两类云服务时，信息资源服务主体实质上基于云服务商的基础IT环境进行信息资源系统的构建。由于不同云服务商有其自身的技术方案，因此在进行信息资源系统构建时，需要适应云服务商的安全架构和实现要求，并与其安全保障机制相兼容，以获得基于云平台的最佳安全保障效果。

3.4.2 数字信息资源服务安全追溯问责

数字信息资源服务中的各类服务通常采用基于合约的服务模式，如用户和云服务提供商间通过合同约定各自的权利和义务。用户合规利用服务的同时，必然要求服务方的安全质量(如服务性能、可靠性、安全性)保证。

包括云服务在内的数字资源服务可能会面临的各类安全风险主要有：滥用或恶意使用计算资源，不安全的应用程序接口，恶意的内部人员作案，共享技术漏洞，数据损坏或泄露，审计、服务或传输过程中的劫持以及在应用过程中形成的其他不明风险等。这些风险既可能来自服务的供应商，也可能来自资源提供方和用户。由于服务契约是具有法律意义的文书，因此契约各方必须承担各自对于违反契约规定的行为后果，一旦发现有违反契约的行为，还应提供某种机制用于判定不当行为的责任方，使其按照违反契约所造成的损失(如服务中断或数据损毁)承担相应责任。

责任认定和追溯中的可问责性(Accountability)是责任管理的基本属性。通过不可抵赖的方式将实体及其行为进行绑定，使得互不信任的实体间能够发现并证明对方的不当行为。可问责性也是信息安全保障的核心目标之一，对于用户与服务方来说都具有重要的意义。

在安全责任管理中，这方面的工作大多在安全需求和架构层面上进行。其中，Kiran-Kumar Muniswamy-Reddy 等在云安全溯源中提出的解决方案比较有代表性，在其工作中称问责审计为“云溯源”(Provenance for the Cloud)；其溯源的定义用有向无环图(Directed Acyclic Graph，DAG)来表示，DAG 的节点代表各种目标，如文件、进程、元组、数据集等，节点具有各种属性，两个节点之间的边表示节点之间的依赖关系。云溯源方案应具备以下 4 种性质：

①精确性。对于云中的数据记录必须要能与其记录的数据目标精确地匹配。

②完整性。对云数据变化过程中因果逻辑关系的记录要完整，不能有不确定的记录。

③独立性。云存储中的数据记录必须独立于其他数据，即便数据被删除了，记录也应该有所保留。

④可查询性。云数据必须支持对多个数据的记录，实现有效的数据查询和安全调用。

云溯源的技术方案基于溯源感知存储系统(Provenance Aware Storage System，PASS)进行构架。PASS 是一种透明且自动化收集存储系统中各类目标溯源的系列，早期用于本地存储或网络存储系统，它通过对应用的系统操作调用来构建。例如，当进程对某文件发出“读”取调用时，PASS 则构建一条依赖于某文件的记录进程，若进程对某文件发出“写”系统调用，PASS 则构建一条边从被写入的文件指向进程，表示被写入的文件依赖于写这一进程。其实现的技术架构如图 3-5 所示。

从图 3-5 中可以看出，这一方案总体上分成两个部分，一部分是客户端，另一部分是云存储端。其中客户端在用户的系统内核中配置了 PASS 及 PA-S3fs(Provenance Aware S3 File System)，由 PASS 来监控应用进程的系统调用、生成溯源以及将数据及其溯源记录发送给 PA-S3fs。PASS 具有对客户端文件的版本控制能力，能生成详细的数据变迁溯源记录。PA-S3fs 感知溯源的 S3 文件系统是一个用户层文件系统，来源于 S3fs。S3fs 是一个用户层的 FUSE 文件系统，提供了与 S3 交互的文件系统接口。PA-S3fs 则扩展了 S3fs，使其向 PASS 也提供相应的接口。PA-S3fs 作为缓存将数据保存在本地的临时文件目录中，同时将溯源记录保存在内存中。当某类确实的事件发生时，如文件关闭或者文件显示写入时，PA-S3fs 按某种协议将用户文件数据与溯源记录一并发送给云存储端。①

① 李大刚，符玥，杜蓉，等. 一种基于区块链云存储的文件安全分享方法及系统：中国，CN201810018768. X[P]，2018-07-06.

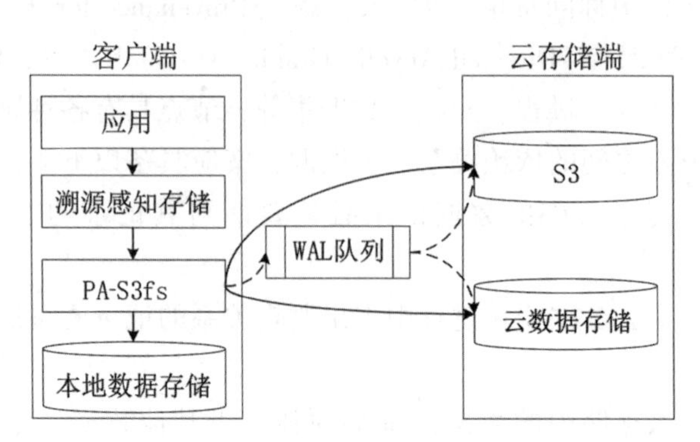

图 3-5 云溯源方案的技术架构

云溯源方案的协议过程如下：

在基于协议的云溯源中，协议对照云溯源系统架构的两个部分分成两个阶段，第一阶段为日志，第二阶段为提交。

第一阶段是在客户端进行的，当用户发出文件或输出缓冲区的数据时，执行下列动作：先由客户端向云存储服务器生成一个数据文件的副本，并使用临时文件名命名；对当前的日志事务生成一个通用唯一识别码。在抽取出对应数据文件的溯源记录中，将这些记录进行组织，同时将其保存为日志记录(协议中的消息)，存放在 WAL 队列中。

第二阶段，当客户端 PA-S3fs 后台负责提交任务进程时执行下列操作：将溯源记录保存成单独的 S3 对象，更新其属性值对以保留一个指向该 S3 对象的指针；将溯源记录进行批处理存储，执行多次调用直到把所有的项目保存完成后复制临时 S3 对象到对应的持久性目标；删除 S3 临时对象，从 WAL 队列中删除所有与本次事务相关的消息。

以上解决方案实质上基于云服务与本地客户端相互配合来实现，由客户端来收集用户操作数据的行为，通过云服务来记录用户行为以及存储用户数据。此外，方案使用 SQS 和事务概念，主要是确保数据溯源记录能精准地反映数据目标，同时保证逻辑上的一致性与完整性。

3.4.3 数字信息整体化安全责任体制的完善

立足于当前的数字信息服务与安全保障体制现状，为构建与大数据和云环境相适应的政府主导的社会化协同体制，需要推进政府部门与行业组织的协同创新与安全职能强化，为安全保障的推进提供组织基础；同时加快建设云环境下数字信息资源信息安全法律法规和标准体系，为安全保障的推进提供制度基础。在此基础上，还需要不断深化体制创新，健全信息资源安全保障与信息化协调发展体制和不同主体间协同机制，以不断完善一体化安全体制，提高安全保障能力。

作为信息资源信息安全责任机构，其基本定位是落实国家信息安全保障战略部署，进行数字信息资源安全的总体谋划，增强安全保障与安全治理中的协调性；同时，立足于数字信息资源安全保障中的关键性、战略性、全局性问题，进行安全保障实施安排。以此出发，其主要职能是：第一，在安全保障与信息服务一体化实施中，推进相关政策法规、标准规范的建设与完善；第二，坚持问题导向，推进社会化信息服务与安全保障中突出问题的解决；第三，统筹协调相关业务部门和安全职能部门，提高安全监管的一致性和协同性。

我国信息安全职能部门包括公安部、国家保密局，科技部、教育部、文化和旅游部、工业和信息化部等主管部门，在部门协同下全面负责所属信息资源系统的建设和服务。这一管控机制和分系统建设的体系构架，决定了信息资源安全体系的构建和协同安全保障的目标实现。

从云环境下数字信息资源安全保障监管组织上看，信息服务安全保障需要推进以下几方面的工作：第一，结合数字信息资源特点，进行云计算环境下通用信息安全标准的建设，同时完善行业信息安全标准的制定和实施，以适应云环境下数字信息资源安全运行的需要。第二，推进面向数字信息资源的可信云服务认证，对已通过可信认证的云服务进行评估，支持信息资源服务机构选择安全可信的云服务。第三，推进信息行业云服务发展，提高安全保障的一体化水平、降低信息资源服务主体安全部署的成本，提高安全保障水平。第四，统筹协调信息资源行业主管部门、云计算行业主管部门和安全职能部门的相关工作，建立常态化的跨部门协调沟通机制，提高安全监管的协调性。在大数据与云环境下的信息资源安全监管中，需要从根本上改变重建设、轻安全的状况，提高安全保障的力度，加强监管，进行安全保障与云计算应用的同步推进。

在设计基于云服务的数字信息资源系统功能与安全方案的过程中，要注重两者的协调性，以实现整体性能和安全保障的最优化。

通过与云计算行业组织、网络安全管理职能部门的协同，实现对信息资源云服务的全面安全监督。云服务商虽然是数字信息资源安全保障的重要主体，但并不在数字信息资源主管部门的直接监管范围之内，因此需要通过与行业组织、网络安全管理职能部门的统筹协调实现对其安全监督。其中，云计算行业组织需要指导、监督云服务商加强自律、合规做好安全部署和内部安全管理，保障云平台和云服务的安全性；网络安全管理职能部门则按照数字信息资源主管部门的要求，在职能范围内做好对云服务的全面安全监督。

数字信息资源一体化安全保障体制的建设并不是一蹴而就的，在体制确立与实现后，仍需要坚持问题导向，结合云环境下安全保障实践发展进行不断完善。除继续深化组织体制创新、推进标准和法律法规体系完善外，还需要重视安全保障协调机制的完善和面向数字信息资源的云服务安全质量的提升，以更好地实现服务和安全治理中各类主体的社会化协同水准。

对于跨部门、跨行业协调机制的完善，要求形成一体化安全保障合力。云环境下数字信息资源一体化安全保障，涉及主管部门之间、主管部门与职能部门之间、数字资源机构与云计算行业组织之间、数字信息资源服务主体与云服务商之间、数字信息资源服务主体内部业务与安全部门之间多类型、多层次的组织协调问题，因此需要通过协调机制的创新实现安全保障体制上的协同。数字信息资源与信息安全行业组织、云计算行业组织之间的协调机制优化，侧重于通过云计算行业组织进行云服务商的安全自律，实现数字信息资源行业合理诉求的表达与满足；数字信息资源服务主体与云服务商之间协调机制的优化，侧重于双方安全保障责任的合理划分与协同，既保证不留安全保障死角，又能够实现双方在处理安全问题上的高效协作；数字信息资源服务主体内部部门之间的协调机制优化，侧重于在具体业务问题上的及时沟通与协调，确保方向一致和步调一致。

数字信息资源的社会化服务发展，应以安全促发展为原则。云环境下数字信息资源安全保障中，除数字信息资源服务主体完善安全部署、提升安全责任管理水平外，还应充分利用信息安全技术发展优势，通过面向数字信息资源的云服务安全等级的提升，实现安全保障水平的提升。

4　云环境下数字信息资源安全保障体系

大数据技术和云计算的应用改变了网络信息资源的存储、开发、利用和服务形态，由此对数字信息资源组织与服务安全产生了深刻影响。面对环境的改变，数字信息资源的安全利用面临着严峻的挑战，需要从环境治理、技术保障和服务组织角度对当前存在的问题进行分析，以构建与环境相适应的安全体系。

4.1　云环境对数字信息资源安全的影响

分析云计算环境对信息资源安全及其保障的影响，首先需要厘清其基本的关联关系和组织机制。云计算所具有的按需自助服务、泛在接入、资源池化、快速伸缩性和服务可计量，决定了服务和安全保障的基本模式。①

第一，鉴于采用云计算意味着 IT 业务的外包，因此云计算环境下云服务商已成为安全保障的重要主体，由信息资源服务主体独立负责的机制随之发生变化；同时，云服务商能够直接控制信息服务主体的数据资源，从而也会带来新的安全威胁。第二，云计算资源池化及其快速伸缩的特征，导致了信息资源安全防御边界的动态化，从而对基于边界的防御体系造成冲击。第三，云计算环境下多租户共享机制导致了信息资源的集中化，进而影响其安全保障机制。第四，云计算泛在接入的特性，改变了传统 IT 模式下的通信模式，必然对信息资源安全保障机制产生影响。第五，云计算服务能够提供强大的计算能力，同时随着大数据处理技术的发展，可能引发新的安全威胁，在各方面因素的综合作用下，应进行全面应对。

① CSA. Security Guidance for Critical Areas of Focus in Cloud Computing (V 3.0) [EB/OL]. [2015-08-12]. https://cloudsecurityalliance.org/guidance/csaguide.v3.0.pdf.

4.1.1 信息资源安全保障主体的多元化

在传统 IT 模式下，信息资源的信息安全保障由各服务主体独立负责，但由于云计算的服务租赁特点，云计算环境下信息资源的信息安全保障则演变为由信息资源服务主体和云服务商协同负责。对于信息资源服务主体来说，由于其采用的云服务部署模式不同或者同时采用了多家云服务商的服务，其安全保障协同主体可能包含多个，即云计算环境下信息资源安全保障主体面临着从一元化到多元化的变革问题。

(1)数字信息资源安全保障主体多元结构的形成

云环境下信息资源安全保障主体多元化是由云计算的技术实现机制决定的，并非信息资源服务主体主动选择的结果。对于任何一类云计算服务业务，其所需的硬件和软件由云服务商负责配置、开发和管理，信息资源服务主体无法对其进行控制和修改，因此这部分硬件和软件的安全必须由云服务商负责。同时，这些软硬件往往对信息资源的信息安全起到非常重要的作用，其安全保障必然是数字信息资源安全保障的有机构成部分，由此导致数字信息资源安全保障主体的多元化。

对于信息资源服务主体来说，其安全保障协同主体的多元化程度与其所采用的云服务实现模式及是否使用了多个云计算平台的服务相关。

云服务的实现模式可以划分为单级模式和多级模式两种，其中单级模式是指云计算服务提供商基于自身拥有的硬件资源进行云服务的组织；多级模式是指云服务商自身不拥有硬件资源，而是在其他云服务商的服务基础上构建自己的服务业务。① 例如，提供 PaaS 服务的云服务商可以建立在其他云服务商的 IaaS 服务基础上；提供 SaaS 服务的云服务商可以建立在其他云服务商的 IaaS 或 PaaS 服务基础上。根据上游云服务商的构成情况，多级模式可以进一步分为简单多级模式和复杂多级模式。在简单多级模式下，每一层级的云服务商仅有一个，例如，云服务商 A 提供 SaaS 服务，其服务建立在提供 PaaS 服务的云服务商 B 业务之上，而 B 的业务则建立在提供 IaaS 服务的云服务商 C 之上。在复杂多级模式下，至少有一个层级的云服务商多于一个，例如，云服务商 D 提供 SaaS 服务，其服务是建立在提供 PaaS 服务的云服务商 E 和 F 业务之上的，E 的业务则建立在提供 IaaS 服务的云服务商 F 和 H 之上，而 F 的业务是

---

① 冯登国，张敏，张妍，等. 云计算安全研究[J]. 软件学报，2011，22(1)：71-83.

基于自身的硬件资源进行组织的。

显然，云服务的实现模式对信息资源服务主体的安全保障协同主体数密切相关。如果信息资源采用的云服务是单级模式，其协同主体构成最简单，只有1个云服务商；如果采用简单多级模式，其协同主体构成也相对简单，一般不超过3个；但如果采用了复杂多级模式，其协同主体则不仅数量较多，其间的关系也可能呈现复杂的网状结构。复杂多级云服务实现模式下信息资源安全保障协同主体构成如图4-1所示。

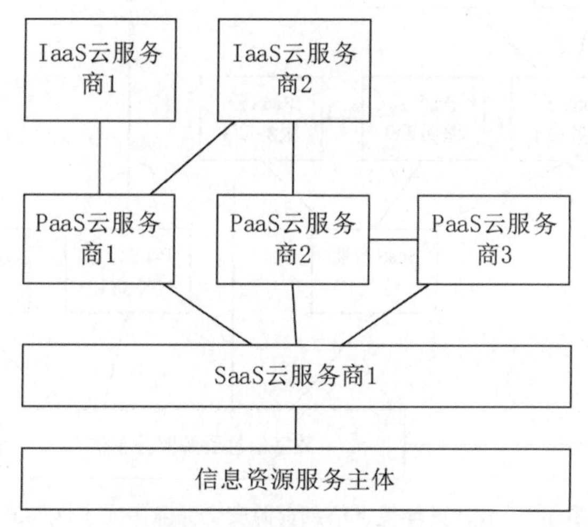

图4-1　复杂多级云服务模式下安全保障协同主体构成

在使用云计算的过程中，信息资源服务主体既可能只采用一家云服务商的服务，也可能出于各种原因采用多家云服务商的服务，如为避免被单个云服务商锁定，以及提升云服务的可用性，信息资源服务主体可能采用多家云服务商的服务；由于不同云服务商的服务业务不同，信息资源服务主体还可能采用不同的云计算平台进行不同的业务组合。

显然，如果某一行业的信息资源服务主体只采用一家云服务商的服务，则其协同主体构成最为简单，只有一个云服务商；如果其采用多家云服务商的服务，则其协同主体也趋于多元化。同时，值得指出的是，如果信息资源服务主体采用不同云计算平台实现不同的业务需求支持，则会导致其各协同主体间的安全职责各异，从而其安全保障协同的复杂度大大增加。

云服务实现模式和云计算应用方式对安全保障主体多元化的影响往往同时

存在，由此导致了云计算环境下信息资源安全保障主体构成的复杂性，其构成的主体不但数量较多，而且其关系错综复杂，呈网状结构。以图 4-2 所示情况为例，信息资源服务主体的安全保障协同主体达到 8 个，其中部分云服务商既直接向该服务主体提供服务，也间接向其他主体提供支持，如“IaaS 云服务商 1”，既直接向该服务主体提供 IaaS 服务，也经由“PaaS 云服务商 1”提供服务。

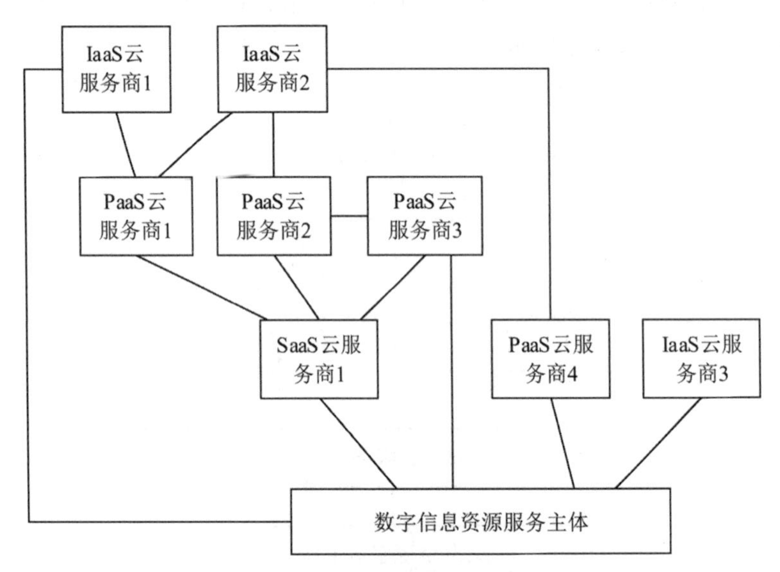

图 4-2　云计算环境下信息资源安全保障多元主体构成

(2)安全保障主体多元化对安全保障实施的影响

云计算环境下，数字信息安全保障主体多元化对安全保障机制的影响主要表现在两个方面，一是信息资源服务主体的安全保障职责发生了变化，二是需要建立多元主体间的协同机制。

云计算环境下，云服务商的介入导致其直接承担的安全保障职责发生了变化，同时信息资源服务主体还需要承担云服务商的监管职责。

其中，信息资源服务主体安全保障责任变化的根本原因是其失去了对部分 IT 资源、应用程序甚至数据的控制，而安全保障措施又必须部署到相应的 IT 资源、应用和数据上。从整体上看，IaaS 服务模式下信息资源服务主体直接承担的安全责任远大于 PaaS 和 SaaS 服务模式，而 PaaS 服务模式下其直接承担的安全责任也远大于 SaaS 服务模式。

信息资源服务主体承担云服务商安全监管职责的原因是，尽管部分安全保障不由信息资源服务主体直接承担，但是需要对信息资源安全进行全面负责。基于此，信息资源服务主体需要对云服务的安全保障进行监管，及时发现其在安全保障中的问题，并督促其快速进行应对。

云计算环境下，为发挥多元主体的安全保障合力，需要建立安全保障协同机制。其协同机制包括两个方面，一是基于安全责任划分的安全保障协同，二是具体安全事件处理中的协同。

基于安全责任划分的安全保障协同是宏观层面的协同，其本质是信息资源服务主体与云服务商的分工协作。对于这方面的协同，两者只需明确安全责任范围，各司其职，协同完成安全保障任务即可。当然，为确保云服务商安全保障的质量，国家信息安全部门还需要对其进行监督，同时予以体制上的保障。

具体安全事件处理中的协同是微观层面的协同，协同各方需要建立安全事件响应机制，即一方提出配合请求时，另一方进行即时响应。为促进两者的有效协同，在响应机制构建中需要考虑安全事件的重要性和优先级，综合两者进行响应速度、资源配置等方面的安排。

以上将云服务商作为一个整体进行分析，在实践工作中，如果云服务的组织采用了多级模式，则安全责任还需要在各云服务商之间进一步划分。例如，SaaS 模式下，与资源服务主体直接关联的云服务商可能仅负责软件平台和应用软件的安全，虚拟化计算资源、资源抽象控制层、硬件以及基础设施的安全则由其上游云计算服务提供商负责。显然，采用多级模式进行业务组织的 PaaS 和 SaaS 云服务商，还需要担负起对其上游云服务商进行安全监管的职责，需要与其上游云服务商建立安全协同机制。

4.1.2 数字信息资源安全边界的动态化

云计算环境下，数字信息资源安全边界的动态化是指信息资源管理系统所具有的逻辑上的动态边界，并不像传统 IT 模式下所具有的固定物理边界那样明确。导致这一状况的主要原因是云计算的资源虚拟化和按需的动态分配。安全边界动态化将直接影响着云环境下数字信息资源的安全保障模式，因而对安全保障提出了新的要求。

(1)计算资源虚拟化与信息资源安全边界的动态化结构

在资源虚拟化过程中，可将系统中的处理器、存储和网络等硬件资源抽象成标准化的虚拟资源，并将其与包括操作系统、软件、应用程序在内的整个运行环境一起封装成独立于硬件的虚拟机，而虚拟机则以文件形式进行保存。① 由于虚拟化文件格式一致，因此可以消除异构硬件资源之间的差异。

资源虚拟化是云计算得以实现的基础，其作用具体表现在以下三个方面：通过虚拟化，将计算由本地计算机或远程服务器迁移到大量的分布式计算机上，从而为客户提供高扩展性、强伸缩性和高可靠性的计算服务；通过虚拟化，实现云平台计算资源的透明运行，以及计算资源的自动化分配；基于虚拟化技术，可以完全屏蔽底层资源和操作系统的异构特征，使得客户能够通过统一接口透明地访问异构的云平台资源。在这一场景下，用户进行资源访问时，无需掌握任何特定技术，也无需指导资源位置、存储方式、运行环境，只需按照自身需求进行云计算资源租赁。因此虚拟化技术能够通过抽象化平台的无缝集成，为用户提供便捷、透明的云计算服务。

云环境下计算资源以虚拟化形式存在，因而必然导致基于云计算平台的信息资源系统物理边界的变化，如图 4-3 所示。首先，信息资源管理系统对应的 IT 基础资源以虚拟机为基本单位，因此虚拟机的分布将影响其系统边界的确定。由于一台物理机一般可以虚拟出多台虚拟机，同时由于分布式存储技术的应用及各云平台上其他租户对资源的占用，各信息服务平台对应的虚拟机必然分布在多台物理机上，而且往往与其他租户共用这些物理机，甚至这些虚拟机可能分布于多个云计算数据中心。因此，一般情况下，基于云计算平台的信息资源系统并没有明确的物理边界。其次，当某个主机负载过大时，云平台会通过动态迁移将提供服务的虚拟机迁移到空闲主机上实现负载平衡。② 当某个硬件需要停机维护时，可利用动态迁移技术将虚拟机透明地移动到其他主机上，由此必然导致信息资源系统虚拟机所处的物理主机位置发生变更，从而使系统的边界发生变化。显然，信息资源管理系统的边界变化也就意味着安全边界的变化，从而导致安全边界处于动态变化之中。

资源配置的弹性化也是云计算的典型特征之一。这种资源配置模式能够帮助客户节约系统的硬件成本，减少为应对偶然出现的高峰负载而需要长期购置过多基础设施的成本。③ 在资源弹性化配置模式下，信息资源系统所占用的资

---

① Wood T, Ramakrishnan K K, Shenoy P, et al. Enterprise-ready Virtual Cloud Pools: Vision, Opportunities and Challenges[J]. The Computer Journal, 2012, 55(8): 995-1004.

② Jo C, Gustafsson E, Son J, et al. Efficient Live Migration of Virtual Machines Using Shared Storage[C]//ACM Sigplan Notices, ACM, 2013, 48(7): 41-50.

③ 李冰. 云计算环境下动态资源管理关键技术研究[D]. 北京：北京邮电大学，2012.

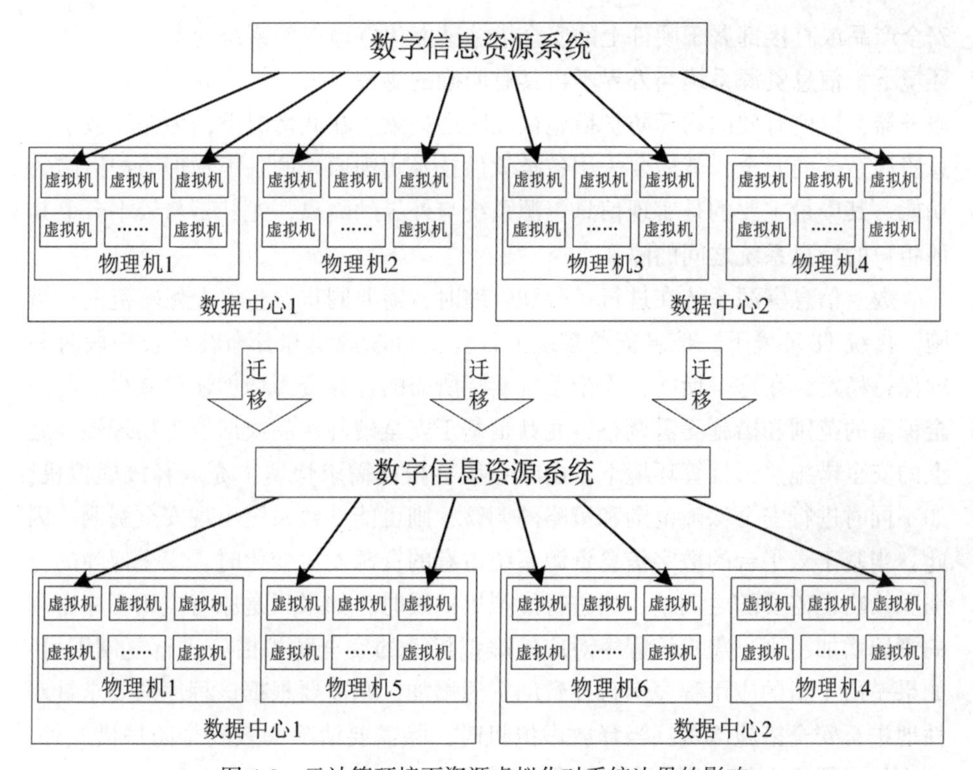

图 4-3 云计算环境下资源虚拟化对系统边界的影响

源与其实际需要的资源较为接近，因此当实际需要的资源规模发生变化时，其实际占有的资源也会发生相应的变化。即：当系统需要的资源增加时，系统可以占用更多的虚拟机，当其完成任务后即可释放这些资源，从而使系统占用的虚拟机数量相应减少。就系统的安全保障来说，其需要覆盖的应是所有相关虚拟机，因此安全边界也会随着系统占用资源的增加和资源的释放而动态变化。

(2)数字信息资源安全边界动态化对安全保障组织的要求

云计算环境下，数字信息资源系统安全边界的动态化将直接导致传统 IT 模式下基于物理边界的安全防护模式失效，由此对安全保障的组织提出新的要求，主要表现在以下两个方面：

信息资源安全的保障将更多地依赖软件技术，而非硬件技术和产品。传统 IT 环境下，信息资源管理系统是一个相对封闭的系统，具有明确的物理边界和少数对外暴露的接口，因此基于物理位置进行安全域划分，并采取各种硬件安全产品或直接部署于硬件上的安全措施就能很好地保障系统的安全。云计算环境下，信息资源系统与外界不再具有明确的物理界限，也没有其专属的物理服务器，以前有效的物理防护措施往往随之失效。在此情况下，为保障数字信息资源系统的安全，就需要采用各类软件技术实现原来的各类物理防护措施的功能。其中最主要的是实现信息资源系统与外界的隔离，尤其是与云平台上其他租户的信息系统之间的隔离。

数字信息资源系统在进行扩展和收缩时，需要同步调整安全保障范围和措施。传统 IT 环境下，信息资源系统的计算机资源规模和分布在较长一段时间内保持稳定，在这一期间，无论系统实际所需的计算资源增加还是减少，其安全保障的范围和措施无需调整，尤其是基于安全硬件产品或部署于物理硬件之上的安全措施。云计算环境下，由于系统会根据需求快速扩充或释放虚拟机，如不同时进行安全保障范围和策略的调整，则可能导致系统出现安全漏洞。因此，当基于云平台的数字信息资源系统占有的资源发生变化时，安全保障的范围和策略也需要随之调整。当进行虚拟机扩展时，如果只是原有应用程序占用的资源增加，则只需将该程序对应的虚拟机上的安全防护措施进行复制即可；如果是由于新的应用程序运行导致的资源增加，则需要根据该程序的要求针对性地进行安全措施部署；当释放虚拟机时，除需要清除失效安全防护措施外，还应将虚拟机上的所有数据进行彻底删除。

需要指出的是，云计算环境下信息资源系统安全边界的动态化并不意味着基于服务器物理部署的安全保障机制的失效。这是因为，云平台的安全是国家信息资源系统安全的基础，而对于云平台来说，依然具有较为明确的安全界限，依然需要传统安全防护措施的保护。对于数据中心而言，与传统的 IT 系统相近，应具有明确的出入口，内部也可以划分为不同的物理安全域。

4.1.3 信息资源安全保障的集中化

云计算环境下，由于云计算多租户资源共享的技术机制及产业发展特点，数字信息资源安全保障呈现集中保障的趋势。

(1) 多租户资源共享与信息资源安全保障的集中化

多租户资源共享是云计算的典型特征之一。① 对于不同类型的租户数据，

① Mietzner R, Leymann F, Unger T. Horizontal and Vertical Combination of Multi-tenancy Patterns in Service-oriented Applications[J]. Enterprise Information Systems, 2011, 5(1): 59-77.

其多租户共享技术实现方式也有所区别：对于存储数据，一般通过对数据库、存储区、结构描述或是表格来实现各租户间的数据隔离，必要时还会采用对称加密或非对称加密技术来保护敏感数据；对于应用程序，利用应用程序挂载（Hosting），从进程上将各租户的应用程序与环境切割，从而保护各租户的应用程序运行环境不受入侵；对于信息系统，利用虚拟化技术，将物理主机切割成多个虚拟机，从而将各虚拟机隔离开来，各租户可以租用一台或多台虚拟机，而不进行虚拟机的共用，以实现租户间的安全隔离。正是由于虚拟化和多租户资源共享技术，云计算平台才得以实现物理计算资源利用率的最大化，也可以采用分布式高速存取技术进行用户数据的存取，实现用户数据处理的高效化。因此，多租户资源共享是云计算的重要支撑技术。

在多租户资源共享机制下，数字信息资源系统所共享的数据、程序、系统和硬件设施的安全保障必然是集中保障。换言之，云服务方所承担的安全保障职责在基于云平台的信息资源系统信息安全保障范围内进行确认。具体说来，IaaS 服务模式下，信息资源安全集中保障的范围主要是基础计算资源，包括硬件和各类物理基础设施；PaaS 服务模式下，信息安全集中保障的范围则进一步扩展到操作系统和基础开发环境；SaaS 服务模式下，信息安全集中保障的对象在涵盖 IaaS 和 PaaS 对象的基础上，还包括应用程序的安全，以及一部分共享数据的安全。不同云模式下信息安全集中保障范围如图 4-4 所示。

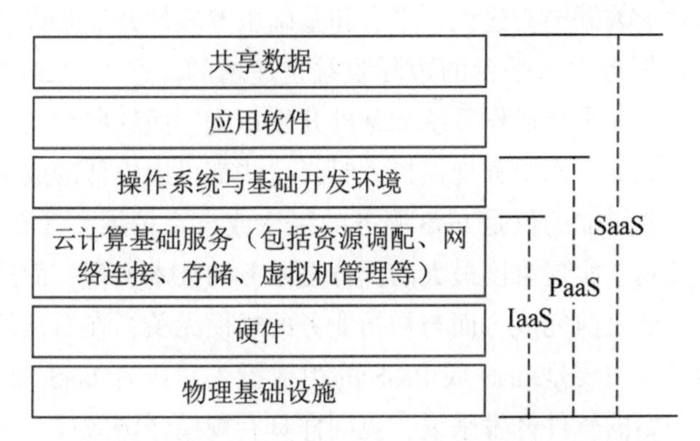

图 4-4 不同云服务模式下信息安全集中保障范围

由于客户向云平台传输的数据中存在着大量的冗余，因此对客户数据不加处理的接收、存储不仅会大大增加云服务商的硬件和人力成本，而且会大幅降低系统性能。为了提高资源配置的效率、改善系统性能，各云计算平台均会采取措施在数据存储或传输之前消除重复数据。① 其中，较为常用的技术是重复数据删除技术。② 重复数据删除是一种数据的无损压缩，也称智能压缩或空间存储，其基本方法是基于数据库的重复数据的识别，使用指向副本的指针替换重复数据，使得一份数据只保留一个副本，从而消除数据冗余，降低存储空间需求。由于数字信息需求的完整性要求较高，因此，信息资源服务主体在进行资源建设时也都注重资源采集的全面性，这也导致了各信息资源系统之间存在着大量的数据重复。在传统 IT 环境下，这些重复数据的安全由多个信息资源服务主体进行处理，因而其安全保障是分散的。云计算环境下，由于重复数据删除机制的存在，同一个云平台上仅会保留一份数据，这些数据的安全保障随之变成一定程度上的集中保障。另外，资源的完整性、可用性和机密性也是集中处理应该面对的问题，对此除依赖云计算平台之外，还依赖信息资源服务主体自身的安全措施。

(2)云计算产业规模经济效应与安全保障的集中化

在服务组织中，云计算具有明显的规模经营效应。③ 其表现如下：①在 IaaS 服务构建中，数据中心基础设施的建设、服务平台的构建及基础服务软件的研发，都需要较高的初始投入，但一旦建成，这些基础资源都能够反复共用；服务平台规模扩大过程中，增加的成本主要是服务器等硬件设施和人力资源的投入，相对于数据中心建设、平台和基础服务软件开发来说，其成本比较低廉，因此 IaaS 服务中云平台的边际收益是递增的。②在 PaaS 服务构建中，最核心的部分是搭建平台操作系统和基础开发环境，而这些投入也是在服务构建之初就需要完成的，而服务规模扩大时，这些都可以极低的成本复用，而无需再次开发，需要增加的仅是 IaaS 服务的租赁或自主扩展。③在 SaaS 服务构建中，其成本最高、实现难度最大的部分是服务的技术实现，而这部分投入同样需要在服务开展之前完成，而与初始业务的规模无关；在后续的业务扩展过程中，其边际投入主要是 IaaS 或 PaaS 的租赁投入，或者 IaaS 和 PaaS 的自主构建，相对于初始的软件开发来说，也同样具有规模经济效应。鉴于云计算产

① 张沪寅，周景才，陈毅波，查文亮. 用户感知的重复数据删除算法[J]. 软件学报，2015，26(10)：2581-2595.

② Yang C，Ren J，Ma J. Provable Ownership of Files in Deduplication Cloud Storage[J]. Security and Communication Networks，2015，8(14)：2457-2468.

③ 姜奇平. 云计算的经济学解释[J]. 互联网周刊，2011(12)：18-25.

业的规模经济特征，随着市场化服务的展开，一些云服务商的规模将逐渐扩大，通过获得规模经济竞争优势，进而逐渐淘汰掉规模较小的云服务商，最终将形成只有少数云服务商或者少量云服务商占据绝大部分市场份额的格局。

现有云计算产业格局下，如果数字信息资源服务主体广泛采用云计算进行资源管理，将出现多个信息资源系统集中于同一个云平台的状况。基于云计算多租户资源共享的特性，处于同一个云计算平台上的信息资源服务必将在一定程度上实现信息安全的集中保障，因此云计算规模经济的发展将进一步提升安全保障的集中度，最终形成规模化云计算平台负责社会化信息资源安全保障的局面。

4.1.4 信息资源安全威胁的复杂化

云计算在提供便利服务的同时，也对信息安全带来了多方面挑战，使得安全环境日趋复杂化，从而也影响着安全保障的技术支持和管理机制。总体来看，新的安全威胁主要包括四个方面：云平台自身安全风险、云计算滥用、云计算服务商带来的威胁及过多暴露于互联网下所带来的安全威胁。

(1)云平台安全漏洞对信息资源安全的威胁

云平台的安全是实现信息资源云安全的基础，因此云平台自身的安全漏洞必然影响到云计算环境下信息资源安全。① 显然，云平台既存在传统的安全漏洞，也有新技术应用带来的新的安全脆弱性，其中比较突出的是虚拟化技术的广泛应用所带来的安全问题。

虚拟化技术是云计算的核心基础技术，存在着诸多被攻击的可能。② 从运行上看，当前面临的主要安全问题包括：云计算环境下，虚拟机之间的隔离通过软件技术实现，因此较容易出现隔离失效的情况，从而导致多租户资源共享中的安全问题发生；虚拟机迁移中的安全，迁移数据、迁移模块等都可能遭受攻击；虚拟机逃逸，即某些情况下虚拟机里运行的程序会绕开底层，从而利用宿主机去攻击其他虚拟机；虚拟机跳跃(VM Hopping)，即通过某种方式，攻击者基于一台虚拟机获取其对应的 Hypervisor 上其他虚拟机的权限，进而对其他虚拟机进行攻击；基于虚拟机 Rootkit 的安全攻击，如果 Hypervisor 被

① Grobauer B, Walloschek T, Stöcker E. Understanding Cloud Computing Vulnerabilities [J]. Security & Privacy, IEEE, 2011, 9(2): 50-57.

② Siva T, Krishna E S P. Controlling Various Network Based ADoS Attacks in Cloud Computing Environment: By Using Port Hopping Technique [J]. Int. J. Eng. Trends Technol, 2013, 4(5): 2099-2104.

Rootkit 控制，则可以获得整个物理机器的控制权。① 正是这一系列的安全漏洞，导致虚拟机安全事故时有发生。②

基于以上分析，虚拟机出现安全事故可能从三个方面对信息安全产生影响：其一，如果信息资源系统所使用的虚拟机被攻破，则其直接遭受安全威胁；其二，由于同一台虚拟机在不同时段为不同的客户提供服务，如果虚拟机被攻破，则可能导致后续使用该虚拟机的信息资源系统遭受安全威胁；其三，由于多台虚拟机分布于同一台物理机上，共用同一个 Hypervisor，当一台虚拟机被攻破，易造成其他虚拟机的感染，从而可能导致信息资源系统受到影响，如图 4-5 所示。

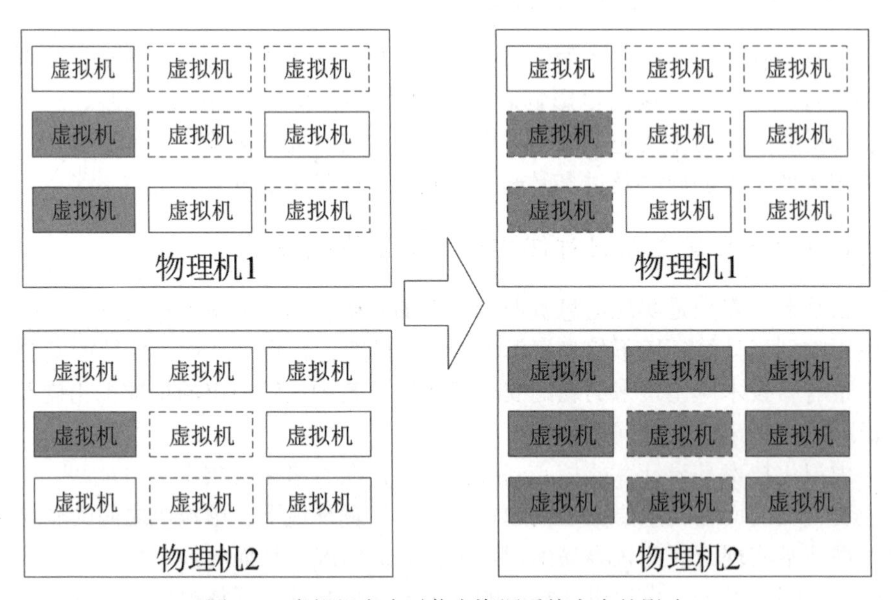

图 4-5　虚拟机安全对信息资源系统安全的影响

在图 4-5 中，灰色虚拟机表示被入侵的虚拟机，虚线边框虚拟机代表信息资源系统使用的虚拟机。显然，为了应对云平台安全漏洞的威胁，信息资源系

① Xie X, Wang W. Rootkit Detection on Virtual Machines Through Deep Information Extraction at Hypervisor-level[C]// Communications and Network Security (CNS), 2013 IEEE Conference on. IEEE, 2013: 498-503.

② Jackfree. 漏洞预警：“毒液(VENOM)”漏洞影响全球数百万虚拟机安全[EB/OL]. [2015-10-20]. http://www.freebuf.com/news/67325.html.

统需要采用虚拟环境下的安全技术进行保障，同时进行安全保障机制的变革。

(2)云计算滥用和环境不可信对信息资源安全的威胁

按需服务、快速伸缩是云计算相对于传统 IT 模式的优势，但这些一旦为恶意攻击者所利用，则可能为信息资源带来新的安全威胁。

尽管公开发布的信息资源不会直接泄露国家秘密信息，但是一些信息可能涉及了国计民生等方面的内容，在当前条件下，大数据分析和基于云计算的数据挖掘如果违规或被恶意使用也将威胁我国国家安全和社会安全。对此，应进行全面应对。

另外，EDoS 攻击利用云计算的按需自助服务、快速伸缩和服务可计量的技术特点，通过短时间内的快速扩张，使客户账户资金无法承受，从而导致服务的瘫痪。以信息资源系统为例，某系统初始状态下只占用了少量的虚拟机，而在攻击者发起 EDoS 攻击时，通过控制多个虚拟机，同时获取、处理和下载超量数据，从而使系统所需的虚拟机数量急剧增加，最终导致账户资金受损、服务中断。

云计算资源低廉的租赁价格，从客观上为攻击者提供了诸多便利，使其可以利用云计算从多个方面发起攻击，如破译密码、发起 EDoS 攻击、资源恶意占用等。如果攻击者恶意占用了过多的计算资源，就可能导致其他租户无法正常开展业务。同时，云计算滥用威胁可能会影响到任何使用云计算服务的客户，因此也会对信息资源造成安全威胁。

另外，对于云服务来说，由于缺乏统一的标准和接口，不同云计算平台在技术实现上各有区别，因此客户数据和应用程序难以在云平台间进行直接迁移，同样也难以从云平台迁回本地数据中心。同时，云服务商有可能缺乏向客户提供数据和应用程序迁移的能力，这就可能导致业务中断。

将信息系统构建于可信环境之下，同时减少对外界暴露的接口数量，对降低安全保障难度具有重要性。传统 IT 环境下，信息资源系统设置在本地数据中心，且大量的数据交互尤其是敏感信息的交互在可信的局域网内进行，只有少量的接口暴露在不可信的外界网络环境中。云计算环境下，由于云计算多租户资源共享和泛在连接的技术特点，信息资源系统暴露于不可信的网络环境之中，相对于传统信息安全保障机制的改变，其安全保障的难度大大增加。

由于数字信息资源服务主体与云计算平台的交互必须基于互联网进行，因而信息资源的处理需要通过网络访问到虚拟分布的信息资源系统，这就使得信息资源系统全面暴露于外界环境之中，数据传输中环境的可信、安全便成为影响信息安全的重要因素。

同时，尽管系统内部之间的交互通信在云平台内部即可完成，但是内部局域网也存在可信保障问题。首先，云服务商本身需要进行可信管理；其次，云平台上的其他租户中也可能存在一些恶意租户，因此也应接受监督。对于有能力从局域网内部发起的安全攻击，也需要信息资源系统在进行虚拟机间的通信时采取必要的安全保障措施。

4.2 数字信息资源系统安全保障关键问题

云环境下群组数据长期保存与保护、跨域身份认证与访问控制、数字信息安全共享、全方位安全保障的实现和安全风险管理，是数字信息服务与安全保障中必须面对的关键问题。信息服务与安全保障一体化实施，拟从云计算环境中数据安全的理论与关键技术出发，进行完整的安全保障构架；在面向现实问题的解决中，完善云环境下的数字信息安全保障结构。

4.2.1 数字信息资源长期保存安全组织与利用问题

数字资源长期保存是为了保存数字时代的记忆、保证数字资源的可持续利用而采取的必要措施。因此，安全问题一直是长期保存系统关注的核心问题之一。为解决数字资源长期保存的信息安全问题，国外从技术和管理两个角度进行了研究。

美国在数字资源长期保存的相关研究和实践中对安全问题给予了更多关注，且取得了突出成果。斯坦福大学图书馆负责实施的多备份资源保存项目(Lots of Copies Keep Stuff Safe)，为最大限度地降低系统的风险，采用了分布式保存策略和操作系统与存储系统分离、轮询与权利分离策略。佛罗里达数字保存项目组开发的DAITSS(Dark Archive in the Sunshine State)系统，为保障信息安全，强调对各种格式的文档通过安全存储、安全备份、安全更新和迁移控制环节来保证文件的安全性和完整性，与此同时采用了异地多重备份策略进行异地存储。随着云计算的发展，采用云存储来实现长期保存的实践不断取得进展，其项目包括DuraSpace、MetaArchive、LOCKSS、Library of Congress等。其中，MetaArchive项目在安全保障方面的措施较为典型，所进行的存储安全保障包括数据、系统、人员、物理设备等方面，所制定的备灾和恢复计划旨在进行安全风险控制，在保障信息安全的前提下保存共享数字资源。

欧盟数字信息资源长期保存的安全保障研究取得了一定成果，如德国数字资源长期存贮专业网络项目(The Network of Expertise in Long-term Storage of Digital Resources，Nestor)，以一系列国际标准为基础，创建了适用于德国长期保存系统的认证指标体系，以确保数字信息资源的长期安全保存；此外，Nestor 在与美国研究图书馆组织(RLG)和联机计算机图书馆中心(OCLC)的合作中，创立了一套适用于大多数长期保存系统的认证指标。英国数字管理中心(DCC)与欧洲数字保存机构(DPE)合作进行了“基于风险管理的数字仓储风险评估研究”，将长期保存中的不确定因素转化为具体的风险因素进行评估；为推进云存储的信息安全，英国联合信息系统委员会(JISC)对数据迁移、数据安全与隐私保护研究等进行了资助。欧盟在推进合作中还开展了 DAVID 项目研究，在解决技术老化和系统失效情况下的视频资源安全性问题中，从长远角度对可能产生的损害进行探测，以提高长期保存的质量。

为推进数字信息资源长期保存的标准化，ISO 于 2005 年发布了《电子文件信息的长期保存》标准，此后不断进行了更新。在数字信息有效保存中，对保存技术的管理，以及长期保存的安全质量控制、安全监测和环境监控等进行了规范，从而推动了数据资源长期存储安全保障的标准化。国内围绕数字资源的长期保存和开放存取进行了持续的研究与实践，其中包括数据存取安全、开放安全和利用安全，代表性研究包括在对各国数字资源长期保存模式进行对比分析的基础上，针对我国的实际情况，对数字资源长期保存安全提出的策略性建议。

云计算的发展为数字资源的云存储、云服务和云协作提供了新的技术支持，同时也对数字信息资源的安全管理提出了新的要求。由于数字资源信息安全问题造成的损失巨大，如 2009 年微软的 Danger 云计算平台发生的安全事故，使大量数据丢失，导致许多用户无法保存信息及备份资料，而这些丢失的数据后来也难以恢复，因此数字资源共享和利用中的信息安全问题日益引起各国的高度关注。2009 年以来，针对此类问题的专项研究不断深入，初步实现了与云平台服务发展的同步。

对于不同的云平台安全问题，信息化发展水平较高的国家进行了专门的针对性实践。对于亚马逊、微软等商业云平台，其信息的保护大多依赖云平台安全机构保障来实现。如微软 Windows Azure 的云资源和存储空间服务，在采用数据中心常规的系列安全措施保障数据安全之外，将数据完全交由用户自主控制；而独自构建云平台的机构，往往通过建立特有的安全保障体系来实现。比较典型的如 OCLC 基于云计算的服务方案，为了消除用户对云环境信息安全的顾虑，建立了一套特有的信息安全保障规则，从物理环境、人员环境、网络安全、灾难数据备份、数据销毁、权限与隐私保护等方面保护信息安全。在与商业机构合作中，美国国会图书馆为了提高数据的一致性、安全性和可靠性，由Duracloud提供了统一的界面，通过底层存储管控对资源的完整性进行检查，同时进行加密传输、身份验证及访问控制多级安全保障。

欧洲图书馆参与的Europeana Cloud项目作为数字信息资源共享安全保障的一个实例，于2013年启动，其目标是构建一个为欧洲图书馆提供云服务的平台。在信息安全保障中，2019年从云服务架构和访问控制着手，按计算和存储安全进行基于安全流程的服务保障。澳大利亚澳电讯公司(Telstra)推出的图书馆云服务平台，通过基础安全服务、多租户环境下的隐私和客户数据安全保护、预警和远程访问安全保护、拒绝服务保护和隐私控制环节，实施全程安全服务保障。

资源信息共享和利用安全保障中，日本多媒体通信基金会(FMMC)开展了名为“云服务的信息披露认证体系”的公共云共享服务认证。ASPIC(ASP Industry Consortium)作为协作单位，负责具体认证标准的制定，目前包括ASP/SaaS、IaaS/PaaS和数据中心三类认证。日本的这一技术认证措施，具有普遍性。

从总体上看，国内外对云环境下的信息安全问题的研究，可以概括为战略推进层面、政策法规层面、技术支持层面和服务组织层面的研究。各国的构架具有解决实际问题的现实性；国内外诸多学者和研究机构围绕云环境下数字信息安全进行的研究和探索，在数据库服务商和服务机构的数据安全管理和服务保障中得到了应用。这说明，围绕这一问题的深入研究具有相当基础。然而，其研究相对于服务发展显得滞后，在服务推进中往往强调具体问题的解决，或者强调其中的某一方面，缺乏安全保障的系统研究。面向实际问题的研究，大多从信息安全保障的技术实施上提出解决方案，对于数字信息安全保障机制有待从更深层次上加以揭示。因此，数字信息安全保障研究的关键问题是数字网络安全、数据库安全、公共信息安全和信息化发展中的数字服务组织安全等。另外，在信息安全保障体系构建上，应在国家信息服务体制基础上进行，与云计算环境下数字信息组织与利用形态变革相适应。

数字信息服务的安全保障主要从服务组织角度进行，如2010年上海图书馆主持编写的《数字图书馆安全管理指南》经全国数字图书馆建设与服务联席会议审议通过并正式发布。该指南明确了数字图书馆安全所涉及的概念定义，提出了数字图书馆安全管理中所需关注的相关要素，从政策、过程、实施过程中的控制环节、资源与环境以及应急与处置等诸多方面提出了原则性的意见。

近10年，针对云环境的资源共享与利用，国内学者从不同角度进行了云环境下的信息资源共享与利用安全服务研究，在安全管理、技术保障方面取得进展。安全需求驱动的安全规划战略实施中，风险管理以及机构体系结构对于安全控制具有重要作用。在整个安全规划中，安全体系结构是其中的一个重要部分，云计算环境下信息资源安全全面保障的规划应进一步明确信息资源安全保障的战略目标以及安全风险控制。

4.2.2 数字信息资源全方位安全保障问题

云计算环境下信息资源安全受技术、管理、标准与法规层面因素的影响。信息资源安全技术层面的关键影响因素主要包括数据隔离、数据丢失与泄露、数据完整性、数据访问控制、虚拟化技术漏洞、不安全接口、拒绝服务攻击、账户/服务流量劫持、数据容灾与备份等原发因素；信息资源安全管理层面的关键影响因素涉及运营风险、维护风险、安全责任风险、安全监管风险和合规审计风险等；信息资源安全标准与法律法规层面的关键影响因素主要有责任认定因素、法律差异因素、法规变动因素和法律遵从因素等。这些因素交互作用，关系到全方位安全保障的实现。

云计算环境下信息资源影响因素识别应根据云环境下信息安全关系，在技术和管理层面上构建信息资源安全全方位保障模型。

如图4-6所示，构建国家数字信息资源云服务平台的第一道防线是物理安全保障，其中基础设施包括软硬件设备，不仅要保障设备的安全性，而且要保障这些基础设施不受非法访问的攻击。虚拟化技术是实现云计算的核心技术，虚拟化安全直接关系到云计算环境下信息资源安全，因此保障虚拟机安全是云计算环境信息资源安全保障关注的重要问题之一。无论应用IaaS、PaaS、SaaS中哪种云计算服务交付模式，数据安全都是云服务提供方和用户面临的安全挑战。同时，对用户的管控也是云计算带来的新的技术挑战。这是因为信息资源云服务平台不仅面向个人用户和服务机构，还需要面对云服务供应链。如何对云资源的使用和访问权限进行控制，如何进行人员管理以及如何按照SLA条款对云资源进行操作等，应加以全面关注。此外，如何通过针对性措施对云计算环境下信息资源进行统一管控，需要用相应的法律法规进行约束，同时进行监控和示警，一旦出现事故，应及时报警，从而保障服务业务的连续性。从总体上看，信息资源安全只有利用技术、管理、标准与法律综合手段才能得到有

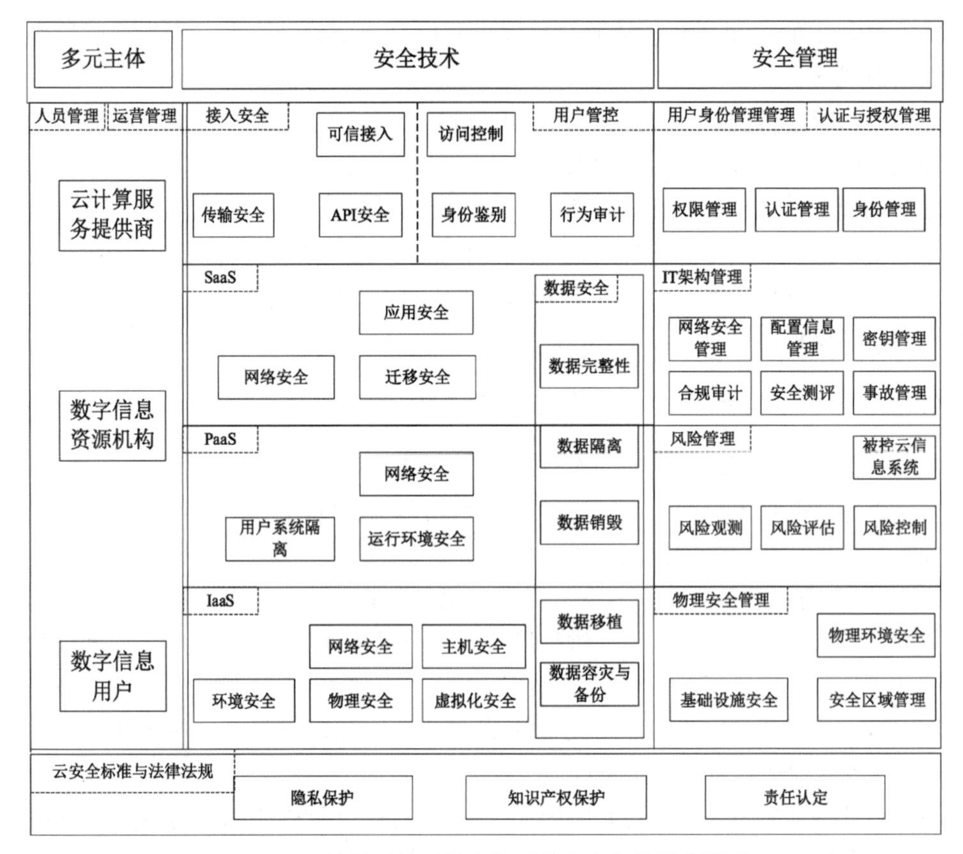

图 4-6 云计算环境下信息资源安全全方位保障模型

效保障。

信息资源安全全方位保障，涉及云计算的各个技术层面。云计算环境下的信息安全全方位保障应以技术为支撑，所采用的关键安全技术，主要包括以下几个方面：

①身份认证与访问控制技术。信息服务机构将信息资源和相关服务迁移到云端，云计算的虚拟化技术应用以及多租户接入使信息资源建设以及云服务过程面临用户身份管理、认证授权与访问控制等问题。身份认证和访问控制技术是云计算环境下权限分配、分级权限控制、身份管理、用户账号方法、联合认证等实现的支持技术。

②加密与密钥管理技术。信息资源数据存储在云端，通过加密技术可以在迁移之前对数据加密，保障数据在传输以及云存储过程中的安全性，可以降低信息资源被窃取、攻击、篡改的风险。同时由于云环境下信息资源建设涉及多

元主体以及采用相对复杂的混合云服务部署模式，因而大量的密钥需要进行有效管理，为加密提供支持。

③软件定义网络 SDN 与传输安全。与传统环境下网络安全不同的是云计算环境下实现了网络虚拟化，需要从多租户的网络拓扑结构出发，针对不同云服务部署模式的特点进行网络安全部署。在 SDN 架构中，网络控制以及所形成的全局网络拓扑结构，需要全面利用可信网络、可信网络通道以及传输安全技术，进行信息资源的传输和有效安全保障。

④虚拟化安全技术。虚拟化能够实现在多租户环境下的软件和数据的共享，通过虚拟化为用户提供可伸缩的资源和服务。以 Xen 虚拟机监视器为基础的虚拟机安全隔离、虚拟化内部监控和虚拟化外部监控、信任加载等应纳入虚拟化安全技术体系，以有效保障虚拟化安全。

⑤沙盒技术应用安全隔离。云计算环境下 PaaS 的运行管理系统无法针对不同应用制定合理的资源配置策略，可能在开发过程中出现资源争夺、资源供给不及时等情况；沙盒技术则是通过在计算系统中创建独立的虚拟空间，将程序放入沙盒中隔离，为保障信息资源应用部署的安全性和多租户应用安全隔离提供实现手段。

⑥数据容灾与备份。信息资源集中存储在云端，一旦发生灾难或遇到其他原因的破坏，将使信息资源服务机构和用户蒙受巨大损失。通过数据容灾与备份技术可以实现灾难环境下数据与应用的快速恢复，减少信息资源服务机构和用户的损失。在实现上，容灾与备份技术主要依托数据存储管理、数据复制和灾难恢复检测来实现。

云环境下信息资源安全保障需要在管理支撑的基础上实现，因而信息资源安全全方位保障模型所包含的关键管理模块，主要涉及以下几个方面：

①运营安全管理。云环境下信息资源安全保障除了涉及不同的行政部门和信息资源服务机构，还涉及云供应链中的云服务提供商、第三方供应商等主体。对于云环境下信息资源建设而言，存在着多方面的利益相关者，不同主体之间往往基于自身考虑对云服务平台信息安全保障提出要求，这就需要在多元主体协同目标下进行运营管理。

②风险管理。云环境下信息资源安全风险管理，是信息服务机构进行信息安全控制的重要环节。云计算环境下信息资源安全风险管理包括风险监测、评估、和控制。云服务提供商以及信息资源服务机构需要根据风险评估的结果，确定信息安全的保护程度和保护措施。

③人员安全管理。云环境下信息资源安全保障不仅需要信息资源服务机构

和云服务提供商之间协调工作，而且需要相关信息机构、国家管理机构之间的协同。针对云环境下信息资源安全的统筹管理需要，信息资源安全保障人员管理主要涉及不同的主体和履职人员。

④用户安全管理。云环境下信息资源服务所面对的应用系统繁多，用户数量庞大，如何对用户账号、身份认证、用户授权进行有效管理，其操作难度也不断加大。因此，需要进行的用户安全管理主要涉及用户的身份管理、认证与授权管理、行为审计等多个方面。

⑤IT 架构安全管理。IT 架构管理涉及云环境下信息资源安全管理影响因素的多个层面，为了保障信息资源系统的持续运行以及云服务的可用，IT 架构安全管理可以划分为网络安全管理、密钥管理、合规审计、安全测评、事故管理等模块。

⑥物理安全管理。物理安全管理通过设置物理安全边界、保护基础设施安全、在安全域中实行物理访问进行控制。物理安全管理模块主要涉及软硬件基础设施、安全域管理、物理环境安全等。

4.2.3 信息资源安全风险管控问题

云环境下信息资源安全的全程控制主要围绕云计算环境下信息资源的安全风险管理、安全基线建设、安全监测与应急响应和安全合规审计展开。

云环境下信息资源系统仍然面临着系统性安全风险，因而应采取有针对性的有效控制措施。风险控制作为云环境下信息资源安全保障的关键组成部分，将信息资源云服务信息系统的安全风险限制在可控范围内，以增强云环境下信息资源安全保障的可靠性和稳定性。

云环境信息资源的安全风险管理在于，根据信息资源的分布，确定风险域以及风险因素，通过对风险因素的监测和数据采集，利用量化工具进行分析，在风险评估的基础上进行安全策略和安全措施的制定，以有效控制风险。基于这一思路，云环境下信息资源安全风险评估与控制的模型结构，如图 4-7 所示。按图 4-7 所示的结构，可以将其划分为受控云信息系统的风险观测、风险评估、风险控制等几大部分。①

受控云信息系统是网络、人员、运行、应用的要素的集合，由于云环境下信息安全脆弱性以及安全风险的存在，因此需要通过安全风险的监测和评估不断改进安全控制策略，使输出的安全风险处于可接受的范围之内。风险评估过

---

① 王祯学. 信息系统安全风险估计与控制理论[M]. 北京：科学出版社，2011：15.

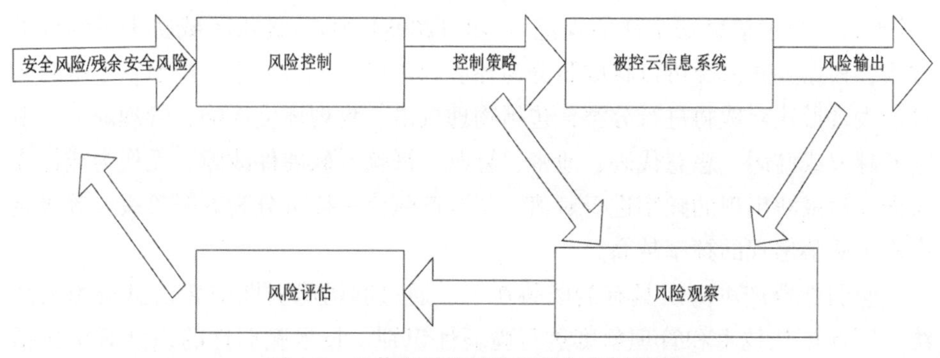

图 4-7 云信息系统风险评估与控制模型

程包括识别风险、分析风险和评价风险三个环节，其中，分析风险包括资产、威胁、脆弱性等方面的内容。首先对资产类别、资产价值进行判断，之后对威胁发生的类型、频率进行分析，根据脆弱性程度进行赋值，最后在综合验证资产价值、威胁频率、脆弱性的基础上，预估安全事故可能发生的概率以及可能造成的损失。

云环境下信息资源安全风险管理作为满足信息服务机构信息安全控制的主要途径之一，需要云服务提供方以及信息资源服务机构根据风险评估的结果，最终确定信息安全保护指标、保护措施和控制方式。① 云环境下信息资源安全风险管理的目标重点在于安全事故预防，在事故发生之前找到潜在的威胁和自身的弱点，实施恰当安全控制措施，从而减少事故的发生。

在信息资源云系统中，资产的表现形式是多样的，包括客体资产、主体资产和运行环境资产，其中客体资产包括系统构成的软件、硬件、数据资源等；主体资产包括云信息系统管理人员、技术人员、运维人员等；运行环境资产包括信息资源云信息系统中主体和客体的内外部资源的集合。通过对资产进行分类，可以确定风险域的风险要素，在资产对信息安全状态影响分析的基础上进行赋值。一般说来，可根据资产对信息安全三元组的影响程度，将资产对信息资源云信息系统的安全影响划分为五级进行赋值。其中，值越大其安全属性破坏后对信息资源云平台造成的危害越大。

威胁的分类可基于威胁来源的不同来进行判断，CSA 2013 公布的云安全 9 大威胁，包括数据泄露、数据丢失、账户或服务流量劫持、不安全的接口、拒

① GB/T20984-2007，信息安全技术信息安全评估规范[S].

绝服务、恶意的内部人员、云服务滥用、不充分的审查、共享技术漏洞。① 《信息安全技术信息安全评估规范》(GB/T20984-2007)提供了威胁来源的分类方法，根据威胁来源可以将威胁分为环境因素以及人为因素，进而基于威胁来源的表现形式对威胁进行分类，包括物理攻击、物理环境影响、管理缺失、泄密、越权或滥用、恶意代码、泄密、篡改、抵赖、软硬件故障、无作为或操作失误。对威胁出现的频率进行赋值，与资产赋值一样可分为五个等级，等级越高表示威胁出现的频率越高。

脆弱性资产本身所具有的威胁在于，通过利用脆弱性破坏信息资源云系统，因此可从技术和管理角度进行脆弱性识别。技术脆弱性的识别对象包括数据库软件、应用中间件、应用系统识别；管理脆弱性识别对象包括技术管理、组织管理识别。在等级保护的基础上，云信息系统技术脆弱性识别对象包括物理环境安全、主机安全、应用安全和数据安全、网络安全；云信息系统管理脆弱性识别对象包括业务连续性管理、资产管理、通信管理、人力资源管理、信息安全组织、物理与环境安全、访问控制、安全事件管理、系统及应用开发与维护。② 在脆弱性验证的等级化处理中，也可分为五个等级，等级数字越大代表脆弱性的严重程度越大。基于此，可通过威胁与脆弱性之间的关联分析确定安全事件发生的可能性，明确安全事件所造成的损失，在此基础上计算出风险值。

安全控制是在安全风险评估的基础上进行安全风险管控的过程，在于制定相对应的安全风险控制措施，以提高云信息系统整体的安全防护能力。云环境下信息资源安全风险管理是一个复杂的过程，涉及高层的战略指导与目标制定，中层的计划制度与管理策略，以及云服务系统人员的操作实现。

如图 4-8 所示，风险管理结构包括三个层面：组织管理层面、任务及业务流程层面、信息系统层面。③ 应用风险管理分层可以有效解决云环境下信息资源安全风险管控的组织实现问题，云环境下信息资源安全风险的组织管理层面、任务及业务流程层面和信息系统层面的管理作为一个有机交互的整体，具有层层管控的关系，分层面的管控保障了服务的安全开展。

---

① 云安全联盟 CSA：2013 年云计算的九大威胁[EB/OL]．[2016-03-20]．http://www.bIngocc.com/newS/detaIl？Id＝2013315423750.

② 王希忠，马遥．云计算中的信息安全风险评估[J]．计算机安全，2014(9)：37-40.

③ 汪兆成．基于云计算模式的信息安全风险评估研究[J]．信息网络安全，2011(9)：56-59.

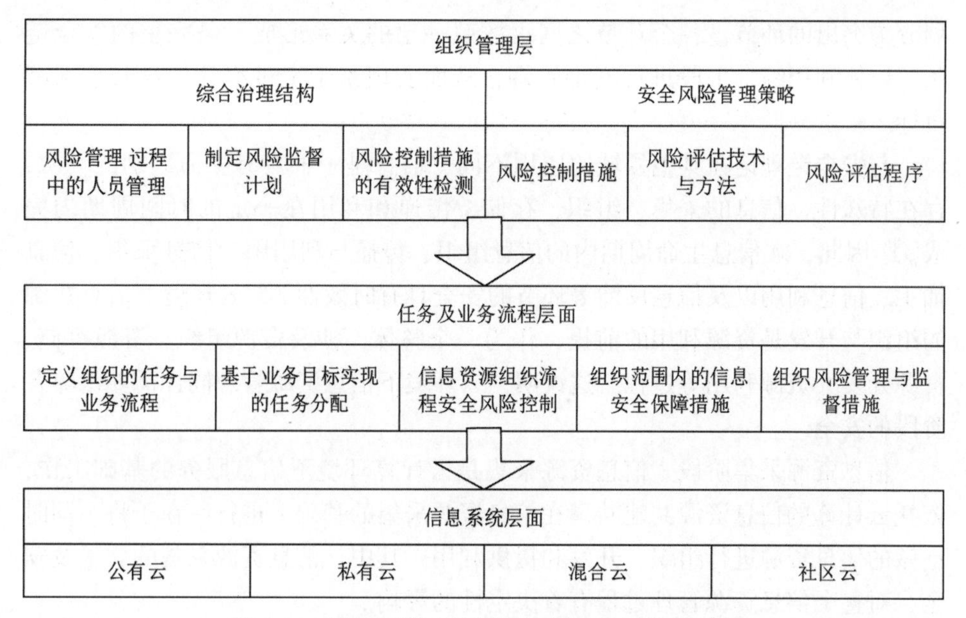

图 4-8　云环境下信息资源安全风险分层管理框架

4.3　基于云服务链的信息安全保障组织构架

云环境下面向用户的信息服务需要行业信息机构、信息资源系统、云服务商和网络服务商的全面支持，从而提出了基于服务链的安全保障组织要求。在服务组织中，基于协同关系的多元服务主体，其运行涉及资源组织开发与利用的各个环节，因而需要构建面向用户的服务安全链，以保障各节点的安全。

4.3.1　基于安全链的信息安全保障体系

安全链理论的核心在于，按面向用户的服务环节进行全过程的安全管理，即进行系统化安全保障。安全链中所包含的系统要素包括人员、环境、信息、设施、技术和管理，通过将安全链要素体系与流程体系进行有机结合，可以对特定安全链、特定要素、特定阶段的风险因素采取更有针对性的安全保障措施。① 基于安全链理论，应进一步明确信息安全的要素和安全流程，将构成事故的要素

① 雍瑞生，郭笃魁，叶艳兵. 石化企业安全链模型研究及应用[J]. 中国安全科学学报，2011，21(5)：23-28.

划分为突出的环节，各个环节之间可按照一定的关系形成一条完整的安全链条，以便利用综合手段进行安全管理，从而实现基于全过程的信息安全保障目标。

与安全链理论在其他领域的应用不同，信息是一种具有生命周期的资源，存在特殊性，信息的采集、组织、存储、传递和利用在一定的时间周期内完成。① 因此，在信息生命周期内的信息组织、传播与利用中，信息采集、信息加工、信息利用以及信息反馈等环节的安全具有时效性。② 云环境下信息资源的组织与开发是资源利用的前提，作为一个整体，涉及资源组织、资源存储、资源开发、资源利用等过程。这说明，云环境下信息资源管理同样需要保障各阶段的安全。

信息资源采集阶段。信息资源采集是云计算环境下信息服务的基础工作，依托云计算的信息资源共建共享在信息资源采集的基础上进行，在于将不同时空域的信息资源进行组织、开发和提供利用。其中，信息资源采集的质量及安全，对整个信息资源管理过程有着决定性的影响。

信息资源加工阶段。信息资源加工是指把采集的原始信息按照不同的目的和要求进行筛选、分类、存储、分析等流程，使之成为有规则的、有序的资源，便于信息资源的存储、检索以及传递。因此，信息加工过程是在信息资源组织基础上生成出价值含量高、方便用户利用资源的过程，信息资源加工的质量和安全直接影响到信息资源的利用。

信息交互传播与利用阶段。信息资源利用是信息资源管理的主要环节，是指将搜集、加工存储、传递的信息资源提供给组织或个人，以满足其对信息资源需求的过程。信息资源利用是信息资源管理活动的最终目的和归宿。信息反馈阶段是一个不断循环的过程，包括信息输出、作用反馈、再输出等。在交互服务中，信息传播与反馈的过程融合在提升服务质量中具有关键性的作用，其有效组织直接关系到信息资源的交互利用及安全。

云环境下信息资源组织、开发与利用流程导致了安全保障链式结构的形成。云计算环境下信息资源安全链中的各个环节并不是独立的，而是相互关联的。面向云共享的信息资源网络建设安全是信息安全链的起点，如果缺乏安全共享规则、技术和安全协议的约束，那么构建在网络基础之上的云服务资源安全必将受到影响，以致难以对云存储信息资源进行内容上的深层加工和利用。

---

① 肖明. 信息资源管理——理论与实践[M]. 北京：机械工业出版社，2014：66-67.

② 濮小金，刘文，师全民. 信息管理学[M]. 北京：机械工业出版社，2007：91-125.

同时，如果云交流安全无法得到有效控制，也将导致云信息资源开发安全漏洞的出现。在这一情况下，攻击者很可能利用安全漏洞对信息资源云服务进行攻击，从而直接影响信息资源安全链终端的用户安全。

4.3.2 云环境下信息资源全程安全保障中的安全链模型

云环境下的数据分布存储与开放计算所引发的安全问题，需要在协同保障体系构架下进行安全保障全程化组织。按基于安全链的全程安全管理要求，拟将安全链要素与流程进行有机结合，从而对云环境下信息组织、存储、开发、服务与用户环节提供有针对性的安全保障支持。信息资源全程安全保障中的安全链模型如图 4-9 所示。

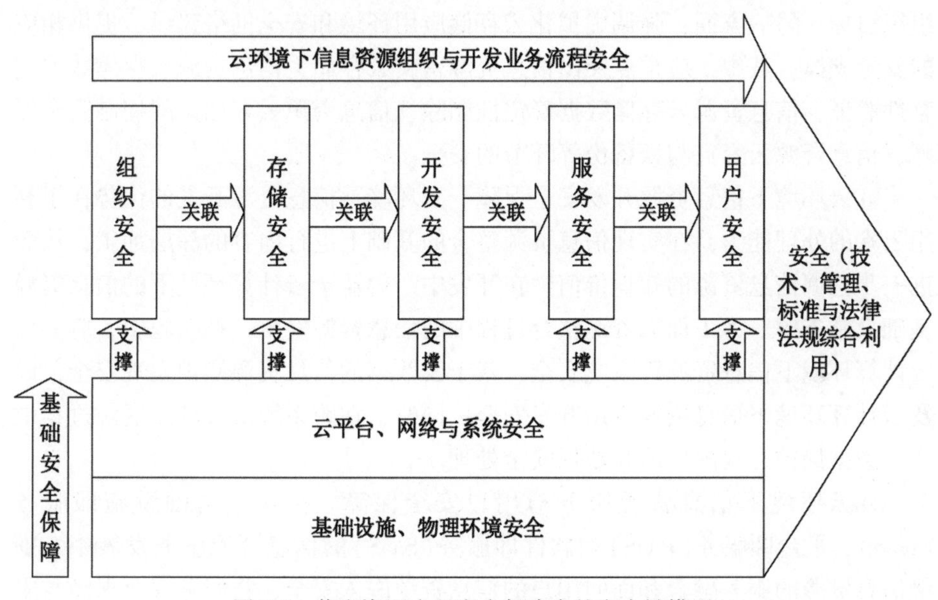

图 4-9 信息资源全程安全保障中的安全链模型

如图 4-9 所示，云环境下信息资源全程安全保障的实现需要以下基本环节的支持：

①基于云共享的信息资源网络建设安全保障。云环境下信息资源的跨系统共享是网络信息资源共建的进一步发展，而机构之间的资源共享又是信息资源跨系统开发的前提。信息资源的共享，需要基于网络的合作组织与开发，利用云计算的优势整合信息服务机构的数据资源，改变信息服务机构之间互通困难

的局面。共享实现中的安全问题涉及虚拟化安全、数据安全交换、网络与系统安全、跨云安全认证等多个层面。在实际推进中应突出云计算环境下信息资源共建安全保障，实现面向云共享的资源跨安全系统互操作和基于云共享的信息网络与信息资源的虚拟化安全目标。与此同时，进行安全管理模式、技术和规范的完善。

②云环境下信息资源云存储安全保障。信息资源云存储通过一定的应用软件或应用接口，实现数据快速存储和访问服务。基于云服务的信息资源存储，将信息资源迁移至云端，使分布式信息资源得以内容层面上的整合，从而以多种形式提供给用户。在实现中为保障资源云存储中的信息安全，一方面，制定云安全存储编码规则，确立面向用户的数据安全机制以及云存储安全访问控制机制，同时强调科技资源云备份与云容灾能力保障，以实现安全服务的规范化组织目标；另一方面，强调虚拟化云存储应用环境和安全网络建设，提供相应的安全支撑。其中，应重点突出信息资源密文云存储、信息资源云存储数据完整性验证、信息资源云存储数据确定性删除、信息资源云存储访问控制安全保障、信息资源云容灾与云备份等环节的安全。

③云环境下信息资源开发安全保障。云环境下信息资源开发的优势在于利用云端的处理能力，在实现信息资源整合的基础上进行内容的深层加工，从而进一步挖掘信息资源的知识价值。在开发中，得益于云计算环境下的信息资源基础设施支撑。为了保障资源整合过程中的信息资源安全，在实施中，应突出云计算环境下信息资源跨系统安全、基于云数据的信息资源知识发现安全，以及云计算环境下信息资源应用开发安全；同时，在跨系统融合信息资源过程中进行数据保护、权限保障和数据安全处理。

④云环境下信息资源服务与用户安全保障。在基于基础设施即服务(IaaS)、平台即服务(PaaS)和软件即服务(SaaS)的信息资源服务发展中，围绕信息资源的服务融合和面向用户的信息资源嵌入安全，将服务安全保障与服务利用安全作为一个关联整体对待，从服务提供者和用户交互角度进行基于各方面权益维护的安全保障实施。在实现过程中应突出云计算环境下信息资源信息服务中的用户管控和基于可信第三方监管的信息资源服务保障。

从总体上看，IT 架构下信息服务的软、硬件基础设施条件的改善为信息资源服务机构向云计算时代的发展奠定了基础。以图书馆为例，经过十余年的发展，馆藏资源已经实现数字化、网络化，以机构为主体的信息服务固有模式，被以用户需求为驱动的信息资源开放服务所取代，信息资源整合基础上的服务得以实现。在这一背景下，面向用户的信息资源服务链依托网络设施、云计算利用和数字资源的融合进行构建，在安全保障中形成了基于服务整合的安全体系。

4.3.3 云环境下数字信息服务链及安全

云计算改变了信息资源服务机构的管理和服务模式，使之从单独的机构走向多个机构的合作，以在信息资源共建的基础上，提高各机构的信息资源的利用效率。在过去的十余年，基于云计算的信息资源共享网络建设不断发展，其中包括 OCLC、Duracloud、Cybrarian 云图书馆信息系统建设，Google Scholar、EBSCO、Worldcat 提供的信息查询服务，以及可应用于信息资源云服务的技术支持等。将云计算应用于信息资源建设，在于突破传统信息资源建设所面临的障碍，这也是面向云共享的信息资源服务的必然趋势。云计算环境下信息资源建设还在于，利用云计算的优势整合各机构的信息资源，建立面向云共享的信息资源云服务体系，更好地为用户提供信息资源云支持。

面向云共享的信息资源建设是一项系统工程，受科技、经济、文化等因素的影响，信息资源建设因而也呈现出不同的特征。CALIS 三期共享域建设表明，由于服务、资金、技术等因素，不同地区间的文献保障服务发展不平衡，不同高校之间的信息资源建设也存在着不平衡问题，人才短缺、资金投入不足等造成了成员之间的信息资源建设和服务水平的差距。① 面对这一现实，云计算环境下信息资源建设中应充分发挥平台优势，推进跨域访问整合和服务协同。

云环境下信息资源共享共建涉及多元主体，其中高等学校、公共图书馆、科研机构、行业信息中心、档案馆等受不同的主管部门管辖。如科技信息机构由科技部负责管理、图书馆的管理工作由文化和旅游部承担等，这种分散的政府部门管理使得云环境下国家信息资源共建共享受到限制。面对网络环境的变化，应在科技部、教育部、工业和信息化部等部门的组织规划下，在信息资源共享平台中扩大网络资源的存储、传播和利用范围，实现各系统信息资源的交互利用。

按数字信息服务链中的协作要求和云计算的技术规范，可以进行面向云计算的数字信息资源服务链(SCDL)集成架构。如果将云服务平台视为虚拟中心，负责节点(数字资源提供方、组织方、使用方等)的权限管理，那么各节点机

---

① 李郎达. CALIS 三期吉林省中心共享域平台建设[J]. 图书馆学研究，2013 (2)：78-80.

构作为计算节点，如此形成以云服务平台为中心的网状服务链结构。在这一结构中，各数字资源提供方、处理方和使用方的位置是平行的，因而可以实现虚拟环境下的资源与服务共享目标。

在基于云共享平台的信息服务组织中，数字信息资源服务链中的节点组织利用云平台进行内容的传送和接收，各节点根据各自的需求接受服务，最终围绕服务链整体效益最大化进行信息流的整合处理，从而面向服务链用户提供内容服务。

云服务平台是为每个节点组织提供硬件服务(HaaS)、软件服务(Saas)、平台服务(Paas)、基础设施服务(IaaS)和存储服务(DaaS)等业务服务的中心。利用云计算技术支持，可进行数字信息服务链架构。根据面向应用的组织原则，平台构架应强调供应链节点间的有效协同和标准化实现，其结构如图 4-10 所示。

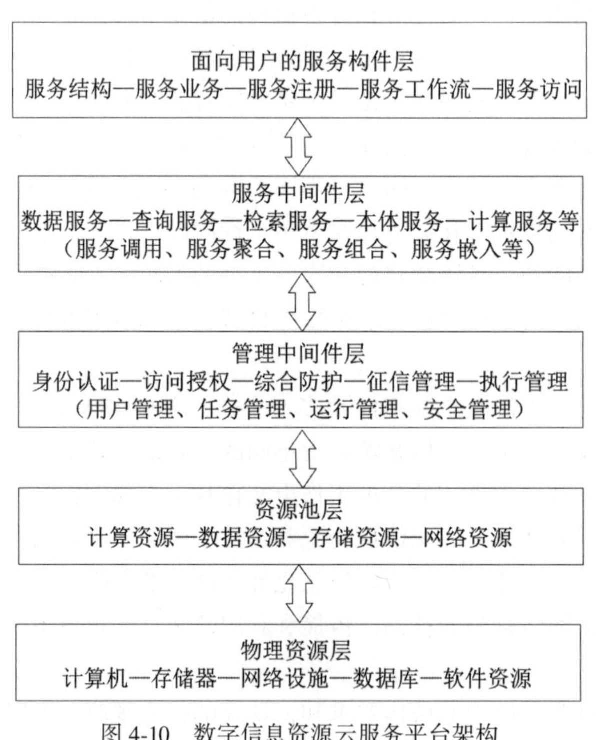

图 4-10　数字信息资源云服务平台架构

如图 4-10 所示，该架构主要由面向用户的服务构件层、服务中间件层、管理中间件层、资源池层以及物理资源层五个部分构成。

①面向用户的服务构件层。该构件层的定位是利用服务间的接口与契约，

以实现基于面向用户的服务组件模型服务关联。接口基于统一标准进行定义，独立于服务实现所依赖的编程语言、操作系统和硬件平台。这就使得不同系统中的各类服务能够基于统一和通用的方式进行交互。云平台采用面向服务的架构进行构建，为应用服务提供服务架构，支持注册、发现、访问和服务工作流。

②服务中间件层。该层提供服务链协同和共享的标准服务构件，主要包括消息中间件(MOM)、服务聚合(Service Aggrewtion)、数据中介服务(Data Mediation Service)、可靠数据传输(Reliability Bulk File Transfer，RBFT)、服务组合(Service Composition)、检索服务(Retrieval Service)、订阅服务(Subscription Service)等，这些服务构件按照规则灵活组合，为服务链节点组织间的服务协同提供基础。

③管理中间件层。该层可以抽象为用户管理、任务管理、运行管理和安全管理。云计算松散耦合的结构能够使应用具有独立性和灵活性，但同时也对管理带来了新的挑战，尤其是在安全管理和任务管理方面。鉴于云计算服务商一般基于各自的基础架构进行云计算的应用开发，因而服务的安全性是用户普遍关注的问题，这就需要对云计算环境下资源安全和风险管理进行进一步完善。

④资源池层。云计算支持用户的泛在接入，即用户可以利用任何可以接入互联网的终端，在任何可以接入互联网的位置进行云端数据的访问。云计算是在网络计算的基础上，结合成熟的虚拟化技术而形成的，因而云计算可以被看作一个庞大的资源池，而将网络上的分布式计算机和设备虚拟为计算资源池、数据资源池、存储资源池和网络资源池。一旦用户提出应用请求，上层的映像机制就会分配虚拟化资源，为其提供服务。

⑤物理资源层。这是指分布在网络上的计算机、网络设施、存储器、数据库等基础设施。云计算采用松散耦合的形式将其虚拟化，以映像或服务的方式屏蔽物理资源的异构特征，提高云计算的灵活性。物理资源层的支持和安全保障作为一种基础性保障而存在，在平台建设中应强调其基础保障地位。

面对云计算环境下的大数据分布存储和开放计算处理所引发的安全问题，应在协同保障体系构架下进行信息资源全要素安全保障实施。面对这一现实，基于安全链的全要素安全管理，将安全链要素体系与服务链流程体系进行有机结合，从而对云计算环境下信息资源安全保障组织、存储、开发和服务环节采取更有针对性的安全保障措施。

在云服务平台运行中，拟同步进行共享信息内容的安全保障、云计算平台安全保障、信息资源利用安全保障和基于云共享的信息内容安全保障。云环境下信息的跨系统共享需要在网络合作基础上实现信息服务机构间的全面安全保障目标，其中的安全问题涉及虚拟化安全、数据安全交换、网络与系统安全、跨云安全认证等多个层面。在实现中，应突出云计算环境下信息内容共享安全保障、面向云共享的资源跨系统互操作安全、网络与系统安全以及信息共享的虚拟化安全实现。

信息共享中的云平台安全保障。信息资源云服务通过一定的应用软件或应用接口，实现数据的快速存储和安全访问。为保障云平台运行安全，一方面制定云安全存储编码规则，确立安全访问控制机制，另一方面强调资源云备份与云容灾能力保障，以实现安全服务的规范化组织。

云环境下数字资源利用安全保障。云环境下信息资源的优势在于利用云端的处理能力，在信息资源整合的基础上进一步挖掘信息内涵知识的价值。在实施中突出云环境下信息资源跨系统知识发现以及信息资源开发安全，在跨系统中进行数据保护和权限保障。

4.4 云环境下数字信息社会化安全保障的实现

面向云计算环境的信息资源安全体制需要适应主体多元化机制和集中保障模式；同时，着力构建顶层管理体制、推进安全认证、加强安全标准建设，全面实现信息资源的云计算服务安全保障目标。鉴于云环境下各方面要素的影响，应寻求社会化保障体制下的社会协同和信息资源共享的虚拟化安全实现。

4.4.1 云环境下信息资源社会化安全保障结构模型

云环境下，信息资源社会化安全保障的目标实现既是信息服务社会化发展的要求，也是适应安全保障云环境的必然选择。从总体目标实现上看，信息资源社会化安全体制是指全社会范围内，在国家部门监控和管理下，根据客观的标准、规定和准则，在行业组织、云服务方、用户以及第三方机构和社会公众全面参与下的信息安全保障与监督体制。

与信息化推进中的信息服务的社会化发展相适应，信息资源安全保障也呈现出社会化发展趋势。与此同时，云计算环境下信息资源安全保障机制的形成，对安全保障的实现提出了更高要求。首先，云计算环境下信息资源安全保障主体的多元化本身就决定了其安全体制必然是社会化的。IT 环境下，信息资源安全保障的部署依赖服务主体，除关键信息基础设施的安全保障外，信息服务安全保障的社会化程度有限。云环境下信息组织结构变化和服务链关系的改变，使得其安全体制必然是社会化的。其次，网络环境对安全保障的统一监管和协调提出了更高开放要求，这也需要推进安全体制的社会变革。云计算环境在这方面的影响具体表现在两个方面：一是云计算环境下信息资源安全保障主体的多元化，要求实现对信息服务主体和云服务商的社会化监管；二是云计算环境下信息资源安全保障的集中化，要求进行各方协同下的全面安全保障，通过统一规划推进信息安全保障监管的社会化。另外，社会化安全监督有助于推进可信云服务安全认证，可信云服务的认证也需要社会化组织实施。因此，云环境下信息安全的全面保障，应在国家安全总体框架下进行社会化协同组织。在社会化中推进可信云服务认证和全面安全保障的实现。

基于以上分析，为进一步完善云环境下信息资源安全体制，应构建政府主导、机构负责、社会协同的社会化安全体制模型，如图4-11所示。

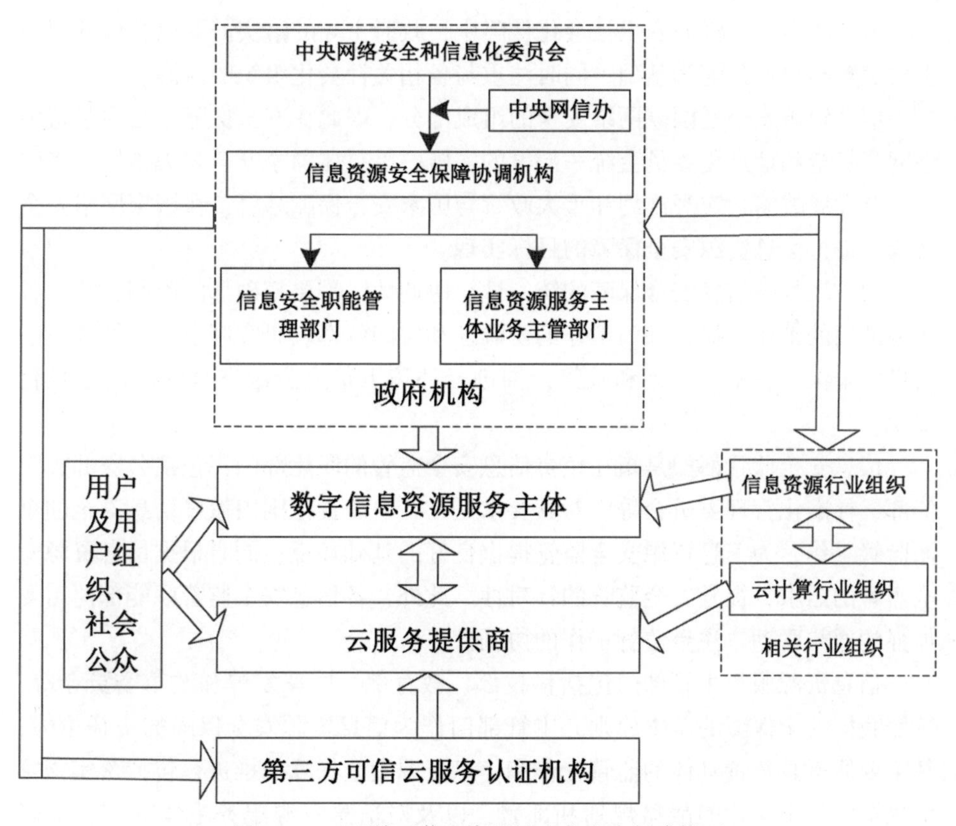

图4-11 云环境下信息资源社会化安全保障模型

云环境下，信息资源安全保障机制决定了安全保障的组织构架。其保障实施需要政府统一规划，信息资源服务机构及相关组织履行，因此其在安全保障中的定位是主导者；信息资源服务主体作为信息资源的拥有者和组织者，对安全保障的实施负有直接责任，因此其在安全体制中的定位是主体责任的履行；云服务商、行业组织等在政府主导下，面向信息资源服务安全需求，承担各自的责任。具体而言，各相关机构的职责和具体定位为：政府部门需要做好国家层面的信息资源安全保障顶层设计，完善云环境下信息资源安全法律法规和标准体系，强化安全职能，加强对信息资源服务主体的安全监管，治理网络环境，保障信息基础设施的安全。信息资源服务机构作为安全的最终责任主体，不能随着云业务的开展而将安全责任也进行外包，而要落实主体责任，建立安全保障的组织机制，设立专门部门进行安全保障。社会协同包括云服务商、行业组织、第三方机构、用户组织和社会公众的安全保障责任的履行，以充分发挥其各自的优势为信息资源安全做出保障。

云环境下信息资源安全社会化保障中，政府主导的落实需要以合理的组织机构设置和权责分配为基础，同时注重与各相关社会化组织的协同。

信息资源安全是国家网络安全的组成部分，因此在安全保障中必须坚持中央网络安全和信息化委员会统一部署的实施，以总体国家安全观为指导，将网络安全发展战略、宏观规划和重大政策与国家安全保障结合，在国家网络安全框架下进行信息资源安全保障的目标实现。

为推动数字信息安全保障的统一性、协调性，需要打破部门限制，统筹各相关部门的工作，提升部门工作的协调性和协同效率。研究制定云计算环境下信息安全保障战略、规划和政策，推进云环境下信息资源安全保障的全程化实现。

信息安全监管部门是指在负责信息安全监管的职能部门，包括公安部、工信部、标准化管理委员会等。对其要求是在各自职责范围内做好信息安全的全面监管工作，为信息资源安全监管提供良好的基础环境；同时根据信息资源安全监管的需求，提升安全监管的针对性。此外，各信息安全监管职能部门需要加强沟通与联动，注重监管工作的协调性。

信息资源服务主管部门包括科技部、教育部、国家发展和改革委员会等，按照我国安全保障的基本原则，主管部门作为信息资源安全保障的责任主体，其主要职责是负责具体的监管工作和信息资源安全保障的推进，包括落实国家信息资源安全保障的战略规划和部署，以及对信息资源服务主体的安全保障监管。

在信息安全的社会化保障中，为有效推进信息资源安全保障的开展，需要包括行业组织、第三方认证机构、用户及用户组织和社会公众在内的多方参与。

在行业组织协同中，需要建立沟通和协作机制，支持行业组织在信息资源安全保障中的作用发挥。一方面，需要通信、云计算等相关行业组织的协同，另一方面需要信息资源行业组织的协同，以实现对信息资源服务主体的有效安全监管。

在信息安全的社会化保障中，第三方认证不可或缺。与第三方认证机构的协同主要表现为依托第三方认证机构对云服务安全保障进行认证，从而为信息资源服务主体选择安全可信的云服务提供支持。与此同时，对信息资源服务主体的安全保障进行评测认证，推进信息资源安全保障的规范化和标准化。为保障其认证的公正客观，还需要建立第三方认证机构的准入机制和测评认证的监督机制。

在社会化安全保证中，与用户及用户组织、社会公众的协同，不仅是保障用户安全和公众信息安全的需要，也是维护国家的信息安全的需要。为推进用户和公众的协同参与，需要以规范的方式对云服务商和信息资源服务主体的安全保障进行监督，同时保障信息资源与服务的安全利用。

云环境下各类社会组织可以从多个方面参与社会化信息资源安全保障。不同类型的社会组织的参与方式应有所区别，其中行业组织主要通过行业规范和监督，以行业自律的方式保障安全；第三方机构通过云服务商和信息资源服务主体的安全认证参与其中；用户及社会公众主要通过多种形式参与监督；云服务商则通过部署安全措施的方式承担相应的责任。

云环境下的信息资源安全主要涉及云服务安全和信息资源安全两方面的关键问题。第一，保障提供信息资源服务主体的云服务安全，需要采取有效措施，保障云计算平台和服务的安全，其主要范围包括云平台的物理环境安全、硬件安全、虚拟化安全、计算和存储安全、网络安全、业务可持续性、云平台的访问控制及服务利用安全。第二，在云计算环境下，提供有效的信息资源安全保障支持，降低信息资源服务主体的安全保障成本，提升安全保障的专业化水准，改善安全保障效果。

云环境下，为落实信息资源安全主体责任，需要做好以下几个方面的工作：

进一步完善云环境下信息安全管理体系。安全管理的核心内容包括信息安全策略制定、信息安全管理体系范围、信息安全风险评估、安全风险管理规范、风险控制目标与方式选择、信息安全适用性等，围绕核心问题的管理需要充分考虑云计算环境下的安全需要，适应数字信息资源安全保障的机制。

根据云服务的安全分工，进行安全保障措施的部署。云环境下信息资源服务主体直接负责信息云服务安全，云安全则由云服务方承担保障责任。对于其安全责任，需要根据服务构成和保障机制进行安全措施的部署。在部署过程中值得指出的是，信息资源服务主体需要注重过程控制，即对安全措施部署的过程进行控制，确保安全保障措施能够覆盖脆弱性或威胁，同时还需要技术与管理手段的综合运用。

综合运用管理和技术手段，对云服务的安全保障进行全面监督。在云服务应用过程中，需要通过相应的技术手段对云服务的安全进行监督，通过测评判断其安全保障是否有效。在出现安全事故时，需要对其原因和损失进行全面评估，对云服务进行追责。

建立与相关机构的协同工作机制。首先，需要按云计算信息安全标准和法规建设进行协同组织，确保安全保障符合安全标准的要求；其次，需要根据可信云服务认证的结果，进行云服务的选择。同时，需要接受用户及用户组织、社会公众的监督，及时发现安全保障的漏洞和缺陷，进行安全保障体系的优化。

4.4.2 云环境下信息资源的虚拟化安全保障及其实现

针对云数据中心虚拟化、多租用及大规模应用所引发的信息安全边界模糊化、安全机制动态化和大规模资源管理集中化的问题，基于 SDN 技术可以设定虚拟化的安全边界和制定统一策略。云计算环境下网络安全管理人员利用 SDN 可以通过简单的网络抽象编程方式配置网络，而不需要手工编写基于不同硬件设施的不同代码。SDN 架构的关键组成部分是控制器，利用 SDN 控制器的机器智能，通过编程重组和配置网络，可以快速部署新的应用程序和网络服务，通过集中控制网络层的状态，实现云计算环境下网络安全的有效管理。此外 SDN 支持的 API 可以实现安全访问控制，通过开放 API 利用应用程序控制服务功能，而不需要关注其实现细节。

在信息资源混合云服务部署模式下，由于面临公有云和私有云数据中心的跨系统互联、异地灾备等问题，其物理分散的网络安全部署难以统一，这就需要在 SDN 架构以及 OpenFlow 标准基础上集中实施网络安全管理与控制，以消除混合云模式下不同的云服务提供商和不同的物理设备之间的差异。通过 SDN 控制器，可以对网络参数、安全事件、流量状态进行监控；通过 SDN 全局网络视图，可以对信息资源云数据中心进行全局优化的资源分配和控制。

云环境下 IT 设施的规范不断增大，虚拟化技术作为云计算按需分配资源的支撑技术，能够实现在多租户环境下软件和数据的共享，通过虚拟化为用户提供可伸缩的资源部署支持。其中，在增强云计算服务安全性上，虚拟化安全保障是其关键的组成部分。和大多数多租户环境下的服务平台一样，信息资源云服务平台的安全保障同样依赖有力安全保障措施。进一步而言，强化云计算安全服务不仅存在部署和系统运行安全的问题，而且存在云安全解决方案和安全服务问题，以及过度的资源消耗问题。因此，云环境下信息资源共享虚拟化安全必须面对。

①加强云环境下信息资源网络应用程序的监管，防止网络应用程序隐含的恶意软件攻击。对于恶意软件的伪装和破坏，网络防火墙技术主要用于物理网络连接的过滤，难以适应大多数虚拟网络以及拓扑分享链接场景。很多的程序往往为了实现某种特定目标而设计，因而缺乏对网络应用程序隔离的适应性。此外，大多数的虚拟机隔离不能根据资源池安全监控的状态进行调整。这一系列的问题，在应用程序监管中应予以全面解决。

②传统网络安全系统包括入侵检测系统、防火墙等需要部署在网络应用程序执行环境中，然而现有的一些云服务提供商的硬件却存在不足，部署安全系统的成本较高，而且不能适用重复部署环境。对于传统的网络安全设施的替代，虚拟安全设备部署已成为一种新的方式，可以封装和动态部署在分布式的IT 基础设施之中。然而，虚拟安全设备很难在多个虚拟机共享的情况下达到最优性能，这一问题在部署网络入侵检测系统中尤为突出，因此需要一种自适应机制处理虚拟化架构下的动态安全问题。

③基于策略的访问控制必须用于保护虚拟资源的安全。一些网络应用程序经常需要弹性大的计算能力，但私有云中单独的资源池不能给大量用户提供足够的资源。因此，为了实现特定的目标，需要基于多个资源池的合作，为了更好地访问其他资源池，需要建立联合通信与授权机制。现有的混合云可以提供一个访问其他的公有云的接口，但不支持多个资源池联盟所引发的冲突问题的解决。因此，应有相应的安全方案和策略。

信息资源共享虚拟化环境下的安全保障可以从以下三个方面进行开展：安全隔离、信任加载以及监控与检测。随着虚拟化技术的发展，虚拟机可用于物理环境中的动态业务逻辑隔离，虚拟化计算系统需要平衡和集成多种功能进行计算性能和应用的安全隔离。与此同时，来自网络的虚拟化攻击和系统漏洞时有发生，造成了对用户信息安全的威胁。通过分区隔离和利用虚拟机监视器技术创建在相同物理硬件操作系统中的虚拟机已成为一种必然的选择，在虚拟化环境中，虚拟隔离的虚拟机相互独立运行、互不干扰，由此决定虚拟化平台的安全保障实施。①

目前的虚拟化安全隔离主要以 Xen 虚拟机监视器为基础，通过开源 Xen 虚拟机监视器，依赖 VM0 对其他虚拟机进行管理，这一构架的缺陷在于难以全面应对攻击者的内部攻击风险。针对 Xen 虚拟机监视器的安全漏洞，Intel VT-d 虚拟机安全隔离设计方案可以较好地解决 Xen 宿主机与虚拟机之间的安全隔离。通过安全内存管理(SMM)和安全 I/O 管理(SIOM)两种手段实现客户虚拟机内存和 VM0 内存之间的物理隔离。在安全内存管理(SMM)架构中，所有客户虚拟机的内存分配都由 SMM 负责。为了增加内存管理的安全性，SMM 在响应客户虚拟机内存分配请求时，利用 TPM 系统生成和分发虚拟机加密、解密的密钥，虚拟机则通过加密分配虚拟机内存，辅助的 Xen 内存管理，为 Xen 虚拟机在实际的安全隔离环境中的应用提供保障。②

如图 4-12 所示，SMM 辅助的 Xen 内存管理，在硬件协助的安全 I/O 管理(SIOM)架构中，每个客户虚拟机的 I/O 访问请求都会通过虚拟机的 I/O 总线上，通过 I/O 总线才能访问到物理的 I/O 设备，通过部署 I/O 控制器，从而使每个客户虚拟机都有虚拟专用的 I/O 设备，由此实现 I/O 操作的安全隔离。

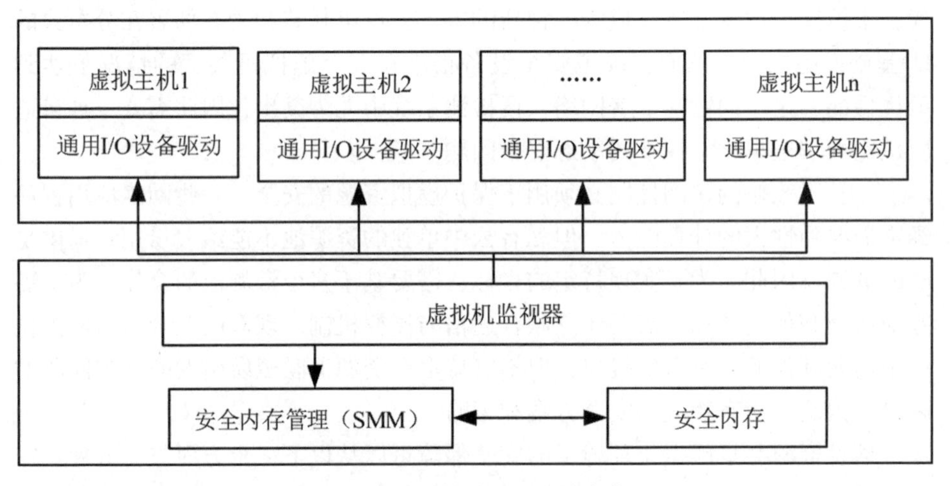

图 4-12　SMM 辅助的 Xen 内存管理

① Wen Y, Liu B, Wang H M. A Safe Virtual Execution Environment Based on the Local Virtualization Technology[J]. Computer Engineering & Science, 2008, 30(4): 1-4.

② 林昆，黄征. 基于 Intel VT-d 技术的虚拟机安全隔离研究[J]. 信息安全与通信保密，2011，9(5)：101-103.

就云计算环境下信息资源虚拟化安全而言，可信加载是保障其虚拟化安全重要组成部分。不可信系统产生的根本原因在于恶意软件和代码对完整系统的破坏，因此保障云计算环境下应用软件来源的可信是十分重要的。其中，完整性度量是一种证明来源可靠的方法，在虚拟化安全管理中同样可以采用这一方式测量用户应用程序和内核代码的完整性。① 虚拟化的完整性保护包括完整性度量和完整性验证：完整性度量主要是基于可信计算技术实现的；完整性验证则是通过远程验证方进行系统安全可信验证。对虚拟机进行完整性保护，在于提高整个信息资源虚拟化平台的安全性和可靠性。

虚拟机安全监控是保护云计算环境下信息资源虚拟化安全的另一个有效手段，利用虚拟机监视器可以对设备的状态和攻击行为进行实时监控。云计算环境下的信息资源虚拟化安全保障不仅包括内存、磁盘、I/O 等纯粹的监控功能，还包括对系统安全性的检测，如恶意攻击和入侵行为检测等。目前虚拟机安全监控的主流安全架构包括虚拟化内部监控和虚拟化外部监控。②③ 虚拟化内部监控通过将安全工具部署在隔离的安全域中，在目标虚拟机内部植入子函数，当子函数检测到威胁时，其会主动通过虚拟机监视器中的跳转模块将威胁信息传递给安全域，同时通过安全工具进行响应，以保护虚拟机的安全。虚拟化外部检测同样是将安全工具部署在隔离的虚拟机中，不同的是虚拟化外部监控通过监控点实现目标虚拟机和安全域之间的互通，其中监控点可以主动拦截威胁。通过虚拟化内部安全监控和外部安全监控，可以有效保障虚拟化平台的安全性。依据虚拟机安全技术规范，在信息资源虚拟安全保障中应从云环境下的信息资源共享机制出发，建立相应的监管制度，以保障社会化安全措施的全面采用。

---

① Azab A M, Ning P, Sezer E C, et al. HIMA: A Hypervisor-Based Integrity Measurement Agent[C]// Computer Security Applications Conference, IEEE Computer Society, 2009: 461-470.

② Bhatia S, Singh M, Kaushal H. Secure in-VM Monitoring Using Hardware Virtualization [C]// Proceedings of the 16th ACM Conference on Computer and Communications Security, ACM, 2009: 477-487.

③ Payne B D, Carbone M, Sharif M, et al. Lares: An Architecture for Secure Active Monitoring Using Virtualization [C]// Proceedings of the IEEE Symposium on Security and Privacy, Washington: IEEE Computer Society, 2008: 233-247.

5 大数据背景下的知识揭示与网络组织

数字信息的生成、传播和基于互联网的交互利用，使得信息组织的数量呈几何级数增长，而内容服务的深化同步提出了大数据背景下的知识组织要求。反映在信息内容揭示与控制上，便是组织层次的深化和基于数字技术的实现。这说明，网络信息组织与控制需要在传统的分类法、主题法基础上进行超文本、超媒体、超链接的发展，同时从内容上进行基于单元数据的知识揭示。

5.1 数字信息组织中的内容揭示与控制

信息资源控制是将无序的信息资源按其外部特征和内容特征进行有序化后进行重新组织与控制的活动，其目的在于提供可控性的高效信息内容服务。数字信息资源控制的直接产物是各种数字化信息存储与检索工具和系统。在信息资源组织揭示中，为充分地开发和利用数字资源，需要利用相应的信息组织和开发技术，对信息资源内容进行多维揭示。

5.1.1 信息组织中的内容揭示

信息在数字网络中表现的紊乱程度的加剧，对信息内容的组织和揭示提出了新的要求。面对网络信息增长和老化，用户利用信息越来越困难。如果不对网络信息资源流进行有效控制，势必导致信息利用率的下降。

大数据背景下，为了保证用户对信息的正常使用，必须对其进行控制，使数字信息资源流通与利用变得有序。控制的基本含义不仅局限于信息资源客体，还包括以数字信息资源为中心的多方面控制，主要包括信息资源客体控制、信息资源过程控制、信息网络与系统控制、信息用户活动控制。其中，信息资源内容揭示基础上的控制是基本的。

信息内容揭示基础上的控制通过有序化来实现，包括用户使用信息资源时对信息的自然有序化和信息资源组织的有序化两个方面。自然有序化伴随着信息资源传递与利用过程，表现为用户对信息资源的自然排序和选择。在社会运行中，自然有序化存在于社会信息交流和交互利用活动之中，目前仍然是一种重要的控制形式。在这一控制中，有序化标准是复杂的，用户的个性差异决定了其按知识结构、信息需求、信息价值进行的有序化组织形式。信息资源组织的有序化揭示，以标准的标识体系为基础，进行信息内容的识别、提取、序化组织和标识性展示。其内容揭示是信息序化存储和利用的基础，随着信息载体形式的变化而处于不断变革之中。网络大数据的存在和智能化交互利用提出了更深层次的面向用户的信息资源内容揭示和控制问题，要寻求与资源环境和网络形态相适应的控制方式和方法。

互联网信息组织的关键是，在基于网络的交互中进行内容加工和有序化，以形成各种数字文件。文件方式一种基本的信息组织方式，优点是简单方便，除文本信息外，还适合于程序、图形、图像、图表和音视频等非结构化信息的组织。如在 Web 中，流动的文档作为超文本(Hypertext)文件在传输协议(http)基础上提供开放利用。超文本文件可用于指向其他文本的超级链接(Hyperlink)，这些链接将文件分为若干个知识信息单元或节点(Node)；每一个链接对应一个节点，在节点之间引导用户的内容搜寻，因而用户可以自己选择其路径。

网络上存在着的不同类型文件(Document Type)和不同的文件格式，包括常用的文本文件、图形文件、音频文件、视频文件和各种压缩文件(zip、sit、tar 与执行文件等)。表 5-1 列举了常用的一些文件格式以及使用平台与软件。这些文件的广泛应用提出了深层次内容揭示和组织的问题。

表 5-1 互联网数字信息文件

类型	扩展名	文件形式	组织特点
文本	.htm(HyperText Markup Language)/xml(eXtensive Markup Language)	超文本标记语言/可扩展标记语言文件	用于创建浏览文件
	.txt	纯文本文件	单文本形式
	.doc	word 文件	通用的文本格式
	.pdf(Portable Document Format)	文档格式文件	一种专有的格式
	.ps(Post Script)	页面描述语言文件	文本文件描述
	.rtf(Rich Text Format)	文件内容格式	文本文件,可附带表格

续表

类型	扩展名	文件形式	组织特点
图形	.gif(Graphics Interchange Format)	图标文件	通用图形文件格式
	.jpg/.jpeg(Joint Photographic Experts Group)	图像动态文件	采用静态图形压缩标准进行处理
	.tiff(Tagged Image File Format)	矢量图像文件	高质量的图形传输
音频	.mp3(MPEG Audio Layer3)	音频压缩文件	音频流行的格式
	.wma(Windows Media Audio)	Windows 音频文件	支持多种播放
	Midi (Musical Instrument Digital Interface)	音频数字接口文件	透过合成软件重现原音
	.wav(Wave Audio File Format)	音频存储格式文件	视窗 Windows 格式
视频	.avi(Audio Video Interleave)	通信文件	Windows 标准视频格式
	.mov/.movie	影像文件	QuickTime 公共文件格式
	.mpg/. mpeg(Moving Picture Experts Group)	影视专门组文件	使用 MPEG 压缩模式进行处理

对于超文本信息组织，需要采用有别于传统的信息关联揭示方法。这种信息组织方式在于对网络上相关节点存储的文本信息，通过节点间的链路连接，将关联节点连成一个关联网络。逻辑上，节点表示信息单元、片段或组合；链表示节点间的关系，其知识关联决定了链接关系。由此可见，超文本方式可以使用户从任一节点开始，根据网络中的信息联系，从不同角度进行浏览和查询。

随着数字技术的发展，图像、音频、视频等信息已进入超文本系统，使得超文本进一步发展为超媒体。超媒体是超文本的扩充，其对象从文本形式扩展到图形和音视频等内容形式。所以，超媒体可以视为多媒体超文本，节点中包含的多种媒体信息应纳入网络信息组织的范围。

超文本关联可通过超文本链接(Hypertext link)来展示。超文本链接通常简称为超链接(Hyperlink)或者链接(Link)。链接是超文本的一个重要特征和功能，在于将文本、图片、音视频等文件通过内容联系起来。

传统文本中知识信息组织是线性的，这种线性结构体现在主题的关联上，用户浏览信息时，沿着给定的线性知识结构顺序，层次递进式地进行主题浏览。超文本方式在信息内容揭示上进行非线性编排，利用链(Link)将非线性分布的节点(Node)信息相联结。这种关联反映了节点之间存在着的因果关系、从属关系或并列关系等，从而形成了具有相关性的知识体系。通过节点以及节点间的连接将信息组织为某种网状结构，体现了信息内涵知识的联系，通过层层链接体现了信息内容的层次关系和结构。

在多文本信息的组织中，内涵知识的揭示是其中的关键，由此对网络数字信息内容描述提出了新的要求。事实上，迅速发展的网络技术和数字技术使任意层次的任意信息元素、信息单元和信息集合体系得以改变，以计算机可识别和可理解的智能方式无障碍地进行定义、描述、指向和链接。与此同时，网络信息组织的对象不再停留在对信息特征的描述上，而是深入知识单元，其核心在于扩大标引范围，增加数据库的标引深度，通过多层次、多方位的描述来揭示组织数字信息资源内容，以促进知识信息资源的合理利用。

知识组织是指对事物的本质及事物间的关系进行揭示的有序结构及知识的序化。① 大数据背景下网络信息组织还在于更严格地控制网络信息质量，在对信息进行有效的评价和筛选的基础上，为用户提供有价值的信息，而不是大量冗余的信息，其目的是实现从信息层次到知识层次的转变。

分类法和主题法是传统的文献信息组织方式，网络信息组织应充分吸收传统分类法和主题法的优点，将其与网络信息资源组织的特点相结合，以有效地进行网络知识的组织。

数字环境下，知识组织应以数据(各种事实、概念、数值等)单元为基础，使之从静态的列举式向以智能系统为基础的具有动态联系、推理和学习的知识处理方向发展。

5.1.2　基于内容揭示的信息控制组织

传统的文献控制方式可归纳为外部描述控制和内容特征控制两类。外部描述控制通过文献外表特征的揭示将文献信息有序化，以达到控制文献的目的，其中的描述内容包括作者、时间、类型、来源等。文献内容控制是一种通过文献内涵知识揭示所进行的实质性控制，其中的内容描述是文献控制的核心，数字环境下，鉴于知识结构和演化的复杂性，其描述方式变化值得关注。

大数据时代，知识创新的微分化和积分化趋势使得知识信息的无序状态加

---

①　蒋永福，付小红. 知识组织论：图书情报学的理论基础[J]. 图书馆建设，2000(4).

剧，由此造成了用户利用数字信息内涵知识的困难。与此同时，全球化中的发展又使人们不得不利用范围更广、起点更高的知识信息。与社会化的知识信息利用模式相对应，基于网络的服务已进入提供全面信息保障和知识利用的发展阶段。此外，计算机技术、通信技术和远程数据处理技术的发展，使数字信息的全面提取、组织、加工和利用的智能化得以实现。在这一背景下，基于知识内容及其关联揭示的信息资源控制体现在以下几个方面的深化和发展上。

(1)控制内容的知识化发展

信息资源的内涵知识，从应用角度和知识作用上看，并非布鲁克斯所描述的静态结构，而是具有动态结构特征。虽然存在于各种载体上的知识是静止的，其知识描述单元相对固定，然而知识交流、传播、利用和反馈具有动态性，反映这一过程的知识创新具有知识交互中的动态结构，这意味着应从知识单元结构及其关联出发进行内容组织。对于文献信息而言，一篇文献不仅包含了许多知识单元，体现了知识单元之间的各种关联关系，而且还反映了文献作者对各种知识的处理和吸收过程，反映了知识的演化。从作用上看，文献信息资源所含的动态信息，对于用户来说往往比静态知识结构信息(如结果)更重要。事实上，在数字化网络条件下，用户利用信息往往不是为了查询单一的、固定的内涵知识，而是为了借鉴其中并未明确表达的思维、创造方法，以从中得到启示，引发灵感。对于这种知识过程的揭示，任何静态控制方式都显得无能为力，其问题的解决必然求助于新的模式。

迅速普及的机器学习和智能数字技术使任意层次的信息元素、信息单元和信息集合体系以人—机交互的方式定义、描述、指向、链接、传递和组织。其中，信息资源的内容揭示不再停留于信息特征的描述，而是深入知识单元的精细结构进行描述。信息资源内容揭示的深度和广度由此而提升。其作用在于，通过多层次、多方位的描述来揭示信息资源，促进信息资源的合理利用。当前，信息资源控制的内容已从信息整体控制向知识单元及其知识组织深度控制的方向转化。因知识产生、老化和利用周期缩短，最新知识控制已成为信息资源控制的重点。同时，语义智能交互技术的出现及其在信息资源组织与控制中的应用，带来了知识揭示与组织工具的变革。在重构知识组织控制体系中，知识组织从物理层次上的结构单元上升到认知层次的交互单元；在处理和描述中，从单纯的语法处理(主题法、分类法)转变为语义处理(如人—机系统、语义网络标识)。其中，从语义处理到模拟用户知识记忆结构的语境处理方式，有助于消除知识组织的含混性和歧义性，可以更好地为用户提供易于理解、准确无误的语用服务。

(2)控制方法的集成化发展

在数字信息资源内容控制中，分类法和主题法(包括由此派生的关键词法、叙词法和元词法等)是文献信息资源揭示与控制通用的基本方法，其要点是按一定的知识处理法则将文献信息有序化。分类法在揭示文献所含知识方面，虽然具有较强的系统性，但是缺乏应有的灵活性和揭示深度；主题法从某种程度上弥补了分类法的缺陷，却显得系统性不够。当前，科学技术高度发展，其知识领域越分越细，越来越专。与此同时，任何一个狭窄的专门领域又必然涉及多方面的知识门类。这一现实的体现便是内容(知识)的高度专门化与高度综合化趋势并存。知识领域活动的深层化以及融合效应是知识高速增长、迅速分化和组合创新的结果。面对交流与利用变化，无论是分类法还是主题法基础上的知识结构的深化揭示和描述，都无法适应新的环境变化。

传统的知识控制局限性表明，在信息资源内容控制中必须借助多种方法和手段的集成，在理论上必然求助于普遍适用的控制理论。知识信息资源的充分开发和利用形式的多元化，为信息控制理论和方法的发展奠定了实践基础，数字信息技术和通信技术的发展，为信息资源的集成控制提供了必要的物质和技术条件。

如图 5-1 所示，在以本体为核心的语义 Web 技术的驱动下，信息资源内

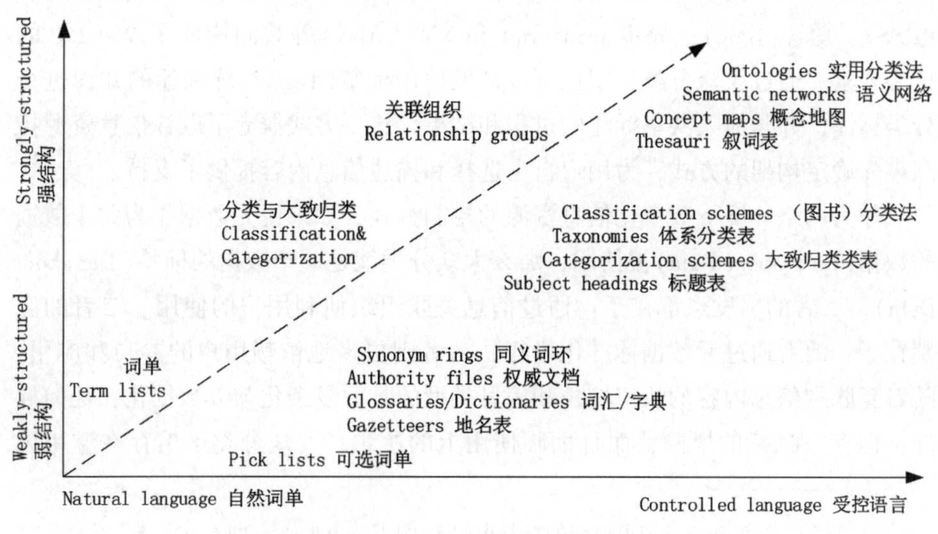

图 5-1 知识组织系统的发展

容控制方法不再局限于传统的分类法、叙词表、编目规则等，而是出现了能够更好地适应数字环境的新型知识组织工具，如概念地图(Concept Map)、语义网络(Semantic Network)法、知识关联方法等。① 2005年以来，语义Web技术在信息资源内容控制中的应用，为信息资源控制提供了新的方式和新的理念。从总体上看，基于信息内容揭示的资源控制方法随着信息资源揭示与组织技术的发展而不断拓展，因此网络环境下信息资源的控制必然是多种方法的结合使用。②

(3)控制主体的多样化发展

在数字信息资源的内容揭示与控制中，无论是传统的分类法还是主题法(关键词法、单元词法、叙词法等)，还是用于数字资源描述与揭示的元数据，基本上由信息资源组织与服务方制定，而用户的参与和体验则有所缺乏。网络环境下，数字化交流和网络获取已成为人们利用信息资源的主流形式，信息资源的访问对象也随之扩展到不同专业、层次各异的各类用户。在这一场景下，基于信息内容揭示的资源控制呈现出开放性、共享性、交互性的特点，体现为专业化与社会化并存的发展趋势。其中，元数据和大众分类面向信息资源控制的专业化和社会化发展直观地反映了这一现实。

大众分类法(Folksonomy)作为一种由用户参与和主导的信息资源组织控制方式，Yahoo等门户网站流行后，与长尾(The Long Tail)、简单信息同步(RSS)、博客(Blog)、异步JavaScript和XML(Ajax)等共同构成了Web2.0的核心要素。通过大众分类，用户可以自发使用标签(Tag)对感兴趣的知识进行分类标注，并与他人共享标注的过程和结果。这一方式摒弃了以往信息资源控制事先确定构架的方式，为用户自由选择和描述信息内容提供了支持。

作为网络环境下数字化信息资源的控制方式，如果说元数据作为关于数据的数据(Data about Data)被使用，那么大众分类就是关于数据的标签(Tag about Data)。二者的出发点都在于：通过信息关联组织便利用户的使用。二者的区别在于：前者通过元数据标准化进行；后者则更多地依赖用户的参与和应用。随着互联网信息内容的快速增长和信息类型的日益复杂化与大数据化，任何标准不但有“滞后”的风险，而且面临使用上的瓶颈。大众分类虽然存在滥用风

① 毕强. 语义Web：知识组织的新基点[J]. 图书情报工作，2006(6)：5.

② 曾民族. 知识技术及其应用[M]. 北京：科学技术文献出版社，2005：122.

险，但在使用和控制方面比元数据简单，加上它面向互联网大众，因而简单易用。①

"元数据"通常采用结构化、规范化或标准化的方式对数字信息资源进行标识，并不由使用者自己进行标识。用于数字资源标识的元数据规范标准有Dublin Core、LOM等，其标准均由专业机构或专门机构制定。当前，由于元数据种类繁多，相互之间缺乏有效的互操作性，因此，一定程度上阻碍了信息资源元数据控制的应用推广。与此相异，由用户根据个性需要在提交汇聚数字资源过程中对数字资源加上个性化标识说明，"Tag标签"因而可在应用过程中不断生成和优化。由于并非采用预设的结构模式，基于标签的大众分类法降低了信息资源控制的使用门槛，对于存在的一致标签的处理，可以进行规则化管理。

事实上，在元数据标准化控制模式和用户标签控制模式中，用户应用的社会互联效应各不相同。在用户Tag标签模式中，用户不仅是信息资源的使用者，同时也是信息内容的汇聚者，在应用与汇集"数字资源"与"Tag标签"的过程中，用户之间能够不断建立社会联系，从而实现元数据与标注的集成应用。

目前无论是元数据还是基于Tag的大众分类法，并没有从全局或者根本上解决信息资源的组织控制问题。从某种程度上看，大众分类法提供了面向用户的新视角，因此可以利用智能交互标注手段，结合云数据的利用，进行面向用户的知识关联推进和组织。总体而言，信息资源控制的多样化仍在有序和无序、标准和自由之间保持某种动态的均衡。

(4)控制技术的智能化发展

目前的信息资源内容揭示主要以文本单元和数据(各种事实、概念、数值的总和等)单元为基础，处于静态的、列举式组织之中。针对这一缺陷，面向用户的信息资源内容控制应以智能交互系统为基础，进行具有动态联系、分析和推理功能的知识描述组织。

信息资源智能化揭示与控制的主要困难，首先是按思维程序进行有序排列和多方面处理之间的矛盾，其次是输入知识单元的显示和映射，以及机器学习的智能化水平限制。尽管智能化信息揭示与控制系统的实现尚存困难，但可以

① 庄秀丽."Tag标签"互联应用[EB/OL].[2008-01-10]. http://www.kmcenter.org/SrticleShow.asp? ArticleID=4265.

在整体构架中分阶段推进。

当代人工智能技术的发展为信息资源动态结构揭示和智能化控制提供了基础。当前不断发展的智能交互系统被称为“体外大脑”，其中的知识库相当于人脑的知识存储结构，这也是接受新知识的必要条件，其推理机构类似于人脑的特殊思维活动机制。机器学习对输入知识的处理和判断可以类比人对知识的处理过程，基于这一事实，如果向系统输入静态知识单元，并提出显示知识组织和推理的要求，则系统可以显示知识推理和思维信息，而这正是所需求的动态知识信息。智能系统将知识揭示与控制融为一体，除提供动态知识外，还可以在更广的范围内进行知识组织与处理，将反映相关知识的非结构化文本信息进行挖掘，从而抽取高层次信息。应该说，这是信息资源控制的一场变革。当前，这一研究正处于不断发展之中。其应用前景广阔。

智能技术和信息交互等技术促进了信息内容的挖掘与深层次揭示，可以更好地满足不同用户的需求，提供个性化的信息服务。从信息中采掘知识，再将知识转变为智慧，体现了信息资源控制深化的方向，其目的是向用户提供便于利用的、可以帮助解决问题的有序化知识，实现从信息层次向知识层次的服务转变。

5.2 数据挖掘中的知识组织方式

数据挖掘是面向用户的一项信息服务技术，在获取网络信息资源时，数据挖掘技术是处理网络动态数据的有效方法，用于分布式、集成化信息资源的深层次组织与服务。网上数据挖掘需要考虑的重要问题包括不确定性处理、丢失数据处理、垃圾数据处理、有效算法和数据复杂性处理等。同时，在线挖掘应保障数据的安全性、可执行性和灵活性。另外，基于数据挖掘的知识组织技术是其中的核心，应予以确认。

5.2.1 知识描述的基本方式

随着社会信息化发展，用户对信息资源控制质量提出了越来越高的要求，信息资源控制的传统方式正受到来自各方面的挑战。传统分类和主题知识揭示与组织的局限显得十分突出，不仅难以适应用户的深层知识需求，而且难以满足以知识为单元的智能组织要求和对知识形成与演化过程的描述需要。

这些情况表明，新的信息资源组织与控制方式直接关系到信息资源深层次利用。与此同时，新的信息处理技术的出现，使寻求高效化的信息资源组织与控制方式成为可能。其中，信息资源内涵的知识描述与揭示不仅决定了知识应用的形式，而且也决定了知识域空间规模的变化。① 知识的描述与揭示是知识获取和利用的基础，只有确定了知识描述的恰当形式，才有可能将客观世界的知识进行有效表示，也才有可能让知识资源充分发挥作用。

在知识揭示中，知识可以有不同的描述方法，不同的表示形式可能产生不同的效果。

一般说来，知识的描述可表示为：

$$K=F+R+C$$

其中，K 表示知识项(Knowledge Items)；

F 表示事实(Facts)，指人们对客观世界和世界的状态、属性和特征的描述，以及对事物之间关系的描述；

R 表示规则(Rules)，指表达前提和结论之间因果关系的一种形式；

C 表示概念(Concepts)，指事实的含义、规则的语义说明等。

为了将这些知识(事实、规则和概念)准确无误地以计算机可以接受的形式表示出来，必须建立一组有利于知识编码的适当数据结构，以便在计算机系统中存储起来；一旦计算机以适当的方式使用这些知识，则会产生智能处理反应。②

目前，知识的描述方法种类繁多，主要有谓词逻辑表示、产生式知识表示、框架表示、语义网络表示和面向对象的知识表示等方法。这些表示方法各有特点，没有绝对的优劣之分，只有根据求解问题的性质灵活地选用合适的知识表示方法，才能保证信息资源控制的高效，因此知识的描述方法往往是多种表示方法的组合。

(1)谓词逻辑表示法

谓词逻辑表示法是指各种基于形式逻辑(Formal Logic)的知识表示方式，利用逻辑公式描述对象、性质、状况和关系，例如：

“宇宙飞船在轨道上”可以描述成：In(spaceship，orbit)；

“所有学生都必须通过考试才能毕业”可以描述为：

student(x)^passed(x) → graduate(x)。

① 徐宝祥，叶培华. 知识表示的方法研究[J]. 情报科学，2007(5)：690-694.

② 曾民族. 知识技术及其应用[M]. 北京：科学技术文献出版社，2005：229.

基于逻辑的知识表示是最早的知识表示方法，具有简单、自然、灵活、模块化程度高和表达能力强的特点。它同关系数据库一样，能够采用演绎的方式进行推理和证明，因此在知识库系统及其他智能系统中得到广泛应用。在这种方法中，可以将知识库看成一组逻辑公式的集合，知识库的修改在于增加或删除逻辑公式。使用逻辑法表示知识，需要将以自然语言描述的知识通过引入谓词、函数来描述，获得有关的逻辑公式，进而以机器内部代码表示。

谓词逻辑表示法的缺点是其表达的知识主要是浅层知识，不宜表达过程推理和启发式知识，且难以管控。

(2)产生式知识表示法

产生式知识表示法是依据大脑记忆模式中的各种知识块之间的因果关系进行从条件到结果的表示方式。由于这种知识表示方式接近人类思维以及交流的行为方式，因而可以捕获用户主体解决问题的行为特征，通过认知、行动的循环过程求解问题，可以表示不同领域的知识。

产生式规则的形式为：P→Q 或者 IF P THEN Q(其中 P 为前件，而 Q 为后件)。前件部分通常是一些事实的获取，而后件通常是某一事实结果确认。如果考虑不确定性，则需要附加可信度量值。

产生式语义可以解释为：如果前件满足，则可以得到后见的结论或执行后件的相应结果，即后件由前件触发。一个产生式生成的结论可以作为另一个产生式的前提或语言变量来使用，以进一步可构成产生式系统。

知识单元中存在着复杂的因果关系，按因果关系的前件和后件进行多元描述可以简化问题。基于产生式规则的知识表示优点是与人的判断基本一致，同时直观、自然，便于推理应用。另外，规则之间相互独立、模块化程度较高。因此，产生式方法是目前应用比较广泛的知识表示方式。例如用于测定分子结构的 DENDRAL 系统、用于诊断脑和血液病毒感染的 MYCIN 系统以及用于矿藏的 PROSPECTOPR 系统等，都是用这一方法进行知识表示和推理的。然而，产生式知识表示在不确定性推理方面还存在一定问题，需要进行更深层次的完善。

将一组产生式知识表示放在一起，可以让它们相互匹配、协同工作。一个产生式的结论可以供另一个产生式作为前件来使用，以这种方式求解的系统称为产生式系统。产生式系统构成如图 5-2 所示，系统由知识库和推理机组成，而知识库又由数据库和规则库组成。

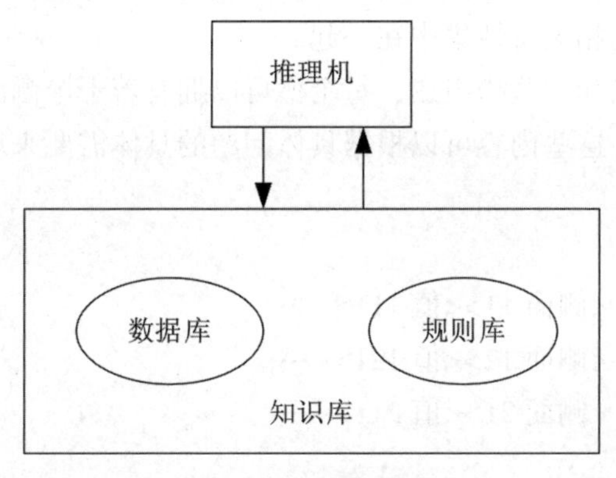

图 5-2 产生式系统

(3)语义网络表示法

语义网络知识表示法是一种用带标记的有向图来描述知识的方法。语义网作为联想记忆的心理显示模型，由若干有向图表示的三元组(结点 1、路径、结点 2)连接而成。结点表示知识信息所反映的事物、概念、对象、实体和事件等，带标记的有向路径表示所连接的结点之间的特定关系。

在语义网络表示中，结点之间存在着不同的路径联系和作用关系。事物、概念、对象、实体和事件也存在着不同的类属关系，这就需要在语义网络中进行类和子类的关联，采用不同的标记反映知识的内容和结构。

语义网络描述各个概念之间的关系，除表示“具体—抽象”关系外，还包括“整体—构件”(PARTDF)关系以及 IS(表示一个结点是另一个结点的属性)、HAVE(表示“占有、具有”关系)、BEFORE/AFTER/AT(表示事物间的次序关系)、LOCATED ON(表事物间的位置关系)等语义关系的表示。

在语义网络中，程序不仅可以从任何结点出发，沿着路径到达相关联的结点，还可继续沿路到达更远的结点。这种方法的应用类似于人的联想记忆。但是，由于每个结点连接多条路径，当从开始的结点出发后，如果没有搜索规则的指引，就会陷入无穷支路而无解。

(4)框架表示法

框架表示法可以把关于某一对象的所有知识存储在一起，构成复杂的数据结构。框架理论由 Minsky 提出，旨在将知识表示成高度模块化的结构。事实上，框架把知识的内部结构关系以及知识之间的特殊关系表示出来，同时将某个实体或实体集的相关特性集中在一起。

框架由框架名和一些槽组成，每个槽可以拥有若干个侧面，而每个侧面可以拥有若干个值。这些内容可以根据具体问题的具体需要来取舍。① 一个框架的结构如下：

<框架名>

<槽 1>　　<侧面 11><值 111>……

　　　　　<侧面 12><值 121>……

<槽 2>　　<侧面 21><值 211>……

……　　　……

<槽 n>　　<侧面 n1><值 n11>……

为了能从各个不同的角度来描述一个事物，可以对不同角度的视图建立框架，然后再把它们联系起来组成一个框架系统。框架系统中由一个框架到另一个框架的转换可以表示状态的变化、推理或其他活动。不同的框架可以共享同一个槽值。利用这种方法可以把从不同角度搜集起来的知识较好地协调起来。

框架系统和语义网络知识表示的不同之处在于，语义网络注重表示知识对象之间的语义关系，而框架表示法更强调对象的内部结构。在使用中，由于结点(框架)集中了概念或个体的所有属性描述和关系描述，又可用槽作为索引，所以这两种方法在知识库检索时具有较高的效率，但是由于这两种结构化的知识表示方式比较自由，容易引发多义性，而且由于结构化表示的复杂性，深层知识表示受到限制。②

(5)面向对象的知识表示

用面向对象的类或对象来表示知识的方法，都可以称为面向对象的知识表示。借助面向对象的抽象性、封装性、继承性和多态性，以抽象数据类型为基础，可以方便地描述复杂知识对象的静态特征和动态结构。

面向对象的知识表示的一个重要特性是继承性。超类的知识可以被子类所共享，超类包含了各个子类的公共属性和方法，在建立子类对象时，只需表达子类的特殊属性和处理方法；各个知识对象以超类、子类、实例的关系形成

---

① 曾民族. 知识技术及其应用[M]. 北京：科学技术文献出版社，2005：230.

② 米爱中，姜国权，霍占强，等. 人工智能及其应用[M]. 长春：吉林大学出版社，2014.

ISA的层次结构，可以由此派生得到复杂的知识类。

实质上，面向对象的知识表达方法是将多种单一知识进行深入表达的方法，其规则、框架和过程按照面向对象的程序设计原则组成一种混合知识表达形式，即以对象为中心，其基点是将对象属性、动态行为、领域知识和处理方法等有关知识"封装"在表达对象的结构中。这种方法将对象的概念和性质结合在一起，符合专家对领域对象的认知模式。面向对象的知识表示方法封装性好、层次性强、模块化程度高，有很强的表达能力，适用于解决不确定性问题。①

5.2.2 知识描述与揭示的拓展

随着网络技术的发展，语义互联网(Semantic Web)已成为一个全球化的知识库。这个知识库为满足人们浏览信息的需要，必须通过标准的语义规范使计算机自动读取和处理信息资源，因此需要寻找新的知识描述和揭示方法，以便为基于Web服务的智能共享提供基础，并使网络能够提供动态性的主动服务。

语义互联网环境下，知识描述与揭示的主要技术有：可扩展标记语言(XML)、资源描述框架(RDF/RDF Schema)、XML主题图和知识本体(Ontology)等。

(1)基于XML的知识描述与揭示

可扩展标记语言(eXtensible Markup Language，XML)是SGML的一个简化子集，它将SGML的丰富功能和HTML的易用性融入应用中，以一种开放的自我描述方式定义了数据结构，在描述数据内容的同时突出对结构的描述，从而体现数据之间的关系。XML既是一种语义、结构化标记语言，又是一种元标记语言。在构架上XML包括3个元素：DTD(Document Type Definition，文档定义)/Schema(模式)、XSL(eXtensible Stylesheet Language，可扩展样式语言)和XLink(eXtensible eLink Language，可扩展链接语言)。DTD规定了XML文件的逻辑结构，定义了XML文件中的元素、元素的属性以及元素与元素属性的关系；XML通过其标准的DTD/Schema定义方式，允许所有能够解读XML语句的系统辨识用XML-DTD/Schema定义的文档格式，从而解决对不同格式的释读问题；XSL定义了XML的表现方式，按数据内容与数据的表现方式，XLink是XML关于超链接的规范，XLink可以将一个节点和多个节点相联系，

---

① 刘白林. 人工智能与专家系统[M]. 西安：西安交通大学出版社，2012:.

即实现一对多和多对多的对应，由此进一步扩展 Web 上已有的简单链接。XLink 使得 XML 能够直接描述各种图结构，这种由 XML 所表示的属性和语义，加上 XLink，就可以完整地描述任何语义网络。由此可见，XML 提供了一种统一的形式来支持逻辑、框架。对于多种类型的知识表示，可以融合在一个完整的知识库中。

XML 为计算机提供可分辨的标记，定义了每一部分数据的内在含义，用户可以利用这些标签来获取信息。XML 以一种开放的自我描述方式对信息模式进行定义、标记、解析、解释和交换。XML 允许使用者在他们的文档中插入任意的结构，而不必说明这些结构的含义，还允许用户自定义体现逻辑关系的"有效"标记。XML 使用非专有的格式，独立于平台，不受版权、专利等方面的限制，具有较强的易读、易检索和清晰的语义性，通过它不仅能创建文字和图形，而且还能创建文档的多层次结构、文档相关关系系统、数据树、元数据链接和样式表等，同时实现多个应用程序的共享。

XML 的特点是能够用结构化方式表示数据的语义，所以利用 XML 能够改善信息资源的控制效率。这样，可以将搜索范围限定在与特定模式或用户感兴趣的模式匹配文档之中，从而使检索结果更加准确。

(2)基于 RDF 的知识描述与揭示

资源描述框架(Resource Description Framework，RDF)是为描述元数据而开发的一种 XML 应用，适用于对元数据结构和语义的描述。RDF 提供一个支持 XML 数据交换的主动宾三元结构，解决如何采用 XML 标准语法无二义性地描述资源对象的问题，使得所描述的资源的元数据信息成为机器可理解的信息。RDF 通过资源—属性—值的三元组来描述特定资源，包括有序表示、图形表示和 XML 文件表示三种方式。

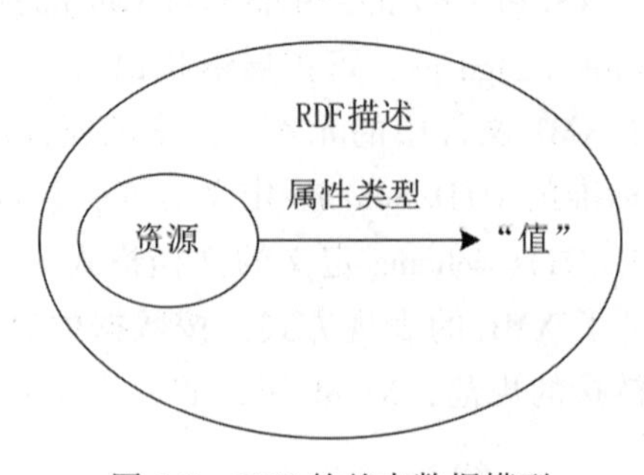

图 5-3　RDF 的基本数据模型

RDF 以一种标准化的方式来规范 XML，利用必要的结构限制，为表达语义提供明确的方法。RDF 使用 XML 作为句法，在任何基于 XML 的系统平台上都可被方便地解析，这就构造了一个统一的人/机可读的数据标记和交换机制，从而从句法和结构角度提供了数据的交换与共享。

RDF 语句以标准的 XML 格式表示，遵循 XML 的语法规则。在表示中，可以先从分析信息对象开始，分解出对象的属性和属性值，然后选用合适的元数据进行描述，采用 Dublin Core 作为元数据的语义规范、RDF 为语法规范，最后以 XML 为表现或存储形式。这样，在任何基于 XML 的系统平台上信息都可以被方便地解析。

在 RDF 基础上，W3C 又提出了资源描述框架定义集(Resource Description Framwork Schema，RDFS)。RDFS 将信息中概念与概念之间的关系抽取出来，表示为知识库中的本体。它允许用户自定义除了 RDF 基本描述集合以外的特定领域的概念元数据集合，即本体(Ontology)，如 DublinCore、Ontology Inference Layer 等。

(3)基于 XML 主题图的知识描述与揭示

XML 主题图(XML Tpopic Maps，XTM)是一种用于描述信息资源知识结构的数据格式，它可以定位某一知识概念所在的资源位置，也可以表示知识概念间的相互联系。一个主题图就是一个由主题(Topic)、关联性(Associations)以及资源实体(Occurrences)组成的集合体。① 主题图将所有可能的对象均称为主题，不论此对象是具体存在的物质还是抽象的概念。描述从主题的属性开始，进而组织与主题相关的所有资源，最终将所有相关主题，依据彼此间的关系建构一个多维的主题空间，在该空间中直观展示一个主题到另外一个主题的关联路径。

XML 最大的优点在于，通过知识概念关联的显示来发现知识(findability)。主题图表现方式除了直观地以图的方式展现外，还可以提供以被机器理解和处理为目标的标记语言的文件方式。XML 基于 ISO13250 标准，定义了用 XML 描述和标记主题图的方式。由 XML 标记的主题图是 XML 文件，可开放地标记叙词表和语义网络。

图 5-4 举例说明了主题图的逻辑结构。主题图将信息资源结构分为两层，即资源域和主题域，其中资源域包括所有的信息资源，如文档、数据库文件、

① 艾丹祥，张玉峰. 利用主题图建立概念知识库[J]. 图书情报知识，2003(2)：48.

网页等；主题域是在资源域之上进行定义，包括需要标注的所有主题，如资源的名称、特性、类型等。在应用中，可以对已经存在的数据库文件或 XTM 文档建立主题，设置主题之间的关系等。从图 5-4 所示的一个知识构架中可发现三种主题类别：人、药物和医疗器材。其中，Topic1 和 Topic2 代表“人”类别中的两个主题，Topic3 代表一种“药物”，Topic4 代表一种“医疗器材”。所描述的主题之间包含三种关系：A1 表示 Topic1 和 Topic2 之间的医疗关系，A2 表示 Topic1 服用 Topic3 这种药物，A3 表示 Topic2 使用 Topic4 这种医疗器材。① 各主题利用指引(图中虚线所示)进行相关的资源关联。

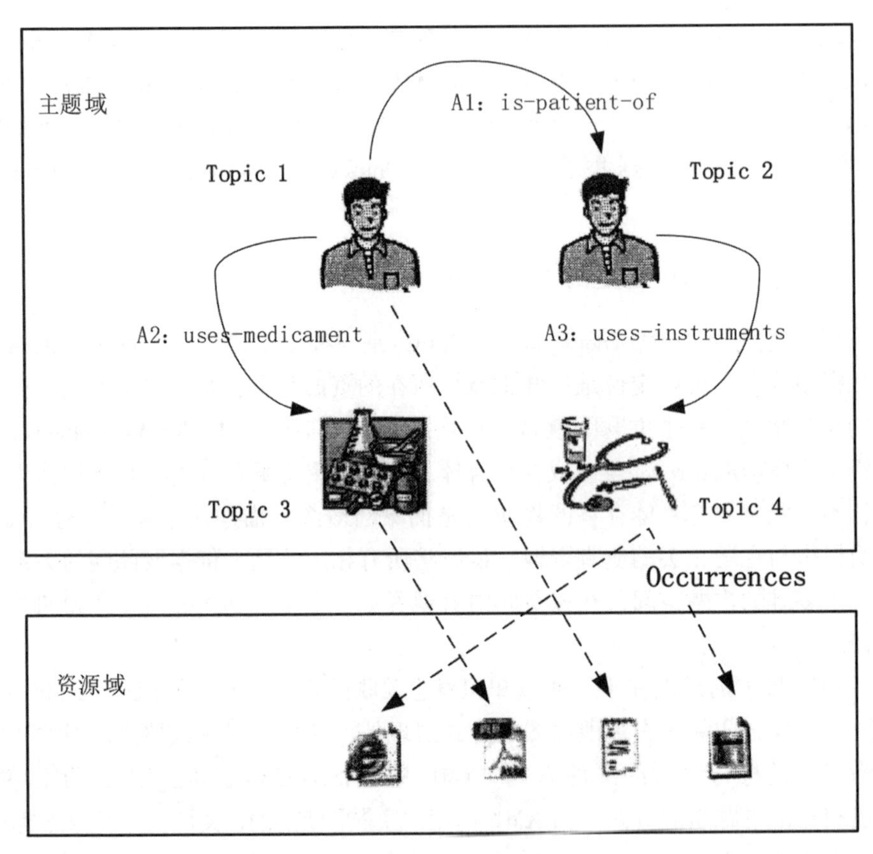

图 5-4　主题图的逻辑结构示意

① Jürgen Beier, Tom Tesche. Navigation and Interaction in Medical Knowledge Spaces Using Topic Maps[J]. International Congress, 2001, 1230(1): 384-388.

如图 5-4 所示，主题间的链接可完全独立于资源域，即无论有无具体的资源，主题都可以存在。从物理上讲，主题图中并不存储各种实际的信息资源，但通过其主题关系示例却可以检索到有关的实际资源，即指引用户到特定的地址获取所需的信息。这样就可以把网络上与某一或某些主题相关的接点进行集中，按照方便用户检索的原则，使用用户熟悉的语言组织起来，向用户提供这些资源的分布，指引用户查找。

XTM 独立于技术平台，进行主题、主题关系以及主题与具体资源联系的描述，同时可标引信息资源并建立相应索引、交叉参照、引文体系等，可链接复杂主题范围的分布资源来建立虚拟知识体系，可通过主题概念与资源的不同链接在同一资源集合上定制面向不同用户的界面。

(4)基于 Ontology 的知识描述与揭示

知识本体(Ontology)是共享概念模型的形式化规范说明。如果把每一个知识领域抽象成一套概念体系，再具体化为一个词表来表示，包括每一个词的明确定义、词与词之间的关系(例如用代、属、分、参关系)以及该领域的一些公理性知识的陈述，并且能够共享这套词表，则所有这些就构成了该知识领域的一个“知识本体”。一个本体描述了一个特定研究领域的形式化的、共享的概念化模型。最后，为了便于计算机理解和处理，需要一定的编码语言(例如 OIL/OWL)来明确表达其体系(词表、词表关系、关系约束、公理、推理规则等)。

本体的目标是捕获相关领域的知识，提供对该领域知识的共同理解，确定该领域内共同认可的词汇和术语，从不同层次的形式化模式给出这些词汇(术语)和词汇间相互关系的明确定义，通过概念之间的关系来描述概念的语义。

本体作为一种知识描述与揭示方法，与分类法、主题法等传统知识描述与揭示方法相比，基于本体的知识揭示与描述在于，系统中的概念、特性、限制条件等内容都是计算机可读的，因而本体中的知识定义可以被广泛应用。同时，本体中概念之间的关系表达要比主题法、分类法更广更深，这是由于基于本体的实用分类系统为机器增加了智能，进而实现了信息的自动处理、知识分享和利用。在数据模型和表述语言方面，本体结构与数据库很接近，通过简单的处理即可将整个分类系统转成数据库，可以为知识采集、知识库的建立提供框架平台，这是主题、分类法所不能及的。①

---

① 秦健. 实用分类系统与语义网：发展现状和研究课题[J]. 现代图书情报技术，2004(1)：16-23.

本体与谓词逻辑、框架(Frame)等其他方法的区别在于其属于不同层次的知识表示方式，本体表达了概念的结构、概念之间的关系等领域中实体的固有特征，即“共享概念化”；而其他的知识表示方法，可以表达某个体对领域中实体的认识，但不一定是实体的固有特征。这正是本体层与其他层次的知识表示方法的本质区别。

5.2.3 基于知识描述的数据库组织与大数据存储

数字信息组织的核心技术是信息存储与数据库技术，其技术实现建立在信息存储硬件技术和信息存取技术基础之上。信息存储技术推进是面向数字分布管理、组织、保存和索取进行的，有着极强的针对性。例如，一个规模庞大的信息系统可以说是一个有效管理的、分布式的数字对象服务集，包括大数据量级的文本、图像、音视频等信息内容，要求具备信息发现、存储、检索、保存等相关的服务功能。这些服务功能与分布式多媒体数据库管理系统功能密切相关，功能的最终实现必然立足于对象数据库服务器、索引数据库服务器和数据库管理技术的支持上。

(1)面向大数据的信息存储

由于运用在不同系统平台上的数字技术的发展和大数据环境的形成，人们正努力寻找着更合适的数据存储组织方式。因此，信息组织的技术推进体现在信息存储硬件技术开发以及在此基础上的海量信息存取组织和数据库技术推进上。

信息存储技术面向数字分布管理、组织、保存和索取需要进行开发，具有极强的针对性。信息存储技术研发与应用从两个方面入手，进行存储介质技术和存储系统技术的协同发展。

信息存储介质主要包括磁存储、光存储、半导体存储以及各种新型存储器存储。在计算机系统中各种方式的存储技术发展与存储速度、容量和成本直接相关。技术发展在于提高存储密度和提高数据传输速率。目前，计算机的存储应用模式已由过去的数据的存储和访问发展成为高密度、高速的信息交互存储，各种新器件和新技术竞相问世，其中基于纳米技术的各种新型存储已成为主流。这些纳米存储将超越传统的DRAM、SRAM和闪存的性能，以消除硬盘和内存之间的界限。未来的存储技术正向光学处理、量子处理方向发展，从而适应了大数据分布存储与管理的需要。

在DAS(直接连接存储)中，以服务器为中心的数据存储模式正向以数据为中心的数据存储模式转化。在NAS(网络连接存储或附网存储)中，可将集成的存储系统通过公共通信协议(如TCP/IP)接入信息网络。在SAN(存储区域网)中，将数据存储设备从服务器中分离出来，通过区域网连接，使网络中的任何主机都可以访问网络中的任何一个存储设备，从而实现了数据共享；其中，SAN具有结构灵活、性能高、可扩展性好等特点，因而得到了很好的应用。

数据存储的网络化对安全提出了新的要求，传统模式下的存储安全由服务器提供，而网络存储设备脱离了服务器的控制，其安全保障由多个部件共同承担。网络存储安全除应用传统的网络安全技术(如防火墙技术、VPN技术、加密技术、认证技术)外，还需要专门的网络虚拟存储安全协议(如Storage Management Initiative Specification)的支持。

(2)数据库组织中的技术应用

数字信息组织的基本技术是数据库技术。数据库技术从20世纪60年代中期至今，其发展速度之快、使用范围之广是其他技术所不及的。数据库系统已从第一代的数据库组织、第二代的关系数据库系统发展到第三代以面向对象模型为主要特征的数据库系统。数据库技术与网络通信技术、智能技术、面向对象程序设计、并行计算技术等相互渗透、互相结合，已成为当前发展的主要趋势。

针对数据库开发、使用和管理中的技术问题，其技术研发应从以下几个方面入手：

面向对象的数据库系统(Object Oriented Database System，OODBS)。作为数据库技术与面向对象程序设计相结合的产物，面向对象的数据库系统源于面向对象的程序设计。面向对象的技术以客观存在的实体对象为基本元素，以类和关联来表达事物间所具有的共存关系，以对象封装的方式实现信息的隐蔽。在面向对象的数据库中，任何类型的数据，不论是文本还是音视频、图像，都可以被定义成一个对象，这样便可以实现各种数据类型的统一管理。多媒体对象除了多媒体数据本身和多媒体元信息外，还包含多媒体数据和多媒体元信息之上的各种操作。

分布式数据库系统作为数据库技术与分布处理技术相结合的产物，随着用户对数据共享的要求的提高以及计算机网络技术的进步，在传统的集中式数据库系统基础上产生和发展。分布式数据库系统并不是简单地将集中式数据库安装在不同场地，进而进行网络连接，而是具有自己的组织和特征。集中式数据库系统中的技术，在数据独立性、数据共享和减少冗余的控制中得以发展，其中，分布式数据库技术的应用具有重要性。分布式数据库不同于通过计算机网络共享的集中式数据库系统，数据库虽然在物理上是分布的，除了数据的物理独立性和数据的逻辑整体性外，还具有数据分布的独立性、自治和协调特征，即系统中的每个数据库节点都具有独立性，不仅能执行局部的应用请求，而且每个节点又是整个系统的一部分，可通过网络处理全局的应用请求。

并行数据库系统作为数据库技术与并行处理技术相结合的产物，其系统的应用已拓展到诸如超大型数据检索、数据仓库、联机数据分析、数据挖掘以及流量 OLTP 等应用领域。这些应用领域的特点是数据量大、复杂度高、用户数目多，对数据库系统的处理能力的要求高。从应用上看，其需求直接驱动了高性能数据库系统的发展。并行数据库系统试图通过充分利用通用并行计算机设备的并行数据处理能力，来提高数据库系统的性能。

知识库系统是数据库和人工智能技术结合的产物，已成为数据库发展的主流。数据库和人工智能是计算机科学两个十分重要的领域，它们相互独立发展，在各自的领域得到了广泛应用。针对它们各自都存在着的突出问题和矛盾，在应用中形成了以智能交互、机器学习和数据挖掘为基础的发展格局，其技术在知识与智能服务中得到了全面应用。

5.3 数字环境下的知识网络构建

在数字化环境下的知识组织中，知识揭示与关联服务已成为其中的关键问题。基于知识创新的网络链接，不仅实现了用户之间的交互和隐性知识的转换，而且提出了知识网络的关联组织和链接服务要求。基于此，有必要研究知识网络构建中的知识组织和知识链接服务中的知识揭示问题，以寻求科学的组织方法。

5.3.1 显性知识网络构建

知识网络实质上是基于知识创新主体活动的网络，具有连接创新主体和知识节点的作用，旨在实现知识的网络化传播和利用。知识网络按知识对象可区分为显性知识网络和隐性知识网络。前者是指存在于各种物质载体中的知识网络，后者是指隐性存在于人脑中的知识网络。无论是显性还是隐性，知识的不同单元通过网络能够互联，这便是知识网络存在的前提条件。在显性知识网络构建中，知识信息的载体得到扩展，分布于各种文本和数字载体中的知识，包括其中的一段文字、一个图形、一个表格、一个公式和音视频等都是知识网络中的单元或组成。

同其他的任何分类一样，不同的分类标准也会区别不同的知识网络类型。在不同类型的知识网络构建中，知识的不同构成要素决定了不同的知识网络构建内容。

显性知识网络包含的内容丰富，从不同的需求角度去组织，便可形成不同的网络结构。从文献角度，可以得到相互关联的文献网络；从知识概念的角度，可形成概念关系网络；从知识分类角度可得到一种分类网络，而不是传统的简单的分类树；从知识的来源机构的角度，就会得到来源机构的知识网络。

在文献内容组织中，每一篇文献都可以成为一个节点，从内容相关或文献关联出发，可以组织由相关的节点(如引用文献节点、同类文献节点、交互文献节点等)构成的文献网络。

按知识的单元结构和关联关系，在反映知识单元的标识中可以明确知识的交互网络关系，通过概念耦合/关联便可以构成知识元网络。

在多分类关联基础上，可以实现分类系统的交叉，即构成分类网络，而不是单纯的分类树体系。

通过信息来源的展示和来源机构的关联，可以对同一主题内容的信息进行揭示，在类似知识的关联中构建知识来源网络。

以上显性知识网络虽然构建内容和形式有别，用途各异，但在知识的关联组织上却具有一致性。基于此，以下从应用广泛的引文关系网络构建出发进行关联描述和分析。

从文献引用关系出发进行关联揭示，便可以得到引证关系网络。面向知识创新的知识引证网络大致有6种常见的引证关系，即参考、引证、共引、二次参考、二次引证、同被引。参考与引证主要涉及所借鉴的文献，共引即相同文献的共引，其中的关系揭示存在于共同背景下的相关文献信息共同。二次参考即参考文献的参考文献，反映原始研究起源的基础。二次引证即引证文献的引证揭示该内容方向上的延续和进展。同被引即文献同时被其他文献引用，揭示具有共同研究内容或共同起源的文献关联关系。在引文关系网络构建中，参考、引证、共引、同被引之间的关系决定了网络结构和基于关联结构的文献关联关系。

从知识关联的角度看，显性知识网络中的知识实际上是由一系列知识组成的知识体系。这些知识虽然不相同，却有可能因为都与某一知识对象相关，或都与某种知识来源相关而存在内在的关联关系。也就是说，显性知识网络中的不同节点之间存在着内在相关性。这种相关性的存在，使显性知识网络中的不同知识之间形成了纵横交错的关联关系。如果以显性知识中的一种或一类知识作为一个要素，以知识之间的关联作为要素的关系，则显性知识网络实质上形成了一个知识系统。因而，知识网络可按其显性关系表示为：

$$\text{Knowledge\_ Network} = (K, R)$$

其中：$K=\{k_1, k_2, \cdots, k_n\}$表示具有不同内涵的知识的集合，其元素 K_i 表示第 i 个节点上存储的知识，我们称之为知识点(Knowledge Point)，$R=\{(k_i, k_j)\}$表示不同知识点之间关系的集合。显性知识网络以知识点为节点，则知识点之间的关联为路径连接。

如果用 r_{ij}表示知识点 k_i与 k_j的关联程度，则该网络可以表示为：

$$G=(K, E)$$

其中：$K=\{k_1, k_2, \cdots, k_n\}$为知识点的集合；$E=\{(e_{ij})\}$，$i$，$j=1, 2, \cdots, n$，为路径的集合，表示知识点之间的关联关系。

该网络的关系矩阵为：

$$R=\{(r_{ij})\}, \ i、j=1, 2, \cdots, n$$

正是基于上述分析。我们可以用基于知识关联的网络来表示存在于各种信息载体上的知识网络结构。由于知识网络由知识点及其之间的关系组成，所以我们从知识点与知识点关联关系两个方面建立相应的模型。

从上述分析可知，知识点由相应知识的符号进行表示，知识点包含在相应的载体之中，其显示形式可用若干包含知识的词汇或语句来表示。所以，知识点的建模可以用以下过程来表示：

$$K=P_1 \cup P_2 \cup \cdots \cup P_m$$

其中，$P_1=\{k_{i1}, k_{i2}, \cdots, k_{il}\}$为同一知识节点的第 i 件载体中包含的知识点的集合。

如果考虑到同一载体中不同知识点的不同知识含量，便可设置相应的不同权重，其中载体中知识点的集合可以表示为：

$$P_1=\{(k_{i1}, q(k_{il}))\}$$

上式可变为：

$$K=P_1 \cup P_2 \cup \cdots \cup P_m=\{(k_i, q(k_i))\}$$

其中：$q_i=\Sigma q(k_i)$表示显性知识网络知识点 k_i在所有文本中的权重之和。上述显性知识网络知识点建模过程可以通过文本挖掘来实现，其最终表示形式为一系列包含知识的词汇、语句及其权重，即知识点可以表示为：

$$k_i=w_{i1}w_{i2}\cdots w_{im}$$

其中，w_{im}表示组成知识点k_i的一个词，在英文中，其代表一个单词(Word)，在汉语中，代表一个汉字。所有这些字或词按照顺序排列，便可表示知识点k_i。

面向知识创新的知识网络知识点关联关系，可以通过比较其表征形式获得。可以明确，就知识点来说，其最终表现形式为顺序排列的一词组。由于不同语言在构词方面有很大不同，所以应对其进行相应的处理。

例如，英语知识点之间的关联关系描述，在组成知识点k_i和k_j的词中，除了停用词，如果存在相同的词，则知识点k_i和k_j存在关联关系。如果用r_{ij}表示知识点k_i到k_j的关联程度，令$l(k_i)$表示k_i中除停用词外所有单词的个数，$l(k_i, k_j)$表示k_i和k_j中相同的单词在k_i中的个数(停用词除外)，则知识点k_i到k_j的关联程度r_{ij}为：

$$r_{ij}=\frac{l(k_i, k_j)}{l(k_i)}$$

在中文知识点之间的关联关系描述中，一般认为，组成知识点k_i和k_j的词，除某些特殊的单字外，如果存在两个以上的连续相同，则知识点k_i和k_j存在知识上的关联关系。这里所说的特殊单字词是指某些单独可以成词的“字”，而且是基本没有歧义的字，我们称这类字为单字词。所有这些单字词组成单字词库。

在这里，我们用r_{ij}表示汉语知识点k_i到k_j的关联程度，用$l(k_i)$表示k_i中所有词的个数，$l(k_i, k_j)$表示k_i和k_j中相同的两个以上的连续词的个数与二者相同的单字词的个数之和，则汉语中的知识点k_i到k_j的关联程度r_{ij}也可以表示为：

$$r_{ij}=\frac{l(k_i, k_j)}{l(k_i)}$$

由此可见，尽管不同语种的知识点表示存在差异，但知识点之间的关联关系形式却是相同的，其不同之处在于处理过程和方式的不同。对于通过构建多语种知识词库的方式，可进行不同语言知识描述的映射来实现基于知识关联的跨语言知识网络构建。

知识网络的节点构成具有同一性，对此可以通过显性知识网络进行说明。在显性知识网络中，信息交汇的节点成为知识网络节点。知识网络节点可以是某一文献、某一知识单元、某一主题内容，也可以是某一知识来源或概念等。知识网络节点之间通过网络链进行链接。显性知识网络链既有双向链接，也有单向链接。

表 5-2 显性知识网络节点功能

链接途径(利用知识内容相关性进行知识关联路径展示)	定义(明确相关知识与节点知识的关系)	节点网络利用功能	知识交互与传播
知识内容名称	分别链接网上同属知识点	展示知识内容关联关系	查询相关知识
知识来源	同源知识源	反映知识来源结构与关系	组织一定范围内的知识交互
关键词	揭示关键词关系，区别相关知识	发现可能存在的新知识	在发现知识的基础上进行知识交流与交互
参考文献(或知识单元)	参考文献或知识单元内容	展示知识背景、依据	支持具有参考价值的文献或知识交流
引证文献(或知识单元)	参考文献或知识的引用	知识溯源发展与评价	追溯知识的交互引用关系和来源
共引文献(或知识单元)	引用相同文献或知识单元	揭示有共同背景的相关文献或知识元	推进具有共引关系的知识交流与传播
同被引文献(或知识单元)	同时被引用的文献或知识单元	展示研究的共同依据和来源	揭示具有同被引关系的知识内容单元
二级参考文献(或知识单元)	参考文献(或知识元)的参考文献(或知识元)	进一步展示深层次研究依据	揭示二级参考文献或知识单元，促进深层交流
二级引证文献(或知识单元)	引证文献(或知识单元)的引证文献(或知识单元)	反映知识创新的延续和进展	揭示深层次引证关系，推进原创知识成果的传播
相似文献(或知识单元)	与主题内容相类似的文献或知识单元	反映相同、相近研究文献和知识	以自动聚类方式、按主题汇集文献或知识单元

续表

链接途径(利用知识内容相关性进行知识关联路径展示)	定义(明确相关知识与节点知识的关系)	节点网络利用功能	知识交互与传播
用户推荐文献(或知识单元)	用户推荐、转发文献或知识	提示同行用户的关注热点	构成传播链条，进行互动传播
知识分类导航	属于同一领域的文献或知识单元的展示	综合相应的知识领域成果，揭示知识交叉渗透，展示新的知识主题	利用类属关系进行查询的分类引导
知识揭示	对概念、方法、事实、数据进行解释	帮助理解知识，发现知识之间的联系	从知识源结构和属性出发，进行深层知识揭示和传播

表5-2展示的显性知识网络节点，其类型不同，所发挥的功能有着各自的定位。这些节点除了同类节点之间互联外，不同的节点之间也会发生多种类型的关联，进而形成一个网状的结构体系。例如，相似文献链接，在于连接与本文主题、内容相类似的文献；跨媒体类型的链接，在于以自动聚类的方式按主题进行汇集。用户推荐的文献链接，在于进行多用户同时利用的文献关联，以提示同行的关注热点。

在知识创新中，知识网络包括显性知识网络和隐性知识网络。其中：显性知识网络是以物理知识载体内容开发为基础的网络；隐性知识网络是指知识主体通过网络互联所形成的网络，即存储在人的头脑中的知识交互网络。在网络化知识组织中，我们所关注的主要是以文献信息为主体的显性知识网络构建。

知识创新中的显性知识网络的作用主要表现在以下几个方面：

显性知识网络是一种新的知识资源整合网络。目前资源整合主要有两种手段，一是跨库关联，二是开放链接。知识网络按知识单元的关联关系进行构建，其中的知识关联整合具有重要性。在知识网络构建中，显性知识网络不仅需要从外部进行整合，还应从信息资源内容入手进行知识内容的关联组织。其网络组织的目标与出发点在于进行知识内容的关联，形成基于网络的集成结构。

在显性知识网络中，每一个信息都不是孤立的，而是与外界存在诸多相连的关联关系。利用知识网络，网络用户知识交流的内容得以深化，基于网络的知识交互服务得以快速发展。其中，显性知识网络作为一种新的传播媒体网络，其应用同时也改变了知识的联网结构。

显性知识网络不仅在于描述知识，同时也构建了一种新的知识关系，从而将隐含的知识关系利用网络显示出来。可以说，每一个显性知识网络节点都包含内涵展示。显然，这是其他系统所不具备的，它对知识的描述更精细，能够及时反映知识系统微观变化。从微观层面出发构建的显性知识网络，具有全连通特点，同时显性知识网络嵌入文档，不仅反映了知识的当前结构，而且反映了知识的演化。

显性知识网络系统是一种多维、非线性系统，更符合知识本身的组织特点，对知识的描述比线性系统更接近；而且由于使用模糊的智能化方法，能够很好地表达跨领域的知识关系，及时反映领域的最新进展，为跨学科发展提供支持。

显性知识网络的构建方法与传统知识资源组织系统采用的方法不同，它采用一种自底向上的方法。显性知识网络构建，首先分析各种载体的知识所具有的内在和外在属性特征，然后根据不同的属性，应用不同的构建方法进行各个维度上的连接。维数的多少根据实际情况需要选择，可以分批次进行维度构建。

显性知识网络构建采用面向对象的方法，析构出每一对象的特征属性，确定属性构建维度；在此基础上设计每一维度的知识网络链接方法，进行属性匹配、聚类、排序和智能分析；最后，按所覆盖的数据进行网络链接，同时提供基于关联网络关系的路径展示。

5.3.2 显性知识与隐性知识交互的网络构建

互联网技术、智能技术和虚拟现实技术的发展为显性知识与隐性知识的转化提供新的途径，从而使得基于互联网的显性知识与隐性知识转化成为可能。实现显性知识网络与隐性知识网络的整合，在于构建一个面向知识创新的显性知识与隐性知识转换的集成网络。

(1)知识转换网络的逻辑结构

面向知识创新的显性知识与隐性知识转换网络是一个立体的网络结构。这一网络结构能够实现显性知识与隐性知识的有效转换，进而实现知识创新服务的目标。

从图5-5可以看出，显性知识与隐性知识转换网络是一个全方位的结构网

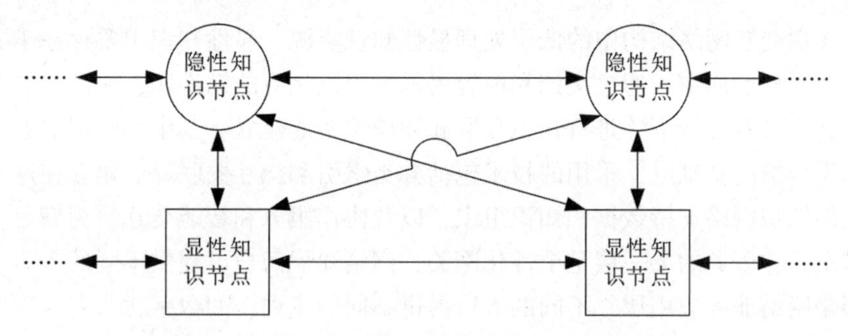

图 5-5 显性知识与隐性知识转换网络的逻辑结构图

络，显性知识的节点除了可以与其他显性知识节点互联外，还可以与网络内的任何一个隐性知识节点互联；这种相互连接的过程，分别包括了显性知识和隐性知识转化的环节，即社会化、外化、内化以及结合环节。在转换网络中，转换的范围在"互联网+"背景下可以进一步扩大，即由原来的局部范围扩展到全社会范围，由单个知识创新螺旋发展到多个知识创新螺旋的并存。其中，多个知识创新螺旋既相互联系又彼此相对独立的关系，其发展和显性知识与隐性知识的转换并不一定是同步的。然而，这些具有关联性的知识创新螺旋却共同构筑了知识创新网络。

面向知识创新体系的显性知识与隐性知识转换网络的层次结构模型实质上是一种知识开放组织结构模型，如图 5-6 所示。

图 5-6 面向知识创新的显性与隐性知识交互网络层次结构

知识交互网络结构中的低层处理显性知识资源，显性知识主要存在于文档或其他类型的库中。通过文档和内容揭示来组织相应的知识库，在低层的基础设施和工具的支持下，进行知识存取和知识关系的建立。其中，知识关系建立在知识分类的基础上，采用的技术包括分类索引和交互关联等。建立在这一基础上的知识网络支持数据和知识组织，以及协作服务和智能交互。为满足个性化需求，在服务的上一层是个性化网关，网络知识门户可提供不同的入口。最上层是网络业务应用层，不同的入口提供不同的应用，如数字化研究、智力资源管理等。

从图 5-6 还可以看出，显性知识是知识创新的基础支持，知识创新离不开显性知识以及显性知识网络的支撑。从关联作用上看，知识创新过程是一个显性知识与隐性知识相互转换的过程。仅有显性知识网络还不够，还必须注重隐性知识及其网络建设，同时还要注重显性知识与隐性知识交互网络建设，进而实现面向知识创新的服务目标。

由于显性知识与隐性知识转换有几个不同的环节，所以需要面向不同的环节进行显性知识与隐性知识交互网络建设，按隐性知识到隐性知识的转化、隐性知识到显性知识的转化、显性知识到显性知识的转化和显性知识到隐性知识的转化的不同要求进行组织实现。

显性知识与隐性知识转换网络的实施围绕以下几个方面进行：

①知识库与专家库的建设。知识库是一个组织机构所有可用知识的集合，包括结构化的知识。通过建立知识库，可以积累和保存数字化知识资产，加快内部信息和知识的流通，实现组织内部知识的共享。建立知识库，需要对原有的信息和知识进行相应的收集和整理，在知识数字化和编码过程中，信息和知识便从原来的混乱状态变得有序，从而为知识创新提供资源保障。① 专家库是一个开放式的数据库平台，为知识创新提供智力支持，在于及时、准确反映知识创新所需资源状况，为知识创新配置网络资源。专家库建设的目标是建立起一个操作简便、功能齐全、数据共享的集成专家系统，这是隐性知识共享和外化的前提。

②虚拟社区系统建设。网络虚拟社区是指在互联网上形成的网络虚拟知识共享与知识交互的共同体。在虚拟知识社区建设中，相应的网络系统建设是虚拟社区建设的前提，也是虚拟社区得以存在和运作的物质基础。虚拟社区的成

---

① 王曰芬，王倩，王新昊. 情报研究工作中的知识库与知识社区的构建研究[J]. 情报理论与实践，2005(3)：272-274.

员在社区内或者社区间可以通过各种途径来共享其他成员、社区服务方以及其他社会机构在社区中发布的信息或知识。虚拟社区建设可以基于服务器/浏览器模式进行，也可以基于P2P模式进行虚拟社区知识共享的组织。利用P2P对等技术在协同应用方面的优势，可以扩展虚拟社区在知识创新中的应用。在这种新型的虚拟学习社区中，每个客户端都使用P2P的客户端软件来辅助知识共享，中心服务器不再是虚拟学习社区的绝对中心，而是对等结构虚拟知识创新社区的信息交换节点。构建于互联网之上的P2P虚拟社区应用并不只是简单地限于两个点之间，它可以实现一点对多点、多点对多点的通信，因此可以扩展为多个点的群集，在互联网中形成一个网状的虚拟专网。

③数字交互学习网络建设。数字智能背景下，数字交互学习是通过互联网进行学习知识交互的活动，它具有全新沟通机制和资源丰富的学习环境支持优势。在数字交互学习网络中，本体分类(Ontology)、元数据XML技术、资源描述框架以及整合最新SCORM标准的平台技术应用，有效地弥补了原有知识管理系统在交互和反馈方面的不足，可以将知识库中的知识细化到对象或组件的层次，从而实现相关知识的智能聚合与重组，进而使知识寻求者能迅速获取最为相关的知识。值得注意的是，智能化环境下交互服务的发展为数字交互学习创造了新的条件，在基于智能嵌入的交互服务中，应进一步强调网络化智能交互的深层次实现。

④知识库联网与异构数据的整合。知识库作为知识的集合，在概念、事实与规则基础上进行整合。由于概念一般包含在事实内，因此，实际上知识库中应包括事实与规则两个部分；而由事实或规则所组成的知识库，仅是狭义上的知识库。基于此，在知识库建设过程中首先要有确定的目标和组织机制。知识库不仅是存储知识的地方，更是帮助用户寻找已经存在的知识工具，因此构建知识库的目标应该同时兼顾这两个方面。其中，访问量作为目标是个合适的选择。总的访问量目标确定后，接下来则需要将总目标分解为一系列更加详细的指标，通过这些指标的实现来实现总的目标。一般要考虑的指标有：知识库的内容数量；知识库内容的质量。其中，知识库中的知识的表达处于重要位置。知识表达就是以合适的形式将知识展示出来，这里的“合适”包含适合知识库的存储、适合知识库用户的应用背景和合适的知识传播和共享等。此外，知识库中知识内容的粒度要与用户知识需求的粒度相适应，一方面，可以把过去积累的大粒度的知识进行分解处理，将其转化为更适合使用的小粒度知识；另一方面，小粒度要有个合适的限度，以便通过知识树、分类、链接、归并等方式，将小粒度的内容整合成中粒度、大粒度知识，以适应使用者的不同需求。

⑤在线分析与知识挖掘系统建设。在线分析工具 OLAP(On Line Analytical Processing)是与数据仓库紧密相关的决策支持工具，其利用在于使管理人员和分析人员或执行人员能从多角度进行原始数据的转化，使其能够为用户所理解，从而获得对数据更深入的理解效果。这一过程的技术核心是“维”度处理，在于将数据仓库中的数据转移到多维结构中，以调用多维数据集来执行有效且复杂的交互查询任务。知识挖掘是按照既定的目标对大量的数据进行搜索，揭示隐含其中的深层知识并进一步将其模型化。知识挖掘的目的在于将大量非结构化的多媒体信息融合成有序的、分层次的、易于理解的信息，并进一步转换成可用于干预预测和决策的知识。简言之，知识挖掘其实是一个智能化、自动化的过程。在知识挖掘的实施中，应进行面向全网的构建。

5.4 基于关联网络的知识链接

揭示知识关联关系是进行知识组织、知识服务、知识发现和知识创造的起点，更是构建知识链接的前提。知识关联关系的揭示，需要应用共现分析、主题分析、相似度计算、知识图谱和关联数据等方式，从知识的本质属性出发，通过内部关系的探寻，揭示知识之间存在的序化联系，明确知识之间的隐含关联内容，从而发现更有价值的知识。

5.4.1 基于共现和聚类的知识关联组织

基于共现的分析和聚类的关联组织，是知识关联的两种整体性分析方式，分析的基点是内容的共现类属特征。

(1)基于共现的关联分析

共现表示的是同时发生的事物或情形，或具有相互联系的事物或情形，共现分析是将各种信息载体中的共现信息进行定量化分析的方法。① 共现分析的基础是邻近联系法则和知识结构及映射原则。② 基于这一理论，可以利用共现

① Kostoff R N. Database Tomography: Multidisciplinary Research Thrusts from Co-Word Analysis[C]// Technology Management: The New International Language, 2002.

② Rapp R, Wettler M. Prediction of Free Word Associations Based on Hebbian Learning [C]// Proceedings 1991 IEEE International Joint Conference on Neural Networks, 2019.

分析法来反映知识信息词汇之间的关联度，挖掘语义关联，将其应用于概念空间构建、自然语言处理、文本分类和聚类之中。①

文献中的知识共现是文献内涵知识相互联系的特征表现，通过对共现内容的分析，可以了解文献内容之间所存在的关联类型和关联程度，能够从多个角度来挖掘隐含在文献中的知识信息。目前受到广泛关注和应用的是文献耦合、文献共引和文献共篇等三种层面的共现分析。

①文献耦合。文献耦合指两篇文献同时引用一篇或多篇相同文献的关联关系，文献之间的相互引用体现了探索的继承性。这种引证关系所构成的网络，从客观上反映了文献之间的知识关系。除了单一的相互引用关系之外，文献内容还普遍存在着耦合的现象。美国麻省理工学院 Kessler 在研究中发现，文献的专业内容越是相近，其参考文献中所拥有的相同文献的数量就越多，耦合强度就越高。反过来，相同参考文献的数目越多则耦合强度越高，就说明两篇文献之间的内容联系越紧密。一般认为，耦合文献之间往往具有相同的底层知识或者相同的知识背景。

文献耦合体现了文献内涵知识之间的相关性，耦合强度反映出文献之间的关联程度。以此为基础，我们可以通过耦合分析来描述研究内容相近的论文簇，进而描述不同领域的微观结构，区别热点研究主题的核心文献等。由此可见，文献耦合是与文献内容相关的一种重要的外在表现，将其作为文献相关度的判定是可行的。

②文献共引。文献共引指两篇或两篇以上文献同时被其他文献所引用的现象，对于这一现象的研究，最早出现在 1973 年美国情报学家 Henry Small 对物理学专业的知识关联描述之中。他在研究中发现两篇或两篇以上论文内容的相似程度可以用它们被相同文献所引用的强度来表征。② 随后，Small 的共引理论反映出文献主题相似关系的同被引结构，其中，共引关系的测度可以作为表征科学结构的一种有效指标。经方法可靠性的确证，共引分析越来越广泛地应用于学科内主题之间的关系分析，以此展示科学发展前沿。

“共引”可用于计算文献相似度，如期刊引文数据库的相关文献就可以用

---

① 王曰芬，宋爽，苗露. 共现分析在知识服务中的应用研究[J]. 现代图书情报技术，2006，1(4)：29-34.

② Small H. Co-citation in the Scientific Literature：A New Measure of the Relationship between Two Documents[J]. Journal of the Association for Information Science and Technology，1973，24(4)：265-269.

共引文献强度来衡量。CiteSeer 也正是利用文献的共引关系来计算文献之间的相似度，它通过文献的总被引频次来计算相关度。共引分析也可以作为知识聚类的方法，通过对各学科领域内文献的主题汇集进行架构。

③文献共篇。文献共篇是两篇文献或多篇文献之间基于相同关键词所产生的关联关系，如果两篇或多篇文献共同拥有相同关键词的数量越多，那么这两篇或多篇文献内容的关联就越强。两篇或多篇文献所拥有的相同关键词的数量即为它们的共篇强度。

利用文献共引、耦合和共篇来判定相关性的优势在于：无需对文献内容再次进行标引切分和提取特征项，而直接使用文献固有的特征信息(引文、参考文献和关键词)进行判断。其中关键词是文献内容的直接反映，体现了文献中涉及的理论、原理、方法、技术及其知识细节，而参考文献和引文都是与文献内容密切相关的文献外部特征反映，其表征文献内容的能力显而易见。

(2)基于聚类的知识关联分析

聚类分析是计算机依据某种标准将对象自动分为不同的组而加以揭示，其中各组对象之间的类似属性或近似关系决定了聚类的形成。聚类分析也可视作一种自动分类方法，它依赖于对象自身所具有的属性来区分对象之间的相似程度，进而进行分类。

就实质而论，聚类算法从总体中的类属数据出发进行知识内容揭示，当一个类中的个体接近或相似，而与其他类中的个体相异时，就可以对每一类的属性特征进行确认。聚类算法主要分为层次化聚类方法、划分式聚类方法、基于密度的聚类方法、基于网格的聚类方法、基于核的聚类算法、基于谱的聚类方法、基于模型的聚类方法、基于遗传算法的聚类方法、基于SVM 的聚类方法和基于神经网络的聚类方法等。这些方法可以有选择地应用于相应的场景。

聚类分析算法包含四个部分：特征获取与选择，旨在获取能够恰当表示对象属性的数据，在减少数据的冗余度的情况下进行确认；计算相似度，根据对象的特点来表征对象之间的相似程度，按规范来计算对象之间的相似度，具体过程由依据所采用的聚类方法而定；根据对象之间的相似程度来判断对象之间的类别，将相似对象归入同一个类组，将不相似的对象划分到不同的类中；聚类结果展示，其方式具有多样性，可以只是简单的输出对象分组信息，也可以对聚类结果进行图形化展示。

在聚类分析法的具体应用中，首先可利用词频统计法进行词频排序，从而得到数据挖掘和知识发现领域的主题词。为了进一步对主题词进行归纳，使之反映领域之间的关系，还需对主题词进行聚类。根据主题间的关系，可组成关系相近的类；作为一个主题，按主题间的结构关系，可进行主题词间的内在关联。最后，使用绘图工具绘制出各类中主题词间的关联网络，通过关联网络发现主题及主题间的动态关联。①

5.4.2 基于语义相似度和主题的知识关联组织

数字化信息环境下广泛存在着知识资源关联问题，尤其是语义异构和主题表达异物知识的关联问题。在这一背景下，要满足用户对知识的深层次需求，就必须加强基于概念匹配的知识关联分析。

(1)语义词汇相似度计算

语义概念匹配在于计算知识单元之间的语义相似度，以明确基于相似度的关联关系。语义相似度计算是对源和目标知识单元之间在概念层面上的相似程度进行度量，在度量过程中需要考虑知识单元所在的语境和语义。② 语义词汇相似度的计算方法可作如下区分。

①基于词义的相似度计算。其方法主要包括基于词义相似度识别方法、词素切词识别方法和多语种一致性识别方法，方法的使用在于建立知识间的词汇关系。基于词义相似度的识别方法是以词汇构词特征为基础，经过词汇间的匹配达到同义词识别的目的。该方法的基本原理是根据构词特征，即同义词、准同义词的相同语素，进行相似度计算。③ 词素切词识别方法在于在多词中，切分某一词素与其他词素对应的词义关系，进行基于词汇的同义词组构建。多语种词汇一致性识别方法通过专业词汇库中词汇的译名匹配，查找相同的专业词汇组，最终将其归纳为同义词词组。

②基于距离的语义相似度计算。基于距离的语义相似度计算的依据在于，基于两个概念词在本体树状分类体系中的路径长度，进行它们之间的语义距离

---

① 陈二静，姜恩波. 文本相似度计算方法研究综述[J]. 数据分析与知识发现，2017，1(6)：1-11.

② Adhikari A，Dutta B，Dutta A，et al. An Intrinsic Information Content-based Semantic Similarity Measure Considering the Disjoint Common Subsumers of Concepts of An Ontology[J]. Journal of the Association for Information ence & Technology，2018.

③ 杜慧平，侯汉清. 网络环境中的汉语叙词表的自动构建研究[J]. 情报学报，2008，27(6)：863-869.

显示。按其中的关系所采用的算法有 Shorts Paths 法等，在于根据概念词之间的相似度与其在本体分类体系树中的距离进行计算。基于本体分类体系的距离等同分析具有重要性，位置和所表征的关联强度相似计算可采用 Weighted Links 方法。在计算中，同时考虑到概念词在本体层次树中的位置，以及边所表征的关联强度，按组成连通路径的各个边的权值可进行两个概念词的距离计算。另外，基于两个概念在本体树中与其最近公共父节点概念词的位置来计算其语义相似度，可以不再计算其在本体树中的路径长度，可以在算法中将最近公共父节点定义为与两个概念词之间的相关公共父节点。鉴于信息用户对相似度值的比较判断往往介于完全相似和完全不相似之间的一个具体值，同时考虑两个概念之间在分类体系树中的最短路径和概念的最近公共父节点在分类体系树中所处的深度，由此形成计算的依据。

③基于信息内容的语义相似度计算。语义相似度计算基于这样一个假设：如果两个概念词有共同信息元，那么它们之间就存在语义相似度，共同的信息元越多，语义相似度就越大；反之，则语义相似度就越小。根据信息控制论，衡量概念词中的信息含量，可以按该概念词在特定文献集中所出现的频率进行判别，频率越高，其信息内容就越丰富；反之，其信息内容就越少。由于在本体分类体系树中，每个概念 子节点都是基于其父节点概念的细分或具体化而得出的，因此要衡量祖先概念节点的信息内容，可以通过其子节点概念词的信息内容来加以计算。基于同样的道理，要比较两个概念词之间的相似度，可以通过比较它们的公共父节点概念词的信息元内容来实现。值得注意的是，在本体分类体系树中，一个父节点往往有多个子节点，而一个子节点概念词可能对应多个父节点概念词。因此，两个被比较的概念词之间的公共父节点概念词可能不止一个，一般取所含信息内容最多的一个为原则。

④基于属性的语义相似度计算。知识的属性反映着知识本身，可用以区分或辨识知识的标识性属性特征。知识之间所拥有的公共属性决定了二者之间的关联程度，这就是基于属性的语义相似度计算的原理所在。两个被比较的概念词所共有的公共属性越多，二者之间的相似度就越大。① Tversky 算法模型作为一种典型的基于属性的语义相似度计算构架，虽然考虑了两个比较概念的属性信息，却忽略了其在分类体系树中的位置信息和其祖概念节点及其自身的信息元内容，因此相应本体的属性集在这一算法中应得到体现。

⑤混合式语义相似度计算。混合式语义相似度计算实际上是对基于距离、

① 王曰芬. 文献计量法与内容分析法的综合研究[D]. 南京：南京理工大学，2007.

基于信息内容和基于属性的语义相似度计算方法的综合，也就是说该算法同时考虑了两个被比较概念词的位置信息、边的类型以及其属性信息等。主要代表算法模型有：Rodriguez 等人提出的模型，模型同时考虑概念词的位置信息和属性信息，所包括的具体内容包括被比较概念词的同义词集、语义邻节点和区别特征项；Knappe 提出的算法模型，通过两个概念之间的多个路径进行关联，通过共享概念词集进行计算。在模型中，复合概念词的分解以及应用于计算本体中概念词的相似度具有关键性。

(2)主题图描述关联计算

主题图是一种用于描述信息知识结构的元数据概念图，它可以定位某一知识概念所在的资源位置，也可以表示知识概念间的相互联系，进行知识主题的关联。

主题图可用于大数据信息资源的内容关联揭示，能够建立符合资源特性的知识架构。主题图利用语义置标来定义主题类、关系和来源等，从而表示知识结构。作为知识组织的一种方法，主题描述也是知识结构的一种表示语言。所以，利用主题图可以有效组织无序的异构资源，体现知识资源的语义结构，进而进行知识关联。主题图通过建立领域知识概念结构来建立知识导航机制，与其他知识组织方式相比，主题图具有以下特性：

主题之间可通过多种方式进行关联，能够解决大量、连续生成的信息问题，是一种有效的知识组织和展示工具，因而 ISO 已经制定了相应的标准对其进行规范。

能够以结构化方式模拟领域知识，实现知识结构的可视化呈现，便于用户领会到各个基础概念及其之间的关系。

采用高度交叉的方式对资源进行组织，构建知识关联关系，用户既可以了解特定的领域知识，也可通过主题图导航，认识复杂的领域知识体系。

主题图可用于对抽象的知识内容进行组织，形成知识地图，从而基于大数据来创造知识结构，建立结构化的语义网络。

在基于主题图的知识关联组织中，应遵循以下流程：

创建概念知识库。创建概念知识库首先要分析与组织主题图概念，针对各种不同的数字资源，分析资源的主题内容，析出可以代表各资源的主题概念。其中，需要针对目标领域的概念模型收集知识资源涉及的概念，分析概念和概念之间的关系，构建主题图的概念网络。由于知识资源包罗万象，建立概念模型需要各个领域的参与，确保所开发出来的概念模型的共享，即能够体现共同认可的知识，反映相关领域中公认的概念集。

建立本体库。确定主题所包含的主题知识集合之后，需要描述表示知识，建立主题词库。这是一种知识概念化和形式化过程，首先，需要设计领域知识的整体概念体系结构，利用主题概念、关系和范围等，组织和表示领域概念知识；其次，通过领域专家来验证主题词库，检查各主题元素之间在句法上、逻辑上和语义上的一致性，对主题概念和主题图相关的软件环境和文档进行技术性评判；最后，将主题概念发布到相关的应用环境，进行配置，通过应用反馈信息对主题概念进行修正和完善。

编制主题图。采用 XTM 描述语言标记生成的主题图，需要对概念及概念之间的关系经过 XTM 的标记，以在相应的程序中得到正确的反映。编制主题图过程中，拟强调不同领域的主题特点，推进智能交互在主题图编制中的应用。

建立资源与主题的映射。在主题图概念层构建之后，需要在资源层中的知识资源与概念层相应主题间来建立映射和连接；同时，通过对资源进行自动标引和分类，确定主题词，实现知识资源与主题图具体概念的匹配。

5.4.3 基于关联数据和规则的知识关联组织

基于关联数据和规则的知识关联组织，在于揭示知识元之间的相关关系和联系，为面向领域知识的关联组织提供支持。在知识关联组织中，关联数据和规则是两个重要方面。

(1)基于关联数据的知识组织

关联数据是网上发布或连接的结构化数据关联，进行数据关联是知识单元内容关联组织的需要。通过关联数据，在分布式全球数据库中可以获取包括人物、事件和各类社会活动中的具有相关性的信息结构单元，在线利用各领域的相关信息。同时，在语义网中可使用 URI 和 RDF 发布、分享、链接各类数据、信息和知识。与 Web2.0 平台所依托的固定数据源相比，关联数据的应用依赖于一个非绑定的数据库环境。所以，作为一种新的网络数据模型，关联数据具有框架简洁、标准化、自助化、去中心化和低成本的特点。它所强调的是建立已有信息的语义标注和实现数据之间的实质性关联，为构建人机理解的数据网络提供保障，同时为实现知识链接提供支持。

关联数据可以通过 http 协议进行组织和获取，允许用户发现、关联、描述并再利用这些数据；它强调的是数据的相互关联、交互联系以及对人机理解的语境适应。创建关联数据应遵循如下原则：统一资源标识符作为对象的名称；通过使用 http，定位具体的对象；通过查询对象的 URI，提供有意义的信息；提供相关的 URI 链接，以发现更多的对象。根据数据关联原则，可以统一数据集，创建一系列本体，描述人机数据交互关系，按唯一标识进行知识的链接。

关联数据技术在知识关联组织中的应用是基于 RDF 链接来实现的。RDF 对资源的表达通过由主语(Subject)、谓词(Predicate)和对象(Object)所组成的三元组，采用 RDF 模型来表达事物、特性及其关系。RDF 链接可以通过人工设置生成，如 FOAF 文档。对于大规模的数据集，则需借助于基于特定命名模式的算法、基于属性的关联算法等。在不同数据集之间生成的自动关联；需要针对特定的数据源，开发专用的特定数据集关联算法。RDF 链接是数据网络的基础，不仅可以链接同一数据源中的资源，而且可以实现不同数据集之间的关联，从而将独立的资源编织成数据网络。

以关联数据的方式在互联网上发布数据集的过程通过包括三个步骤：首先，给数据集描述的实体制定 URI，通过 http 协议下的 URI 参引，获取 RDF 表达；其次，设定指向网络其他数据源的 RDF 链接，由客户端程度按 RDF 链接在整个数据库中进行导航；最后，提供对发布数据进行描述的元数据，这样客户端程序便可以对发布数据的质量进行控制，以在不同的链接方式中进行选择。

(2)基于关联规则的知识组织

关联规则是表示数据库中一组对象之间某种关联关系的规则。关联规则由 Agrawal 等人最先提出，此后的 20 余年，许多研究者(包括 Agrawal 本人)都对关联规则的挖掘进行了发展，不断改进和扩展了关联规则挖掘算法，同时，将关联规则的挖掘应用到许多其他领域的数据库，取得良好的挖掘效果。

基于关联规则的挖掘也可以揭示知识之间的关系，通过对用户行为和需求的分析，揭示知识间相同/相似/相近的关联关系。关联规则挖掘主要用于用户快速按需发现最新知识，实现用户需求与信息的动态匹配；借助关联规则，还可以根据用户的交互数据来发现和挖掘数据之间的关联关系，发现用户的认知和信息利用习惯，根据用户的兴趣模型提供主动的个性化关联服务，同时帮助信息用户发现数据之间的潜在关联。

基于关联规则的知识关联组织，在协同过滤推荐系统中主要是基于对群体用户访问行为的数据分析与挖掘，发现用户之间、资源之间所存在着的关联关系或特征，以向当前用户推荐其可能感兴趣或有价值的资源对象。具体的步骤包括：获取有关访问行为、兴趣等数据，以及有关用户对于资源对象的属性偏好程度的信息；分析和发现用户之间以及知识之间的特征联系，按其相似性或关联性进行相关度计算；通过关联规则挖掘相关性信息；根据当前的挖掘结果，适时输出推荐列表。

基于关联规则的挖掘建立在拥有大量信息资源和用户信息数据的基础上，可以借助于面向内容的文本信息处理或对信息资源获取的分析，从大量的文本特征中构建有效的分类器，基于分类器对文本进行分类；如果文本所分类别与用户兴趣相符，那么就推荐给用户。另外，用相关特征来定义将要推荐的信息，通过学习与用户的兴趣匹配，继而推荐给用户。

(3)基于知识体系的知识关联组织

知识组织体系包括主题分类、术语数据库组织等，作为内容描述规范的术语集而存在。知识组织体系是对知识资源有效组织的基础工具，本身就是一种知识集合，反映了知识概念、主题或类目间的相互关系。① 基于知识体系的内容关联注重的是知识结构关系，按知识关联结构从各个角度全面描述概念知识。在显示概念知识间关系的过程中，可利用已有的体系来揭示知识间的关联，构建知识关联体系。

知识组织体系本身就是对知识关联关系的一种序化体系，基于知识体系的内容关联中，叙词表中包含了"用""代""属""分"和"参"等词族关系，分类体系中按照类目之间关系建立类目集合，显示了类目层级。它们都是以知识属性和概念关系来描述和表达信息内容的信息组织词表工具，也是反映和揭示知识间关联关系的手段。当然，不同的知识组织体系，其面向的使用对象、学科领域、层级深度、概念粒度、语种等各不相同，所以在知识关联揭示中需要首先评估、选择合适的知识组织体系，或对同一知识概念进行多角度的表达和组织。

基于知识组织体系的知识关联组织采用以下几种方式：

基于结构化词表可以建立知识概念间等同关系。主要是把同义词作为同义词语料库对待，利用该语料中所含同义词组与专业领域词汇库匹配；找出在专业领域词汇库中出现且在同义词词库中是同义词的词组，借助现有的同义词词

① 王世清. 本体构建中建立概念间关系方法研究[D]. 北京：中国农业科学院，2010.

典匹配专业词汇库中的同义词词组，从而构建知识单元间的等同关系。

基于词典百科，可以使用特定的模式实现词间关系的提取和识别。百科词典中的词汇释义解释有其固定的表达模式，通常是使用同义词、准同义词和上下位词来对未知概念词汇进行解释。如果以海量的词汇释义库为基础，便可以匹配出符合等同条件的词间关系。

基于词库系统，可以利用词库系统中的词间关系来反映知识概念间的关联关系。词库系统是基于语义结构建立的概念间的关系系统，从词库系统中抽取的概念可用于展示概念特点和类型，通过语义结构建立领域知识关系，进行知识关联体系的结构化展示。

6 面向知识创新的网络信息服务系统变革与平台化发展

随着科学技术的进步和互联网的发展，人类社会已进入依托知识创新的发展时代。这个时代的重要特征便是知识作为重要的资源决定着社会生产力的提升。这说明，自主创新能力的提高，不仅离不开信息化环境，而且需要充分而完善的信息服务保障。从面向知识创新的信息服务组织上看，社会信息资源的开放化组织与服务的平台化发展已成为信息服务系统变革的关键。

6.1 网络化数字信息服务变革与平台化发展

为信息服务提供支持的系统建设已从早期的分离建设发展到今天的网络平台建设。当前，国家的科技创新以及与此相关的国际竞争力提升，越来越依赖于信息资源的有效开发和利用，信息服务的发展水平已成为国家综合国力和国际竞争力的重要标志之一。从客观上看，知识创新的信息化推进决定了信息服务系统的变革和发展取向。具体而言，基本因素的影响决定了信息技术发展、信息资源配置和信息服务的组织变革。

6.1.1 数字技术与资源环境对知识信息服务系统变革的影响

信息资源的开发和服务取决于信息技术，网络技术的进步为数字化信息资源组织与服务发展奠定了新的基础。在信息组织上，内容开发已从点、线、面发展到思维空间上的组织深度。在信息处理上，数据挖掘、知识发现、联邦化、融合等内容开发技术取得了实质性进展。

信息技术的进步和信息网络的发展使得面向知识创新的信息服务平台化发展成为现实。信息组织和处理的数字化、标准化，为面向国家创新的服务平台构建提供了良好的技术支撑。信息技术的发展为提升信息交流和信息资源开发利用与服务水平提供了保障，特别是信息集成技术以及相应的信息处理技术的发展直接推动了信息资源整合与服务平台建设。在信息技术推动下，信息资源组织和服务呈现出数字化、网络化、虚拟化的发展趋势，表现为信息资源海量化、信息获取多元化、信息载体多样化和信息传播网络化。

交互(Interaction)和协同(Collaboration)是信息网络服务发展的重点之一。通过网络协调，可实现跨领域协同工作，通过远程研讨、实验、报告，可以加强用户之间的合作和交流，扩展知识获取和知识交流空间。信息交互网络是在资源共享和协同中建立起来的新一代网络，美国芝加哥大学 Ian Foster 教授所领导的研究组认为，网络交互的目标在于在动态的虚拟组织中实现协同资源共享和问题求解。① 作为分布式系统和新的计算模式，网络以知识交互为基点，在全局范围内实现对所有可用资源的动态共享，包括数据、计算资源等资源的共享。通过资源共享，数字网络为用户提供虚拟的超级计算环境，以实现资源协同利用目标。基于此，美国、欧盟、日本等国纷纷启动专门研究计划，如英国政府已投资 1 亿英镑用于专项，以实现面向用户的开放服务。在网络技术发展中，数字化信息资源组织与服务在于构造统一的服务平台，促进信息集成、资源共享和数据融合。

影响信息服务组织模式的另一重要因素是信息资源的分布。信息资源的分布随着时间推移不断发生变化，对于某一领域的信息源而言，如果可共享的信息分布于不同的系统中，且存在系统间的资源交互障碍，则需要构建跨系统的网络资源共享平台，以实现信息资源的交互共享目标。从统计结果看，我国行业信息资源配置整体效率已得到全面提升，然而分散分布和独立运作的行业信息资源配置有待进一步完善。我国在创新型国家建设中，分行业构建的信息资源配置体系突出了各行业信息资源建设的特点。但是，这种分布式信息资源配置体系也存在着固有的局限性，且在我国创新型国家建设过程中逐渐暴露出诸多弊端。

首先，由于各行业信息资源配置由不同的部门管理，信息资源建设目标、标准难以统一，各系统在国家创新建设中呈现独立发展的格局。信息资源配置效率较高的行业能够充分利用信息资源提高行业创新实力，配置效率较低的行业则处于被动状态，使得行业间的创新绩效受到影响，因而制约了国家整体经

① Foster I, Kesselman C, Tueche S. The Anatomy of the Grid: Enabling Scalable Virtual Organizations[J]. Interational J. Supercomputer Applications, 2001, 15(3): 200-222.

济效益的提高。

其次，由于各行业资源系统处于封闭、独立的运行状态，系统间缺乏有效的信息资源传递与共享，使信息资源难以在各行业间实现均衡分布，导致行业信息冗余或信息匮乏，从而影响了国家的整体信息资源利用效率。

最后，各行业在创新发展过程中，需要从公共信息服务机构获取资源，对于一些稀缺性信息资源而言，行业间势必会产生竞争；而在现有的信息资源配置体系中，尚未建立有效的利益协调机制和公共信息资源社会化协同建设机制，这无疑会导致行业间更激烈的资源竞争。

这些问题的存在，不仅制约了各行业信息资源配置高效化开展，而且影响创新型国家建设的总体目标实现，由此提出了信息资源配置体系的变革要求。

开放式创新环境下，创新型国家战略目标的实现需要各行业的协同发展，由此促进了产业创新价值链的延伸和行业创新业务的交叉融合，使行业创新活动朝着综合化、一体化方向发展。① 知识创新的综合化使各行业在创新中不仅需要与其业务相关的行业信息资源，还需要来自其他行业的多样化信息资源。在这一背景下，信息资源配置逐渐由行业系统内部的独立运作扩展到行业间的协同合作。

信息资源配置作为国家创新建设的重要基础环节，应纳入国家整体创新发展战略，实现面向社会的配置转型。在配置管理模式上，目前已打破各部门条块分割的管理格局，实现国家统一规划下的协调管理，强调各行业信息资源建设的协调发展以及行业信息资源配置系统与国家创新体系的协调运行。开放式创新要求传统的行业信息资源配置体系转向以信息资源共建共享和综合服务为特征的配置组织，使各部门能够基于统一的平台开展跨行业信息资源配置，实现行业间的信息资源快速传递和有效利用。

国家信息资源配置体系的建设和运行必须以各行业信息资源配置系统的协同发展为前提。行业配置的开放化、社会化转型，使各系统之间的配置关系变得更加复杂。因此，必须从国家整体利益出发，采取有效机制协调各行业间的竞争、合作关系，使其逐步形成良性互动、有序运作的配置格局。

自主创新价值导向下的知识创新信息服务组织必须与社会发展、信息技术条件和信息资源环境相适应。目前，我国知识信息服务组织主要由三个部分组成；国家级信息服务和保障机构，如国家图书馆和国家科技图书文献中心等；

---

① 乐庆玲，胡潜．面向企业创新的行业信息服务体系变革[J]．图书情报知识，2009(2)：33-37.

科研院所和高等学校信息服务体系，如中国科学院国家科学数字图书馆、中国高等教育文献保障系统等；各类信息服务企业。它们构成了我国自主创新的信息服务支撑体系，实施面向各系统、各部门和公众的服务。在服务组织中，各系统在传统服务保障的基础上，不断拓展和深化服务内容，推进了集成化、知识化的服务开展。然而，与用户不断变革中的需求相比，仍存在着服务的跨系统协同组织和虚拟化问题。

信息服务的跨系统协同组织问题。当前的知识创新已不再是封闭的分系统的知识创新，科研机构、高等学校和各行业企业创新系统开始平台化重构，基于产学研互动的国家创新网络已经形成。在国家创新网络中存在知识创造、知识转移和知识应用互动问题，这就需要在创新网络中实现跨系统、部门和行业的服务，从而为自主创新主体提供全方位的信息保障。

信息服务的虚拟化组织问题。在知识网络环境下，信息服务的组织基础与环境发生了根本性变化，信息服务组织完全可以实现虚拟联合，按虚拟服务融合机制建立基于服务联盟，实现服务和用户之间的互通，构建面向自主创新主体的社会化服务体系。

从战略上看，信息服务不仅需要国家信息基础设施建设和信息资源开发利用保障，更重要的是进行信息服务的社会化组织变革。国家创新发展中知识创新需求的转变和创新价值链的形成决定了信息服务的社会化发展。① 基于创新价值链的信息服务的实施、管理和社会化推进，主要包括信息服务体制改革和体系重构的战略实现。创新型国家建设不仅需要进行信息服务技术、手段与方法的更新和服务业务的拓展，更重要的是需要进行基于国家创新价值链的信息服务体制变革。

建立社会化服务组织体系，在于实现跨部门、跨系统、跨区域的知识信息服务协作，通过资源共用形式(资源层面)、系统集成形式(技术层面)和机构合作形式(组织机构层面)，使之成为一个完整的体系。

对全国范围内分散分布的信息资源系统进行重构，依托于重组机构的资源建设，形成了基于创新价值链的资源增值利用体系。围绕知识的创新增值，应解决多元自主创新主体之间信息服务技术发展的不平衡问题，构建基于创新价值链的开放式、多元化的知识创新平台，全面改善知识信息服务的环境与条件。在服务业务发展中，应按创新价值链进行统一规划，将分散的服务业务转

---

① 邓胜利，胡昌平. 建设创新型国家的知识信息服务发展定位与系统重构[J]. 图书情报知识，2009(2)：17-21.

移到系统化的服务轨道，使各系统的服务和资源能够互通在一个界面上，实现基于平台的面向自主创新主体的综合服务。

信息服务社会化发展的战略目标就是要利用各系统信息机构在信息资源开发利用上的互补性，通过整合资源与服务，实现信息服务的整体化和社会化，以适应跨系统、跨部门的平台化信息服务的发展需要。面向自主创新主体，信息服务应突破部门、系统的限制，采用政府主导、以公共平台为基础的多元结构模式。在服务组织上，应以国家调控、规划为主线，以社会化投入为基础，将社会效益与经济效益结合，不断提升服务质量，拓展服务范围，实现信息服务事业宏观投入—产出的合理控制和创新增值。在社会发展中，知识信息服务业正形成自我发展与完善的运行机制。

在国家创新发展中，知识创新已从线性模式向网络化创新转变。从服务内容和形式上看，创新主体不仅要求为其提供全方位的信息，而且进一步要求从信息层面向知识层面转化。因此，应针对信息服务平台分散、系统之间的互动性不强和主体服务形式单一等问题，从各系统平台之间的联动着手，实现创新信息服务的知识化和网络化整合。

6.1.2 面向知识创新的信息服务平台发展定位

知识信息资源难以全面共享的局限、信息系统之间的服务交互障碍，需要通过全面合作和协同基础上的平台建设来克服。在跨系统平台规划中，以下几个方面的问题必须面对：

①信息服务的跨系统合作问题。不同部门的知识创新信息服务系统，由于缺乏统一的标准，系统之间缺乏互操作性。各个系统之间资源的平台化共享比较困难，使合作主体利用系统平台时难以实现跨系统操作。从提高自主创新能力和成果转化效益的角度看，需要在各创新信息服务系统之间建立桥梁和纽带，使各系统主体紧密联系，通过优化资源配置，形成服务创新的合力。这就要求打破部门之间的壁垒，建立基础平台，实现信息、数据和知识的跨系统共用，从而促使自主创新的跨系统组织。

②信息服务环境建设与系统建设的协调问题。面向自主创新的信息服务系统建设主要体现在外部环境建设和内部平台建设两个方面。在外部环境建设中，应进行硬件基础的改善、创新信息需求的激励和信息资源技术的完善；对体系内部的建设，应强调与环境互动。针对信息服务系统存在的信息内容贫乏、平台功能单一及服务业务发展滞后等问题，在优化外部环境的同时，应注重内部平台的发展，只有进一步协调环境和平台的关系，通过联动，才能使整

个服务系统的服务得以持续发展。①

③用户平台信息需求深层发掘问题。我国自主创新信息需求有待进一步发掘，目前的不足主要表现在过于集中于信息用户需求的表层表示，对于信息用户、潜在信息需求发掘不够。同时，在服务组织上，往往限于按用户查询的要求进行资源提供，这就需要进行面向用户的主动服务需求的发掘，以拓展面向用户创新的全方位、全程化平台服务业务。

④标准化建设相对滞后问题。在建设面向知识创新的信息服务系统平台过程中，必须遵循有关的标准，包括应用系统的接口标准、层定义标准、数据的描述标准、元数据的定义标准、代码和标识符的定义标准等。标准工作的滞后，为系统平台之间的互联和数据交换带来了障碍和困难。② 由于平台各参与单位多年来在进行数据库建设中大多形成了自己的结构，因而存在数据难以共享和系统互操作难以有效实现的问题。对此，应建立动态化的标准体系，以便在一个较高的层次上逐步解决问题。

智能数字技术和网络传输技术的发展，使信息瞬时存取、超文本查询等成为常规技术。在这一背景下，各国正致力于建设基于网络的数字信息中心，使之成为可供社会共享的信息资源服务平台。从需求角度看，单一机构提供的信息服务已不能满足知识创新中的全方位需求，从而引发了信息服务的系统性变革，促使面向知识创新的信息服务走向用户需求导向的平台化发展道路。

信息化环境下，信息资源建设需要从社会发展的全局出发来整合信息资源，其建设重心以应用为中心，而不以资源为中心，信息资源建设的目的是为了提供高效化的增值服务，因此应强调信息资源的深度开发，提升信息资源开发与信息服务的效率和质量。信息资源的开发利用并不是一次性的工程建设项目，而是一个长期的发展问题，其中的关键是全面推进平台化服务中的体制变革。③ 在变革中，需要确立面向用户的、服务于知识创新发展的新理念，以适应面向知识创新的平台化发展环境。

从创新型国家建设中的信息保障与服务平台构建和运行上看，目前还没有将其作为社会化协同服务整体来对待，只是将各系统信息资源连接成互通的网

---

① 陈凌. 高校自主创新信息保障体系及其运行机制研究[D]. 吉林：吉林大学，2009：39-40.

② 黄长著，周文骏，等. 中国图书情报网络化研究[M]. 北京：北京图书馆出版社，2002：108.

③ 胡小明. 谈谈信息资源开发的机制问题[EB/OL]. [2007-10-15]. http://www.echinagov.com/echinagov/redian/2006-4-8/4495.shtml.

络系统。从技术实现上看，大多数信息资源平台给用户提供的是一个既复杂又具有差异性的公共界面。用户使用不同的资源往往需要使用不同的检索工具，且需要对路径进行必要的调整，从而增加了用户检索和利用数字化信息资源的困难。

从平台体制上看，部门体制决定了信息机构的服务系统难以有效融合，导致平台的跨系统组织与服务实施上的障碍。事实上，各信息服务系统在实施时，往往只考虑到本系统的服务需求，进行信息系统自上而下的规划（如CALIS就是由教育部规划，各级教育管理部门组织高等学校实施），因而未能全面考虑与其他信息系统（如CALIS与NSTL）之间的交互。这说明，系统分离体制造成了平台服务社会化组织的滞后，不但在国家层面上，而且在地方层面上，造成了信息系统众多，协同性差的现实。

我国知识信息服务系统中的资源整合，最初表现为图书馆服务中的文献资源共享以及联合编目和机构合作业务的开展，主要集中在文献信息资源的协调建设、文献资源共建共享以及跨地区、跨部门的服务组织。20世纪80年代我国科技情报搜集服务体系建设、90年代中国科学院文献资源整体化布局以及21世纪初全国高等学校文献资源网络化共享推进等，产生了重大影响，从管理实践上确立信息资源共建共享的基本模式。然而，从实施上看，文献资源共建共享，大多局限于本系统，整合的形式限于信息服务机构的馆藏协调和单一方式的联合书目服务；由于技术条件和管理上的限制，用户深层信息需求的满足与跨部门、跨系统的资源利用难以实现。信息网络化环境下数字化信息资源系统正处于新的变革之中，各部门、系统正致力于网络环境下的数字化资源服务的业务拓展。以此为基点，应改变传统信息服务的面貌，在体制改革中创造信息服务的社会化、网络化和集成化转型发展条件。应该看到，我国信息系统整合平台构建需要进一步加强国家层面和行业层面的规划协调，克服影响平台服务效率与效益的障碍，进行面向创新活动的平台化服务推进。

信息资源系统的发展对于信息服务而言，不仅体现在数据处理服务和信息化建设方面，而且反映在知识组织、信息资源技术以及信息服务平台的社会化发展上。① 信息资源的整合是指根据各行业、领域信息服务系统的发展目标和要求，对分散在各信息服务系统中的信息资源进行重组，形成一个面向社会的

---

① 几个重要的信息系统发展阶段论模型简介[EB/OL].[2007-05-20]. http://www.ccw.com.cn/cio/research/qiye/htm2004/20041210_0951O.asp.

开放化整体系统，以便为创新发展主体提供全面的信息支持。① 从应用上看，集成化的信息系统不仅为各级决策者提供及时准确、一致而适用的信息，而且信息资源的社会化整合有利于向用户提供全方位的创新信息保障。

信息资源建设与信息服务发展实践表明，网络环境下的信息资源平台建设，应从以“占有”信息资源为中心转换到以信息资源“服务”为中心。② 社会化发展中，由于信息的关键作用和价值提升，各部门往往强调信息资源的“占有”，进行信息资源建设往往追求信息资源收集、组织和存贮的完整性，而将信息资源收贮在各自的物理空间中。信息机构的资源建设重要指标是“收藏量”。这个“量”被实实在在的物理边界所限制，用户在利用收藏文献信息时必须守时守界。网络时代信息资源结构多元化、信息传播多维化、信息系统开放化、信息时空虚拟化，对基于网络平台的信息资源保障与交流提出了新的要求，其资源收储应不再限于系统实际拥有的资源，而应扩展到联盟或集团共享资源。跨空间的虚拟资源建设，使得人们可以跨时跨界获取信息，对系统贮存的信息资源依赖性将逐步降低。如果再把“占有”多少信息资源作为建设目标，已无实质性意义。需要做的是按照需求将物理上分布的信息资源通过网络链接起来，以进行信息资源的集成利用。因此，信息资源平台整合的出发点不是“拥有”，而是一体化的资源共享。从基于信息资源整合平台的服务上看，应以共同“占有”信息资源为出发点，以分布建设信息资源体系为依托，以用户知识创新为目的进行信息资源协同建设和共享。

从资源平台整合与服务组织关系上看，信息资源整合建设的目的并不在于信息资源本身，而是在于提高信息服务的效能，以充分发挥信息的价值。实现信息服务集成，要求把建设的终极目标设定在服务上，以此促进信息化时代面向国家创新的信息平台保障业务发展。这意味着在明确的服务定位基础上，应根据用户需求不断拓展服务业务，通过服务的平台化运行对服务方式和服务项目进行创新，以进一步强化信息服务“内容”，推进单一的信息服务向多元服务转变。

6.1.3　信息资源平台化建设与服务的融合

从国内外信息资源建设和服务组织上看，信息的平台化建设与服务平台的

---

① 王能元，霍国庆．企业信息资源的集成机制分析[J]．情报学报，2004(5)：531-536.

② 霍忠文，李立．把握“占有”重点“集成”[J]．情报理论与实践，1999，22(5)：305-309.

构建具有相互融合的关系，无论是美国、欧盟、日本和俄罗斯，还是我国NSTL、CALIS和数字图书馆系统的建设，其资源平台和服务平台具有同一性。

对于信息资源建设与服务融合的信息平台而言，平台技术的研发和应用处于至关重要的位置。在资源、需求和技术的互动中，需求决定了信息保障平台建设的技术走向。平台化的信息技术应具有独立性、开放性、可管理性和可扩展性。独立性是可为开发者或者用户提供一个完全独立的开发技术或者运行平台环境；开放性是平台应具有标准的技术接口和规范，在对合作伙伴开放中实现增值开发目标；可管理性是平台必须具备集成功能和安全性保证，并且易于管理；可扩展性是指平台服务可以不断延伸。① 因此，平台化也是信息技术的发展趋势，支撑平台的技术应具有技术兼容、面向框架、易于重用的特征，平台技术的不断进步可以有效地将信息管理和服务技术进行有机融合。

从平台化资源整合与服务集成上看，平台技术发展是实现社会化和集成化信息服务的基础和支撑。在技术发展中，需要在国内外面向创新的信息服务系统建设的基础上，以系统优化重组为目标，通过信息资源的集成和服务协同，提高服务水平和能力。最理想有效的信息保障与服务平台，应该围绕信息服务的平台化发展目标，构建多层次、个性化的服务支持技术体系。

在融合平台的规划设计中，采用面向对象的设计方法是可行的。在技术实现上，要求对信息服务的业务内容进行分析、抽象和归纳，以便设计出一个灵活的、容易修改的信息资源服务平台。这种平台具有良好的开放性、标准性、规范性和可塑性，能根据不同用户主体的不同需求，快速生成满足要求的个性化信息服务系统。在平台中，依托技术框架、组件系统和应用标准规范，可以整合并合理利用各种数字信息资源，为用户提供创新性信息保证，解决需求共性与个性之间的矛盾。

通过平台信息的汇聚，可以根据用户的不同需求实现相应的信息和服务融合目标。在目标实现中信息汇集、整理和存储处于十分重要的位置，信息的汇集要求整合各信息服务系统的信息资源，进行信息的筛选和存储，同时要做好信息的分类整理和深加工，确立信息沟通、共享和更新机制。在此基础上，通过平台进一步充实服务功能建设，细化网站结构，突出服务重点。对于一些需求量大、专业性强、且具有创新性和前瞻性的服务来说，应不断充实信息资

① 崔晶炜. 平台化：软件发展趋势所在[J]. 中国计算机用户，2004(3)：48.

源，打造信息量大、服务性强的一体化信息保障平台，这也是实现以资源为中心到以用户为中心的服务转变的需要。

用户知识创新信息需求致使信息服务向跨系统平台协作方向发展。信息化推进中，用户所处环境及信息需求已发生改变，信息用户对无障碍、无缝获取知识内容具有更高的期望，这种高期望无疑对信息机构协同提出了新的要求。对科研人员而言，研究项目通常并非单一主题，往往涉及跨学科知识，因此很难有某一个具体的信息机构为他们提供足够广泛的信息资源。与此同时，研究人员普遍强调信息服务机构在提供文献信息的同时，也要提供以解决方案为核心的一体化服务。在这种情况下，传统的信息服务机构不得不重新审视自身所具备的资源和核心能力，这就需要与伙伴合作，共同满足用户复杂多变的需求。由此可见，选择跨系统的平台服务方式不仅能够满足用户的需求，同时也有利于信息服务机构在协同服务中发展。

信息技术为跨系统平台建设提供了支撑工具。在网络化环境下，可以通过网络将传统信息服务机构联系起来，实现单个信息服务机构所不能承担的服务功能，从而提升信息服务机构的服务水平。在跨系统平台中，需要共享分布的信息资源和服务，以保证协同服务的运行，实现信息资源集成和共享，进行服务过程控制，提升服务绩效。这些都是以数字网络技术为手段和基础的。如何及时、快速、全面地获取有效信息是跨系统的协同信息服务运行、发展的必要条件。在网络纵横发展的情况下，信息技术的发展加强了信息服务机构之间的联系，方便了信息服务机构之间通过网络的协调管理。因此，信息技术发展致使信息服务机构不断改变其服务组织结构，并最终导致跨系统平台建设和协同信息服务的发展。

传统分系统建设不足以支撑知识创新和全方位的信息保证体系建设，这就需要跨系统平台的建设取向，即实现系统平台的互联互通和信息共享。这个过程需要建立多方参与协调的关系。因此，跨系统信息服务平台建设存在两个层面的问题：一是作为一种过程而存在，即多个信息服务机构为了实现共同目标构建协同平台和开展服务；二是需要有一个组织形式，即多个信息服务机构所组成的实体联盟或虚拟联盟组织推进平台建设与服务。从实质上看，平台建设与运行需要信息服务机构的统筹协调和合作。一个机构、一个部门甚至一个环节出现问题，都会影响跨系统平台建设进程和全局。因此，通过信息服务机构的多方合作，进行跨系统平台建设是服务拓展和可持续发展需要。

6.2 大数据网络环境下的信息服务平台规划

大数据网络环境下，基于知识创新的国家发展决定了网络信息保障平台建设的战略目标。从信息服务平台功能结构和基于平台的服务组织上看，既存在着平台建设的规范问题，又存在着全国、地区和行业平台的布局问题。基于此，寻求科学的战略发展定位，进行平台建设的系统协调是重要的。

6.2.1 面向多元需求的信息服务平台规划原则

基于大数据的互联网服务延伸不仅改变着信息分布和组织形态，而且引发了知识创新组织形态的变革。除依赖于网络信息提供与交流服务外，知识创新主体越来越依赖网络信息处理、融合和嵌入服务，由此对网络信息平台建设提出了多元结构的功能需求。这种需求关系如图 6-1 所示。

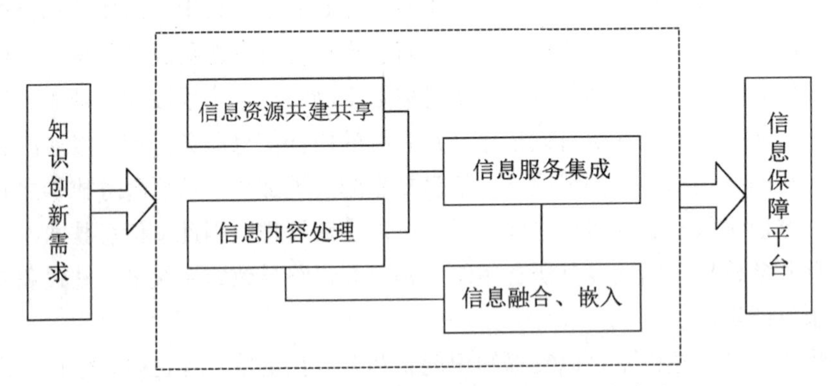

图 6-1 知识创新需求导向下的信息服务平台建设

如图 6-1 所示，知识创新中的用户需求，决定了信息保障平台构架与功能实现。从需求、环境和平台建设条件上看，信息保障平台具有以下基本类型：

①信息资源共建共享平台。信息资源共建共享平台的建设在于进行信息资源的跨系统整合，从而实现分布资源环境下的信息汇集，以利于用户的一站式信息获取和利用。

②信息内容处理平台。信息内容处理平台提供统一的内容处理工具，以实现计算机信息处理能力的共享。其中大数据云计算平台是信息处理平台的一种

基本形式，用户可以按需进入平台来处理所拥有的数据，共享内容处理服务。

③信息服务集成平台。如果说信息资源共建共享平台进行了信息源汇集和信息的跨系统流动，信息服务集成平台则是各独立系统服务功能的整合和服务业务的协同。通过信息服务的跨系统调用，可以实现服务的互补。

④信息融合服务平台。信息融合服务平台是信息资源整合平台和服务集成平台的结合，即通过平台形式将相关系统的信息和服务融为一体，从而实现系统间的资源和服务互补。

⑤信息嵌入服务平台。嵌入式服务是将信息处理直接融入用户知识创新活动的一种创新方式，包括 E-science、E-research、E-learning 等。嵌入平台的建设在于实现信息处理提供与用户知识活动的一体化。

⑥其他信息平台。其他方面的信息平台包括上述几种平台功能的结合、重组，以及信息平台服务的拓展，如组织内联网与信息服务网络的链接平台、信息交换平台等。

值得指出的是，在信息保障平台建设中，各种形式和功能的平台具有使用上的针对性。同时，由于系统的可分性和组合性，平台可以在一个系统内实现多系统的功能整合以及相互独立系统的跨界结合。另外，在跨系统的平台构建中，任何系统可以同时加入多个平台，因此平台组织又具有灵活性。

平台所具有的功能结构和组织结构，决定了知识创新服务中的平台建设安排。这意味着，国家创新发展中的信息服务平台规划，应以创新发展目标和信息服务定位为基础，根据需要与可能构建结构优化、功能合理的社会化平台保障体系。显然，这种体系突破了行政体制障碍、信息的分散分布以及信息技术的障碍，通过屏蔽系统之间的差异，可以有效实现知识创新信息保障的社会化。

目前在信息服务规划中，存在着两个方面的战略问题，一是通过更多更好的硬件和软件来增强各系统的数据处理能力；二是强调建立更好的组织平台，通过资源与服务整合，为国家创新发展提供有力的信息保障。显然，这两个方面的问题都很重要，特别是在现有基础上的平台建设，应是战略规划的重点。

在当前情况下，应由专门机构进行宏观规划，在推进信息基础设施建设、信息资源开发与服务的共享基础上，采用统一标准、充分利用、协调共建的总体原则，进行不同部门、行业之间信息保障平台建设，实现平台的互通互用。其中，规划内容包括所要开发的资源、资源库分布、信息服务组织、平台基础设施建设等。

在信息资源规划中，应完善信息资源整合机制，建立完备的信息资源保障与安全体系，通过有序地组织信息资源，实现信息资源组织的数字化、信息资源共享的社会化，以保证信息资源的增值利用。

在平台信息服务上，应以“一站式”服务形式组织资源共享及信息传递与利用服务，实现个性化定制服务和互动式远程服务。

在组织管理上，应从平台的战略目标入手，不断优化整个平台系统的组织管理，注重不同信息服务机构之间的协调，通过合理的投入产出机制，保证平台的运行和发展。

信息服务平台规划的基点是，高标准、高起点地推进，为知识创新提供强信息保障，使信息服务支撑向更深、更广、更高的集成方向发展。面向国家知识创新和社会与经济发展的信息服务平台的战略目标决定了规划的基本原则：

按政府主导原则，集中规划平台信息服务，从政策面确定信息平台服务的改革方向和内容。在政策实施上，推动各主体的协调建设，确立信息服务平台的协同机制。全球化中的信息服务的运作已发生重大转变，对此应采取行政、法律和经济手段促进平台建设，以便形成从全国到地方、从公共到行业的社会化网络平台系统。①

按整体化原则，构建信息服务平台体系与服务体系。信息服务平台的建设必须打破部门的限制，实现跨系统的资源共建共享和联合，以网络技术平台的使用和专门性信息资源与服务网络融合为基础，构建支持国家知识创新和社会经济发展的服务平台，解决各系统的互联和协调服务问题。这就要求统筹规划、协调发展，坚持规划先行、统筹安排，分步实施。从全方位考虑、长远利益出发，理顺关系、合理布局，既防止重复建设，同时兼顾突出重点，以充分调动和发挥各方面的积极性和主动性。在平台建设中，应分阶段组织实施，边建设、边完善，边发展、边提高。

按利益均衡原则，实现信息服务平台建设与服务权益保护。面向知识创新的信息保障平台的构建，必然涉及国家安全、公众利益，以及服务机构、资源、组织者、用户和网络信息服务商、开发商的权益。保证信息安全、防治信息污染，是构建整合与集成服务的关键，它要求以法规约束、行政管理和社会化监督作保证，以便创造良好的社会环境及条件，最终在统一规划、集中管理的前提下，实现平台的分散使用与授权共享。

按有利于技术发展原则，建立完善的信息服务平台与服务实施的标准体系。基于网络的服务平台及服务取决于信息技术的应用，其基本要求，一是技

---

① 沈固朝. 竞争情报的理论与实践[M]. 北京：科学出版社，2008：216-241.

术的应用与网络发展同步，对于关键技术可适度超前开发，兼顾技术的适用性和前瞻性；二是实施统一的技术标准，在技术战略构建上，要求采用通用的标准化技术，实现整合和服务技术的优选，同时力求实施动态标准，对新技术的应用留有空间；三是以现有网络、业务系统和信息资源为基础，打破行业、部门、系统之间的界限，加强网络资源、数据资源整合，实现互联互通、信息资源共享。

按面向用户的原则，进行宏观战略规划和微观业务管理。信息服务平台中的资源整合要适应用户个性化需求与深层次服务要求，要立足应用、务求实效。这就要求坚持面向用户的组织原则和以需求为导向、以应用促发展的原则。具体说来，将通用平台和面向用户的平台接口解决好，使整合的资源能够通过具体的信息服务机构进行面向用户的重组，即形成以用户为导向的资源整合与集成服务机制，真正实现为用户提供"一站式"信息服务的目标。

在信息保障平台战略规划中，拟注重以下目标的实现：

①面向国家创新的发展目标。在国家创新发展中，信息服务平台不仅具有为知识创新和经济发展提供基本的信息支持作用，而且对促进国家实施自主创新战略，在各领域实现协同创新具有重要的推动作用。信息保障平台建设的根本目的就是服务于国家创新系统建设与运行。因此，其发展规划应纳入国家总体创新发展战略轨道，与国家创新进程保持一致，围绕国家创新主体的信息需求进行跨系统的资源组织与服务，致力于提高国家信息化水平和自主创新能力，进而实现自身的可持续发展。

②跨系统优化组织目标。社会化信息保障平台是跨部门、系统的平台，通过知识信息资源、技术与服务的系统集成，实现不同资源系统相互融合。因此，平台建设旨在适应开放式创新的跨系统资源优化组织需要，从而为产、学、研联合创新提供共享环境和协作空间。因此，信息保障平台应面向创新主体信息需求，通过系统互操作整合分布环境中的信息资源与服务，推动信息资源共建共享的开展，以此为基础实现信息资源的协同开发与利用。

③多元投入与产出目标。信息保障平台建设面向国家创新发展需求进行构建，强调创新主体的共同参与和密切合作。创新活动的顺利开展除了依赖政府的公共资源和 R&D 经费投入，还需要创新主体的配合和协调。因此，应确立产、学、研一体的社会化信息平台多元投入机制，引导社会资源加大对创新信息服务的投入，逐步形成财政支持、主体投入、社会广泛参与的协同建设机制。在拓展资源投入的同时，提高信息资源协同配置产出效益，即通过信息平台中的信息资源有效利用提高创新绩效。

④平台的协同运行目标。信息服务平台集成了多种信息资源、系统和服务，用以支持国家创新目标的实现，在服务中需要相应的机构进行平台运行和维护。面对创新主体多元化的信息需求，应努力实现分布式资源系统基于平台的互联互通，建立一个覆盖全国的多层次、社会化网络资源保障体系。在体系建设过程中应充分发挥政府的统筹规划作用，进行国家层面、地区层面、行业层面和组织层面的平台协同运行，以发挥整体优势，共同推进国家创新系统中的信息服务发展，从而提高信息资源的综合利用水平和保障水平。

⑤技术融合中的互用目标。信息服务平台建设离不开信息技术的支撑，在技术实现过程中，如何实现服务技术与信息处理技术的融合和集成化应用，是信息平台建设中需要解决的关键问题。因此，在技术融合过程中，应致力于技术标准规范的统一，采用国际通用的、可扩展的信息技术标准，实现平台技术的优化组合与技术平台的无缝对接，使协同技术渗透到各业务环节，进而推动资源的融合与面向创新主体间的协同服务开展。

6.2.2 信息服务平台战略规划的组织

基于网络的信息服务平台建设受网络环境的影响，而网络的动态结构和信息环境的不确定性提出了动态环境下的平台战略规划实现要求。信息服务平台建设中的不确定性存在于平台组织与服务过程之中，根据不确定性的主客观属性，可分为客观不确定性和主观不确定性。客观世界的复杂多变导致了自然状态的不确定性，主观对客观所处状态的识别及一定状态下平台规划方案的不同选择造成了结果的不确定性。主观与客观的相互作用是不确定性形成的根本原因。信息保障平台规划以服从国家创新战略为出发点，因此平台建设中的不确定性主要来源于发展的不确定性。

随着社会的发展，信息服务平台建设环境不断变化，不确定性越来越成为平台建设规划中最关键、最具挑战性的问题。信息服务平台建设是一个复杂的系统工程，信息保障平台建设中的不确定性，除主观认识引发外，客观环境的不确定性应予以全面应对。

信息服务平台规划是国家发展层面上的决策规划，更多的是基于国家创新和社会经济发展战略目标作出的选择。具体而言，信息服务平台规划客观环境的不确定性主要在两个方面。其一是社会信息环境的不确定，其二是技术发展上的不确定。因此，对于信息服务平台规划必须消除社会信息环境和技术发展不确定性的影响，在适时预测环境变化的基础上，进行相应的风险控制。

进行信息服务平台建设的全面控制，需要对不确定性进行全面分析，结合战略目标，在发展预测的基础上进行规划模型构建，继而进行风险控制和反馈调整，以期得到预期的结果，具体的流程架构如图 6-2 所示。

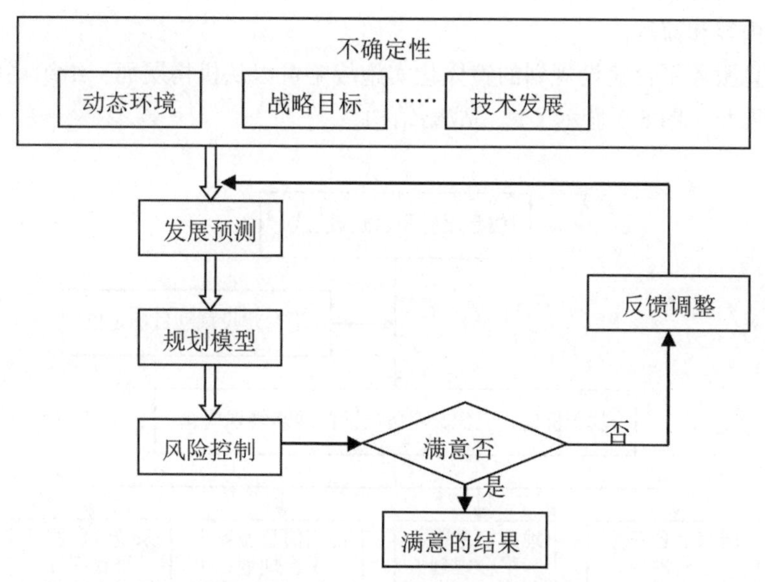

图 6-2 不确定性与信息服务平台规划风险控制

信息服务平台规划涉及硬软件、信息资源、资金等方面的协调，整个规划应注重以下问题：

在信息服务中，首先应明确信息保障平台的战略目标，制定总框架以及实施策略，这就要求信息服务协调机构明确平台发展目标。无论是信息资源的建设，还是硬件的建设都要有全局观念，打破条块和部门的局限，按统一化、标准化和规模化要求推进平台建设。

在信息服务平台规划中，必须认识到信息环境的多变性和信息需求的多样性，以便在动态环境下，确定信息保障平台构建的战略方向。值得注意的是，不确定因素使得信息保障平台规划充满了变数和风险，甚至导致系统无序发展。因此要紧密配合信息服务业务拓展战略，充分考虑可能出现的问题，评估系统环境、战略目标、技术等方面的不确定性，进一步明确规划战略目标。

在信息服务平台建设与服务集成规划中，应强调建立完整的系统框架和数据标准化体系，在此基础上进行应用系统开发规划，即按照系统框架执行技术标准，以便从根本上解决信息资源整合与应用系统集成问题。

规划方案制定并不是一次性的，需要经过科学合理的评估和调整，使之趋于合理。信息保障平台规划方案的最终形成是一个逐步优化的过程。规划方案形成后的优化，需要考虑方案中可能存在的不合理要素，以便进一步优化平台建设的内容和流程。

信息服务平台建设规划的整体化实施战略可以从机构层面、组织层面和服务层面展开。图 6-3 显示了这一战略结构。

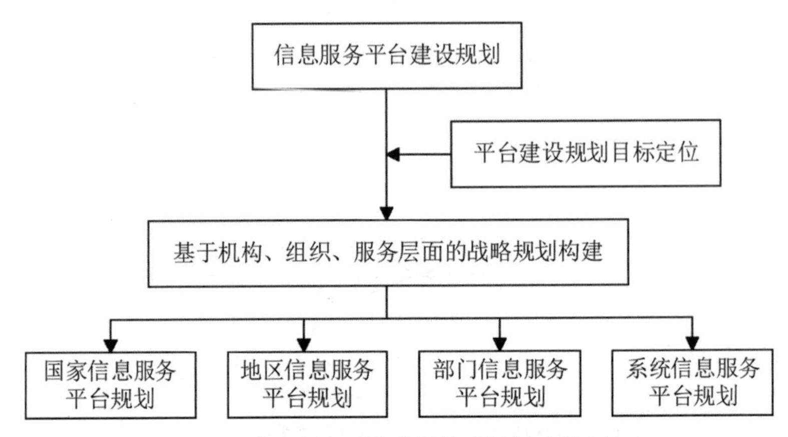

图 6-3 信息服务平台建设战略规划及其实施

在面向创新和社会发展的信息保障平台建设中，信息服务平台规划按全国信息保障平台规划、系统信息资源平台规划、系统信息资源平台规划和部门信息系统平台规划层次来考虑，由此构成一个全方位的、集中的面向创新的信息服务平台体系。

①国家信息服务保障平台规划。国家信息保障平台规划在我国信息服务整体发展基础上制定，同时指导地区、部门系统信息服务平台规划，其目的在于确保平台系统规划与国家创新战略发展的适应性。信息平台构建中，国家信息保障平台规划对象是我国所有信息服务机构。国家平台规划战略制定主要解决以下问题：在国家信息保障平台所处环境中，进行平台总体建设构架，确定信息平台规划战略总目标及国家规划战略措施等。

②地区信息服务平台规划战略。地区信息服务平台规划战略以省市、区为单位，确立各地区的信息服务平台规划战略。在国家平台规划战略指导下，地区管理者在分析本地区经济、社会、文化发展状况的基础上制定地区范围内的信息服务平台战略，其目的在于加速本地信息资源建设，发挥信息资源对本地

创新发展中的支持作用。地区信息服务平台规划的对象是本地区所有信息服务机构，地区平台规划战略主要解决以下问题：贯彻国家信息服务平台规划战略，分析地区信息服务平台所处环境，提出地区信息服务平台系统规划的总体目标和要求，确定其战略重点和战略措施。

③系统信息资源平台规划战略。系统信息资源平台战略规划是行业系统内的信息资源平台建设规划和战略安排。其目的在于提高行业系统信息资源配置效率和服务效率。系统信息资源平台规划战略由一系列详细的战略方案和计划构成，涉及信息服务系统内部管理的各个方面，其重点在于对系统平台规划战略目标进行细分，以提高系统整体绩效为前提，根据内部资源的潜力，权衡每一项业务活动对系统信息资源与服务的需要，按照行业系统创新发展目标进行适应于全国和区域发展的战略构建。

④部门信息资源平台规划战略。部门信息资源平台规划，是部门信息服务机构依据国家信息资源平台规划、地区信息服务平台规划和系统信息资源平台规划，根据本部门资源条件、用户需求等来确定部门信息服务平台规划的战略行为。规划目的在于深入开发信息资源，提高信息资源利用率，满足部门创新群体多方面的信息需求。部门系统服务平台规划战略包括以下内容：确定本部门信息服务建设的基本要求，制定信息服务平台规划战略目标和平台规划战略措施。

国家信息保障平台规划战略、地区信息服务平台规划战略、系统信息资源平台规划战略和部门信息系统平台规划战略共同构成我国面向知识创新的信息服务平台规划战略体系。其中：国家、地区平台规划战略属于宏观战略；系统战略、部门战略更多的是信息资源与服务平台建设的战略安排。国家信息保障平台规划战略提出了信息资源建设在一定时期内的发展思路，时间跨度较大；地区信息服务平台规划战略从属于国家信息保障平台规划战略，是各地区为保证国家信息服务平台规划战略的完成而制定的战略；同样情况下，具体的系统、部门战略，则根据各自的具体情况，在国家和地区发展基础上，进行制定和实施。

6.3 知识信息服务平台规划的协调实施

信息服务平台建设在国家创新发展的各个环节中起着重要的服务支持作用，战略规划的实施不仅需要在国家创新战略基础上推进平台建设战略，实现与国家创新中的相关系统、部门与机构协调，而且需要在信息服务平台建设中进行战略组织实施中的管理协调、资源协调和服务协调。

6.3.1 我国信息保障平台建设中的关系协调

信息服务平台建设不仅与国家发展战略密切相关，而且与信息基础设施建设、信息资源分布、信息组织的系统发展、信息技术标准化和用户的社会化需求相关联。综合各方面的影响因素分析，在进行平台规划实施过程中要处理好以下关系。

①信息服务平台建设与信息基础设施建设的关系。面向知识创新和社会、经济发展的信息服务平台建设在信息基础设施和信息资源的协调组织基础上进行。其中，信息基础设施是实现信息服务平台建设的前提和基础，是信息资源建设的硬件保证；信息资源组织是信息服务平台的基本内容，信息资源的建设水平直接影响信息保障平台的效益。因此，信息保障平台建设中，既要与信息基础设施的建设相协调，又要与信息资源建设同步。可见，加快信息资源建设步伐已成为信息服务发展的必然。就平台信息服务系统而言，拥有计算机网络设备是重要的，但是基于网络的知识信息资源建设也是必不可少的。如果忽略信息资源建设，必然会导致信息平台建设滞后于信息基础设施建设的情况发生，这与当前信息资源开发与利用的社会化趋势相违背。因此，在进行信息服务平台建设中，应以信息资源建设为核心，发挥信息资源建设与信息基础设施建设二者之间的协调作用。从总体上看，信息技术设施应与信息服务相适应，只有二者同步发展才能确保信息基础设施作用的正常发挥。

②信息服务平台建设分工与协作的关系。信息服务平台建设，单靠少数知识信息服务机构是不可能完成的，而是需要信息服务机构之间的密切合作。构建我国多层次的知识信息服务平台，只有通过全国范围内、地区范围内、系统范围内各信息服务机构的协作可能实现。信息平台的合理分布是提供全方位、一体化的信息服务的必然战略选择。通过平台资源共享和互用才易于形成的信息资源集成优势。信息服务平台建设协调，在于统一部署信息平台的建设，以可持续发展为目标，从整体优化的角度配置资源，实现资金、设备、技术、人员、信息等要素的低投入和高产出。权威性的协调与管理机构，应能在全国或地区范围内，从国家层面、地区层面进行平台建设的统筹，通过协调部门之间的分工与合作关系，解决建设中的共性问题，形成全国和地区范围内的创新信息服务平台体系。每一机构应从各自的实际需要出发，在充分发挥机构内部优势的基础上，共同建设分布合理、保障有效、各具特色的信息平台。

③信息服务平台建设规模与建设质量的关系。信息服务平台建设中，重规模、轻质量，重建设、轻利用是信息服务机构必须克服的，因此应着手平台的质量管理。目前由于缺乏统一的平台质量评价标准，建设的质量问题依然存在，主要表现在：信息资源内容处理的一致性不够，信息资源描述与用户需求描述不相适应，数据库规模、信息检索入口存在障碍等。由此可见，在保证信息平台建设规模的同时，应重视信息服务平台建设的质量。各机构应建立有效的质量管理体系，在质量问题容易出现的各信息处理环节进行专门的质量监督，以便对各种质量问题进行有效控制和处理。同时应注重信息资源的深层开发，从信息资源的内容标引、查询入口等多角度进行质量控制，保证创新用户准确地获取不同层次的信息，以满足不同程度的需求。另外，应及时促进平台信息资源的动态更新，以发挥信息的时效价值。

④信息平台建设的标准化与资源差异化的关系。信息平台建设的标准化是指信息平台所采用的技术应进行统一的规范，即在信息平台资源收集、交换、组织和流通服务中执行，其目的是在信息资源流动过程中避免信息组织的无序性。由于各系统信息资源的建设差异是客观存在的，其平台建设必须适应这种差异化资源环境，从而从整体上实现差异的屏蔽。平台的标准化与资源的差异化并不矛盾，标准化建设在于提高信息资源转换利用效率，强化信息资源共建共享的基础，资源差异化则是信息机构所固有的，且与该系统用户差异化的信息需求相一致。信息资源建设在信息技术的发展中强化了资源共享的理念，每一机构作为信息资源整体建设中的一部分，更多地寻求各具特色的信息资源开发模式，多注重具有自身特点的信息服务与产品提供。随着经济的发展、社会的进步，用户对信息服务的需求呈现出个性化的趋势。由于信息产品及服务本身具有不同于物质产品的特征，内容生产的非重复性提出了差异性信息资源建设问题。从信息服务平台的现实和长远发展上看，应加快标准的制定与实施，这是信息服务平台规划实施中需要考虑。

6.3.2 信息服务平台建设规划的实现

我国的信息服务机构从属于不同的主管部门，如大学图书馆属于教育部、科技部负责科技信息机构管理，而与信息保障平台构建基础建设相关的信息网络则归属工业和信息化部。这种分散化的管理使得信息服务平台跨系统整合受到限制。就当前管理体制而言，要推进一项系统建设工程必须由多个平行部门协调。这样不仅影响效率，而且难以统一规划。因此，信息服务平台建设应建立灵活的组织协同机制，将跨系统整合平台战略纳入国家信息化建设的轨道，作为社会信息化和信息服务社会化的一个方面，实现多部(委)协调和社会共建。① 从根本上看，服务对象各异的信息服务系统的最终目标都是为创新和发展提供信息支持，因此，通过对协调机构的建设或协调职能的归并，可以加强彼此之间的协作，实现平台的互用。同时，为了保证平台建设的顺利实施，有必要确立多元协调的管理体系。

从当前的平台建设管理上看，世界各国的信息平台建设大多是在政府主导下实施的。我国在创新型国家建设过程中形成了由中央政府统筹规划、各区域创新系统管理部门、行业创新系统管理部门和社会化信息资源管理机构辅助管理的多元化管理格局。在协同管理中各主体在职能上既有侧重，又有交互，决定着信息保障平台建设战略的实现。

①中央政府的管理职能。信息保障平台建设的实现关系到国家创新发展战略全局，必须在中央政府的统筹规划下有序进行。中央政府是国家创新发展战略的制定者，引导着国家创新建设和信息化建设的总体方向，在信息平台建设中起着主导作用。政府管理职能的有效发挥对协作建设效应的实现至关重要，其具体职能主要表现在以下几个方面：一是对公共信息平台的宏观调控；二是对市场信息平台资源配置的监管；三是对社会化信息平台建设的部署。根据国家创新发展战略目标要求，在信息服务平台规划的战略实施中，拟确立一种长效的、动态的管理体制，以便完善信息服务平台管理。同时，中央政府还对平台建设责、权进行规范，在中央政府和各地方、行业、社会管理的协同中，使国家信息保障平台建设的总体目标得以实现，同时又要使利益分配在平台建设与运行得到体现。

②区域管理部门的管理职能。区域信息服务平台是一定区域范围内各服务机构共同组建的网络平台，其目的是面向区域内知识的产生、流动、更新和转化开展社会化服务。我国区域创新中的信息服务平台管理由各级地方政府承担。地方政府在执行全国规划的同时，依法自主管理本地区的信息服务平台建设项目。在信息服务平台建设管理上，区域管理部门的职能是对本地区的信息资源开发进行落实。与中央政府的配置管理职能相比，区域管理部门的职能更加具体、更有针对性，集中体现在以下几个方面：一是按中央调节指令，建立有效的信息保障平台运作秩序，引导区域平台建设；二是组织地方公共信息资源服务，主导地方性信息服务平台的建设；三是在国家总体战略目标引导下，

① 胡潜. 信息资源整合平台的跨系统建设分析[J]. 图书馆论坛，2008，28(3)：81-84.

制定地方信息平台规划方案，实现地区内的信息资源优化配置；四是加强区域间的信息共享，组建区际创新信息服务协作平台，实现信息资源的高效流动，为信息平台的运行提供保证。

③行业系统部门的管理职能。行业创新系统是以企业技术创新活动为核心的创新网络，在现行体制中，行业信息服务平台建设由各类行业信息中心或行业协会负责。其中，行业协会是政府与企业之间的桥梁与纽带，发挥着联系政府、服务企业、促进行业自律的作用。行业协会主导着行业创新系统内部的信息资源配置，其管理职能主要表现为对行业信息服务平台建设的社会化协调，促进行业内信息资源共建共享，推进信息资源开发技术和服务技术的综合应用。①

④联盟机构的信息服务平台管理职能。联盟机构主要包括知识创新联盟组织和具有社会公信力的信息服务联盟组织，如上海市互联网信息服务业协会等。随着国家信息服务平台的社会化发展，其联盟机构的协作信息平台已成为国家平台、地区平台和行业平台的重要补充。在联盟活动中，信息服务平台建设将联盟创新与信息保障进行有机结合，既具有组织上的灵活性，又可以带来服务的增值效益。

我国的多元化信息服务平台发展格局体现了多层次协调的优势。随着平台战略规划的实现，全国、地区、行业和组织信息平台建设的协同战略正在形成。值得指出的是，在平台建设中，战略协同的实现需要相应的机制保障。从信息服务平台战略实现过程上看，应以国家总体发展战略为导向，从战略协同机会识别、要素选择、协同关系演化、协同流程控制和协同价值创造等方面确立有效的战略协同机制，实现地区层面、行业层面和国家层面、组织层面信息平台战略的多维协同。

各类创新组织(创新主体)的运行、发展不能脱离国家宏观创新环境，其创新战略和信息平台建设战略的制定和一切活动的开展都必须围绕国家总体战略进行。因此，实现国家战略与信息服务平台战略的协同运行是确保管理机构间、创新合作组织间协调互动的前提。具体而言，国家管理决策部门根据国际创新发展态势，需要从全局把握知识创新的发展方向，制定适应于本国国情的创新型国家建设规划，以此对相应的信息服务平台进行战略部署，引导各区域、行业和联盟组织实施战略计划。相关组织则应根据国家的战略要求，在制定组织创新战略、信息平台战略时始终以国家创新战略为导向，形成符合组织

---

① 工业和信息化部. 关于充分发挥行业协会作用的指导意见[Z]. [2009-03-31].

发展的战略目标，实现信息服务平台建设的联动。

识别协同机会是实现战略协同的基础，因此应依据一定的原则，寻找能够产生协同效应的条件，准确、清晰地识别出哪些方面需要进行协同和可以进行协同。只有正确识别战略协同机会，才能围绕协同目标采取相应的实施方法，使创新合作主体之间、主体内部各部门之间通过协同作用实现信息平台的共建。识别战略协同机会的前提条件是组织处于不稳定状态或远离平衡状态，且在内外环境影响下面临着一系列挑战，这就需要实现组织内外的战略协同。识别信息保障平台建设战略协同机会，应遵循适应性、互补性、一致性和相容性的原则，根据发展需求寻找最适合的战略合作方式，实现协作平台的可持续发展。

战略协同关键是实现战略体系中核心要素的有序运作。构成信息服务平台建设战略体系的要素对平台战略有着重要作用和影响，这就需要根据战略规划实施需要，对战略协同起到关键作用的信息资源配置要素、组织要素、条件要素和主体关系进行协调，进行资源的有效配置，以实现整体发展目标。

信息保障服务平台建设的战略协同是典型的自组织过程，需要通过各核心战略要素之间的协同演化来实现。对于各层次平台而言，战略协同演化是国家、区域、行业和组织之间战略实施的相互适应和协调过程。经过演化所形成的协同效应主要表现为战略上的技术、资金、设施等资源要素的相互协调配合。① 因此，需要采取必要的机制促进资源要素之间的自组织相互作用发挥，以形成更科学的战略体系架构，同时根据外部环境变化动态调整实施战略，实现战略的持续优化。

战略协同具有非线性、复杂性的特点，需要对其协同流程进行合理控制，使之按照既定要求达到最优协同效果。其一是根据环境变化调整协同方式；其二是对协同效果进行测评，以利于对协同流程进行优化。在流程控制中，应保证平台战略与组织总体创新战略的一致性，使其成为信息保障平台建设的约束限制条件，以此出发进行战略协同中的需求、技术、资源、业务的总体控制。

信息服务平台战略协同效应一旦形成，将对基于信息服务平台的服务产生全面影响。平台建设战略协同的主要功能在于统一合作主体间的战略目标，形成共同认可的平台建设战略实施方案。与此同时，对整体化的信息服务平台进

---

① Beer M，Voelpel S C，Leibold M，Tekie E B. Strategic Management as Organizational Learning：Developing Fit and Alignment through a Disciplined Process[J]. Long Range Planning，2005，38(5)：445-465.

行集中规划，从而实现其战略目标。

6.4 知识信息服务平台的网络框架结构与系统协同

构建基于网络环境下的知识信息平台是实现平台服务的基础。这要求充分利用现代技术手段和骨干通信网络系统，将信息服务系统内的资源、软硬件技术、管理条件有机结合起来，构建统一的平台界面，即通过分布式信息服务系统的动态集成，向跨地区、跨系统、跨部门、跨行业、跨学科的用户提供快捷有效的知识信息集成服务。

6.4.1 知识创新信息服务平台的网络架构

面向知识创新的信息服务平台并不是一个单纯的物理网络平台而是基于物理连接的信息资源与服务的整合系统。平台的实现，首先是进行全国或区域、行业信息服务系统的互联，由此构成全国区域或行业信息保障平台的物理结构；然后是在物理互联的基础上，通过网络协议构架，建设集信息资源与服务为一体的平台结构。

采用开放式的体系结构，可以使网络易于扩充和调整。信息化环境下，网络使用的通信协议和设备由于符合国际标准，可以支持多层交换。同时，开放构架可以使平台对网络硬件环境、通信环境、操作系统环境的依赖性减至最小。这样，可以保证网络的互联，为信息平台的互通和应用互操作创造有利条件。

为了安全、可靠，应选用性能优良的设备，利用设备冗余、端口冗余、网络稳定、防火墙、用户验证等手段维护各平台的数据安全，防范非法用户的侵入。在实施中，应提供多种手段对网络进行设置、管理和灵活动态的监控。

互联网的扩展使得 IPv4(Internet Protocol Version 4)地址危机加速，由此 IPv6 应运而生。IPv6(Internet Protocol Version 6)是由 IETF 设计的用来替代现行 IPv4 协议的一种新的 IP 协议，被称为新一代互联网协议。其地址长度有效地解决了地址短缺问题。此外，IPv6 在设计中弥补了 IPv4 的端到端连接、服务质量、安全性、移动性等方面的不足。其相关技术已成为网络发展的支撑。因此，平台可以在 IPv6 协议基础上搭建。

在物理网络搭建中，即使在全国范围内，也可以通过国家通信主干光纤网络将现有的 NSTL、NSL、CALIS 等国家级的信息保障系统连接起来，然后再与区域信息保障平台(如上海、湖北等地)、行业信息保障系统相连，这样就构成了由中央级信息保障平台系统和区域级、行业级、系统级服务平台系统以及虚拟服务系统组成的网络服务平台系统，如图6-4所示。

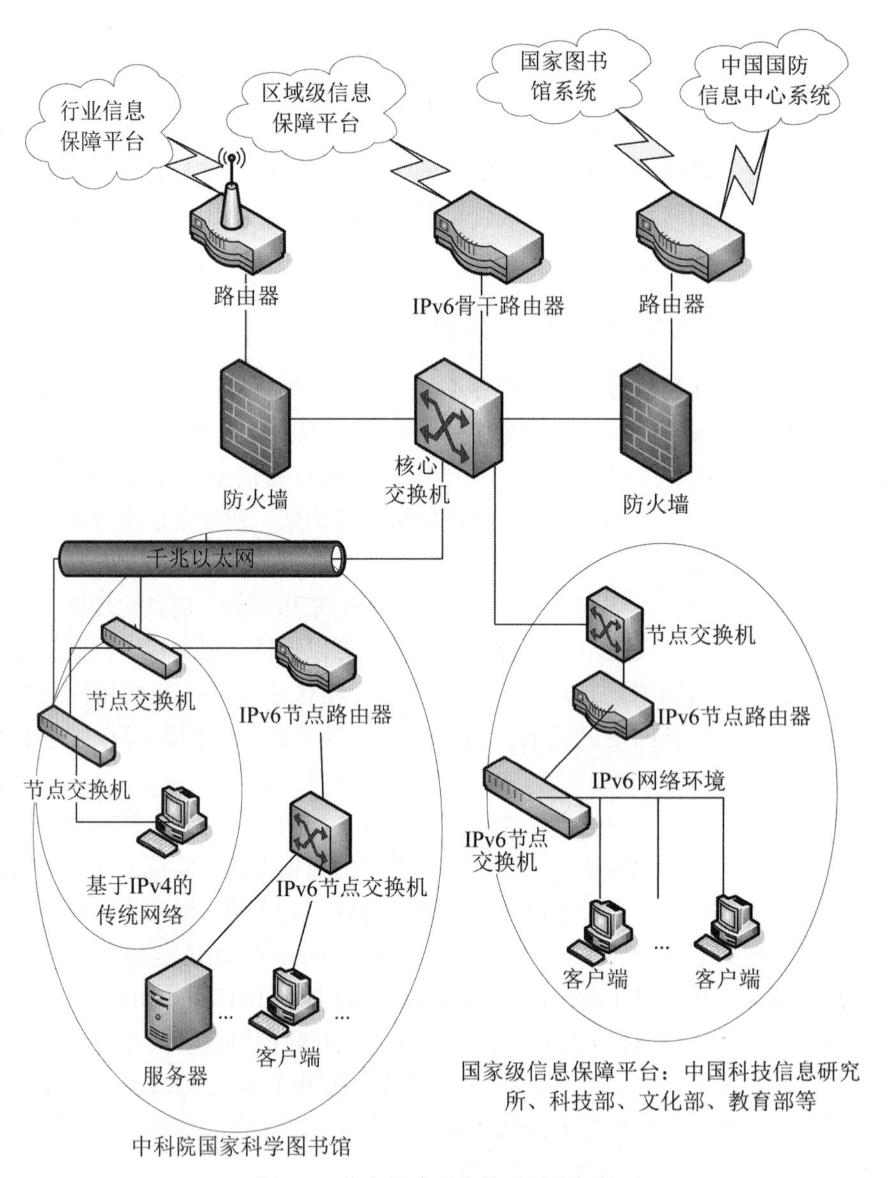

图6-4　信息保障平台物理网络架构

信息服务的开放化、社会化发展中，包括图书馆、科技信息部门在内的信息服务机构进行了新的服务定位，以此出发积极拓展网络合作服务业务。我国一些地区和行业已进行资源共享的跨系统协同服务部署，且不断取得新的进展。从宏观上看，跨系统协同信息服务需要在全国范围内进行扩展，应以实现全国性的跨系统信息资源共享为基础。从技术上看，我国跨系统的联合体协同信息服务是通过网络间各系统的物理互联和信息整合来实现的。

跨系统的联合协同信息服务平台建设，要求在各方之间形成良好的交流关系，有关各方应全面、及时地共享信息资源和服务。换言之，必须建立和维持一个基于互联网的公开、透明、畅通的交流网络平台，通过技术制度化方式交换使用各方的信息和服务，才可能维持基于协同平台的跨系统联合运行。

在知识信息服务平台架构中，利用SOA(Service Oriented Architecture)进行构架是具有现实性的选择。SOA的出现和流行是软件技术(特别是分布计算技术)发展到一定阶段的产物，如图6-5所示。SOA本质上是服务的集合。① 服务间的通信可能是简单的数据传送，也可能是服务协同交互。

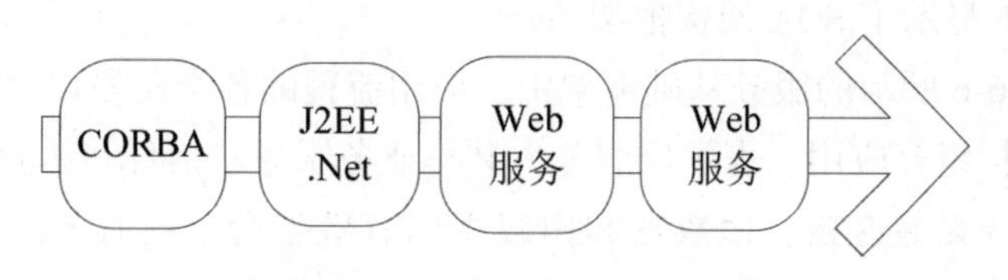

图6-5 分布计算技术的发展

面向服务的体系结构模型是一种组件模型，它将应用程序的不同功能单元，通过服务间的接口和契约联系起来；可以根据需求通过网络对松散耦合的粗粒度应用组件进行分布式部署、组合和使用。接口采用定义方式进行，可以独立于实现服务的硬件平台、操作系统和编程语言，这就使得构建在这样系统中的服务可以一种统一和通用的方式进行交互。②

2005年，随着一系列标准规范的问世，面向服务的系统架构(SOA)已开始全面应用。Web Service技术是SOA标准规范的重要组成部分，但SOA并不

① Web Services and Service-Oriented Architectures[EB/OL]. [2008-06-05]. http://www.service-architecture.com.

② 韩毅. 语义网格环境下数字图书馆知识组织策略与应用研究[D]. 长春：吉林大学，2008：76.

等同于 Web Service。[①] Web Service 只是 SOA 众多实现技术中的一种。此外，SOA 标准规范还包括 ebXML 系列规范以及其他专门协议规范等。而且，SOA 服务也不等同于 Web 服务，尽管 Web 服务通过补充部分内容可以成为 SOA 服务，然而 Web 服务仅仅是开启了 SOA 的大门。[②] 在开放、动态、多变的网络环境下，基于 SOA 架构理念，实现组织间高效、灵活、可信、协同的服务资源共享和利用，仍需要其他相关技术、规范和标准的支持。

与传统的系统结构相比，SOA 规定了资源间更为灵活的松散耦合关系。[③] 构架可以采用网格服务标准来描述应用接口，由于网格服务是基于开放标准组织的，因此基于 SOA 的应用程序可以部署到各种平台上，以简化基于 SOA 应用程序的部署和分布。服务层是 SOA 的基础，可以直接被应用调用，从而有效控制系统中与软件代理交互的人为依赖性。SOA 架构使用基于标准的服务，包括过程/数据服务、编排和组合，其中服务的编排和组合增加了服务的灵活性、重用性和集成性。[④] SOA 把需要连接、跨越不同数据中心分布的各种异构系统聚合在一起，同时保持了事务完整性，因此是一种理想的聚合服务基础架构层。图 6-6 显示了 SOA 架构框架。[⑤]

在如图 6-6 所示的服务基础框架中，应用流程的各个阶段以服务为中心进行安排，包括组合应用、表示层服务、共享业务服务、信息和访问服务。这些服务通过总线无缝连接，使数据和内容得以有效整合，同时屏蔽应用上的障碍，直接提供面向终端的服务。

SOA 的体系结构包括以下对象：

服务使用者。服务使用可以是一个应用程序、一个软件模块或需要一个服务的另一个服务。服务使用者发起对注册中心中的服务查询，通过传输绑定服

---

① Channabasavaiah K, Tuggle E, Holley K. Migrating to a Service-Oriented Architecture [EB/OL]. [2007-12-15]. http://www-128. ibm. corn/developerworks/webservices/library/ws-migratesoa/.

② Hamid B M. Oasis ebSOA: An Introduction to Service Oriented Architecture[EB/OL]. [2007-12-15]. http://www. oasis-open. ors/committees/download. php/7124/ebSOA. introduction. pdf.

③ LooslyCoupled[EB/OL]. [2008-08-23]. http://www.looselycoupled.com.

④ 思齐. 服务基础架构成功实施 SOA 的基础[EB/OL]. [2009-01-23]. http://tech. 51cto.com/art/200602/21158.htm.

⑤ Bea. Domain Model for SOA [EB/OL]. [2009-04-23]. http://searchwebservices. techtarget.com.cn/imagelist/05/08/l83k6967m0y0.rar.

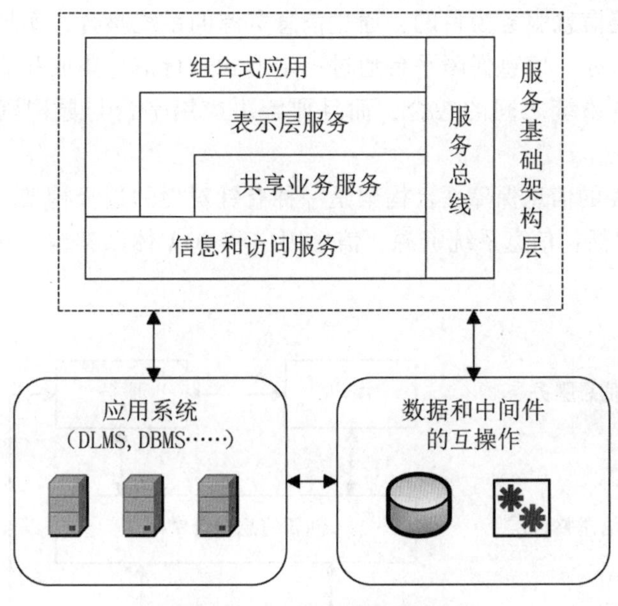

图 6-6　SOA 架构的概念模型

务、利用服务功能，根据接口契约执行服务。

服务提供者。服务提供是一个可通过网络寻址的实体，它接受和执行来自使用者的请求，将服务和接口契约发布到服务注册中心，以便服务使用者发现和访问该服务。

服务注册中心。服务注册中心是服务发现的支持者，它包含一个可用服务的存储库，允许感兴趣的服务使用者查找服务提供者接口。

SOA 除了动态服务发现和服务接口契约的定义外，面向服务的体系结构还具有以下特征：服务是自包含和模块化的，服务支持互操作性，服务是松散耦合的，服务是位置透明的，服务是由组件组成的组合模块。

6.4.2　基于 SOA 构架的知识信息服务平台模型

知识信息服务平台以数字网络技术为支持，其基本要素包括计算机硬件、软件和各种信息资源以及根据需求研发的信息处理工具和信息服务用户。平台建设的目的是通过信息基础设施和组织协调，构建一个跨系统、跨行业、跨机构的信息资源处理与服务平台，实现对多种类型数据的整合，为一定范围内知识主体提供不同层次的支持服务。

知识信息服务平台建设目的在于，以信息服务系统的数字资源为中心，以提供跨系统信息服务为目的，通过信息资源的系统整合，实现面向用户的深层次保障服务。信息保障平台通过一定形式进行信息集成和服务共享，它不仅要解决各系统之间的融合，而且要解决应用平台与异构资源和服务的集成。

基于 SOA 的信息保障平台构架是一种有针对性的选择构架。这种跨系统的平台要素包括：信息系统资源、信息用户和 SOA 体系架构。基本结构如图 6-7 所示。①

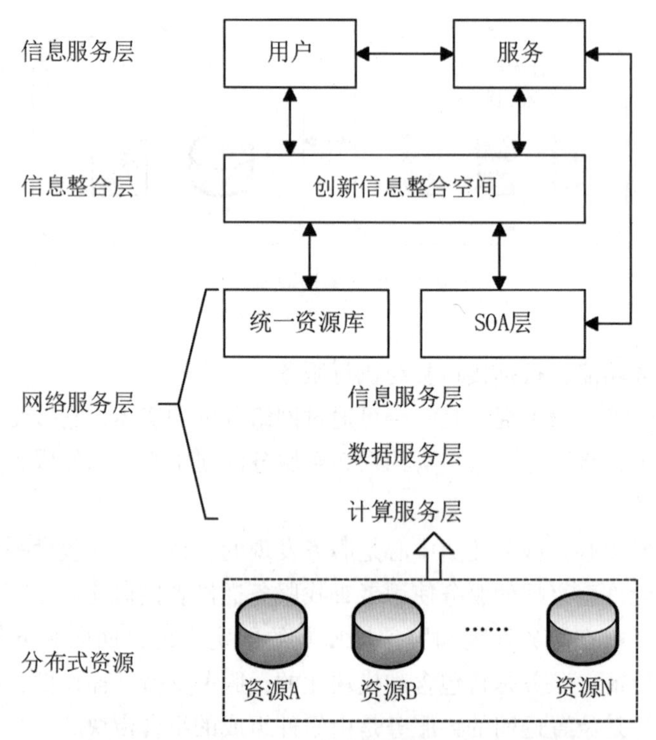

图 6-7　基于 SOA 的知识信息服务平台概念模型

知识信息服务平台建设，围绕信息资源的描述、组织、服务和长期保存的周期来规划和设计。根据信息保障平台各组成部分在结构和功能上的协同，我们将技术平台的总体框架分为六个层次，如图 6-8 所示，知识信息服务平台由

① 陈凌. 高校自主创新信息保障体系及其运行机制研究[D]. 吉林：吉林大学，2009：155.

环境支持层、资源层、技术支持层、接口层、功能层和用户层构成。其中，环境支持层是提供整个平台的底层技术保障和组织协调保障；资源层、技术支持层、功能层是平台资源整合加工的关键；用户层是面向用户提供一站式、全程服务的窗口。

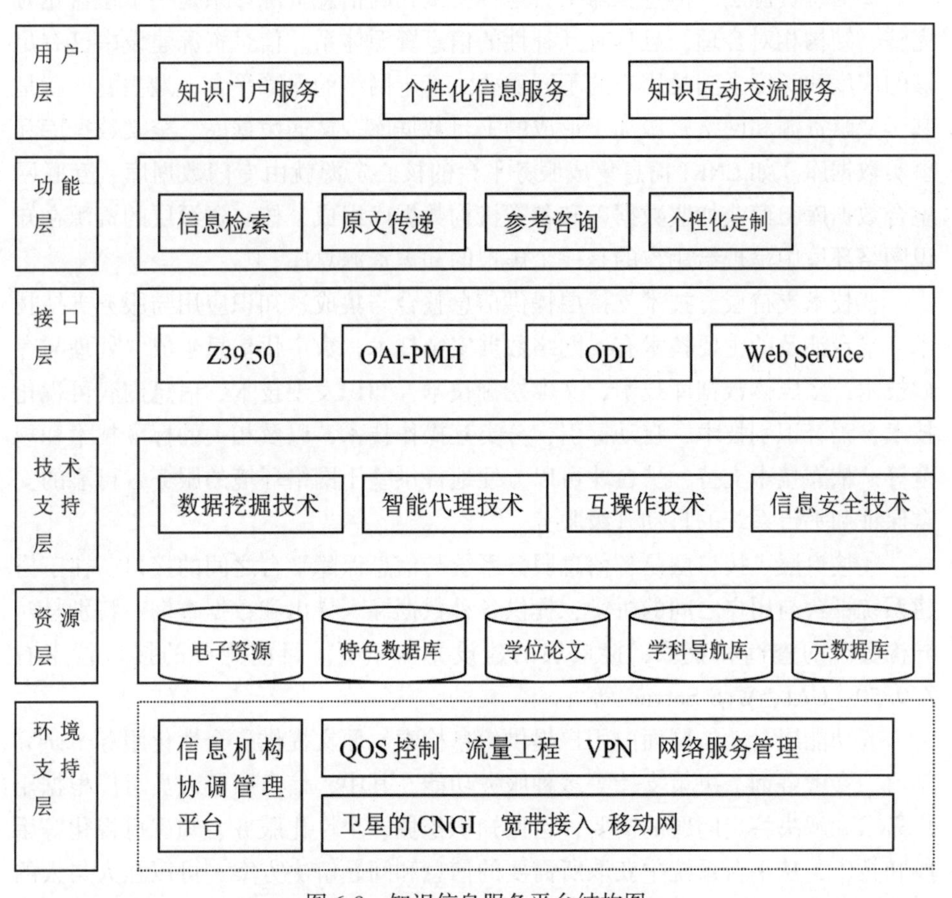

图 6-8 知识信息服务平台结构图

①环境支持层。环境支持是信息保障服务平台存在和运行的基本条件，主要是网络服务及管理硬件平台支持。平台构建的首要环节是以网络信息设施为基础构建覆盖相关信息服务系统与网络的平台。没有一个国家不是在网络技术高度发展的情况下开展信息资源和服务共享的。我国支持信息保障平台运行的网络环境已经形成，中国计算机公用互联网(ChinaNet)、中国教育和科

研计算机网(CERNET)、中国网通高速宽带互联网(CNCnet)、中国科技网(CSTNet)、中国金桥网(ChinaGBN)、中国远程教育卫星宽带网(CEBsat)不断完善。同时，信息机构协调管理平台，从中央到地方、系统、部门和行业，已趋于完整。

②信息资源层。信息保障平台运行所依托的信息资源体系是一个覆盖相对完整、结构相对合理，且具有互补性的信息资源体系。信息资源建设中已有足够的广度和深度来满足用户的不同需要。基于网络的保障平台，最主要的就是基于文献资源和网络资源加工形成的书目数据库、文摘数据库、全文数据库和事实数据库。如CNKI信息集成服务平台的核心资源就由专门数据库、互联网整合数据库、商业加盟数据库和各类机构数据库组成，核心资源层的资源在知识网络环境中呈现给用户的是一个虚拟的知识资源总库。①

③技术支持层。技术支持层提供信息整合与集成、知识应用与服务支持技术。平台涉及的主要技术有：网络数据安全技术，数字化信息生成、处理与存贮技术，多媒体数据库技术，文本挖掘技术，知识发现技术，信息内容可视化技术，语音识别技术，自动标引，分类互操作技术，以及相关的标准技术和规范等。依靠技术支持，平台才可以方便地提供基于网络环境的服务、可靠的安全保证和平台系统的自动升级服务。

④接口层。接口层是各信息服务系统与信息保障平台之间的接口，在于搭建系统平台与用户之间的桥梁，提供各种数据导入导出和数据查询。特别是对异构资源的查询和获取，接口层的建设尤为重要。目前主要的接口技术有Z39.50、OAI、Web Service等。

⑤功能层。功能层面向用户提供信息检索、原文提供、个性化服务、研究学习、参考咨询、决策支持等多种服务功能。其中，信息服务人员可以根据用户需求和解决特定问题的需要，运用知识挖掘、个性化服务、知识可视化等手段和技术，从平台系统中获取所需要的信息和问题解决方案，可以在人与人的交流互动中得到新知识，从而实现知识增值。从功能实现上看，平台服务是资源建设、技术发展和应用相互融合的结果。

⑥用户层。用户层是用户与信息服务人员的交互平台和信息服务的协作平台，汇集和集成分布异构资源；在深度挖掘基础上，建立基于信息内容的知识网络，为用户提供统一的资源利用和个性化的服务环境。通过集成应用和服务

---

① 张宏伟，张振海. CNKI网格资源共享平台——基于知识网格的门户式数字图书馆解决方案[J]. 现代情报技术，2005(4)：6-9.

等技术手段，用户层提供符合用户需求的信息，提供开放、及时、准确、便捷、主动、智能的知识服务接口。

在总体架构中，平台通过对包括异构信息在内的各系统数字资源的整合，形成统一的使用界面，从而为用户提供方便快捷的、个性化的、安全可靠的服务。用户也可以主动获取由系统推送的信息。

知识信息服务平台作为一个互通系统，其结构决定功能。通过平台可以将各种信息资源及业务流程集成起来，从而提供一体化的服务。在平台上，可以实现信息服务机构与创新主体之间的服务沟通、创新主体之间的知识交流。按保障平台的体系架构，平台的基本服务功能由以下几个方面构成：

用户权限的统一管理功能。用户权限管理包括用户登录、认证、计费、统计等内容，信息平台可以根据完整的用户权限管理方案提供全面管理工具，包括对信息服务利用过程中的用户权限管理，对用户访问和使用信息资源进行许可、控制和监督，以及保护资源拥有者和最终用户相关利益等。通过统一的用户界面，可以允许不同类型的资源、服务和应用以组合方式显示在统一的页面上，从而在服务平台之间实现单点登录和统一认证。

信息动态发布功能。网络时代的信息发布作为互联网服务的一部分，其信息服务平台要求具备自动适应数据库中的数据变化的功能，在动态发布相关信息中能对环境变化作出及时响应，平台除了支持信息服务机构在服务平台上发布信息外，还应支持用户发布信息，支持包括传统的 C/S 到 B/S 在内的多种信息发布，使系统做到对用户透明。

信息内容管理功能。集成服务平台不仅要管理本部门信息资源，同时要动态集成利用各种异地信息资源和网络信息资源。其功能包括信息资源的发现与采集功能、信息资源的存储与管理功能和信息资源的加工与整合功能。在操作中，应能将指定格式的资源文件批量装入资源数据库，如将导航数据、元数据、全文数据、多媒体数据等数据库中的结构化与非结构化数据通过复制、导入等技术聚合起来，建立联合资源仓储，从而不断完善基于集成服务平台的数据库系统，以便向用户提供多种资源的多种分类导航服务。

集成化信息服务功能。平台应具有强大的访问控制以及信息查询功能，包括文本和图像分析工具以及数字化音视频信息查询工具，提供文本检索、音视频信息检索以及自然语言检索等服务。同时，提供基于服务平台的信息定制、网络搜索和增值服务。这就要求平台不仅要将各服务应用模块集成在一起，而且要实现服务平台与其他系统间的互操作。

用户交互功能。用户应能通过信息服务平台进行相互之间的交互，一方面用户之间的交互可以提高相互之间的信息资源利用能力；同时，相关用户还可以在交流中提高服务利用水平，从而体现以用户为本的服务原则。

用户反馈信息处理功能。平台的运行围绕用户展开，因而用户反馈信息的处理，既是平台与开发必不可少的环节，又是考核服务平台成效的关键指标。通过对用户的反馈信息的处理，可以动态地调整用户的个人数据库，从而根据用户的个性化信息需求来组织和开发信息资源。

集成服务的协调功能。任何一个信息服务平台都很难满足用户的所有信息需求，但通过平台可以与其他信息机构进行协作，共同为用户提供满意的服务。同时，信息服务平台还要协调不同系统之间的用户需求和服务业务，应能及时处理用户意见，能根据用户反馈信息适时地调整平台运行。

6.4.3 知识信息服务平台的系统协同

现代社会的信息基础依赖于信息网络的发展，网络信息环境已演化为分布式的信息环境。分布式信息环境就是指信息资源分布在不同的空间位置上或逻辑上的异构系统。这种分布式信息环境易导致各种资源系统拥有自己专用的资源描述、组织和检索系统，从而具有现实和潜在的某些不兼容性。这意味着，在平台构建上需要通过分布技术来实现基于平台的信息系统的交互，从而将物理结构上分布式存储的信息资源，在逻辑上整合成一个系统整体。所以，在网络环境中异构分布式信息资源间的协同操作，已经成为必须面对的现实问题。

(1)信息保障平台中的系统异构与协同构架

从总体上看，知识信息服务平台构建要求实现分布信息系统间的无缝连接，以共享信息资源和信息服务，即从异构服务实体中进行资源和服务的透明调用，而且在不损害各个分布系统自主性的同时构成集成系统的逻辑结构。

一个理想的信息服务平台操作机制应该做到：支持丰富多样的资源和功能形式，能容纳各种各样的信息资源体系和服务体系；支持分布的各系统自主性，能有效保证对资源使用的本地控制，能支持专门的本地用户端服务；保证在分布式信息系统中跨系统资源和服务利用的方便和低成本；使平台信息处理具有可伸缩性，能动态组合任意数量和类型的资源或服务体系。

基于信息服务平台的服务集成中，平台系统目标是向用户屏蔽分布的、异构的各信息系统间的差别，实现用户对多个信息系统的交互利用，提供统一入口的多个信息访问系统接口，从而实现信息共享。

信息服务平台要解决的协同操作问题是，屏蔽分布的各信息系统之间的差异，为用户提供一个一致的服务。在统一界面上进行的跨仓储的服务对于用户来说应是透明的。这就要求为各信息系统提供一种灵活的集成机制，这种集成机制必须允许各个相对独立的信息系统能自由增加新的服务，或对以前的服务进行修改。这里，信息资源整合和集成服务协议的制定，包括元数据协议、数字对象存储协议、信息搜索协议、运行管理协议等。①

基于平台的信息服务处于分布、异构的数字信息环境中，不同地域、不同技术的系统，迫切需要建立有效的协同操作机制来整合分布环境中的资源和服务。要解决这一现实问题，必须明确系统异构的原因和机制，以便从中寻求合理的问题解决方案。信息系统异构可以概括为两个层面，即信息资源层面和信息技术层面。

资源是信息系统提供服务的基础，知识信息资源的异构主要表现为：数字资源的命名必须是全球唯一的、长期的、独立于地址的，但实际上许多信息机构在信息资源命名方面遵从的是不同的标准，甚至以自己特有的方式进行命名；另外，不同的信息资源采用不同存储格式，不同的信息系统往往根据自己的需要而采用特定的格式，例如影像除了 BMP、GIF、JPEG、PNG、TIFF 等标准格式之外，还有 KDC、PIX、PSD、TTF、XBM 等格式。其次，信息资源描述采用不同的元数据格式，例如网络信息资源描述普遍推行 DC 格式，早期，图书馆较多地采用的 MARC 格式。同时，不同的信息资源还存在采用不同概念体系进行描述的问题，而同一个概念体系中的概念也可能有同型异义或同义异型的情况。

技术层面的异构是指信息系统由采用的应用系统、数据库管理系统乃至操作平台的不同，所形成的技术环境异构。不同信息系统的软、硬件基础设施不尽相同，如中国学术期刊全文数据库、万方数据库等。这些数据库通常运行在非统一的软件系统环境中，由此导致了检索语言、系统界面和使用方法差异。表 6-1 以数据库设计过程为例说明了异构现象产生的原因。②

在分布和开放的网络环境中，信息平台服务互操作已不是一个本地和静态的问题，而是一个开放、动态和全局性问题，因此必须对信息平台服务所涉及

---

① 李秀. 数字图书馆系统互操作问题解决方案研究[D]. 北京：中国科学院研究生院，2002：8-10.

② 俞时. 异构资源中的基于本体的信息互操作性研究[D]. 上海：东华大学，2003：17-20.

的互操作环境进行分析。

从宏观环境而言，信息平台服务互操作处于异构、集成和动态环境之中。网络数字信息环境的基本特点是资源和系统的分布性和异构性，而且这种分布性和异构性是自然存在的。由于自然存在的合理性，不可能在平台服务中改变环境，而只可能适应分布的异构环境。

表 6-1 数据库设计中的异构

数据库设计过程	产生异购的原因
用户需求收集分析 ↓ 数据库需求分析 ↓	不同的用户需求对同样需求的不同理解； 由于收集用户需求的工具所导致的异构性； 由于设计者自身技巧所导致的异构性。
概念化设计 ↓ 建立在高层数据模型上的概念化模式 ↓	不同的设计者会采用不同的数据模型（如 E-R 和 OMT）； 不同的设计者将现实世界中的对象描述成不同的类别、属性和关系； 对同一个类进行不同的命名； 对不同的类进行同样的命名； 对同样的类设定不同的属性。
逻辑设计（数据模型映射） ↓ 采用数据库系统规定的数据模型建立概念化模式 ↓ 物理设计 ↓ 内在模式	采用不同的数据库系统（如 Informix 和 Oracle）； 不同的查询语言（如 SQL 和 QUEL）； 不同的存储结构； 不同的处理过程； 不同的输入、输出。

为了方便地在分布环境中搜寻、获取和利用信息，用户需要有效的平台服务集成机制，以对分布和多样化的资源和服务系统进行调用和集成。基于平台的互操作和相应的集成管理，形成了特有的逻辑服务体系，这种体系最终必然满足平台服务环境的要求。

信息系统体系结构的不断变化，使我们必须按统一的体系结构标准来构建或组合相应的资源与服务，同时又不得不处理组成平台的系统间资源与服务的异构问题。因此，基于平台的信息服务系统互操作必须适应移动目标和动态环境的要求。

从具体环境出发，平台信息服务需要跨越分布异构的资源和服务异构障碍，实现一致性的服务。其中，跨越障碍的互操作涉及不同的数字对象、资源集合、信息服务和信息系统。在互操作实现中，不同的组织机制(如资源集合的物理组织与标识)、过程机制(如面向应用的描述内容、资源利用)和管理机制(如使用控制、知识产权管理)随内容对象的动态组合委迁和迁移而变化。因此，互操作是在开放的多元化动态环境中进行的。

从总体上看，在基于平台的信息服务中，信息系统互操作的目标是实现用户对多个信息系统的交叉浏览和交叉利用。为了保证信息系统互操作的实现，客观上需要一系列相互支持的技术、方法和系统，要求在相关标准的一致性应用中解决资源与服务共享问题。对于实际问题的解决应从引发异构的基本层面着手。根据异构原因和处理问题的方法，可以将其分为应用层互操作和资源层互操作(如图6-9)。①

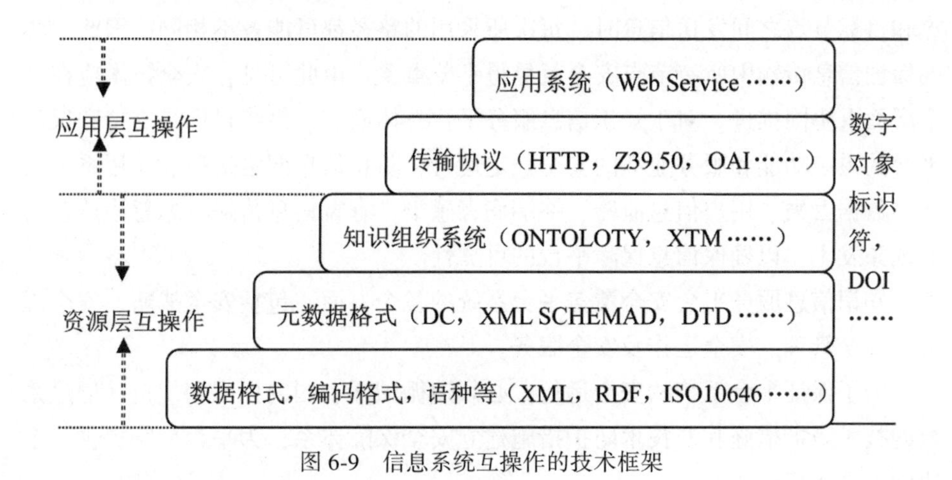

图6-9　信息系统互操作的技术框架

如图6-9所示：应用层面的互操作技术，主要包括应用系统软件互操作和

① 毛军. 国际一流、国内领先的研究型图书馆核心能力发展战略(技术平台部分)[EB/OL]. [2006-10-15]. http://www.maojun.com/doc/dlibrary-tech-strategy.pdf.

基于协议的互操作技术，资源层面的互操作技术包括数据编码格式等、元数据互操作技术、知识组织系统互操作技术。显然，信息技术互操作的技术框架明确了平台建设中系统互操作的技术架构。

知识信息服务平台中的系统互操作是多层面的，可以分解成不同的类型和层次水平。Paul Miller 将互操作分成技术互操作、语义互操作和人员互操作；William E. Moen 从系统和用户两个方面来定义互操作。从系统角度看，互操作是指系统或部件之间所进行的信息互换和使用交互；从用户的角度，互操作是用户以有意义的方式在交互系统中搜索和检索信息的操作。① 从内容上看，互操作对象可以概括为技术互操作、数据互操作和组织互操作。实现系统互操作应加强两个方面的协调：一是组织协调，二是技术协调。

(2)平台化信息服务中的安全协同保障

信息安全是信息服务平台建设中的基本要求，涉及信息设备安全、软件安全、信息资源安全、信息网络安全等技术层面。互联网的社会化发展中，使得安全性问题越来越突出。网上传输的信息，从起始节点到目标节点之间的路径是随机选择的，信息在到达最终目标之前会通过许多中间节点；在同一起始节点和目标节点之间发送信息时，每次所采用的路径都可能各不相同。因此，协同保证信息传输中所有节点安全就显得十分重要。由此可见，安全技术应在多个层面上协同推进。对于知识信息服务平台整体而言，最终目标是支持和保障平台的系统功能和服务业务的安全稳定运行，防止信息网络瘫痪、应用系统破坏、数据丢失、用户信息泄密、终端病毒感染、有害信息传播、恶意渗透攻击等现象发生，以确保信息保障平台的可靠性。

知识信息服务平台安全覆盖平台系统的各个方面，包括安全战略、安全规范、安全管理、安全运作及安全服务。

为了保证平台系统的安全运行，必须遵循国际、国内标准和规范，通过系统的技术防护措施和非技术防护措施建立安全保障体系，为平台系统提供一个协同安全运行环境。

安全保障体系包括基础设施安全体系、应用安全体系和安全运维体系三大部分。三个技术组成部分之间是密切相关的，在实际过程中相互结合而成为一

① Miller P. Interoperability What Is It and Why Should I Wanted It? [EB/OL]. [2007-11-20]. http://www.ariadne.ac.uk/issue24/interoperability/.

体，如图 6-10 所示。

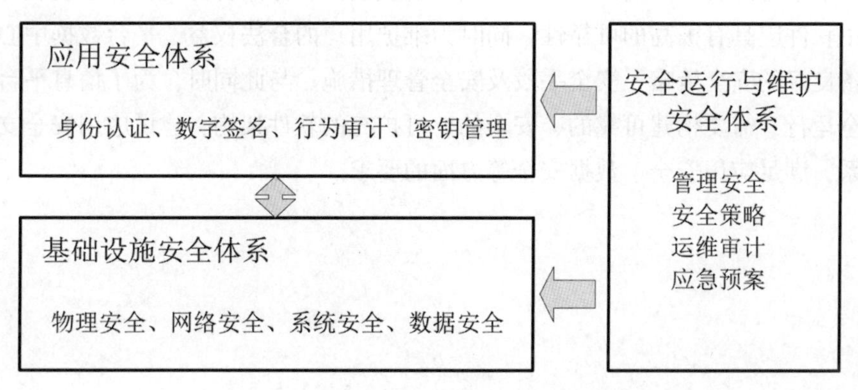

图 6-10 知识信息服务平台安全协同保障

如图 6-10 所示，知识信息安全协同保障包括应用安全体系、基础设施安全体系和安全运行与维护安全体系的协同构建。

①基础设施安全体系构建在网络基础设施之上，提供网络边界防护、系统主机防护、入侵检测与审计和完整的防护技术，同时进行访问接入及终端准入控制，从而构造一个切合实际的、行之有效的、相对先进的、稳定可靠的网络安全系统平台。基础设施安全保障在于提供整体防护功能，针对安全关键区域，提供更高效率的安全服务，满足持续性安全要求，以避免因某个环节的不安全导致整个体系安全性能的下降。

②应用安全体系是支持平台服务的核心，以访问控制为基础，提供身份认证、数据加密等功能。在远程访问、网络接入及应用服务中，强认证措施可以弥补访问控制方面的缺陷，数据加密可以为系统提供纵深防御支持。应用安全支持平台通过密钥管理中心、身份认证系统提供针对应用的系统安全服务；在整合应用系统的认证、授权、加密操作中，建立密钥与应用隔离机制，保证密钥使用和应用系统透明，同时提供管理的安全保障。

③安全运行与维护安全技术提供对整个平台运行的支持，包括对安全设备进行集中的事件管理，对人员进行集中的身份管理，对系统平台提供全方面的威胁管理。对于关键设备的管理行为进行有效性认证，同时保障管理数据传输的安全。在此基础上，对运行维护操作内容进行审计，以完善统一安全监控、事件管理和保障系统。

知识信息服务平台的可靠和安全运行是服务业务组织的基本保证，是对平台正常运行的支撑。信息平台所依赖的配置主机、存储备份设备、系统软件和应用软件应具有极高的可靠性，同时为维护用户的合法权益，平台数据中心应具备良好的安全策略、安全手段及安全管理措施。与此同时，为了信息平台的安全运行，需要构建可靠的、安全的、可扩充的软件架构，建设应用安全支撑体系，满足应用安全、数据安全等方面的要求。

7 面向用户的网络化数字信息服务组织

用户数字化信息需求的驱动和信息资源社会化整合与跨系统共建共享，不仅适应了数字信息环境，而且决定了信息服务面向用户的组织架构和服务发展。其中，在平台服务中，系统之间的协同直接关系到服务的集成化推进。在面向用户的交互中，一体化虚拟学习、跨系统个性化定制服务、知识链接、嵌入以及云计算环境下的保障服务，应得到进一步拓展。

7.1 基于平台的信息集成服务组织

信息平台建设的基点是实现基于平台的跨系统信息集成和服务协同，其目的在于使信息资源和服务得以跨系统共享，以提高各系统的资源组织和服务能力，同时使各系统用户在跨系统交互作用环境下通过跨越系统界限实现信息资源与服务的无障碍利用。由此可见，信息的跨系统汇聚和服务的跨系统利用决定了平台信息服务的协同推进。

7.1.1 平台服务中的信息集成

信息服务平台构建的目的在于进行跨系统的资源与服务协同组织，以实现面向用户的信息集成。从总体上看，信息集成包括数据集成、服务应用集成、服务功能集成、流程集成和技术集成。

①数据集成。数据集成是信息集成的基础，如果数据无法集成，就不可能实现数据共享，更不用提服务集成。做好数据集成，首先要对整个系统中的数据进行全局管控，整理平台数据视图，通过信息系统之间的数据关系建立数据交换平台，以实现各个系统之间数据的有序交换与共享。在平台服务中，数据交换是重要的。

数据交换建立在系统之间的数据共享基础之上，要求数据变更及时，以提供总线式的集中数据共享交换保障。基于语义的全局数据视图是数据标准的高级实现形式，它使应用系统之间的数据共享能够从语义层面进行定义，而不用关注数据的物理与逻辑存储。也就是说，基于语义的全局数据视图的建立，可以直接减少后续数据集成的工作量与频度。①

②服务与应用系统集成。服务与应用系统集成是信息集成的关键，它是消除信息孤岛的需要，也是为用户提供个性化集成服务的基础。首先，通过统一用户认证，使用统一的数据交换格式，对服务与应用系统用户进行统一管理。其次，可以利用数据交换平台实现应用系统之间的数据共享，同时解决跨系统互联问题和数据一致性问题，从而使集成应用系统建立在一个可靠的数据基础上。第三，使用统一平台实现服务与应用系统的集成，从而为用户提供信息集成服务的单一入口，以实现系统集成和个性化服务目标。

③服务内容与功能集成。服务内容与功能集成建立在数据集成、服务与应用系统集成基础上，目的是满足用户对于信息的个性化需求。简单的服务内容与功能集成可以从信息发布与权限管理入手，使信息服务系统的各种信息能够按用户需求和权限进行组织。通过服务功能集成，用户进入信息平台后应看到所需的内容并且有权限获取所需信息。更复杂的内容与功能集成涉及文档管理、知识管理、目录搜索等，因此对平台提出了更高的要求。

④业务流程集成。业务流程集成是信息集成的进一步发展，在于利用工作流、消息、协同等技术，实现跨系统的流程集成，以使不同系统能在一个统一的平台中实现对用户服务的协同处理，从而为用户提供真正意义上的集成服务。业务流程集成不仅需要对服务系统有较大的修改和规范，同时涉及服务流程的再造与跨系统的重构实现。

⑤技术与环境集成。技术集成以数据库网上互联和在线分析工具为基础，其支持技术包括网络技术、软件技术、可视化技术等。环境集成的侧重点是进行信息基础设施、计算机应用软件和信息组织环境集成，以此构建交互的、开放的和动态的包容不同系统的信息描述、组织、开发和管理环境。②

基于平台的信息集成服务，要求在信息保障平台上实现跨系统的服务协

---

① 蒋东兴，等. 数字校园信息整合之我见[EB/OL]. [2007-10-25]. http://www.cic.tsinghua.edu.cn/cicoa/uploadfile/ 1801/0/1115691307890/1115691462944.doc.

② 何全胜，罗伟其. 信息集成若干方法比较[J]. 暨南大学学报(自然科学版)，2001，22(3)：52-56.

同。跨系统协同信息服务，指的是不同信息服务系统之间运用技术手段，通过互动(Interaction)和合作(Collaboration)协调完成信息服务任务。这里的平台信息服务涉及各服务系统的业务开展，其要点是在各自的服务中，实现信息和服务的交互集成。

基于平台的跨系统协同服务实质上是一种通过交互，在各系统之间提供的资源与服务的整合服务。它可以使单个系统不能解决的问题得以在平台上完成，从而产生大于单个系统的服务效益。

基于平台的跨系统集成信息服务的实现，需要利用平台进行资源协同、技术协同和用户协同。从平台角度看，信息资源聚集在构成平台的各信息服务系统之中。这些系统具有分布式资源结构和服务上的互补性，为了实现服务整合，有必要从以下几个方面进行协同：

①面向用户的跨系统服务组织协同。跨系统协同信息服务支持用户的跨系统信息需求，因而属于系统之间的服务合作。平台中的任一系统用户，可视为其他系统的虚拟用户；只要用户对某一系统提出需求，必然需要其他系统的配合。例如，在知识创新活动中，服务于知识创新的跨系统协同服务实际上是一个基于平台的交互集成服务，面对用户的知识创新需求，平台中的各系统应支持跨系统的知识内容发现、分析、解释、交流和组织，以此出发进行面向用户的服务组织协同。

②跨组织机构的管理协同。就组织体制和管理体制而言，由于信息服务系统具有按照管理层次确立运行体制的特点，因此跨系统的协同信息服务意味着具有不同隶属关系的信息服务系统之间的相互合作和彼此协调，其目的在于打破部门界限，实现以用户为中心的服务业务集成和整合。其中，不同信息服务机构结成特定的契约组织，是实现信息服务跨组织的协同管理基础。

③异构信息组织的协同。就信息服务系统运行而言，系统之间的不同主体取决于系统本身与系统外界的交互关系或交互协议。平台所连接的信息系统作为一种开放系统，进行开放式信息资源交换的关键在于在不同服务系统之间建立一种处理异构资源的协作机制和交互机制，以屏蔽分布在多个系统之间的差别，达到数据和服务共享的目的。

④多资源要素的全面协同。跨系统的协同服务将突破各服务机构的信息形态障碍，实现统一形态下的系统信息资源、组织资源、技术资源和服务资源的共用，这就需要将信息资源、机构资源、人力资源、技术资源集为一体进行全面协调。这种协同也是信息资源平台化共享和服务整体化组织的需要，表现为多系统服务面向服务对象的融合。

7.1.2　跨系统信息服务的协同安排

基于信息保障平台的跨系统协同信息服务应针对用户的需要，进行系统间的信息整合、信息定制、信息共享和信息传播，全面支持知识创新信息传递、沟通、处理及利用。基于这一目标，可以进行平台协同服务的功能设置和服务业务组织，如图 7-1 所示。

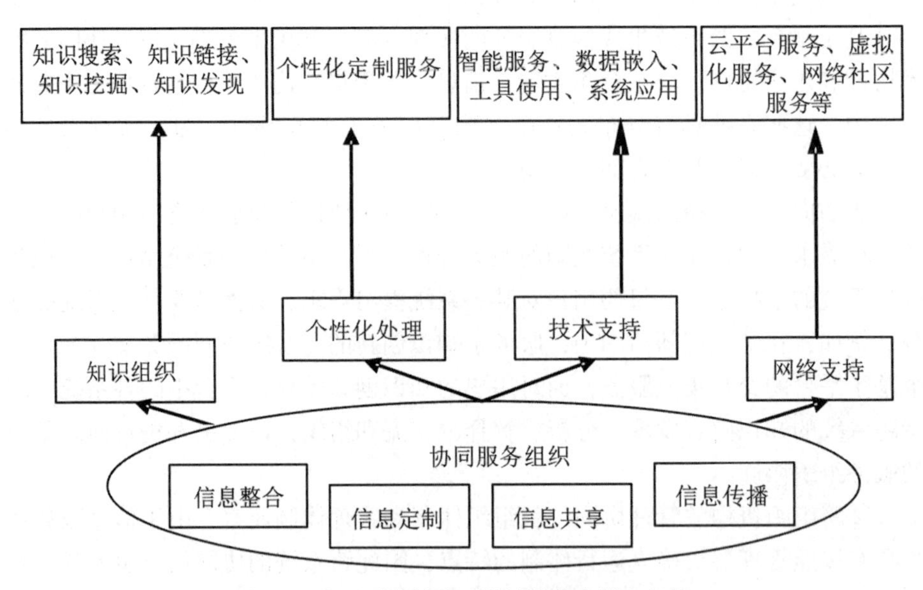

图 7-1　基于平台的跨系统协同信息服务组织

基于平台的跨系统协同服务的组织在于，在协同服务的基本层面，实现跨系统信息整合、信息定制、信息共享和信息传播，构建基于平台的协同信息服务资源基础。

①信息整合。在知识创新信息保障平台中，信息服务的用户是从事知识创新的部门和人员，包括科学研究人员、管理人员等。从协同服务组织对象上看，包括针对创新用户的全方位信息服务和针对知识创新项目与过程的信息服务。从服务业务组织上看，集成服务的组织应立足于信息资源的交换和共享，通过知识发现、知识挖掘技术，实现基于知识重组和知识关联的服务，以提供参考和决策支持。基于平台的跨系统整合服务，拓展了服务功能，使用户对信息的利用从文献获取上升到知识利用。

②信息定制。提供可定制的、合乎创新用户特定需求的深层信息服务是重要的，服务的协同要点是开展面向用户的灵活性组合服务，包括服务业务、服务功能、服务资源的重组。在个性化服务组织上，业务组织的重点是推送服务、个性化资源重组和用户过滤集成服务。由于不同知识创新用户具有不同的知识瓶颈，因此定制服务应适应定向的创新服务要求。

③信息共享。信息只有在共享中才能得到充分利用，社会化知识创新也只有在社会化信息共享的基础上才能实现。基于即时通信、虚拟社区等技术的应用，平台跨系统协同服务可以提供有利于用户交流的环境，可以通过智能化的资源匹配和用户知识供需匹配，营造良好的氛围，促进灵活多样的用户交流，实现不同服务提供者、专家与用户群的协作，由此搭建系统和用户群之间的桥梁。

④信息传播。信息平台关键技术的突破和数字信息源共享工程的实施，极大地提高了信息传递与扩散的效率，开拓了基于平台的协同信息服务业务，使网络环境下的平台虚拟服务得以发展。平台信息服务完全可以在网络支持下实现虚拟联合，即按虚拟服务融合机制，建立基于平台协同的服务联盟。其联盟成员可以实现一定规则下的服务与用户互动，从而构建面向创新用户的传播服务网络。

在协同信息服务组织基础上进行集成知识的组织架构，实现面向用户的个性化处理，应在技术实现、网络支持上予以全面保障。以此为依托开展基于平台的知识搜索、知识链接、知识挖掘、知识发现，组织面向用户的个性化定制，提供智能服务、数据嵌入和系统应用工具，推进基于网络的云计算服务、虚拟服务和网络社区服务。

从宏观上看，为适应信息服务支持国家知识创新的要求，需要构建基于知识联网的协同信息服务平台。无论是在全国范围还是地区范围，平台都是创新服务的基础。网络平台将多个系统进行网络联结，通过对各系统进行时间、空间和功能结构的重组，形成合作—协调管理机制，目的是实现面向创新的信息服务系统联动。这种联网应是跨部门和地域的，因此需要改变原有专业信息网络的服务关系，实现包括科技、经济、文化、教育信息网络服务在内的信息服务系统之间的互通，即实现面向知识创新的多网融合。平台运行的协同，在于重构面向创新用户的网络平台服务体系，通过建立服务系统间的依赖和协作关系，构建信息服务生态协调系统。

基于平台的跨系统协同信息服务针对各领域的机构和用户需求，建立面向服务的开放架构，通过各信息系统的协同组织、融合资源、技术与服务，创建一个开放化的服务协作环境。

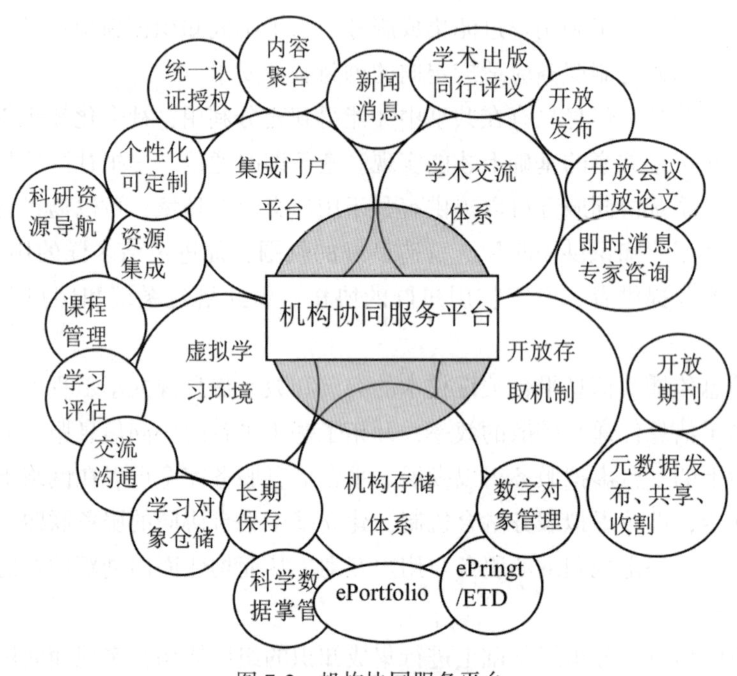

图 7-2　机构协同服务平台

在具体实施上，具有普遍意义的平台协同服务结构如图 7-2 所示。① 对用户而言，跨系统协同服务旨在满足全方位信息需求，使之享用一站式的全程服务。因而，平台协同应将用户个人资源系统包含在内，注重为用户营造个性化的交互式协同服务空间，实现以用户需求为导向的微观层次的资源和服务整合。在服务业务组织上，建立基于用户体验的互通协同服务机制，为用户构建一个无缝关联的信息服务门户。

在复杂的信息环境中，信息集成平台与用户不是简单的服务提供与利用关系，而是基于平台的交互关系。平台运行中，信息服务人员和用户交互、共享信息资源和技术。因此可以将信息服务系统嵌入用户创新环境，以促进双方的

① 赵瑞雪，寇远涛，鲜国建，等. 领域科研信息环境构建研究[C]// 2012 年全国知识组织与知识链接学术交流会，2012.

信息交流和协同技术共享。从这一意义上来看，基于平台的跨系统信息服务并不是传统意义上的信息代理，而是将平台与用户融为一体的服务协同。

基于平台的跨系统信息服务协同取决于多个信息服务系统的交互，通过信息交互，在多个合作者之间需要确立一种稳定的协同关系，以此形成信息组织规范、服务内容和技术支持上的规范。这种规范不仅维持平台运行，而且制约基于平台的各信息系统的信息资源、技术与服务管理。由此可见，完善信息平台的协同机制和确立合理的协同关系是重要的。

跨系统信息保障平台建设的实现，并不意味着协同服务的完成。事实上，平台连接的各个系统，可能仅限于信息资源层面的共享和用户的互用，并非服务业务层面和用户管理层面上的协同实施。如果方案的实施效果达到了既定目标，则此方案就是成功的；否则，需要在服务实践中查找原因，以进行改进。

7.2 跨系统联合体的协同服务组织

信息服务系统之间的相互合作方式和协同内容是多种多样的，可以通过多种模式，从多角度或多层次实现跨系统协同信息服务。因此，需要根据协同目的进行服务模式的选择。从基于平台的信息服务协同业务组织上看，可以将跨系统协同信息服务区分为跨系统联合体服务模式、跨系统的协同定制服务模式、一体化虚拟学习协同服务模式和跨系统协同数字参考咨询服务模式等。事实上，在跨系统协同信息服务实现中，还存在着服务模式的组合问题。

7.2.1 联合体服务架构

跨系统联合体协同服务模式是指不同系统的信息资源和信息服务提供者，本着资源共享和互用的原则，通过协议结成协同服务的联盟关系，在统一的结构框架下进行信息资源的共同分享和联合服务，以使信息资源的效用达到最大化。跨系统的协同服务联盟成员共同支持一组服务标准，以便于成员之间的互操作。联盟的成员只要支持共同约定的一组平台化的服务，就可以拥有完全不同的系统服务效果。

跨系统联合体协同服务的平台架构如图 7-3 所示。不同系统的信息服务机构以信息资源的共建和共用为目标，在已有的各类数字资源基础上，通过统一的标准规范，对多种信息资源以及服务进行多种形式的整合，建立一个分布式、开放的数字化信息服务环境，以向用户提供全方位、多层次、无缝链接和个性化的信息内容服务(包括统一检索、全文传递、参考咨询等协同服务)。

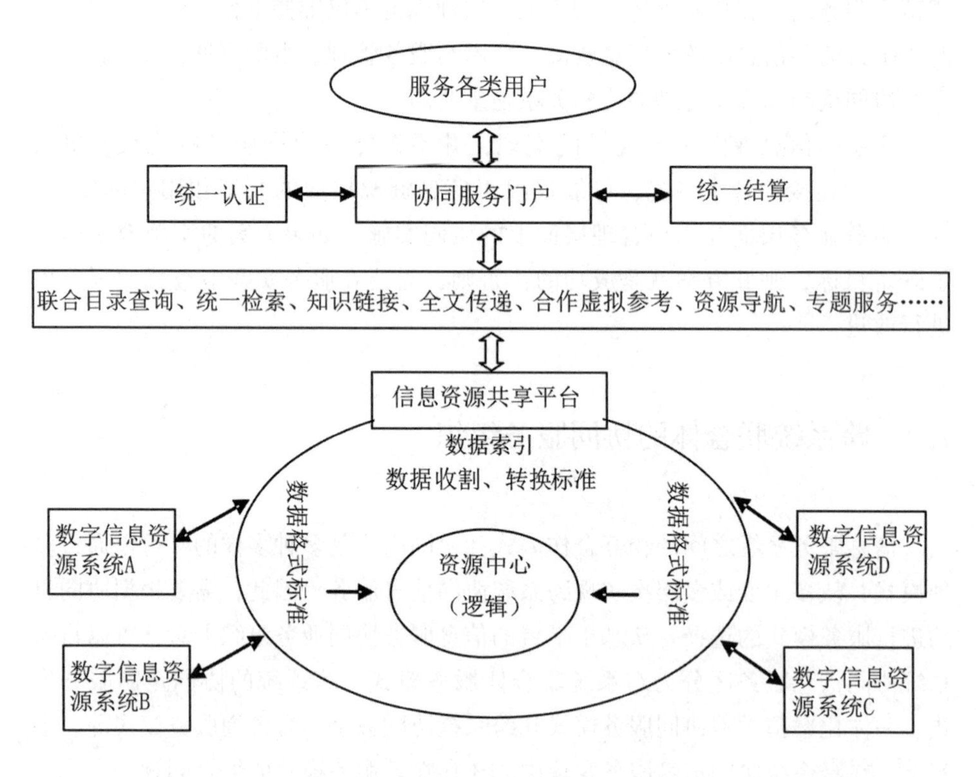

图 7-3 跨系统联合体协同服务模式

如图 7-3 所示，在 A、B、C、D 系统中，各系统的信息资源分散存储于各自的系统进行自行管理维护，由资源整合中心(平台)利用分布式数据库技术统一集成，建立索引，为用户存取信息提供入口，按照共享原则向授权使用信息的系统或人员提供信息联机存取和传递服务。这些系统和人员共享一个在逻辑上公共的资源库(物理上可能是分布在不同地理位置上的多个数据库集合)，各自与数据库进行信息交换，通过资源共享平台入口达成互联。在这一流程中，为逻辑资源库提供源数据的系统实际上也是一种用户系统。一方面向资源整合中心提供资源，另一方面又从中获取共享资源。

基于资源共享的联合体协同服务模式具有如下特点：

以信息资源的交换和共享为目的，实现多个服务系的互联，其共享资源具有分布式结构特点。

联盟中的各信息服务系统相对独立，相互关联，从而形成一种松散的耦合结构。

联盟中的系统，通过开放链接实现资源与服务的整合。

在集成服务中，任何一个系统都是联合体协同服务体系中的一个有机组成部分，各系统遵循同样的功能/服务规范、数据标准和接口标准规范。

跨系统的联合体服务以信息交换和共享为基础，关注应用接口层的转换、应用与系统之间的数据流的流动和基于平台的数据的交换与整合。因此，跨系统的信息资源交换机制的构建、数据库应用程序以及相关服务的接口规范就成为其中的关键。

信息交换是服务协同的基础，跨系统的信息资源交换的目的是使离散分布的信息资源系统发生数据和应用关联，通过彼此之间的交互利用，形成网状信息资源交换协同关系。

信息资源交换最大的难题是组织困难。从宏观上看，由于信息资源处于离散的分布状态，如果总体上还没有统一的交换制度与机制，因而缺乏统一的信息资源交换标准和信息共享基础。这就要求在信息保障平台中确立有效的交换协同机制。

数字信息资源交换的展开是为了用户之间的信息共用，因此其基本架构应包括数据连接与访问、应用服务支撑以及数据转换等内容。信息资源交换的支持环境是信息网络和基础软硬件，它必须保证参与信息资源交换的网络无障碍互通，这是交换的前提。信息资源交换技术主要有专门开发的数据交换接口技术、总线和适配器技术、数据仓库技术、基于元计算的信息资源交换技术等。① 由于基于传统技术构建的信息资源交换系统没有统一的信息表示标准，且可扩展性和可复用性比欠缺，因而需要解决如下问题：

屏蔽数据层数据结构和表示方式的异构，实现信息的统一表示。

信息的语义识别、数据格式应能满足业务的要求。

数据应易于传输，能兼容各种网络系统和通信协议。

建立数据格式、数据内容、网络传输和权限控制等不同层面的安全防护

---

① 牛德雄，武友新. 基于统一信息交换模型的信息交换研究[J]. 计算机工程与应用，2005(21)：195-197，226.

机制。

在信息资源的交换和传输中，协同服务联合体应建立联合仓储系统，以便对各信息服务系统的特色资源，甚至包括商品化资源和公共网络资源，进行组织、集成、链接，以此形成一个异构的资源联合仓储系统，从而实现跨库检索和资源调度协同。根据数据共享的形式，联合体的协同服务方式大致可分为数据联合方式和数据整合方式。

如图 7-4 所示，数据联合协同服务方式实现了分布式数据的同步实时集成。数据联合服务器提供了有效连接和处理异构信息的解决方案。数据联合服务器负责接收定向到各种来源的集成视图查询。它使用优化算法对其进行转换，从而将查询拆分为一系列操作，然后将其集成，最后将集成结果返回到原始查询，从而以同步方式实时完成服务协同。

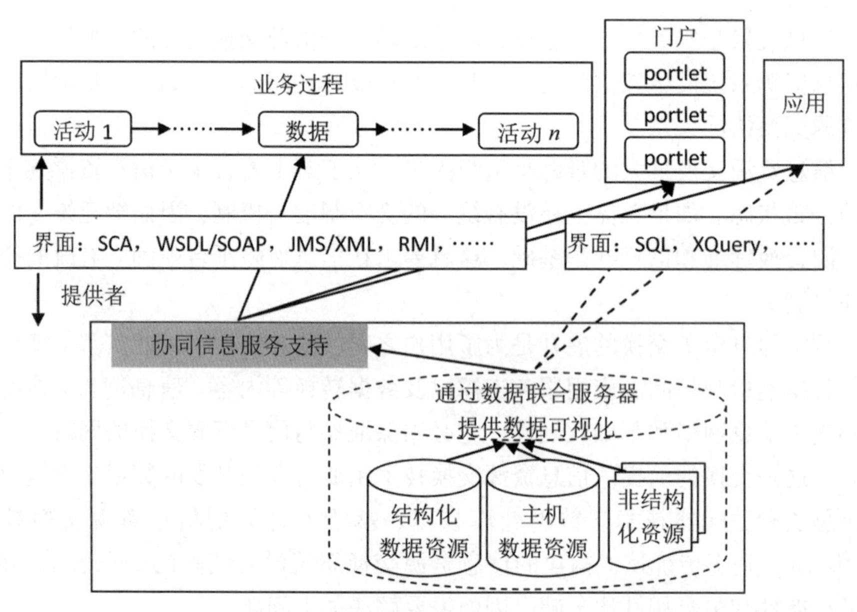

图 7-4 数据联合的协同服务方式

数据整合在于，将空间与时间上有关联的信息资源集成为具有多维网状结构的整体。对于不同结构、不同加工级别、不同物理存储位置的信息资源，将重复与冗余剔出后，通过关联知识的网络化，使相关资源构成一个统一的有机整体，以发挥信息服务机构的整体功能与效益。

如图 7-5，数据整合服务在各系统数据交换和共享的基础上，需要完成数据抽取、转换和装载(ETL)。通过抽取和转换，可以对各种异构资源(如关系型数据库、文件数据库等)进行有效整合、重组与集成，从而屏蔽资源的异构性，最大限度地提高现有资源的利用率。"数据整合"通过整合服务器收集或提取来自不同数据源的数据，然后对源数据进行集成转换，最后将经过转换的数据进行有目标的存储。这个过程可以重复，或者由业务流程重复调用。

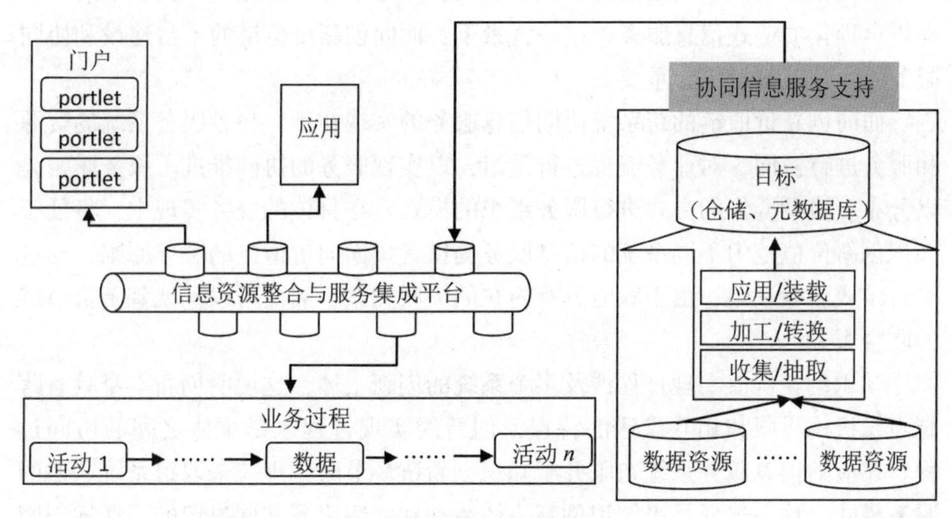

图 7-5 数据整合协同服务方式

联合体协同服务的开展以检索和传递服务为主，包括统一检索、本地知识库建设以及全文传递、代查等其他扩展服务。

统一的标准规范是跨系统的协同服务联合体构建服务调用的基础。协同服务联合体所遵循的标准规范包括：项目建设规范、各级门户建设规范、数据规范、接口和集成规范等。元数据标准规范和应用接口的标准规范是其中的关键。统一的基础信息包括统一文本信息和统一用户信息。统一的基础信息保证服务系统采用标准化的数据收割协议和规范统一的元数据标准，以支持外部信息服务与数据交换。

7.2.2 基于平台的服务联盟组织

从实施上看，基于平台的服务联盟面向用户的跨系统需求而建立。例如，知识创新服务中，越来越多的组织不得不处理多个学科相互交叉、多种技术相互融合的问题，在高技术领域尤其如此。然而要求每一个研发机构都具备多种必要的创新知识是不现实的，因此寻求信息保障平台上的知识是重要的。由此可见，基于平台的知识联盟是实现协同知识保障的可行方式。

根据知识创新价值链的形成，可以考虑各系统、机构服务的协同组织问题，以便构建面向开放式创新的协同服务平台，从而更好地服务于知识创新。① 基于此，新的环境下信息服务需要根据知识创新价值链的价值实现过程，围绕基础研究、应用研究、试验发展、产品设计、工业生产直至市场营销提供全程化的链式信息服务。这一背景下，面向创新价值链的平台建设和协同服务的实现就显得十分重要。

面向创新价值链的跨系统协同信息服务的实现在于，将各服务系统的资源和服务进行协同，对业务流程进行重组，以实现服务的协同推进。服务联盟是以分布、协调合作的方式进行服务组织的模式。在具体的服务实现中，将处于知识创新价值链中不同系统的信息服务提供者按面向价值链的服务原则，通过平台结成服务联盟；由于联盟具有内在的关联关系，因而可以开展基于价值链的联合服务。

知识创新价值实现过程涉及多个系统的创新主体，这说明创新本身具有跨越组织机构界限和相互渗透的特点，创新的实现过程也是主体之间的协同过程。相应的信息服务系统在服务于知识创新链环节时，理应采取跨系统联盟的服务模式。这一选择是由知识创新主体活动和联盟服务共同决定的。在知识网络环境下，处于价值链中的服务机构完全可以在网络支持下实现虚拟联合，按虚拟服务融合机制，建立基于服务协同的联盟；其联盟成员可以超出现有信息服务网络的范围，实现一定规则下的服务内容与功能拓展。

从知识创造、转移、应用的全过程看，知识创新需要多元化、相互依赖和多向交流的信息服务系统支持，以促进信息在企业、研究机构以及政府部门中的流动。这就要求在分布、异构和动态变化的资源和服务环境下，提供跨系统、跨部门、跨学科、跨时空的信息，实现创新资源和创新活动的紧密结合，保证创新价值链中工作流、信息流和知识流的通畅，从而促进创新价值链中各环节的耦合和互动。知识创新价值链价值实现过程中，每个环节需要的信息资源分散在不同的服务系统中，科学研究中所需的科技文献、科学数据等资源分布在相关的科技信息服务部门，而技术开发所用的标准、专利等信息存在于相关部门的系统之中，市场营销需要的客户需求信息往往需要通过行业信息服务

---

① 胡潜. 创新型国家建设中的公共信息服务发展战略分析[J]. 中国图书馆学报，2009(3)：23.

机构获得。为了完成知识创新的价值实现，用户需要从不同的信息服务机构中获取信息资源。然而，信息资源的分系统、分部门的分散服务现状却增加了用户获取信息的时间成本和经济成本，这就需要信息服务机构面向创新价值链的服务协同。

围绕基础研究、应用研究、试验发展、产品生产直到市场营销，信息服务系统应充分发挥联合服务优势，确保信息资源在创新价值链上的顺畅流动，在充分共享信息资源的同时通过协同服务和创新合作实现信息资源价值的增值。通过协同管理和整合，要求把各个独立的资源系统融合成为一个不可分割的整体，从而确保信息资源的整合不受系统、部门的限制，以实现全局性的协同服务优化。在信息服务面向价值链的平台组织中，要求能够跨越组织结构和部门系统的障碍，在技术上提供统一的平台界面，以满足知识创新各环节的资源需求。

知识创新价值链的演化决定了信息服务联盟的变革方向。基于知识创新价值链的信息服务规划、管理、组织与平台化推进，必然要求以创新价值链的价值实现为导向，进行科学的平台服务业务重构。围绕价值实现环节，协同服务平台应根据各环节所需的信息进行服务业务的优化。针对信息服务的系统局限性，知识创新价值链导向下的信息服务协同旨在实现服务的升级和服务功能的集成，为不同创新主体提供一个有利于知识获取、挖掘、共享、利用的信息保障环境。①

跨系统服务联盟的业务流程协同关键，是将创新活动环节所需的服务业务分解为更小的业务环节，从而对信息服务系统的服务业务进行重新组合。在基于平台的协同中，现有服务系统可以将各自的业务进行分解，将其中更为细小的部分视为一个独立的系统组件；其中每个子服务独立自治，这样就可以围绕更小的业务单元进行服务的跨系统组织，从而达到服务优化的目的。

如图 7-6，跨系统服务联盟的全程化服务组织包含两个方面的意义：一是围绕知识创新价值实现的过程提供全程服务；二是开展各信息服务系统基于平台的服务协同。根据知识创新价值链的价值实现过程，通过构建服务平台的方式组织跨系统全程化信息服务，可以将信息资源系统、服务业务系统和用户系统融于同一网络空间，从而按知识创新价值实现过程来组织、集成、嵌入服

---

① Liu B, Liu S F. Value Chain Coordination with Contracts for Virtual R&D Alliance Towards Service[C]//The 3rd International Conference on Wireless Communications, Networking and Mobile Computing, 2007: 3367-3370.

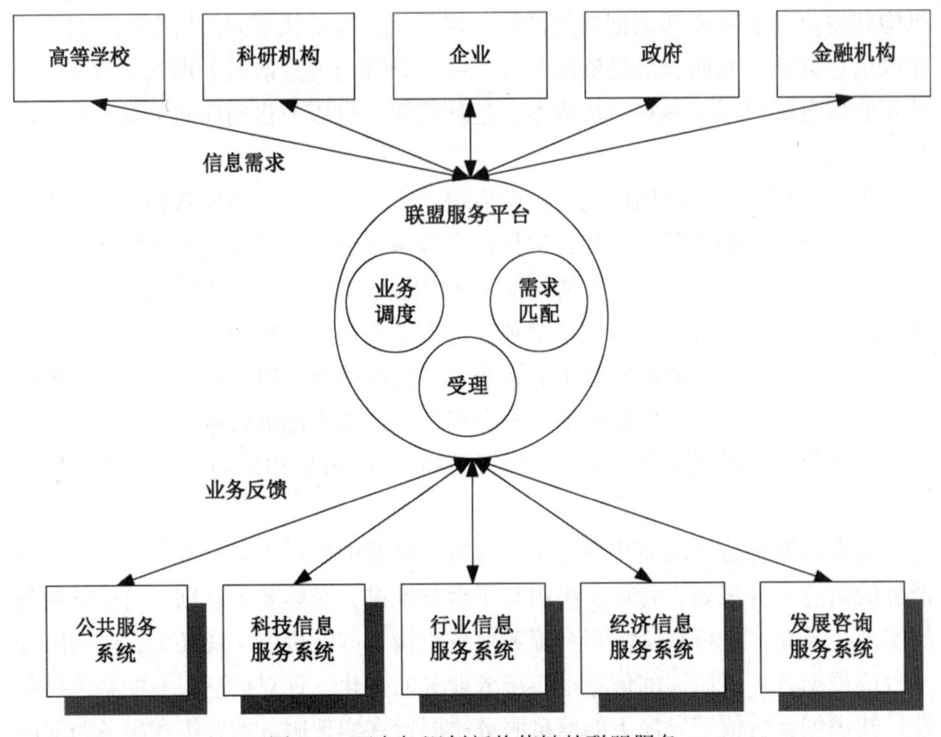

图 7-6 面向知识创新价值链的联盟服务

务，实现各类信息资源之间的连接、交换、互操作、协作和集成。

服务联盟平台能够及时处理和连接所有相关信息到创新价值链上的主体系统中，平台中心是连接各信息服务系统和价值链的核心节点，具有数据存储、数据处理和存入/读取的功能。价值链上所有的创新主体和服务系统通过平台连接，形成了一个共享信息系统。由此可见，共享系统的协同应是信息服务机构之间以及服务机构与创新主体的全面协同。

与动态联盟具有的时效性相比，跨系统协同信息服务具有相对稳定性。其一，跨系统协同关系是比较稳定的，这是因为参与协同的信息服务机构之间的信任关系稳定。其二，跨系统协同信息服务仍是动态性的，但这种动态性是可预知和控制的，因此跨系统的协同信息服务的稳定是相对的。据此可以构建具有动态稳定结构的组织管理体系。

在基于平台的跨系统协同信息服务中，信息服务系统之间协作关系的动态演变过程，是一个随信息环境和用户需求变化而变化的过程。在关系演化中，不断进行协同目标、协同对象及协同对象之间的适应性调整是必要的。一方面，协同对象可随用户需求动态变换；另一方面，各协同对象之间的交互作用会引起协同服务系统发生自组织演化。

跨系统的协同信息服务具有开放性。各信息服务系统之间通过平台不断进行信息交换、技术共享和信息资源互用，从而使系统走向有序。信息服务系统之间各协同要素存在非线性作用关系。由于用户需求的变化，各要素随时间、地点和条件的不同体现出不同的相互作用效应。技术因素的影响、用户需求的改变必然导致协同服务偏离原来的稳定状态。由此可见，跨系统的协同服务系统存在着自组织的演化特征。

平台连接的信息服务系统发展也是不平衡的，因而它们之间不可避免地存在着竞争协同关系。一方面，系统竞争使各系统趋于非平衡，这正是系统自组织的重要条件；另一方面，系统之间的协同在非平衡条件下趋于稳定。因此，在跨系统的协同信息服务实施过程中，必须认识到协同服务系统追求的目标并不是建立固定不变的静态有序协同关系，而是要建立具有活性的动态有序协同关系。同时，协同服务关系形成后，应在新的环境中寻求关系的合理变革和调整，以维持平台协同服务的有序发展。

7.2.3 基于平台的跨系统协同信息服务环境建设

对用户而言，基于平台的跨系统的协同信息服务开展意味着可使用统一的界面访问多个系统的服务。显然，这种服务融合需要实现应用系统之间的交互，即在用户和信息服务协同平台的交互中形成一个“整体环境”。在这样的环境中，用户身份认证和平台服务利用才可能实现。

协同环境是跨系统协同服务的必要条件，因为任何事物都不可能脱离与周围环境要素的联系而孤立存在和发展。协同环境如何，对于协同服务的实施具有重要的影响。①

2007 年美国国会通过的“信息共享国家战略”(National Strategy for Information Sharing，NSIS)提出了跨部门、跨系统信息服务共享环境建设要求。其环境建设包括：制定一个对跨系统信息访问和共享能起实质作用的政策，以改变相互叠加和互不协调的状况；在组织特定领域的信息服务中，确立程序化的协同管理体系；制定跨系统化的协同信息服务统一纲领，在各系统中推进用户参与的服务协作，实现应用对应用的数据交换；将业务流程重组聚焦在跨组

① United States Intelligence Community. Information Sharing Strategy 2008 [EB/OL]. [2009-01-10]. http://www.dni.gov/reports/IC_Information_Sharing_Strategy.pdf.

织的信息服务共享与访问中；创建跨系统信息共享标准，根据需求不断地进行标准调整和融合。基于环境建设要求，NISIS 提出了跨系统信息共享环境(Information Sharing Envirionment，ISE)的技术架构，如图 7-7 所示。①

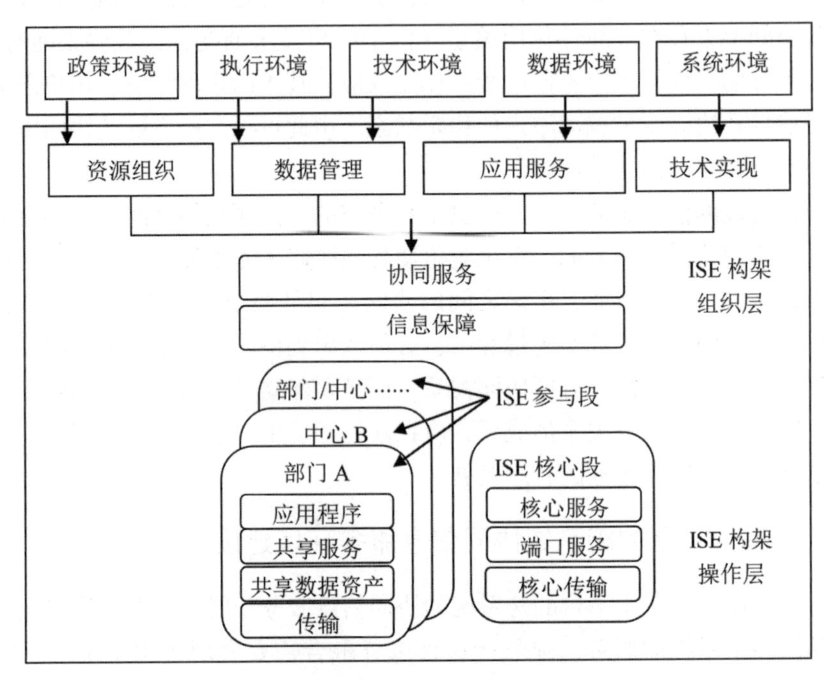

图 7-7 ISE 环境建设与协同服务组织

在平台服务的协同实现中，除政策和管理环境外，技术、数据与系统环境对具体环境产生直接作用。网络环境下的协同作业平台，对协同服务的保障应是实时、动态、集成、有序和开放的。协同服务环境应该是以人为本、以协作共享为中心、从应用的角度和需求角度来构建，而不是简单地从资源角度和流程角度。在以平台为支持的协同服务组织中，应注重三个方面的问题。

以互联网为基础。服务协同是在网络发展基础上的协同，它强调的是基于互联网的跨区域、跨组织、跨部门的平台协作。从服务功能融合上看，互联网的互动性使其成为协同软件的应用平台，网络平台技术的应用同时可以实现实

① United States Intelligence Community. Information Sharing Strategy 2008. [EB/OL]. [2009-01-10]. http://www.dni.gov/reports/IC_Information_Sharing_Strategy.pdf.

时与异步的信息流动与共享。

以流程协同为主线。流程管理是近年来非常重要的一种管理方式。平台协同流程管理的目的在于规范业务流程、促进平台服务发展。在以流程为主线的协同技术应用中，流程已成为其串联各项事务管理的关键，且呈现出柔性化、可视化特征。这也是平台协同技术环境区别于其他信息技术环境的主要特征之一。

以用户为中心。协同技术的核心是以用户为本，用户中心体现在协同应用系统的功能实现、流程组织和服务操作等方面。服务协同技术应用中的“人”可以是单个的自然人，也可以是部门、群组等。协同技术的“用户中心”特性主要体现在协同流程以人为中心，它赋予相应的协同操作权限，有利于实现用户与环境的协同。

平台协同服务得以发展的技术环境包括计算机及其网络技术环境，其中群组通讯技术、协同控制技术、同步协同技术、协同系统的安全控制技术、协同应用共享技术、应用系统开发环境和应用系统集成技术环境的形成是重要的。在技术环境中，核心技术组件为跨系统协同服务的实现提供支持。

传统的信息系统协同利用机器理解应用集成技术，随着 Web 2.0 的应用拓展，不同信息服务系统的交互协同越来越注重用户参与。一些专门设计的、可集成的 Web 部件，如开放 API，将系统部分功能延伸到系统之外，使信息服务系统在用户的操作上得以协同。基于平台的信息系统不能再被作为一个纯粹的客体对象进行设计，跨系统用户行为对系统的影响必须体现。显然，技术环境的改变决定了服务中的用户参与。在用户参与下，基于平台的信息系统的交互，使平台服务具备了内在的演化功能和对环境的动态适应功能。

值得关注的是，基于平台的跨系统协同信息服务，随着服务的开放和环境的变化，其服务组织已跨越平台边界，从而形成了与整个信息生态系统的协同运作机制，如图 7-8。

图 7-8 展示了英澳联合开发的开放式学习与研究信息生态系统 E-Infrastructure 结构(JISC & DEST)。① 其中，研究服务、学习服务、IT 服务、图书馆服务、管理服务等信息平台，共同构成了支持用户学习和研究活动的协同服务体系。体系中的平台运行在整体化的信息环境中。在环境作用下，各系统彼此协调，形成了与外部生态环境相容的分工协作体系。协同环境下，各系统交互合作，

---

① E-Infrastructure Programme [EB/OL]. [2009-01-12]. http://www.jisc.ac.uk/whatwedo/programmes/einfrastructure.

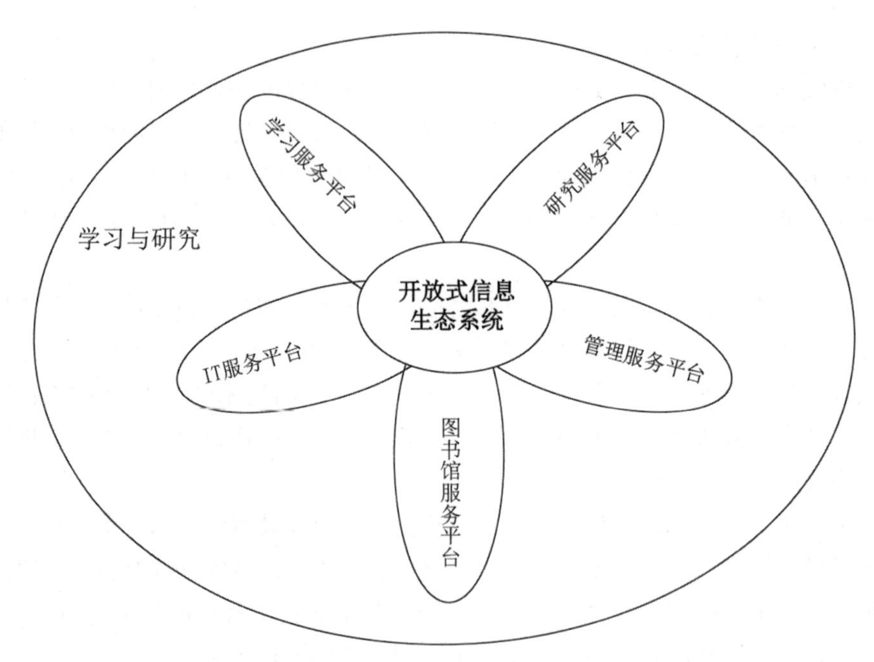

图 7-8 E-Infrastructure 开放式信息生态系统

根据用户需求、知识应用环境和知识内容结构进行服务组织与调节。

从环境的变迁中可知，基于平台的协同信息服务将进一步突破平台边界和系统的限制，在面向用户的开放化服务中，寻求与整个信息生态环境的融合。

7.3 面向用户学习的服务组织

学习型组织建设是知识创新发展的需要，从知识创新实现上看，知识创新与学习是密不可分的。创新中的学习过程体现在自主创新的知识发现、获取、交流和利用上。基于信息保障平台的服务应在一体化虚拟学习协同、虚拟参考咨询的实现和知识发现与挖掘上得到发展。

7.3.1 一体化虚拟学习协同服务

一体化虚拟学习协同服务架构如图 7-9 所示，其最大的特点是从用户的角度，将学习和研究与信息服务系统有机结合，把各项数字化资源和服务嵌入用户具体的学习过程之中，从而实现学习资源和学习活动的链接。

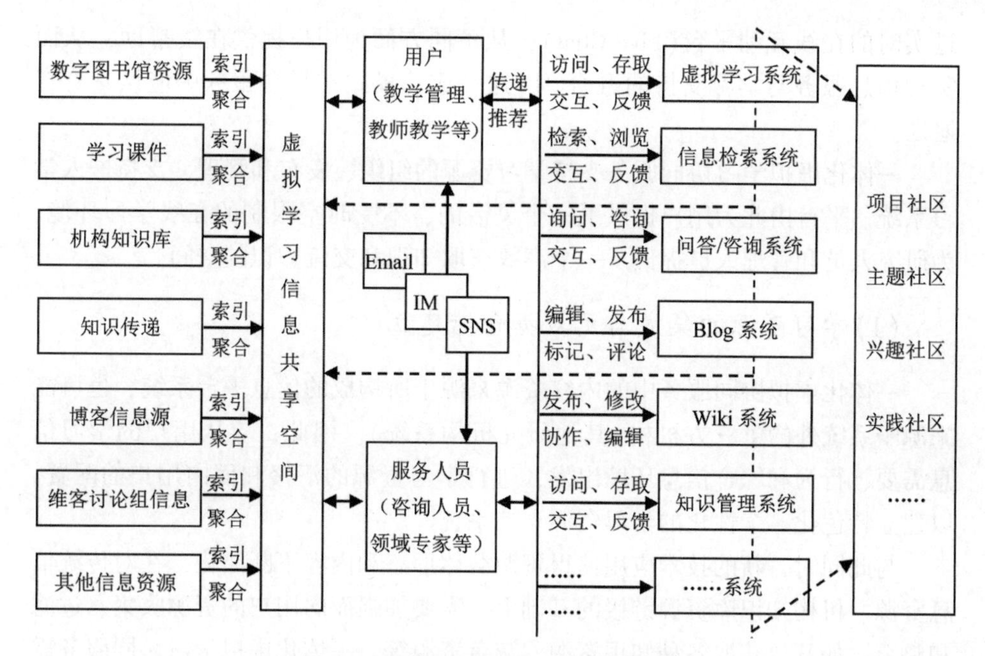

图 7-9　一体化虚拟学习协同服务架构

一体化的虚拟学习协同服务包含三个方面的构成要素，即资源、虚拟服务团队和互动网络。构建一体化虚拟学习协同服务的前提是有效整合多种信息资源和学习资源，包括平台中的数字资源、学习知识库、在线学习内容等，这些资源是建构知识框架和学习情境的基础，也是自主学习和协作的条件。① 从资源角度来看，信息平台在传统环境中承担着资源组织的角色，在虚拟学习环境下则是一体化学习系统的有机组成部分，需要解决的问题是资源的组织以及与虚拟学习环境的融合。从资源的组织方式上看，在用户任务驱动的基础上，以满足用户学习需求为目标组织资源服务，同时利用中间件技术和资源链接技术形成与学习活动相耦合的资源体系。

信息保障平台中的学习资源与服务通过整合，形成一个虚拟的资源综合利用和协同保障平台，可以支持学习资源的利用和学习活动的进行。

在一体化的虚拟学习协同服务平台运行中，可以通过服务团队对学习活动提供在线虚拟支持，如 Manitoba 大学图书馆在虚拟学习共享空间环境下通

① 任树怀，盛兴军. 大学图书馆学习共享空间：协同与交互式学习环境的构建[J]. 大学图书馆学报，2008(5)：25-29.

过实时的在线互动平台(Live Chat)，从不同方面为用户提供在线帮助，从而实现信息服务与学习支持的融合。① 这一成功模式在平台服务中应该具有普遍性。

一体化虚拟学习协同服务支持学习资源的组织、发布和管理，支持嵌入学习系统。平台由此为用户提供了一个灵活的、不受时空限制的在线学习环境，为研究人员和管理人员提供了一个高效获取知识和交流知识的空间。

(1)学习资源的集成与元数据仓储建立

一体化虚拟协同服务中的内容资源来源于所构成的信息平台系统，也可能来源于系统外的第三方机构(其他研究机构系统)。因此，应从用户的学习信息需要、行为和综合信息环境出发，进行学习资源的汇聚和面向用户的配置，以建立特色化、个性化的学习资源支持系统。

与此同时，新的技术应用使得资源载体形态和内容不断演化，在对传统信息资源、机构知识库资源链接的基础上，需要加强面向用户的资源收集、过滤和整合，如开放获取各种知识资源、灰色资源等。一体化虚拟学习协同服务需要对不同种类、不同来源、不同载体形态、不同数据结构的信息资源进行集成，通过统一的界面向用户提供异构资源的获取和利用服务，以屏蔽用户访问资源的限制。在这一问题的解决中，元数据仓储的建立是其中的关键。元数据仓储的建立需要一个合理的规划，平台中的各协同系统在元数据建设中应承担相应的责任。

(2)技术应用的互联

虚拟学习环境维护在学习协同服务中是重要的，任何一个学习系统都不可能游离于虚拟学习环境之外，因而应该与虚拟学习环境融合，以利用现有的资源条件更好地为在线学习服务。

一体化虚拟学习协同服务建立在系统互联的基础上，目前有多种技术解决方案。美国Sakaibrary项目利用ExLibris Metalib/ SFX、Metasearch跨库检索和全文链接技术进行数字图书馆和学习管理系统的资源整合，以此形成基于学习服务的信息平台。英国联合信息系统委员会(Joint Information System Committee, JISC)构建的一体化虚拟学习平台中，其服务通过资源目录系统(Resource List

---

① University of Manitoba Library[EB/OL].[2008-10-30]. http://www.umanitoba.ca/virtual learning commons/pape/1514.

System)、开放链接标准(OpenURL)、电子资源 Java 获取技术(Java Access for Electronic Resource, JAFER)、可共享的内容对象参考模型(Shareable Content Object Reference Model, SCORM)等中间件来实现系统连接。在线指导学习环境项目(Authenticated Networked Guided Environment for Learning, ANGEL)推进中，开发了一种将数字资源整合到虚拟学习环境中的中介资源管理工具，以在一体化的虚拟学习服务中将各类资源加以选择、整理和揭示。图 7-10 展示了 DEVIL 项目的虚拟学习系统互联平台框架。

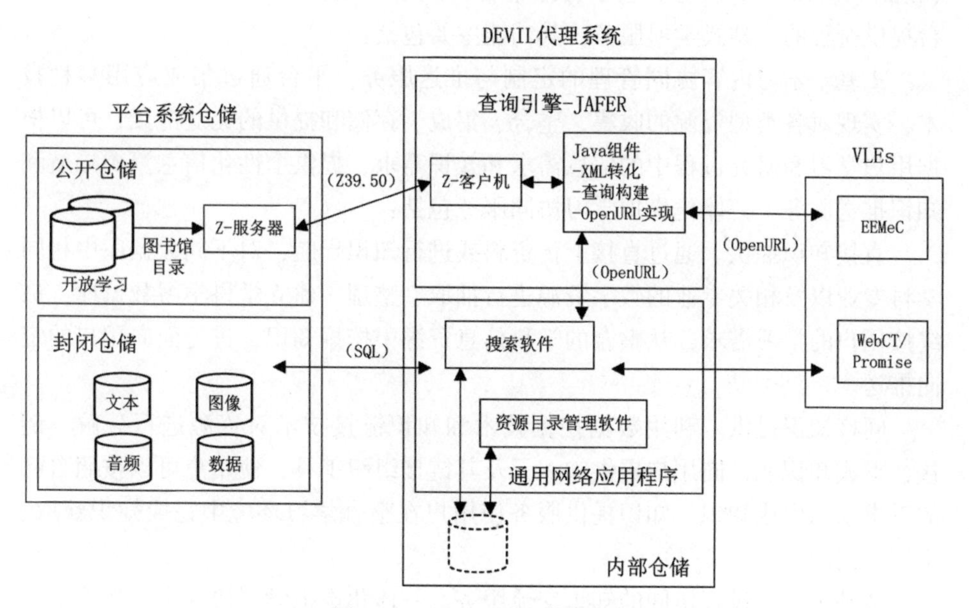

图 7-10 DEVIL 项目技术框架

(3)学习交流平台建设

E-learning 的学习方式正倾向于加强用户之间以及用户与系统人员之间的互动，因此，建立知识交流体系、搭建信息共享空间和知识交流的平台是一体化虚拟学习协同服务的重要内容。在交流平台建设中，应连接和支持多种形式的相互交流，包括 BBS、Wiki、blog、即时通信(Instant Messaging, IM)、社交网络服务(Social Networking Services, SNS)等多种社会性软件的应用，以便沟通和交换学习经验、共享知识信息和资源；同时支持用户发布信息、组织网络研讨、组建虚拟社区、进行群体交流，包括开放会议平台、开放论坛平台、联机讨论组、即时消息系统、协同学习和研究等。

一体化的虚拟学习协同服务实质上是支持用户在同一学习平台上获取信息资源、提高信息素养以及进行学习交流的服务。在一个集成学习环境和平台中，用户可以享受“一站式”服务，可以在专业人员帮助下，分析和处理信息、存储和转化信息，以实现知识获取和创新学习目标。可以说，一体化虚拟学习协同服务体现了传统信息服务模式向知识学习服务的转变。

一体化的虚拟学习协同服务从基于资源的知识提供转变到学习驱动(Learning-oriented)服务。基于资源整合的教学环境，按学习活动的流程，平台提供全程的一站式学习服务，其功能主要包括：

①基于学习内容协同管理的定制与推送服务。平台通过集成应用多种技术，实现对各类型资源的收集、整合、集成、存储和提供的无缝链接，可以根据用户学习和研究过程中的信息需求和知识需求，提供个性化信息资源导航和知识推送服务。一体化虚拟学习协同服务包括：

直接知识提供。通过直接上传资料或进行知识导航，对不同数据库中相同学科专业以及相关专业的数字资源进行抽取、整理，建立学科学习数据库，最终按用户的学习需求，从整合的学科信息资源中挖掘知识，进行面向用户的定向推送。

间接知识提供。利用数据挖掘技术和知识链接技术对资源进行分解、链接，形成知识元，向用户提供知识元及其链接组织工具，使用户可以按照自己的需求动态生成知识。知识提供服务使用户在整合学习环境中完成知识获取、交流和创新。

②基于学习过程协同的知识交流服务。一体化虚拟学习协同服务作为一种开放服务模式，为科研人员提供了一种协同交流的环境。其目的在于通过信息服务促进学习中的交流与互动。基于“感知—理解—应用”学习过程，平台根据相应的“学习主题”，提供特定内容的检索分析、学习辅助和全程资源保障。另一方面，交流平台帮助用户探讨共同的问题，利用博客、论坛等交流工具，寻找学习研究兴趣相似的交流对象，形成讨论组，展开交流与合作。虚拟学习环境中，学习活动面向问题和任务而形成虚拟目标团队，其广泛性、虚拟性、动态性、临时性使产生的知识比以往更难以保存、传递和再利用。因此，需要通过拓宽交流渠道，帮助用户捕获隐性知识并使之显性化。

③基于学习活动的信息素质培养。一体化虚拟学习环境中，学习活动的有效性极大地依赖于用户的信息素质与信息能力。因此，用户信息素质的培养和强化已成为服务的重要内容。其中，基于学习的信息素质培养包括信息意识、

信息能力、信息道德的培养和训练。在信息素养的提高中，仅靠信息服务人员的努力是不够的，需要建立基于平台的用户互动和用户与服务人员的合作关系。这种合作关系可以为信息素养的提高营造一个和谐的环境。

7.3.2 跨系统协同数字参考咨询服务

跨系统协同数字参考咨询服务是资源共享与数字参考咨询服务在网络环境下的结合、延伸和发展。基于信息保障平台的协同参考咨询将各系统参考咨询服务连成一体。这种互联不仅使用户可以跨系统地接受服务，而且扩大了咨询范围，使各系统的优势得以充分发挥。

(1)服务架构与实现流程

跨系统的协同数字参考咨询服务是一种充分利用跨系统平台来提供咨询的新型服务方式，基于平台的跨系统协同数字参考咨询服务结构如图 7-11 所示。

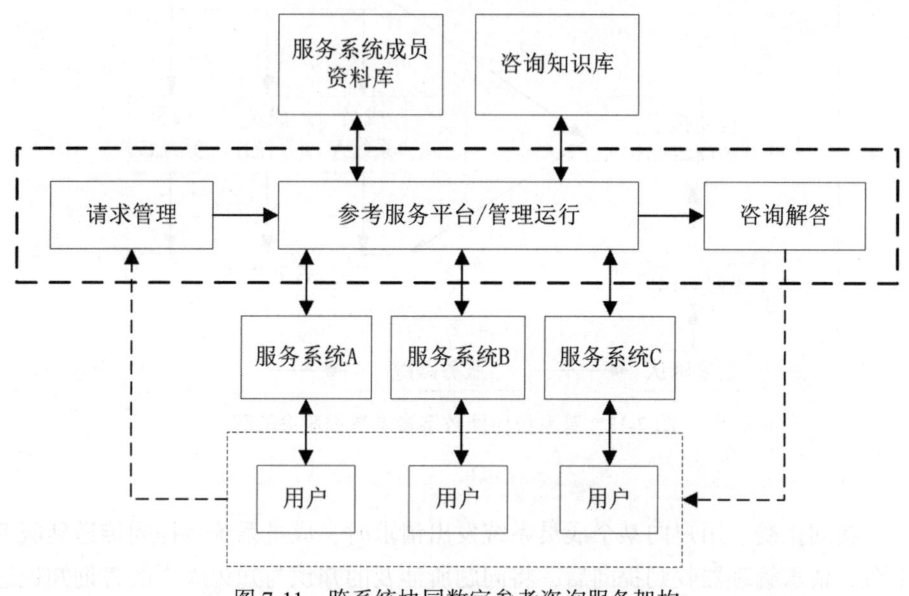

图 7-11　跨系统协同数字参考咨询服务架构

协同数字参考咨询平台包括以下四个部分：

①请求管理器。请求管理器是承担用户的提问输入、路由(Routing)和回答任务的软件系统，其作用是分派用户咨询提问和协调成员单位的服务，它通

过相应的调度机制将提问和回答有机地联系起来。

②服务系统成员资料库。服务系统成员资料库用来记录加入平台的成员系统的特征资料。成员资料包含咨询服务范围、服务用户的类型、地理区域等，经平台管理中心审核后，进行统一管理。这是咨询中分派咨询任务的依据之一。

③咨询知识库。咨询知识库用来存储各信息服务系统接受咨询提问的解答数据。知识库集中了参考咨询所需的推理规则，可供信息用户和咨询员随时检索和调用。

④管理运行系统。相关的管理运行包括服务运行、服务管理、组织与人员管理、系统管理和业务规范管理等。

美国数字参考服务专家 David Lankes 提出的数字参考服务的五个步骤对于跨系统协同数字参考咨询服务来说具有针对性，其流程如图 7-12 所示。① 在协同参考咨询实现中，存在以下环节上的安排：

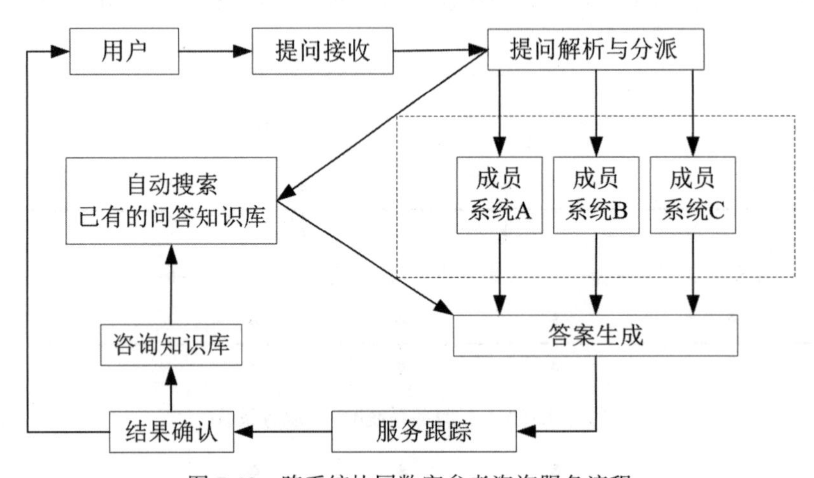

图 7-12　跨系统协同数字参考咨询服务流程

提问接受。用户向某个成员系统发出请求时，成员系统将提问传送到服务平台，请求管理器收到提问后，将问题所涉及的知识与知识库中的咨询知识进行比较，如果二者一致，自动将答案发送给用户；如果不一致，该提问由请求管理器直接受理。

优选安排。在优选安排中，请求管理器直接受理咨询提问，服务平台将对

① 陈顺忠．虚拟参考咨询运行模式研究(下)[J]．图书馆杂志，2003(6)：27-29.

咨询任务进行分配、排序和转发，即将提问与服务系统成员资料进行匹配，最终选择合适的服务成员，安排咨询任务。

问题解答。咨询服务成员单位收到分派的咨询提问后，利用其专业知识和本地资源进行提问解答，如果在一定时间内，被分配的咨询提问没有被回答，或者提问在分派中出现故障，则请求管理器进行再次分配处理。

服务跟踪。一旦提问被答复，经用户反馈后，该咨询回答结果将存储在知识库中，请求管理器随之结束对提问的跟踪管理，同时提问成员会收到答复通知。

知识入库。最后，平台对答复结果进行编辑加工，增加关键词、主题词的元数据标引，同时标记并审校事实性数据，使其进入供浏览和检索的知识库。

(2)协同参考咨询的实施

在分布式的合作咨询平台中，用户通过统一的界面进行提问，提问依据一定的原则分配给各成员系统进行解答。各成员系统之间通过平台协作，可以进行咨询的实时交互。这种模式中，平台中心机构(或管理中心)的协同组织作用就显得十分重要。由此提出了优化组织和服务调度的问题。

调度是协同参考咨询服务平台运作的核心环节，直接关系到系统平台的效率和服务质量。其基本要求是在各信息服务系统之间合理地解析和分派咨询任务，当成员系统接收到超出其咨询范围的问题或者虽属于自己咨询范围但咨询超载时，调度中心按照一定规则将问题分配到最适合的其他成员来解答，以保证咨询服务的高质量和更短的响应时间。①

在基于平台的服务中，当用户登录提问后，系统的自动呼叫分配器(Automatic Call Distributor)将提问按照一定的路径传送给合适的咨询员，如果不能实时解答，用户将被列入队列，这相当于一个网络路由器的作用。其中，程序自动调度在功能模块上一般包含了以下几个部分：

路由转发。大多数的路由转发是将提问转发给下一个能够提供服务的咨询系统，因此能够自动平衡所有系统的服务量。另外，还存在基于经验模式的咨询提问转发优选组合的问题，因此路由智能化是一个必然的发展方向。

队列管理。数字参考软件必须允许多用户同时访问，允许多位咨询员同时在线提供服务，因此服务软件必须支持多路排队的队列。这在由多个系统组成

---

① 徐铭欣，王启燕，等. 联合虚拟参考咨询系统的调度机制研究[J]. 河南图书馆学刊，2008(2)：49-51.

的平台化数字参考咨询中具有重要意义。

信息处理。信息处理模块处理用户登录信息，如果用户被排入等候队列，同时系统将估算用户需要等待时间，继而提供交互服务。

通知转发。这是服务平台允许某个咨询员把提问转发给平台内的其他咨询员，或者通知其他咨询员来接受某个提问的功能。在通知转发中，咨询员接收到转发提问的同时，也能接收到关于该提问的文本信息。

以上几个功能模块从技术上解决了数字参考服务中提问转发的问题，不仅实现了提问在系统中的相互转发和咨询员之间的相互沟通，同时也考虑了用户在提问转发过程中的感受和必要的知情权。

咨询调度可分为实时调度和非实时调度。实时调度根据时间及咨询台当前状态进行调度。在咨询调度中，系统内可以预先设好咨询时段，当用户进入平台需要获得咨询时，系统根据值班表自动转接各咨询系统，问答记录同时发送到本地临时库和平台临时库中。通过按咨询台状态进行调度，可以支持多个咨询台同时在线，实现咨询任务的分派优选。实时方式对用户是透明的，用户可以选择合适的交互途径进行咨询服务的利用。

非实时调度主要用于提问的自动分配处理。可分两种处理形式：若提问者选择了某一咨询系统，平台则将该提问直接发送至被选择的成员系统；若提问者未选择回答系统，平台将直接选择与提问匹配的系统，然后按排列出合适的回答系统。实际操作过程中，需要灵活采用多种调度方式，由系统自动完成咨询作业的调度。

7.4 跨系统个性化协同定制服务

基于平台的跨系统协同服务聚焦于信息服务系统间的数据转化、传输和整合，其优势是较低的成本和高效的定制服务组织效率。由于知识创新是一个多组织、多阶段和多项活动的交织，因而必然存在对多个系统的服务需求。由于这些需求是相互关联、难以分割的，所以可以通过跨系统平台针对不同的服务对象提供多样化、综合性的服务内容。

7.4.1 个性化协同定制服务架构

跨系统平台的协同定制服务在一个由分布、异构的信息服务系统组成的开放环境中，根据用户需求，发现、解析和调用所需要的资源和服务。按个性化的服务流程和业务逻辑，可以将这些服务灵活组织起来构成新服务。

跨系统协同定制服务的系统架构如图 7-13 所示，包括服务提供、服务注册、服务生成和服务应用等基本环节。服务提供者向服务注册机构进行服务注册，发布服务的接口信息，以描述服务对于外界环境的要求和对外界提供的保证。跨系统的协同定制服务正从简单的功能封装向能够自主适应服务调用对象和网络应用环境的方向发展。

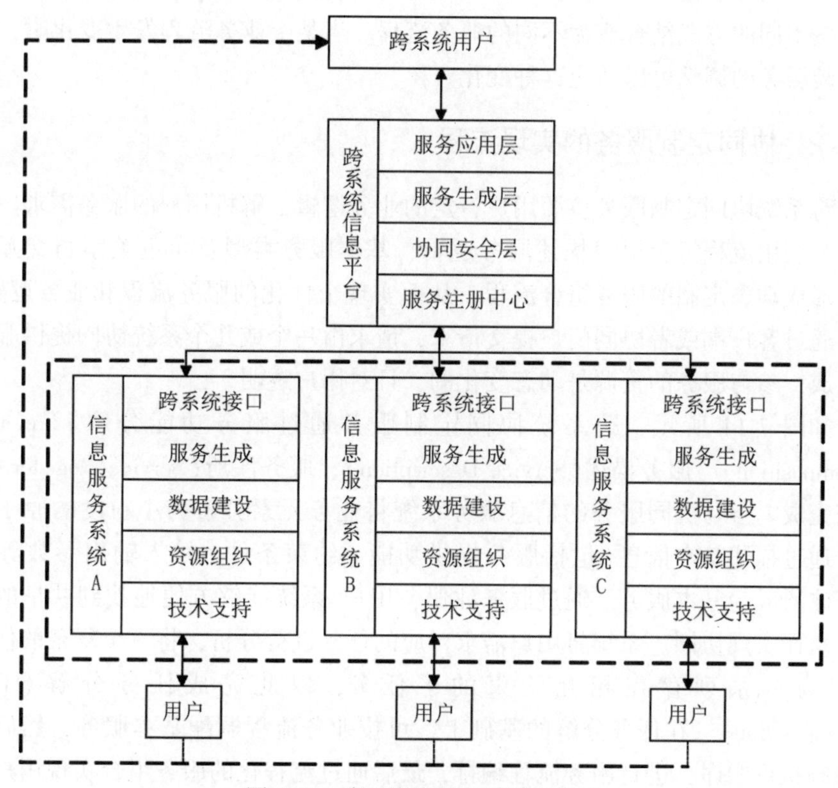

图 7-13 跨系统协同定制服务构架

跨系统的协同信息定制服务的特点为：

①用户需求驱动的差异化服务。每一个用户都是具有个性特征的个体，其需求各不相同。跨系统的协同定制服务为用户定制所需的资源和服务，采用服务组合的方式提供具有针对性的服务。其中，定制服务的核心是为不同的用户提供不同的服务。

②主动性的动态服务。各服务系统将自己的服务功能包装为 Web 服务进

行发布，服务系统之间应用户的需求而结合成一种动态的合作关系。根据用户需求的变化，平台实现对服务过程的调整，进行服务内容和方式的动态更新，达到“用户需要什么，平台提供什么”的目的。

③以服务为中心的协同模式。在协同中，各信息服务系统的功能被封装为基于标准描述和提供访问的服务。这些来自不同系统的服务，不需要关心对方的位置和实现技术，只需要以松散耦合的方式交互完成。所以，只要服务的接口不变，服务的使用者和提供者都可以自由活动而互不影响。通过组合，服务可以按不同的方式结合成为不同的业务流程。当某个业务流程发生变化时，通过组装服务的调整可以适应这种变化。

7.4.2 协同定制服务的实现流程

跨系统协同定制服务按照用户特定的业务逻辑，解析用户的服务需求。服务系统利用流程组合语言描述服务逻辑、基本服务类型及角色关系与交互机制，形成动态定制的服务组合流程，从而实现个性化的服务流程和业务逻辑。用户通过客户端或者协同门户提交请求，请求由一个或几个系统协同提供服务来完成，参与服务的资源是动态变化的，且对用户透明。

如图 7-14 所示，跨系统协同定制服务通过服务功能分解(Function Decomposition)、服务描述(Service Description)、服务注册(Service Register)过程来完成。参与协同服务的信息服务系统将业务元素分解为小粒度的原子系统，通过描述基本信息(包括服务提供功能、约束条件、输入输出参数等)，将其注册成为基本服务。通过服务注册，用户/系统能够方便地找到共享的服务，从而实现协同。系统将用户需求对应的任务进行分析，将一个复杂的任务分解为一系列存在相互约束的子任务，以此完成任务分解(Task Decomposition)。在任务分解的基础上，可按业务流程调配基本服务，然后确定服务执行顺序，进行服务流程编排，最后通过流程化的服务组合实现用户请求到服务资源的映射。

动态服务组合是协同定制服务实现的关键。目前，动态服务组合有基于流程驱动的方法、即时任务求解的方法等。

动态 web 服务组合依赖于 web 服务描述，目前存在的服务描述可以分为两大类：句法层描述和语义层描述。

WSDL(Web Service Description Language)是一种基于句法层描述的 Web 服务描述语言。它将 Web 服务描述定义为一组服务访问点，客户端可以通过这些服务访问点，对文档信息或面向过程的服务进行访问并开展远程调用服务。

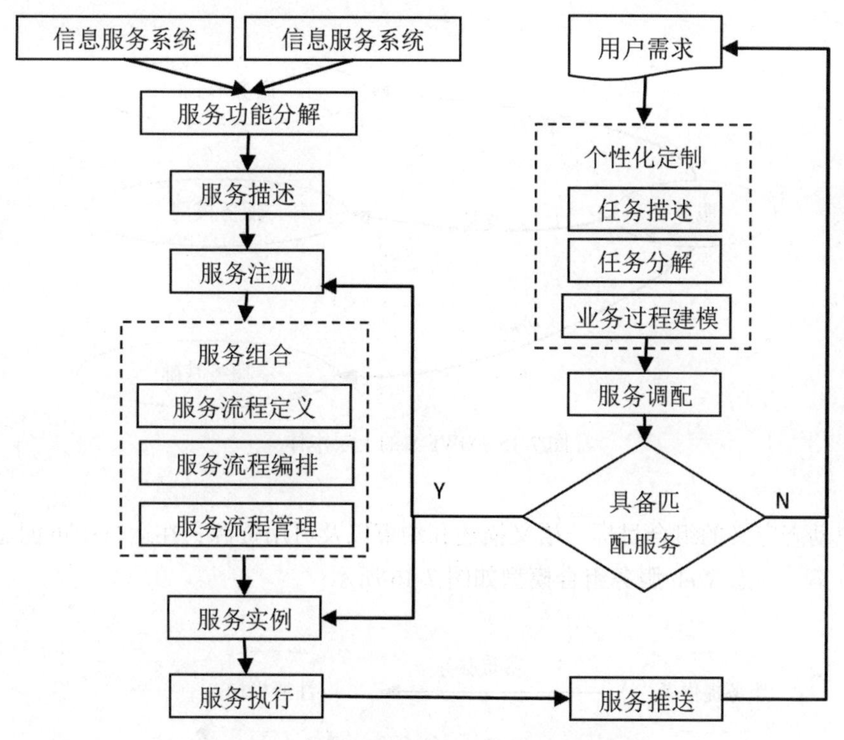

图 7-14 跨系统的协同定制服务的实现流程

WSDL 首先对访问操作和访问所使用的请求进行抽象描述，然后将其绑定到具体的传输协议和消息格式上，以便最终定义具体部署的服务访问点。相关具体部署的服务访问点通过组合，成为抽象的 Web 服务。WSDL 作为最初的 Web 服务，只是从句法层对 Web 服务进行描述，而不支持丰富的语义描述。

OWL-S(Ontology Web Language for Services)是一种服务本体，由服务形式、服务基础和服务模型三部分组成，如图 7-15 所示。

服务形式(Service Profile)描述服务能做什么，用于自动服务发现；服务模型(Service Model)描述服务如何实现，即描述服务过程，用于服务组合和互操作；服务基础(Service Grounding)描述实现对服务的访问路径。基于 Web 服务的语义描述，服务可以被发现、选择、组合、沟通和监测，可得到最大程度的实现。

服务组合(Service Composition)又称服务编排(Orchestrated/Aggregrated)，通过描述 Web 服务参与者之间跨机构的协作，面向业务过程进行有关 Web Service 的合成。通过合成，可以提供复合功能，支撑 Web 服务的嵌入。根据

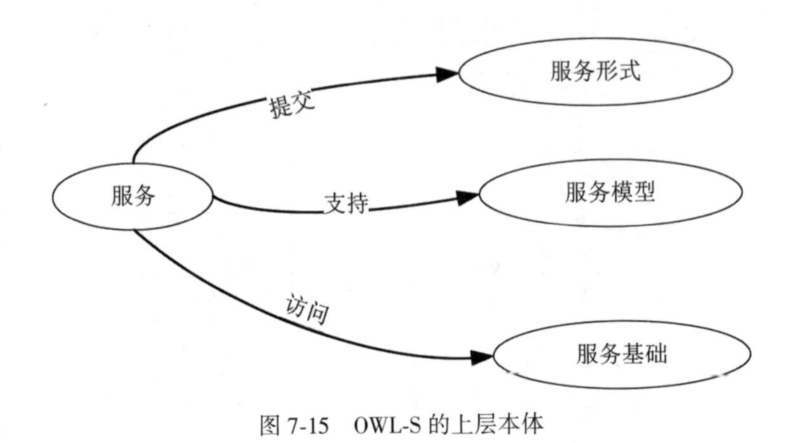

图 7-15 OWL-S 的上层本体

用户动态定义的组合目标、语义描述和约束以及可用资源，在运行中可创建组合方案。动态 Web 服务组合模型如图 7-16 所示。

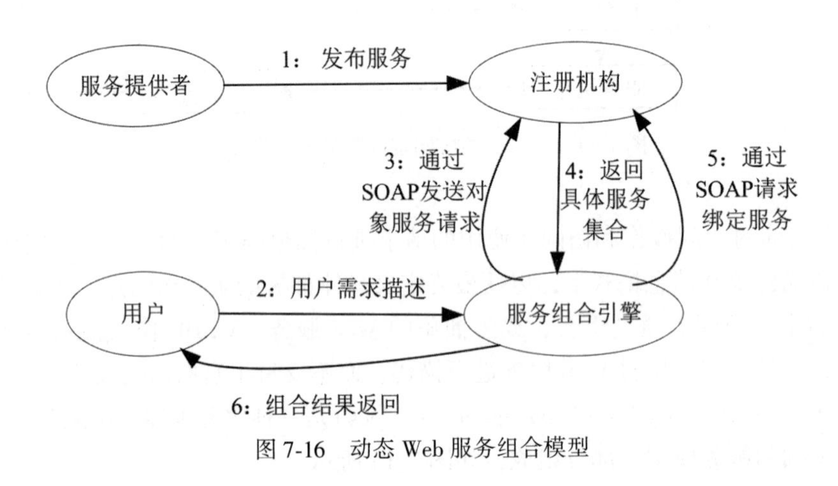

图 7-16 动态 Web 服务组合模型

Web 服务组合方法包括业务流程驱动方法和及时任务求解方法。

①业务流程驱动的动态服务组合。这类服务组合的目标是实现流程的自动化，是工作流技术与 Web 服务技术结合的产物。它以业务流程为基础，为业务流程中的每一个环节(步骤)分别选择和绑定 Web 服务，从而形成一个流程式的服务组合。这类服务组合的内部结构、服务之间的交互关系和数据流受控于业务流程，其组合过程可以描述为：首先依托建模工具根据业务逻辑创建业务流程模型，此后分别为流程中的每一个活动从服务库中选取并绑定能执行该

步骤所对应的服务，继而根据业务流程中的数据流设置服务之间的参数传递和参数映射。为了提高业务流程的灵活性，服务组合应具有兼容性和动态性，这就需要通过服务模板、服务社区机制实现服务的动态选取和运行绑定。这类服务组合借助 BPEL4WS、XLANG、WSFL、BPML 和 WSCI 等业务流程的建模语言进行。

②即时任务求解的 Web 服务组合。即时任务求解服务组合的目标是面对用户提交的即时任务进行组合，它是根据完成任务的需要，即时从服务库中选取若干服务进行自动组装。这类服务组合以完成用户任务为目标，与第一类服务组合相比，一般不受业务流程逻辑的约束，服务组合过程自动化程度高。因此，所形成的组合服务是若干服务的一个实时联合体，一旦用户任务求解结束，这个联合体也随即解散。因此，即时任务求解的 Web 服务组合多用于一次性问题求解，如一次服务的联合计算、一次用户出行设计、行程安排等问题的解决。即时任务求解的服务组合过程建立在服务和用户目标的形式化表达之上，通过任务规划、逻辑推理、搜索匹配来完成。

一般而言，即时任务求解的 Web 服务组合是为解决用户即时提交的一次任务，根据完成任务的需要，动态地从服务库中自动选取若干服务所进行的自动组装。目前，这种服务组合主要包含了两类方法，即基于 AI 的 Web 服务自动组合方法和基于图搜索的 Web 服务自动组合方法。

7.4.3 个性化协同服务的优化

在分布、异构的资源与服务开放环境中，信息服务平台需要灵活地适应具体环境或具体业务流程，以便动态发现、调用和组合相关资源与服务。Web 服务技术为信息服务平台提供了一种在开放环境下发现和调用所需要资源或服务的机制。然而，用户所需要的服务可能不能直接由某个 Web 服务来完成，这就需要利用 Web 服务组合技术，将若干 Web 服务按照一定逻辑组合成，以满足用户需要的服务。

在以信息服务描述与组合技术为基础的跨系统的协同定制服务中，英国伦敦帝国学院专业人员针对普适计算需要，提出了一个基于 Ontology 的 SOA 架构(OSOA)。OSOA 以 Web Service 作为总体架构建立服务发现机制，采用基于 Ontology 的 Semantic Service 增强 SOA 中的 Web Service，通过改进服务组合效果，实现以用户为中心和目标驱动的服务组合。中国科学院国家科学图书馆开展的开放式资源和服务登记就属于此类服务。

跨系统的个性化协同定制服务组织中，应注意以下几个方面的问题：

①对现有信息服务系统进行服务描述。服务描述是实现服务调用的基础，跨系统协同定制服务实现的基本前提是现有的服务系统基于 Web 的服务发布。所以，必须对现有信息服务系统进行 Web 服务包装，即借助标准的 Web 服务描述语言 WSDL 进行服务描述。其次要根据 UDDI 的相关技术标准和规范建立信息服务系统注册中心的 UDDI，以便用户能够将有关服务描述信息在相应的 UDDI 中注册登记，以进行公共查询和调用。

②对现有信息服务系统进行合理拆分。在信息服务系统协同定制过程中，依赖的并不是信息服务系统的整体集成，而是信息服务系统中符合用户需求的组件动态集成。所以，必须对现有信息服务系统进行合理的拆分。Web 服务组合粒度的可变性及逻辑构建机制，要求协同定制服务必须注意服务功能描述粒度。一般说来，描述粒度越细，服务组合构建的灵活性就越大。从信息服务系统动态定制服务构建的角度看，服务描述的粒度，一般要细致到资源组件、应用组件、功能组件和管理组件。从目前 Web 技术的发展趋势上看，WSDL 已经成为服务描述的标准，几乎有影响力 Web 组合语言(如 BPEIAWS 和 BPML、WSCI 等)都支持 WSDL。所以，信息服务系统进行合理拆分后的组件可采用 WSDL 对服务内容、操作类型、请求与应答消息流、系统绑定方式等进行规范描述。

③借助 Semantic Web 嵌入语义内容。语义内容的嵌入在于支持更加灵活的动态组合，目前的 Web 服务架构依靠 XML 来进行互操作。而 XML 只能确保句法上的互操作，突出的缺点是缺乏语义信息。因而不能促进消息内容的语义理解，使得 Web 服务之间不能理解彼此的消息，从而使服务之间的互操作和服务组合往往是以一种机械的方式进行。利用 Semantic Web 服务技术，可以在 Web 服务组合机制中嵌入更丰富的语义内容，支持根据语义的分析、规划和组合。这是一种有效的解决方案，如 OSOA 架构，采用 OWL(Web Ontology Language)规范构建服务和用户本体，将语法匹配转向语义匹配，从而提高服务动态发现和组合的质量。

④注意服务组合中的服务验证。在组合服务中，需要跨领域组合服务。所以，应有提供者和请求者之间的一个服务层协议(Service Level Agreement, SLA)来规定。目前 Web 服务组合技术对目标复杂性的支持有限。组合的服务需要依赖于各个分布的、异构的服务才能实现协同运行。完成某一组合过程而涉及的服务可能处于不断变化中，同时用户的需求也可能发生变化，所以在服务协同中需要提供动态调整和可靠性保障机制来解决这种不确定性，以提高协同模型对变化的适应能力。

面向服务的架构将应用程序的不同功能单元接口和契约联系起来。接口可采用中立的方式进行定义，使之独立于实现服务的硬件平台、操作系统和语言。它的基本框架由三方参与者和三类基本操作构成。三方参与者分别为服务提供者、服务请求者和服务代理；三类基本操作分别为发布、查找和绑定。发布操作是为了使服务可以访问，发布服务描述在于使服务使用者可以发现；查找操作面向服务请求者的定位服务，通过查询服务注册中心来找到满足其标准化服务的要求；绑定操作由服务使用者根据服务描述信息来调用服务。由此可见，跨系统协同服务的优化在于构架的优化。

一个典型的基于 SOA 的体系框架如图 7-17 所示。其中，Web Services 是 SOA 的一种实现方式，它通过一系列标准和协议实现相关的服务描述、封装和调用。如使用 WSDL 语言对服务进行描述，对服务进行发布和查找，可通过 UDDI 来完成；在服务调用中通过 SOAP 协议来实现。在这一服务框架中，所有系统内部的应用系统在对外接口上都用统一的 Web Services 对服务进行封装。Web Services 在 UDDI 注册中心登记，面向用户提供服务。用户通过 UDDI 注册中心发现符合自己要求的服务，找到服务提供者，并调用该服务。在 SOA 框架下，用户只需理解任意一种通用的服务组件接口和程序语言，就可以利用现有的平台上的 Web Services 操作进行个性化服务获取，同时对服务的调用通过 SOAP 调用实现。即便 Web Services 可能会产生接口或者其他功能上的更改，用户仍然可以通过 Web Services 的描述性文档及时发现其更改，从而

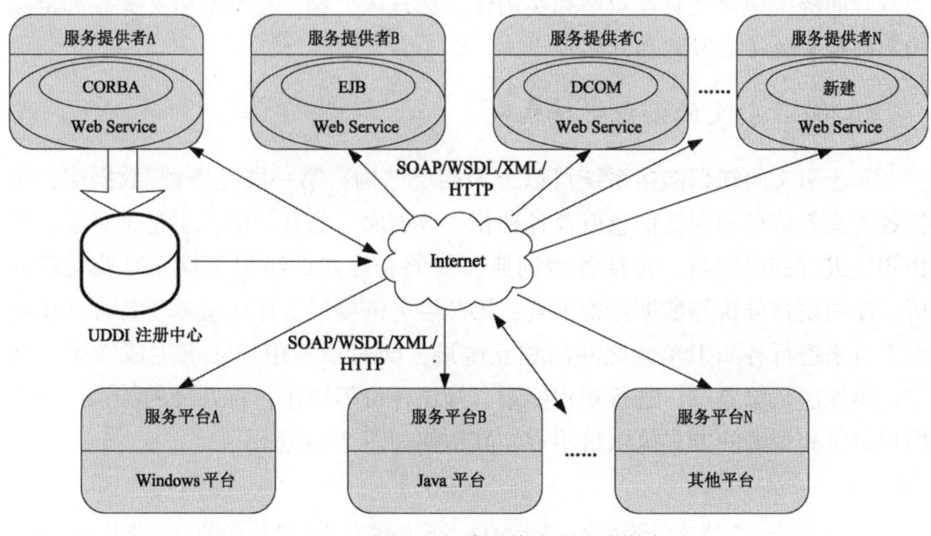

图 7-17 基于 SOA 跨系统定制服务构架

自动适应这些更改。①

在跨系统的协同定制服务中，服务组合、服务协同和服务管理至关重要。因此，在服务组合和服务协同功能的实现上，应按平台标准协议进行架构。在服务建立协同之后，应进一步保障服务的可靠性；当外界环境发生变化时，应进行服务注册、组合调用的相应变革，以适应用户的个性化动态需求环境。

7.5 基于平台的知识链接服务

信息平台知识链接服务在于支持用户对知识内容的发现、分析、交流和组织，从而实现知识的利用、传播和创造目标。需要解决的关键问题主要包括：对不同类型知识资源进行统一描述与表示，使之形成知识关联关系；协调不同数据库的技术和服务，实现数据库中的信息交互；构建基于知识交互关系的链接服务。在知识链接服务中，系统构建主要关心分布环境下链接关系的构建与知识表达，以此出发进行基于平台的知识链接的关联组织。

7.5.1 基于引文的知识链接构架与服务功能实现

基于引文的知识链接反映了知识创新与知识应用中的自然关联关系，以此为基础的链接构架具有针对性和实用性。从总体上看，基本的引文关系和链接构架决定了链接服务的功能实现。

(1)基于引文的知识链接构架

基于引文的知识链接系统可以分为四层结构：第一层是资源/数据层，包括各类文献信息和引文信息以及各种相关数据库、信息；第二层是工具层，其作用是进行链接解析，包括各种词典、叙词表等知识组织工具，以及关联分析、序列模式分析等数据挖掘工具；第三层为链接层，作用是基于各种知识组织工具来进行各知识单元之间的相互链接，同时根据用户需求生成知识地图等；第四层是服务层，进行知识检索、知识评价等操作，将处理的结果以便于用户浏览和理解的方式提供给用户。其构架如图 7-18 所示。

---

① 姜国华，李晓林，季英珍. 基于 SOA 的框架模型研究[J]. 电脑与信息技术，2007(12)：37-39.

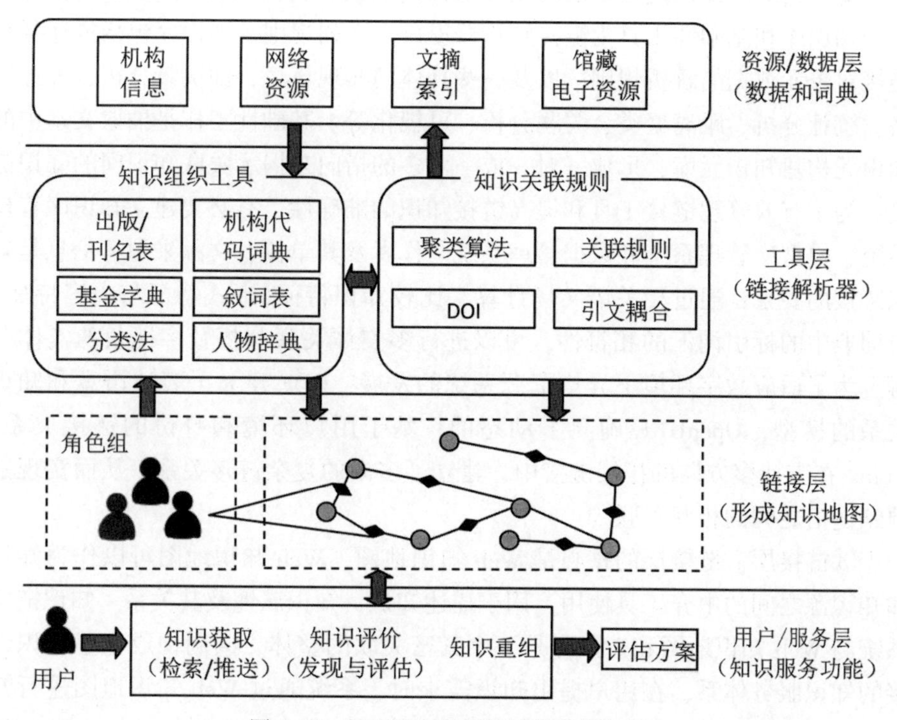

图 7-18 基于引文的知识链接系统架构

①资源/数据层。知识链接系统数据库分为来源文献库、被引文献库、作者库、机构库、基金项目库、期刊载文表、期刊引文表等。各个数据库之间通过来源文献唯一标识来链接相关的记录；数据规范、优化检索等操作则通过规范字典、类目主题字典、机构规范字典、基金项目规范词表等关联字典来进行。其中，关联字典设有规范词、非规范词、关联项、文献记录号、词频等字段等，能将相同的错误全部一致修正，从而提高链接和统计效率，满足各类检索、统计、链接的需要。① 为了提高引文数据的质量，需要将每条参考文献与库中相应文献进行自动比对，逐一核查参考文献数据的准确性和完整性。对于相同的文献记录，如对期刊，通过人工判读检查作者、题名、刊名、年卷期、起始页等项目是否正确和齐全，以提高引文数据的规范化程度，保证检索的关联度、查准率和链接率。

---

① 曾建勋. 中文知识链接门户的构筑[J]. 情报学报，2006，25(1)：65-67.

②工具层。知识链接系统的核心部件是链接解析器(Link Resolver)，另有多个知识库和基础性工具为链接解析器提供一系列规则。知识库包括描述各种链接对象元数据的解析规则，以及一些具体的实现算法，如决策分析、神经网络、统计分析、距离聚类、关联分析、可视化等。基础性工作是抽取文本中的知识元构建知识元库，形成一对一或一对多的指向来揭示关联知识间的知识链接。为了有效管理链接工具和提高链接知识的准确性，有必要建立知识库管理系统、模型库管理系统和数据管理系统。作者及其单位、文献来源等信息是知识链接的要素，通过相关语义场计算，比较知识特征(形式特征与内容特征)与词典中的标引词汇的相符性，可以进行多实体关联分析及多视角的实体分析。为了适应数字环境下异构资源系统的发展，RDF 建立了表达语意和知识关系的模型，OpenURL 确立了动态的、基于用户环境和身份的链接关系，XLink 在支持多方向的扩展链接中，建立了多向的复杂链接关系，从而实现链源到链宿之间的相互关联。①

③链接层。链接层的核心是 Web 知识地图，Web 知识地图可以作为知识和知识源之间的中介工具使用，用于描述知识、知识属性及其关系。知识链接系统与 Web 知识地图和知识源是一个紧密关联的整体，共同构成基于知识链接的知识服务体系。在用户提出知识需求时，系统通过 Web 知识地图进行知识发现、提供知识注册；在获取相关知识资源的信息的基础上，通过 Web 知识服务来利用知识资源。Web 知识地图所描述的知识信息包含三个部分：第一部分包括知识资源的地址、链接方法和已知的知识标志；第二部分包括基于标准分类法的知识资源类别；第三部分包括关于知识源提供知识的内容信息。根据不同需求，这三个部分从不同的角度对知识源中的知识进行描述。同时，Web 知识地图具有知识注册、知识过滤和筛选等功能，既实现对知识资源的注册，又过滤和筛选知识。

④用户/服务层。用户/服务层完成用户与系统的交互，接受用户提出的知识需求，如查找知识、共享知识或在线学习等；同时通过知识门户集成的各种服务反馈相应结果。知识链接系统所提供的典型的知识服务，如知识导航服务、知识检索服务、知识推送服务、知识重组服务和知识评价服务等。其中，知识导航服务是利用知识要素及其概念间的语义关系(知识分类体系和知识要素词表)为用户提供范畴分类信息，实现从学科知识的顶层逐层向下浏览；知

① 贺德方. 知识链接发展的历史、未来和行动[J]. 现代图书情报技术，2005(3)：11-15.

识检索服务可以为用户提供已有的问题解决实例，重用已有的知识来解决新问题；知识推送服务按照用户知识兴趣或问题域，利用文本分类或文本特征相关方法进行知识推送；知识重组服务，在知识检索服务的基础上，通过获得与问题相匹配的知识，在相关知识客体中的知识要素和知识关联结构重组，为用户提供索引指南以及评价性或解释性的知识；知识评价服务支持用户从学科、地区、机构、人员、时间段等方面对引文资源、知识要素内容进行统计、聚类和趋势预测。

(2)基于引文知识链接的功能实现

基于引文的知识链接系统，结合 Web 的超链接特性与引文索引的优势，利用知识关联的相关标准与工具，构建知识信息资源整合的逻辑平台，通过整合现有引文数据库中的数据，最终形成知识联网的链接服务平台基础。其中，引文数据库是知识链接的主要数据来源，为了获得高质量的引文数据，一方面要遵循全面、规范、准确原则来加工数据，另一方面应整合现有的多个引文数据库，形成基于平台的引文数据库共用，以保证数据源的规范度和完整性。

基于引文的知识链接系统功能的实现包括：数据解析功能实现，知识关联功能实现，知识分析功能实现，知识评价功能实现，知识检索功能以及知识链接展示功能实现。

①数据解析功能实现。为了提高数据知识解析的效率和质量，需要按照元数据标准进行数据选择和预处理，从而建立统一的数据视图。随后，按照抽取、转换、净化和加载四个步骤对引文数据进行解析。抽取是指从源数据库中选择并提取所需要的字段；转换是将所有不同数据源的数据转换为统一的表达形式和名称；净化是指对所得数据进行纠错，以保证数据的正确；加载则是把经过净化的、符合规范的、正确的数据载入数据仓库中存储。

在解析过程中，需要利用规范表、机构要素表、类目主题表等数据表，对引文数据中的各个字段进行规范：归并相同的论文、机构来源，识别相同姓名的不同作者。因此，规范词表、机构要素表要涵盖各种数据的表达和代码形式；机构要素表中还应厘清各类机构的隶属关系和名称变更等事项；对于相同姓名的不同作者，则需要结合类目主题表、作者机构等要素来加以判别。

②知识关联功能实现。经过数据解析之后，每一条数据都会被分配一个唯一的“来源文献唯一标识”。以此为基础，每一个知识单元都可以通过引用、同被引、引文耦合、用户行为关联过滤、文本相似度等关联规则来建立与其他知识单元之间的关联关系，从而形成来源文献库与被引文献库和作者库中相关

记录之间的链接，以满足各类检索、统计的需要。

利用特定的关联规则，应通过作者与所属机构、机构与其上下级机构、论文与所属主题、论文与同被引论文、论文与耦合文献等关系，建立关联链接。更进一步，利用不同属性的共现，挖掘出更深层次的关联，如作者与关键词、机构与主题领域等；也可以通过对题名、关键词、摘要乃至全文进行共词分析来挖掘并建立文献主题结构关联；甚至还可以通过对文献进行共词分析和引文分析，实现两种方法的融合。

③知识分析功能实现。从不同角度建立了文献内外部特征之间的关联后，可以较为方便地开展各种统计分析。由于各种要素以及不同要素之间，如论文、论文作者、作者机构、学科主题、出版机构等，存在多种属性关系和内容共现关系，因此利用这些数据能够完成几乎所有的引文统计与分析，如引文结构统计、引用关系统计等。

例如对于期刊，常见的统计量有期刊载文量、期刊被引次数、被引半衰期、即年指标、影响因子、期刊自引率、核心作者、重点机构等；对于论文来说，可以对引文量、同被引论文、被引次数、历年被引量、耦合论文、主题领域等进行分析；对于作者，可以统计论文数量、作者单位、合著情况、总被引量、各种高被引指数(如 H 指数等)、主题分布等；对于机构，则可以分析高产作者、论文数量、被引情况、机构合作情况等。

④知识评价功能实现。随着文献内外部各种特征分析的实现，通过评价功能可以支持各项知识服务。评价对象可以是特定作者、特定机构、特定期刊、特定学科或者是特定项目的成果，还可以是针对上述对象的综合评价。在综合评价中，不但需要考虑各项指标的重要程度，还要考虑各项指标之间的相互联系；不但要考虑各项指标的优点和局限性，还应考虑其在不同学科之间的适用性。

在知识服务中，知识评价模型的构建是重要环节。以对科技期刊的评价为例，科技部制定了“中国科技期刊评价监测指标体系”，中国科学技术信息研究所和中国科学院自然科学期刊编辑研究会也各自建立了一套评价体系。综合多种体系的各项评价指标，结合实际评价数据就能够建立综合评价模型，来确定各指标的权重并对评价矩阵进行计算。

⑤知识检索功能实现。当用户提交知识需求时，可以利用元搜索引擎的查询调度机制和搜索引擎代理将检索指令转化成各个数据库能够接受的命令格式，自动查找相关论文的引文数据，继而对检索结果进行汇总、去重、排序。知识链接系统不但支持常规的检索入口，还支持引文检索并提供各种链接来获

得相关文献。检索结果并不是关键词匹配的简单排列与堆积，而是以引文索引为主、多种文献内外部特征为辅的有机关联和综合。

基本的检索功能包括关联检索、专项检索和指标检索等。所检索出的每条文献记录，除了提供作者、来源等常规信息之外，还注明了该文的被引次数、参考文献、同被引文献、引文耦合和相关文献等项目的链接量。同时，在针对作者、期刊、来源等入口进行的专项检索中，可以同时提供相关的统计、分析信息，如在检索作者时提供该作者的被引情况、高被引指数、合著等。对特定指标的查询则更能够体现出知识链接系统的深入分析功能。

⑥知识展示功能实现。为了更加直观地显示知识链接关系，在集成现有引文数据的基础上，可实现结果的可视化展示。设计引文可视化系统的总体结构在于，使抽象的知识链接数据以可视化的形式表示出来，以揭示复杂的知识信息之间的逻辑关系，以供用户进行浏览、分析。

在基于引文的知识链接网络中，可以将作者、论文等分别作为网络的节点，以此来构建时序网络图、耦合网络图等直观的引文分析图形。通过对信息的多维视图进行快速、一致性和交互性的存取，能够表现有实际意义的、任意两个分析单元值的共现关系。同时，除二维知识链接图形之外，还需要探索三维或更多维的可视化方法，以求在有限的图形中呈现更多的信息；另外，还应该在实现静态知识链接展示的基础上，探索更加便捷的动态性、交互性的展示方式。

7.5.2 知识元链接映射与基于本体的主题关联服务

知识链接服务需要直接面对用户环境，综合运用知识构建技术，在分析知识要素的体系结构和展示方式基础上，实现知识层面的聚类分析、导航检索、统计评价。这就需要在服务中深化知识揭示的内容，形成以用户为中心的知识关联组织与表达。其中知识元链接中的关系映射、基于本体的链接和基于主题图的链接是当前需要面对的问题。

(1)知识元链接中的实体映射

在知识链接中，实体映射模式需要采用相关的映射规则，建立映射模型，以一个实体对象作为映射源(Source)，以另一个实体对象作为映射目标(Target)。映射依据实体间的匹配关系进行实体含义完全相同的匹配：目标实体的上位匹配、目标实体的下位匹配和部分相同实体的近义匹配。由于相近程度量化的难度较大，具体操作中可以定义近义匹配。

实体映射模式中，可以分为实体本身映射和实体关系映射。实体本身映射可以分为一对一的映射、一对多的映射和多对多的映射。实体一对一关系映射即二者语义完全一致；一对多关系，如汉语中的一个词语对应英语中的多个词语；多对一关系，如汉语中的多个词语与英语中的一个词语有映射关系；无对应关系，即汉语中没有与之对应的词语。实体关系反映的是实体之间的父/子联系，具有分类的含义，表现了实体的层次结构。实体关系的映射可以将整个层次结构映射为一张表，也可以只将位于层次结构中最底层的子类映射为独立的关系，而将父类中的属性复制到子类中，还可以将父类与子类各自映射成独立的表，父类所对应的表是主表，子类所对应的表是从表。子表不包含来自父类的属性。

如图 7-19 所示，实体不仅具有上下位、多层次关系，而且具有网状关系。因此在建立实体间映射关系时，只在距离最短、关系最近的实体间建立。如果需要，只要将词表的原词间关系导入映射信息即可确定新的映射关系。例如在图的映射模式中，如果概念 a 与概念 A 精确匹配，则概念 b、c、d、e 将自动成为概念 A 的下位词。实体映射模式将利用计算机进行匹配推理运算，对实体语义距离进行考察，获得最短语义距离。自动显示三大类特征的词汇：一是词汇相同、关系相同，二是词汇相同、关系不同，三是词汇不同、关系相同。

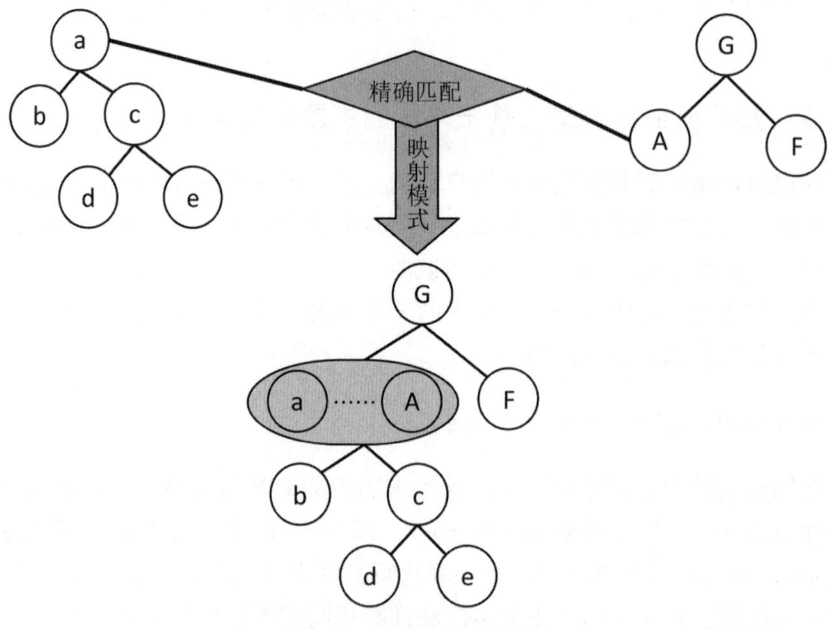

图 7-19 映射匹配模型图

系统通过提供关系相同与不同程度的计算功能，按照相同程度从高到低确定具体的映射匹配关系。

实体映射主要应用于分类法映射、叙词表映射以及主题概念的语义关系映射进行。不同分类法之间的映射有两种形式：第一种，建立主要类目的对照，抽取所有映射分类法的主要大类，在这些大类之间建立相互的对照关系；第二种，将多个分类体系向一个通用体系转换，即选择一种通用分类法作为统一分类法或交换体系，将不同分类体系及其所含内容转换到统一分类体系的相应类目下。

(2)基于本体的主题关联服务

知识链接的实现模式之一是根据本体建立表示知识关联的概念网(Concept Network，CN)。在CN模型中，节点代表概念，网的关联边代表概念之间的关联，概念之间的关联程度用关联度来表示；关联度越大，概念之间的联系越紧密。面向本体的概念网模型，其形式化描述为：CN = {O，C，A/B/P，R，S}，其中，O代表本体，C代表概念集，A/B/P代表属性集或方法集或性质集，R代表关系集，S代表规则集。建立领域本体知识库，可以用CN模型对知识进行直观表示，有助于更好地理解和完成知识推理，从而满足用户进行检索和实现知识导航的需要。

由于基于RDF/OWL的本体框架不支持知识的动态性、相对性和知识的细粒度，所以可以寻求本体基本元素和本体库之间的一个平衡点，即利用本体分子来完成关系表达。其本体表达能完成元数据层、知识表示层、推理层和动态知识层的管理。

元数据是描述数据的数据，处于模型的底层。元数据提供数字资源的描述基础，但元数据并不能完全解决信息系统的语义问题。由于要对本体分子进行基于语义的粒度切割，因此本体分子的介入，正好能弥补了这一缺陷。知识表示层可以通过本体中的类(Class)描述某一类事物，通过其中的实例(Instance)描述某一个具体事物，最后以三元组(Triple)的形式对知识与知识之间的关联进行阐述和表达。推理层在知识表示基础之上寻求一种基于本体的隐性知识智能推理机制，提供知识挖掘功能。基于本体的领域知识推理主要分为基于逻辑的领域知识检错推理和基于关系的领域知识发现推理。对本体描述的领域知识进行推理，可以检测知识逻辑体系错误，减少领域本体构建的工作量，减轻对领域专家的依赖，发现领域蕴涵的隐性知识。

知识因子是组成知识单元的最细微的成分，知识关联组织是在若干个知识因子间建立的联系。知识关联在产生新知识中起重要作用，是知识有序化的必要条件。应用知识因子和知识关联的网状结构表示的知识单元，是知识链接服务拓展的基本内容。基于主题图的链接模型如图 7-20 所示。

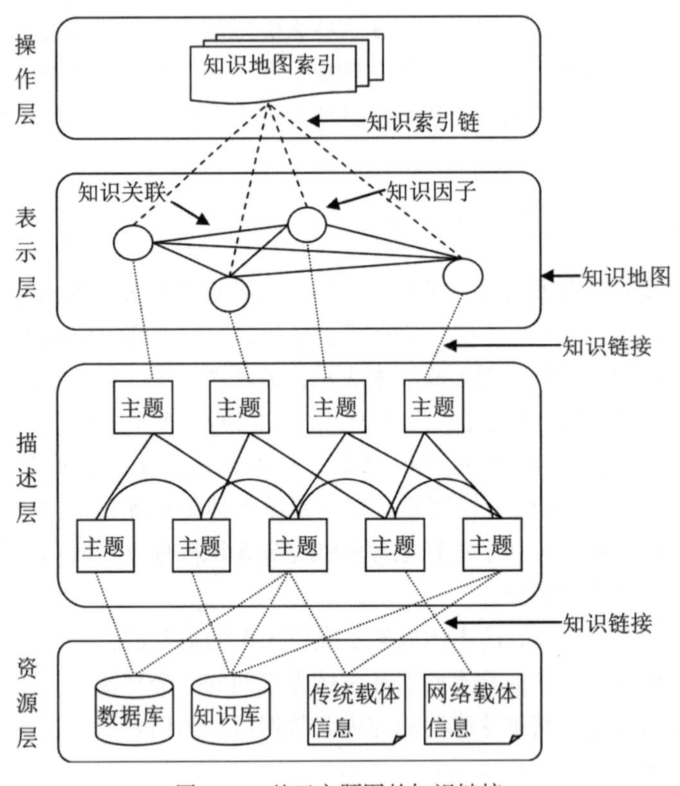

图 7-20　基于主题图的知识链接

图 7-20 中的知识因子表示从业务过程中提炼出的知识对象；知识关联即各节点之间的连线，说明了知识因子之间的联系。知识链接提供了知识的详细信息或知识本身的位置，将知识因子、知识关联、知识链接结合起来，构成了准确表达出知识及其相关属性的主题关联图。

值得指出的是，在知识链接服务中，知识映射和基于本体的主题关联组织，不仅展示了各种复杂关系，而且形成了主题链接、知识元链接、聚类链接、知识推理链接的服务基础。

7.6 面向用户的嵌入式服务与融汇服务

面向用户的跨系统协同信息服务不应局限于基于平台的信息共享与服务集成，而应考虑在这些服务基础上，实现协同信息服务的拓展。因此，应重点考虑将协同服务嵌入E-science中，满足自主创新的发展；与此同时，发展基于融汇(Mashup)的开放性服务调用。

7.6.1 面向E-science的嵌入式协同服务

嵌入式服务，是指将信息服务嵌入用户的业务活动中，使之成为一个有机组成部分的服务。① 面向E-science的嵌入式协同服务，是指将跨系统的协同信息服务嵌入E-science的各个环节，使之贯穿E-science的全过程，即成为自主创新的一个组成部分。这是信息服务现在及未来发展的重要方向。

在E-science环境下，科学研究发生了很大的变化，研究人员信息利用与科学研究的融合，提出了信息服务跨系统嵌入的要求。

E-science是信息时代科学研究环境构建和科学研究活动组织的体现，其实质是"科学研究的信息化"②。在融合环境下，科学研究经历了前所未有的变革，数据和信息处理已成为科学研究的重要组成部分，全球性、跨学科的大规模科研合作已成为现实，科学研究者之间的交流比以往任何时候都要频繁。

毫无疑问，E-science是一种有别于传统的新的科学研究环境和过程，开放、共享和协同是其基本特征。显然，传统的信息服务模式已经不能适应这种变化，因此迫切需要确立以协同为基础的信息服务嵌入机制。

①E-science本质上要求实现信息资源高度共享。E-science环境中仪器、计算能力、实验数据高度共享的同时，信息资源的高度共享也是必需的。对信息服务机构而言，面向E-science的信息资源组织应立足于包括期刊、报告、标准、会议、专利、项目在内的多种信息的集成，以实现跨系统的集成化共享。

②E-science要求实现服务的协同共享。E-science跨区域、跨机构、跨学

---

① 常唯. E-science与文献情报服务的变革[J]. 图书情报工作，2005(3)：27-30.

② 江绵恒. 科学研究的信息化：E-science[EB/OL]. [2011-03-09]. http://unpan1.un.org/intradoc/groups/public/documents/apcity/unpan004319.pdf.

科的开放协同表明，信息服务机构不能局限于本机构，而应该与其他信息服务机构进行资源共享，在此基础上开展面向 E-science 环节的协同服务，共同满足 E-science 对信息服务的需求。

③知识服务的延伸。E-science 迫切需要信息服务机构之间开展以协同为基础的知识服务。① 信息服务机构需要通过对数据进行知识搜寻、分析、重组，要求根据研究中遇到的问题，将其融入 E-science 过程之中，以提供有效支持知识创新和应用的服务。

E-science 可以分为五个阶段，分别是数据获取/建模(Data Acquisition and Modeling)、合作研究(Collaborative Research)、数据分析/建模/可视化(Data Analysis, Modeling and Visualization)、产出传播(Dissemination and Share)与共享和存档。② 基于跨系统协同的嵌入服务面向 E-science 工作流进行组织，服务主要包括：

①信息提供。信息提供服务对应 E-science 工作流的第一个阶段。在此阶段，研究者需要各种相关数据和知识以启动研究，这些数据和知识包括全文资料、知识元信息、链接信息、相关研究进展，试验数据等。在信息提供中，通过相关数据库和资料库的查询，查找相关信息；与此同时，对相关文献资料进行汇总，挖掘其中隐含的知识，予以内容提供。

②合作研究支持。合作研究支持服务对应 E-science 工作流的第二阶段。在此阶段，研究者希望能够和其他研究者进行交互和协同研究。支持合作研究的服务在于为研究者提供虚拟的资源集成和交流平台，通过合作研究支持服务，其最终实现研究者之间的有效合作和信息协同共享。

③数据分析和可视化服务。数据分析和可视化服务对应 E-science 工作流的第三阶段。数据分析和可视化服务在于为研究结果提供查证服务。在验证中，需要将数据描述结合研究结果来进行可视化展示。如利用 BLAST(Basic Local Alignment Search Tool)对物质的 DNA 与公开数据库进行相似性序列比对；最终通过可视化工具对数据结果进行展示，以直观反映其内在规律。

④科学交流服务。科学交流服务对应 E-science 工作流的第四阶段。在此阶段，研究者希望传播自己的研究成果并与同行进行交流，因此科学交流服务

---

① 张红丽，吴新年. E-science 环境下面向用户科研过程的知识服务研究[J]. 情报资料工作，2009(3)：80-84.

② Dutton W H, Jeffreys P W, Goldin I. World Wide Research: Reshaping the Sciences and Humanities[M]. Cambridge, Mass: MIT Press, 2010: 67-72.

在于为研究者的交流提供便利。其中，服务机构可以通过构建在线仓储为研究者的提供快速交流成果的平台，如美国 ArXiv 就是一个在线的学科成果仓储，研究者可在第一时间将成果提交至该仓储，并给予研究者以发现优先权。在我国，中国科技论文在线其功能类似于 ArXiv。

⑤成果存贮服务。成果存贮服务对应 E-science 工作流的第五个阶段。研究完成后，研究者保存其研究成果的目的在于，保证科学研究的延续性。这个阶段的保存服务在于为研究产出提供适当的协同保存机制，以共同保存科研的智力产出。保存服务涉及诸多信息服务主体，如美国斯坦福大学 LOCKSS 系统，就是一个多主体参与的分布式合作保存平台，它实现了机构之间的利益平衡，已成为目前保存服务的成功案例。

基于跨系统协同的嵌入服务是一种有别于传统的信息服务，其实现一是依靠服务机构的协同，二是依靠服务的标准化。

要实现基于协同的嵌入服务，毋庸置疑的是，必须实现信息服务方式转变。这种转变要求在信息服务中不仅实现基于协同平台的服务机构之间的合作，而且需要信息服务机构与科研机构之间的协同。图 7-21 展示了跨系统嵌入服务的总体结构。

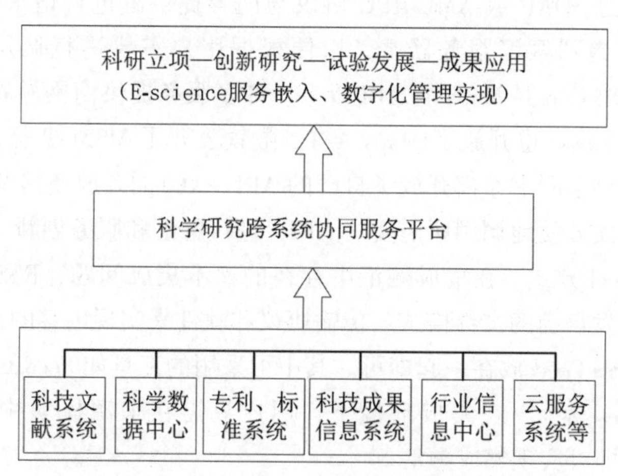

图 7-21　E-science 跨系统协同嵌入服务平台运行

E-science 环境下的跨系统嵌入服务由信息资源共建共享与集成服务系统、基于知识创新价值链的联盟系统、科学研究与发展条件保障系统、科学研究云计算中心和科学研究成果存取中心系统所构成。这些系统的服务通过平台嵌入科学研究全过程。在基于平台连接的嵌入服务中，信息资源共建共享系统提供集成化信息服务，知识创新联盟协同服务嵌入协作创新的组织过程，条件保障系统嵌入科学数据采集和数字化处理，云计算中心嵌入数据处理和研究过程，科学研究成果信息通过公共存取嵌入知识传播与应用过程。在平台服务协同组织上，嵌入服务根据科学研究流程而展开。

7.6.2 基于融汇的协同服务

融汇(Mashup)作为一种新的服务集成方式，随着技术的成熟正不断发展。从实质上看，"融汇"是对服务的动态调用和组合，其灵活的组织形式和多重融合功能，决定了它的跨系统协同应用前景。

(1)融汇服务内容与组织形式

在基于融汇的协同信息服务组织中，融汇对象具有广泛性。平台中的各系统在 Web 上遵循开放接口规范的服务以及平台组织机构创建的服务都可以成为融汇的对象。① 就服务方式而言，融汇服务采用以下几种形式：

①公共接口 API 方式。这种方式将内容提供者发布自己的公共接口 API，融汇服务器通过 SOAP 或 XML-RPC 协议与内容提供者进行请求与响应通信，继而把数据传递到融汇服务器端，以便根据用户需要进行调用。② 2005 年 Google 公司开放 Google Maps 的 API 以来，许多服务提供商网站相继公开了自己的 API，如 Yahoo 也开放了 Maps API，微软公开了 MSN 搜索 API 等。③ 同时，我国国家科学图书馆都开放了自己的 API。API 的开放使得 Web 开发人员可以在任何时候方便地调用所需要的 API，进行融汇和服务创新。

②Web Feed 方式。在集成融汇中存在的文本集成问题，RSS 的内容聚合使平台不用开发自己的文件格式、传输协议和软件来实现内容的聚合，而只需将一系列的 RSS Feed 放在一起即可。其中可采用的工具如 FeedBurner Networks 和 Yahoo! Pipes 等。④ 在集成环境下，用户只需在来源模块中输入 RSS 或 ATOM Feed，即可实现集成融汇。

---

① Piggy Bank-SIMILE[EB/OL]. [2011-03-09]. http://simile.mit.edu/wiki/Piggy_Bank.

② 李峰，李春旺. Mashup 关键技术研究[J]. 现代图书情报技术，2009(1)：44-49.

③ Housingmaps 的集成融汇服务[EB/OL]. [2011-03-09]. http://www.housingmaps.com/.

④ Yahoo! Pipes[EB/OL]. [2011-03-09]. http://pipes.yahoo.com/pipes/.

③REST 协议方式。REST 可以完全通过 http 协议实现，其性能、效率和易用性优于 SOAP 协议。REST 架构遵循 CRUD 原则，通过资源创建(Create)、读取(Read)、更新(Update)和删除(Delete)完成操作处理。REST 架构是针对 Web 应用而设计的，开发简单、耦合松散，且具有可伸缩性。因此，越来越多的信息服务商都提供 REST 支持，如 Amazon、eBay、Google、Yahoo 等。

④屏幕抓取(Scraping)方式。很多潜在内容提供者很可能并没有对外提供 API。因此，可使用屏幕抓取技术来实现从构成平台的各系统站点上提取内容以创建融汇服务。在这种情况中，屏幕抓取(Scraping)意味着使用软件工具从中提取出可以通过编程进行使用和操作的语义数据结构表示。

融汇服务可按融汇对象区分为外层融汇、数据融汇和流程融汇。①

外层融汇将多种信息来源聚合在一起，通过对其位置、外观等属性的定义和统一外观方式的显示，使用户在一个页面内利用多个集成资源和服务。它不仅提高了工作效率，而且充分满足了用户的个性化需求。

数据融汇从多个开放数据源中获取相关数据，通过对分布数据的组合和捆绑，构建新的数据对象，然后以统一外观方式向用户显示。数据融汇旨在满足用户对于数据的复杂应用请求。数据融汇可以分为简单数据融汇和分析数据融汇两种类型。② 其中，简单数据融汇是来自多个开放数据源的数据按照某一属性的组织排列；分析数据融汇不仅从多个开放数据源获取数据，而且利用一定的工具、算法将数据进行集成，以发现其中隐藏的知识，从而创建新的数据对象。③

流程融汇不仅需要数据汇聚和分析，而且还需对服务流程进行综合处理，以实现按一定流程的服务组合。对于流程融汇服务，可以定制组合页面，在页面上既可以使用户查询到所需信息的来源，又可以利用相应的工具处理信息，达到信息获取与处理融合利用的目的，同时用其他服务来计算成本等。

在服务实现中，服务器端融汇和客户端融汇是两种融汇方式。服务器端融汇，将融汇服务器充当客户端 Web 应用程序，通过与其他 Web 应用之间的代理实现服务融汇。

服务器融汇过程为：用户在客户机内生成一个事件，事件在客户机内触发

---

① Forrester Research. Enterprise Mashups to Hit ＄700 Million by 2013[EB/OL]. [2011-03-09]. http://www.forrester.com/rb/search/results.jsp? N=133001+71019&No=175.

② 李春旺. 图书馆集成融汇服务研究[J]. 现代图书情报技术，2009(12)：1-6.

③ iSpecies[EB/OL]. [2011-03-09]. http://ispecies.org/? q=Leo&submit=Go.

JavaScript 函数；客户机向 Web 站点中的服务器发送 XmlhttpRequest 形式的 Ajax 请求；servlet 等 Web 组件接收到请求并调用一个 Java 类或者多个 Java 类上的方法，以便与融汇中的其他 Web 站点发生交互；通过代理类处理请求，打开融汇站点；融汇站点以 http GET 或 http POST 的形式接收请求，处理请求并将数据返回到代理类；代理类接收响应并将其转换为用于客户机的适当数据格式；Servlet 将响应返回给客户机；在 XmlhttpRequest 中公开回调函数，通过操作表示页面的文档对象模型(Document Object Model，DOM)更新页面的客户机视图。服务器端融汇的优点在于，由于融汇服务器承担了所有的代理任务，所以对客户端浏览器的要求并不高，开发人员不用考虑浏览器兼容的问题；其缺点在于当访问量增加时，融汇服务器的工作量会大大增加，而且由于服务器做了所有的融合工作，对于用户来说，可扩展性将降低。

客户端融汇是在客户端上实现的，浏览器从服务器装载预先定义好的 HTML+JavaScript 脚本代码，通过 Ajax 技术建立浏览器与融汇服务器之间的异步交互，融汇服务器负责转发浏览器的请求，最终在客户端发生融汇。客户端融汇服务流程为：浏览器针对 Web 页面向 Web 站点中的服务器发送请求；Web 站点上的服务器将页面加载到客户机中，该页面通常包含来自融汇站点的 JavaScript 库；浏览器调用由融汇站点提供的 JavaScript 库中的函数或者自定义 JavaScript 函数；根据所创建的元素向 Mashup 站点发出请求以便加载脚本；融汇站点加载脚本，通常由作为一个参数发送的(JavaScript Object Notation，JSON)对象来执行；回调函数通过操作表示页面的 DOM，以更新页面的客户机视图。客户端融汇的优点在于，由于融汇发生在客户端，服务器的负担相对较小；同时对用户来说，可扩展性好。缺点是对客户端浏览器的要求较高，同时必须考虑浏览器兼容的问题。

(2)融汇服务的协同推进

为了推动图书馆融汇服务，英国图书馆自动化系统供应商 TALIS 公司曾主办了名为“Mashing Up The Library Competition”的融汇设计竞赛，进行了面向应用的服务组织。① OCLC 公司从 2005 年起也连续主办了三期名为“OCLC Research Software Contest”的融汇设计。② 此后，融汇服务得以较快发展。

① Mashing Up The Library competition[EB/OL]. [2011-03-09]. http://www.talis.com/tdn/competition.

② OCLC Research Software Contest[EB/OL]. [2011-03-09]. http://www.oclc.org/.

在跨系统协同信息服务的融汇中，地图应用是最为成功的。目前，可用的地图 API 有 Google Maps API、Yahoo Maps API 等，这些地图 API 主要用来定位参与跨系统协同信息服务的机构并获取相关服务信息。

利用融汇整合信息服务机构的数据资源和服务，是跨系统协同融汇信息服务发展的重要方面。① 在科学技术领域，已经积累起了庞大的数据，这些数据以不同的存储格式分布在不同网络环境的数据库中，将这些数据和数据处理服务进行融汇显然是重要的。对此，加拿大开发了一个生物信息融汇系统 Bio2RDF，该系统通过生物信息融汇，实现了来自公共生物数据库(如 Kegg、PDB、MGI、HGNC、NCBI)文献的 RDF 格式融汇提供。②

通过融汇可以有效整合信息服务机构与第三方机构的资源，可以让信息服务机构充分利用第三方机构的服务支持。早在 2007 年，LibraryThing 就推出了 LibraryThing for Libraries(LTFL)计划，旨在加强与图书馆的融汇。随后，加拿大安大略省剑桥公共图书馆提供了一个名为新书展示台服务(Book Cover Carousel)的 Mash 融汇应用。③

中国科学院文献信息中心对相关服务项目进行了封装，已创建了一系列融汇组件，包括文献检索服务、跨界检索服务、在线咨询服务、地图定位服务、百度百科查字典服务、服务系统介绍等。通过组件，用户可以方便地将其嵌入 iGoogle 和 NetVibes。④ 随着跨系统平台服务的推进，我们有理由相信融汇在跨系统协同服务上必然取得新的发展。

基于融汇的协同服务封装和调用是构建服务的关键。这种构架在于充分利用已有的 Web 资源与服务，通过融合创造新的服务，以支持服务面向用户工作流和用户环境的嵌入。

一个完整的融汇应用类似于 Web 服务架构的三元组织，包括内容提供者、融汇服务器和融汇应用者的交互融合。这三者的角色是：内容提供者负责提供融汇的信息内容，通过 Web 协议封装成标准的组件接口；融汇服务器负责将

① Butler D. Mashups Mix Data Into Global Service[J]. Nature, 2006(439): 6-7.

② Belleau F, Nolin M, Tourigny N, et al. Bio2RDF: Towards a Mashup to Build Bioinformatics Knowledge Systems[J]. Journal of Biomedical Informatics, 2008, 41(5): 706-716.

③ Hot Titles Carousel[EB/OL]. [2011-03-09]. http://www.cambridgelibraries.ca/hot/carousel.cfm.

④ 国家科学图书馆融汇服务目录[EB/OL]. [2011-03-09]. http://crossdomain.las.ac.cn/mashup/mashup.html.

自有的资源和服务封装成标准组件，并管理这些组件，同时响应应用程序对于组件的开放调用；融汇应用者选择相关组件并创建融汇应用。对基于平台的跨系统协同信息服务来说，内容提供者可以是任何一个参与协同的信息服务实体，这个实体将自身资源和服务封装成标准组件；融汇服务器获取并管理这些组件，同时响应应用程序对于这些组件的开放调用；融汇应用者可以是用户也可以是第三方信息服务机构，负责调用这些组件并建立融汇应用，同时负责与浏览器交互。通过三者之间的充分协同，从而实现动态的协同服务。

8 网络信息服务利用中的用户信息安全保障

“互联网+”背景下，信息服务用户的范围非常广泛，包括所有具有信息服务利用需求与主观条件的社会组织和成员。尽管各方面人员和组织对信息服务具有需求与利用上的个性差异，但其对信息服务享有、利用的基本权利却具有一致性，其目标均是通过服务利用获得需求的满足。鉴于网络服务的开放性，其需求满足的基础便是用户对服务的安全利用和信息安全的维护。数字信息资源利用中的用户信息安全保障，关键是维护资源服务机构和用户的基本权益，其基点是有效应对信息资源组织和用户所面临的安全威胁，保障身份安全、信息存储安全、交互利用安全和隐私安全。

8.1 网络信息服务中的用户身份安全管理

云环境下数字信息资源用户安全保障的实质是确保其身份安全以及基于身份安全的信息与服务安全利用。由于用户身份本身具有跨界特点，且身份管理与服务架构和组织相关联，因此云端用户身份安全管理在实现上具有一定难度。为解决信息及服务跨域应用中的用户身份管理问题，需要采用单点登录技术方案。较为常见的实现方式是集中式管理，即把用户的所有信息全部收集到一个地方，服务系统通过 Web 服务对用户数据进行传输与调用。这种方案的优点是可以简化管理过程，从而将用户的访问控制从本地应用系统转移到专门的管理中心，其中服务机构只需对用户数据的所有权进行认证。

8.1.1 数字信息用户身份安全管理要素

云计算环境下用户身份的管理在信息资源系统之外进行，因此存在云计算将用户信息数据暴露给外部攻击者而导致用户数据安全风险的问题。同时，机构往往缺乏充分的云端身份认证的权限，从而导致身份管理上的隐患。而且，网络管理员需要同时管理机构与云端应用的多源信息，也会引发新的安全事件。与此同时，信息资源供应商、外部机构之间的合作也需要信息资源服务主体向外界开放网络边界，从而对安全管理提出了新的要求。

为保障种类繁多的信息资源与用户数据的安全，需要采用身份管理技术实现系统间的无缝连接。为实现云端身份管理的正常运行，信息资源服务机构需要保证用户身份满足云端架构安全的要求，并将“身份”看成一种扩展、抽象的整合结构，将身份管理本身视为一种云服务进行交付，就像支持云计算平台一样。

联邦身份管理旨在统一、共享和链接不同域中的数字身份用户，通过不同的技术应用，跨越分别管理的安全域，从而获得身份信息的可迁移性，让一个安全域的用户可以在保障安全的前提下，实现对另一个安全域的数据和系统的无缝访问，而不必采用多余的用户管理措施。借助于联邦身份，能够将多种元素与领域交融到一起，实现安全交互。

联邦身份架构(FLA)是一组相互间建立了互信关系的身份认证构架，其目的是以一种安全的方式交换用户数字身份信息，维护用户个人信息的完整性和机密性。FIA 通过安全的信息通道和业务协议将“身份”(IdP)和服务供应商统一在一个可信的架构中。在身份管理中需要对用户身份信息进行安全处置并对其身份进行验证，服务供应商因而可以向联邦内的用户提供一个或多个服务。

为实现云级别的身份认证，需要进行身份安全管理概念层次的结构构建，在结构空间中实现访问控制、授权，验证、联邦单点登录，用户账户管理，以及合规审计。

①访问控制和授权。访问控制和授权在于保障访问合规和安全，同时维护云服务部署资源安全。从物理构架上看，在云端没有防火墙的保护，对于访问来说无法依靠网络边界来控制。处于互联网环境下的用户，如果未获得授权，在访问控制缺失的情况下，也可以通过互联网访问 SaaS。这样，授权和授权基础上的访问控制就成为必要的环节。

授权具有从粗粒度到细粒度的层级差别，授权在层次上对应着授权策略的变化。第一个层次是粗粒度的访问控制策略，监管用户对应用或资源的访问；第二个层次的更细粒度，在于按数据级别来控制访问，往往通过 URL 进行；第三个层次是最细的粒度层次，控制对函数和视图的访问，或称为“赋权”(Entitlements)。在实际运行中，任何可伸缩的授权都必须反映对应的粒度和深度要求。授权的可伸缩性表明：粒度越高，授权事务量就越大。另外，升级访问控制的关键是对访问进行分组，最早的访问控制方式是基于访问控制的列表(ACLs)，随着用户基数的扩大，这一方式已变得难以操作，因而被新的方式所取代。用户组访问控制具有良好的可伸缩性，但需要管理组的支持，从而引发了新的障碍。基于角色的访问控制(RBAC)通过云端上的属性和角色解析，可以通过联邦、分布的方式进行组织。

分布式、联邦式访问控制将授权分解成核心策略元素，可以在技术和组织上实现联邦目标。其策略管理点、策略决策点与策略实施点具有分布结构，可以方便地跨越整个云端。

②验证、联邦和单点登录。联邦这一概念最初存在于无处不在的系统安全域中，其能够定义组织之间的防火墙信托关系，该模型允许本地安全域代理验证基于 Kerberos 的远程域的信任，从而将多个安全域连接起来，让登录对于用户来说是透明的。在随后的发展中，联邦模式广泛应用于具有关联关系的系统安全域中的交互验证和登录身份管理。数字网络环境下新一代的联邦模型采用了新的实现方案，其采用的开放标准 SAML(该标准基于 XML 进行构建)在于实现安全域之间的验证与授权数据的交换，从而实现互联网上的单点登录。显然，联邦作为用户访问安全控制的基本手段，在保障中具有不可缺失的作用。

③用户账号管理与准备。当前，即便采用了联邦方式，应用程序仍需要一个本地账号进行用户身份的管理。其中的难点在于用户数据的管理，尤其是一些诸如密码更新、账户注册这样的常规变更。在进行对应云端的用户管理时，每一个应用都将采用不同的方式进行用户管控，而且都在应用内部进行，因而必须面对用户管理 API 缺乏标准化和统一性这一现实。理想情况下，应采用服务准备标记语言 SPML 来实现，在具体实践中，SPML 的实现应注重账号管理。在欠缺联邦用户账号准备而 API 自动同步本地账号信息的情况下，SAML 的应用必然受到限制。此外，对于 SAML 个性化属性、即时用户账号准备的整合、会话上下文支持也十分重要。由于没有应用广泛的用户目录模式，一般用途的管理工具在构建上将非常困难，这一现实应得到进一步改变。

④审计和合规。云端审计领域的一个难点是 SaaS 服务的用户访问缺乏可见性，这是因为互联网并非机构局域网络，因而存在网络监控工具无法对用户行为进行有效监控的问题。与局域网不同，云服务是可以泛在接入的。但是，监管的要求随着异地系统要求的变化而处于变化之中，因而需要处理新要求的适应性问题。因此，云服务需要应对这一问题，而身份管理就处于框架的中心区域，其安全监管要求都是围绕用户隐私与访问而提出的。云计算的应用导致

了架构与平台的变革，也为服务提供者的身份管理提出了新的要求，如需要服务提供者添加身份相关性等；尤其是很多云服务提供商的服务都是基于虚拟机构建的，比如 KVM、VMware、Xen 等，针对这些问题应提供身份和访问管理服务支持。

尽管使用率较高，但虚拟化平台网络服务器插件和代理网络访问管理（WAM）的固定成本也是需要面对的。与此同时，插件和 WAM 之间的耦合具有脆弱性，虚拟云平台的高弹性提出了插件模块的稳定性要求。对此，需要一种基于代理的技术方案，并且要求不再增加虚拟化网络和应用服务器的负担。

SaaS 云服务中，身份管理整合的实现包括访问控制实施和审计支持两个方面。这主要与多租户模块和底层基础设施管理有关，由此提出了代理或插件安全管理的问题。而且，多数 SaaS 应用中，审计日志的汇集难度较大，因为其数据与平台上的租户混杂，在审计细节上往往存在无法满足关键取证需求的困难。因此，需要从 SaaS 应用上着手，建立一个松耦合的身份管理平台。

8.1.2 云服务用户身份安全管理目标

云级别身份结构包括两个方面：单对多的集成结构和基于网络效应的利益延伸。另外，还需要基于外化和全局开放标准的身份抽象认证管理。

(1) 身份集约化管理

中枢辐射模型的进化是实现身份基础设施集成和应用管理的基础。目前，每个应用都需要用户注册一个新的账号，由于所进行的联邦身份连接不具有可伸缩性，而获得可伸缩性的方法就是将其变为单对单模型，在每一个应用中存储多个用户身份。其中，用户使用单独凭证的单对单在数量上由用户数和应用数决定。服务的应用集成表现为链接基础上的集成应用。

当部署一个新应用时，凭证数量及集成量都相应增长；而用户应用量则呈指数式增长。在这一情况下，集成身份管理需要改变单对单的状态，而采用单对多模型。尽管在规模较小时单对单模型能够正常运行，但无法持续。大多数最初采用单对单架构的复杂系统，最终还是采用了伸缩性更强的单对多架构。对此，采用中枢辐射模型可以实现相应的目标。为了解决升级联邦身份结构下的连接数量增长问题并控制凭证的增长速度，云服务提供者需要采用单对多模型，不能为实现单点登录和访问而直接集成应用，需要在集成应用结构上进行联邦组建。

(2)身份网络效应

数字网络的价值会随着更多用户的使用而上升，网络本身也会随之扩展边界。如果数字信息网络中只有少数用户，他们不仅要承担高昂的成本，而且只能与数量有限的资源系统进行交流。云计算环境和大数据条件下，随着用户量的增加，所有用户都可能从网络规模的扩大中受益。

随着用户的应用集成范围扩大，身份网络还会延伸到与其相互联通的其他网络单元。出于集成服务和安全保障的需要，身份认证数据在网络中可以被安全地共享。云计算环境下，通过联邦式单点登录时，云用户可以低成本地利用集成服务。联邦内成员通过统一的接口部署身份结构，在身份结构和应用间可以建立更多的连接。2010 年 9 月以来，Google 在应用中实施了强双重认证，以此提升账号的安全性。

目前，这一方式已成为诸多服务所普遍采用地安全认证方式。针对应用账号的安全，在与其他身份结构结合时，强认证的优势便扩大到整个网络空间。如果用户对身份结构的认证是双重的，那么可信度就会被互联网上其他联邦内的应用所认同，由此可见，云服务提供者通过身份结构的联邦化，可利用强认证方式进行部署。

(3)身份安全管理

由云服务方提供身份认证的解决方案能够充分利用云服务技术优势，无需重新部署。在设计方案采用中因考虑系统扩展性因素，则需要能够适应超出预期的服务扩张环境。

有别于通过本地用户库的执行认证方式，基于云计算的身份认证作为一种服务而存在。这就避免了通过本地用户库来执行认证导致的冗余，有利于远程数据安全调用。在过去十余年间，外化身份管理的应用从利用基于轻量级访问协议(LDAP)集中认证用户身份开始，在基于云服务的协同认证中得到了进一步的发展。其应用在身份管理的可伸缩性上，作用突出。当前，针对 LDAP 密码认证的有效保障，应在外化身份管理和标准体系建设上进行进一步完善。

外化身份管理。将多个 Web 应用中的身份功能抽取外化后，多个应用的身份管理将更有效率。其执行要点在于：访问控制不用在本地应用里执行，可外化给网络代理；联邦和验证可以外化给网络服务器或代理。这样，通过 http

的验证服务便可以获得一个通用验证的用户 ID。另外，审计也可以外化给代理服务器，用代理来集中记录活动并利用聚合工具来报告活动；以此出发，使用标准接口进行外部身份管理和内部用户身份认证。

标准体系建设。在基于云计算的身份管理中，标准化是应用接口的基础。身份管理的外化涉及应用的修改，这些修改对应用本身产生的影响客观存在。如何将影响降到最低，让开发者接受身份管理的外化，其中的标准化具有重要的约束作用，同时可以对应多种身份管理技术。

HTML、IP 和 SSL 的广泛使用已证明标准化是联邦身份管理普遍接纳的方式。身份管理的标准化并不是从云计算才开始的，LDAP、x509 和 http 认证已经得到完美的实现。大数据服务中，云端身份管理标准应具有完整的架构设计，包括联邦单点登录的 SAML、联邦账号管理和准备 SPML、联邦授权和访问控制 XACML(可扩展访问控制标记语言)等。

8.1.3 面向数字信息资源云服务的联邦式身份管理

由于数字信息资源云服务具有交互松散耦合的特点，因而不能采用某种独立的安全架构，而是需要一个完整的服务框架来为上层应用开发提供全面的安全保障。当前比较普遍的方式是采取集中式身份管理，其优势在于简化用户管理，将访问控制的管理从本地的多个应用系统转移到管理中心，用户数据可以方便地进行访问。其存在的问题是各系统失去了对用户数据的所有权，这往往对相互间应用的单点访问产生影响。而且，随着互联网规模的不断扩展，如果将用户的所有访问信息全部收集到一处，难免出现新的障碍。

对于提供跨越多域的访问控制，构架一个安全的身份管理基础已成为当务之急。联邦身份认证(Federated Identity Authentication)可以提供一种简单、灵活的机制，通过联合识别、验证和授权的形式允许机构建立自己拥有和控制的数据系统，并能够以结构化的、受控的方式共享这些数据。联邦可识别和验证来自合作伙伴组织的用户，可以在可信的联邦内提供对 Web Services 的无缝访问，而不需要重新认证。

联邦模型在分布式的基础上建立安全域的信任关系，每个域在保持自己的内部目录、元目录、账户服务配置和公钥基础设施服务的基础上，共享本地身份和安全信息。数据的信任、完整性和隐私是联邦身份认证的核心。通过共享，机构能获得关于用户和服务的身份和策略数据，而之前的做法则需要在本地复制身份和安全策略。共享信任身份和策略有利于 Web Services 的成功部署，同时共享信任可以松散耦合多种完全不同的身份认证系统。

联邦身份认证不会增加用户的操作负担，用户不用改变原来的使用习惯和管理方式，就能进行安全信息认证和授权，继而进行跨域访问。联邦中每个联邦成员包含身份提供者(Identity Provider，IdP)、授权用户、服务提供者(Service Providers，SP)以及可选的服务发现者(Discovery Service，DS)。身份提供者的职责是对用户进行身份认证以及管理用户属性；服务提供者的主要职责是通过对用户访问进行授权和控制执行访问来保护资源；服务发现者的职责较为单一，只需为用户提供 IdP 的选择。安全性断言标记语言(Security Assertion Markup Language，SAML)可用来在各组件之间安全地交换关于用户、资源和授权的信息。① 联邦身份认证的实现有集中模式、分散模式和混合模式。

①集中模式。通过构建跨域的中央身份认证平台来统一实现所有域中的身份认证。集中模式的优势在于维护简单，缺点是所有域中的身份认证集中在中央平台，使得中央认证平台访问压力增大而且风险集中。因而，体量小的联邦适合应用该模式。

②分散模式。各域在本地维护有跨域的身份认证平台，身份认证平台之间需要协调同步。分散模式的优势在于各域间的界限比较明确，访问压力分散的同时不影响域间互通，单个身份认证平台故障对联邦整体影响小；缺点是身份认证平台间的协同同步增加了系统的复杂性。

③混合模式。混合模式既有中央跨域身份认证平台，同时各域本地也有跨域身份认证平台。混合模式作为上述两种模式的叠加，往往部署在大型复杂网络应用环境下。

单一中心的数字信息资源联盟，联邦身份认证可以采用集中认证模式；多中心的数字信息资源联盟的联邦身份认证采用混合认证模式更具现实性；针对数字信息云服务组织和结构现实状况，混合认证模式具有更广的适应性。

数字信息资源云服务联邦认证逻辑架构采用安全属性交换方式(Security Attribute Exchange，SAE)，该架构以虚拟联合的方式实现联盟的混合认证。对于联邦认证，SAE 采用 SAML V2 协议集，通过 http GET、http POST 以及 Redirect 的方式在应用之间传输用户认证信息。SAE 实现了跨域名环境下的用

① 倪力舜. 基于联邦的跨域身份认证平台的研究[J]. 电脑知识与技术，2011，7(1)：53-55.

户认证信息交换。SAE 实质上是一个安全门户，使用在不需要对联合协议或过程进行特殊处理的环境中，可以方便地交换认证用户的属性数据。

联邦身份认证具有普遍适用性，例如我国高校图书馆系统已有完备的身份认证体系，可直接加入管理认证凭据和属性凭据组件后构建分中心的 IdP。认证凭据组件的功能是为用户生成一个在整个联邦认证过程中唯一的 name Id 标识，并将该 name Id 值返回给认证服务；属性凭据组件确定用户身份的相关属性，决定用户对资源的访问权限。分中心的 SP 职能在于提供对分中心资源的访问控制，可在现有资源的基础上增加断言接收器、访问控制器和属性请求器三个 SP 组件。断言接收器用于接收用户的请求认证；属性请求器根据访问的用户 name Id，通过认证用户的 IdP 凭据获取用户的属性数据；访问控制器根据用户属性，在对应的权限范围内控制用户对资源的访问。

联邦认证的实现解决了用户在使用数字资源云服务时单点登录(Single Sign On，SSO)的问题，用户在通过联邦认证后可"一次登录、全网访问"。需要说明的是，在数字信息资源云服务中实现单点登录，不仅需要联邦认证系统，同时也需要信息应用平台的支持。

联邦身份认证架构中的 IdP 在对联盟成员用户身份进行认证时，需要借助外部的目录服务来进行存储，如 LDAP 和 Active Directory。IdP 结构中的元数据包含所有 DS 信息，但 IdP 本身不存储用户信息。对此，联邦认证以 OpenURL 作为桥梁，整合集成管理系统(ILS)用户数据的认证，构建以 OpenURL 为基础的认证架构。

在具体运行中，用户从统一认证门户提交认证数据后，由相应的 DS 选择 IdP 来进行验证。IdP 将认证的请求数据转发给 OpenURL 接口，由 OpenURL 接口负责数据库的用户数据比对，比对后将验证结果反馈给 IdP。IdP 在收到验证结果后，如果用户验证通过，则由 IdP 生成 SAML 认证断言提交给 SP，SP 依据用户属性对应的资源执行访问控制。OpenURL 身份验证接口模块可在分中心机构的 OPAC 服务器上运行，用于授权的 IdP 对该接口的访问，以保障认证系统的安全。

8.2 用户云存储信息安全保障

云存储的虚拟化利用优势和面向用户的服务组织特征，决定了云存储服务的社会化发展机制。在服务组织中，鉴于云存储的开放性和服务调用关系，其安全保障是用户利用云存储空间进行数字资源存取和利用的前提。① 基于这一认识，有必要从用户云存储服务利用中的安全保障出发，进行面向用户的信息资源云存储安全架构和基于规范的用户信息云存储安全保障系统架构，以实现安全利用服务的目标。

8.2.1 面向用户的云存储服务利用安全障碍

个人云存储服务为用户存储、分享信息资源提供了新的手段，但用户保守地拒绝使用个人云存储服务的现象仍较为普遍。究其原因，安全问题已成为影响用户使用云存储服务的主要障碍之一。② 为解决这一问题，国内外从改进云存储安全技术、优化云存储服务及完善云存储安全管理机制三个方面来保障云存储安全。③ 在技术方面致力于在数据加密、完整性审计、数据的可信删除等安全技术细节上的完善。④ 在服务优化方面着力于个人云存储风险的防范。在安全管理方面通过云安全政策法规和云安全标准进行保障，主要从隐私保护和知识产权保护层面进行云存储安全的管控。⑤

用户云存储服务应用存在的安全风险分为两大类。一类是云存储服务存在的安全缺陷，从而引发安全问题；另一类是用户使用中出现的信息存储安全缺陷。围绕这一问题，我们于 2018 年 11 月对高校教师和研究生进行了网络问卷调查，将其内容归并为 6 类，如表 8-1 所示。根据发生情况及困扰程度设置“没有发生且不在意”“没有发生但感到担心”“发生过但无所谓”“发生过且造成困扰”四种程度选项。表 8-2 明确了用户对云存储服务的担忧，在用户调研的基础上设置了 8 道可能引发担忧的安全问题。受安全问题的影响程度则设置“主要因素”“次要因素”“无关因素”“不能确定”四个选项，供用户判断每个安全问题对其应用云存储服务的影响之用。

---

① 卢小宾，王建亚. 云计算采纳行为研究现状分析[J]. 中国图书馆学报，2015，41(1)：92-111.

② Kumar R，Goyal R. On Cloud Security Requirements，Threats，Vulnerabilities and Countermeasures：A Survey[J]. Computer Science Review，2019.

③ 宋衍，韩臻，李建军，韩磊. 支持安全共享的云存储系统研究[J]. 通信学报，2017，38(S1)：88-96.

④ Nayak S K，Tripathy S. SEPDP：Secure and Efficient Privacy Preserving Provable Data Possession in Cloud Storage[J]. IEEE Transactions on Services Computing，2018.

⑤ Xue L，Ni J，Li Y，et al. Provable Data Transfer from Provable Data Possession and Deletion in Cloud Storage[J]. Computer Standards & Interfaces，2016，54(P1)：46-54.

表 8-1 云存储服务使用中的安全问题

分类	使用中的安全问题
个人信息泄露	个人信息被泄露
数据保密性	网盘存储被泄露
服务可用性	网盘服务系统宕机
	网盘关闭个人存储服务
文件损坏	在线查看网盘存储资料时提示文件已损坏
	下载的网盘资料，打开时提示文件已损坏
文件同步	网盘同步完成后仍然有文件没被更新
资源合规性	存储的信息资源(非违规资源)被误判，删除或篡改成提示违规的文件
	分享的非违规信息被误判为违规，分享链接失效或被屏蔽
	存储或分享的信息资源(非违规资源)被误判为违规，导致账号封禁

表 8-2 用户对云存储服务安全担忧

分类	可能的安全担忧
个人隐私泄露	云服务商可能泄露我的个人信息
	云服务商可能挖掘和使用我的个人信息
数据保密性	云服务商可能泄露我的网盘资料
	云服务商可能备份或持有我已删除的网盘资料
服务可用性	网盘服务可能被关闭，数据迁移困难
	网盘服务系统可能发生宕机
文件损坏	存到网盘可能发生文件损坏，无法正常打开或下载
资源合规性	非违规资源传到网盘也可能被网盘误判删除或篡改

此次调查共回收问卷 423 份，有效问卷 389 份，有效回收率约为 92.0%。75.8%的受调查人员使用个人云存储服务产品，89.2%的用户使用时间达 1 年以上，94.0%的用户使用百度网盘、腾讯微云、OneDrive、Dropbox 等，个人云存储产品的使用人数较少。

调研结果显示，科研人员对于服务可用性及网盘数据保密性问题的关注程度不如其他维度安全问题明显。科研人员应用云存储服务存储信息资源时，主要的安全障碍集中在文件损坏、文件同步更新、资源内容合规性判断以及隐私泄露担忧这几类安全问题上。

①文件损坏问题。发生过文件损坏问题且感到困扰的用户占比达28%，另外，使用中虽然没有发生但是对文件损坏表示担心的用户占比达42%。由此可见，文件损坏问题不仅发生频率较高且已引起用户较高的关注。造成文件损坏问题的原因有如下几种情况：文件上传或转存过程中出现故障导致文件损坏；文件存储在云端期间出现破坏文件完整性的问题，例如受到黑客攻击、发生介质故障等导致文件损坏；文件上传或存储期间发生损坏，但完整性检测未检测出文件损坏，用户使用时发现文件已损坏；文件异地备份失效或异地备份异常导致文件损坏无法及时恢复，用户使用时发现文件已损坏。究其原因，一是由于传输完成后未及时进行完整性验证或故障发生时未能及时发现文件损坏；二是由于攻击防御系统出现问题或备份机制出现问题，导致完整性破坏事件之后无法及时恢复。

②文件同步不及时问题。用户使用云存储服务的目的之一是实现文件备份，以便更多的多终端协作使用。因此，云存储服务往往允许用户多终端访问云服务器，同时也产生了多客户端与云服务器端数据同步需求。在这一问题的调查中，发现文件同步更新发生问题且受到困扰的科研人员的占比达20%，并且49%的用户表示担心此类问题。由此可见，文件同步更新问题也直接影响了用户的使用安全。造成文件同步更新出现问题的原因可归为两大类：一是同步处理机制不完善；二是同步更新技术问题。现有的主流云存储同步处理机制多以文件夹内文件全量更新、阶段性同步状态一致和双向同步的处理为主。这种处理机制易产生以下问题：数据传输量增大，优先级较高的文件无法实现及时同步；阶段性非实时的同步在更新间隔时间内发生意外事件，容易导致文件更新丢失；双向同步易导致文件历史版本丢失和同步冲突问题。另外，在同步更新技术方面，现有同步更新技术分为文件差异检测和数据协调两个阶段。文件差异检测技术目前仅支持文件夹内文件差异检测，对于文件夹内文件增、删、改可以检测，但对于文件移动、文件重命名等问题还未完全解决。数据协调方面过于依赖中心节点、数据同步冲突问题仍有待突破。这些均可能导致文件未同步、文件同步不完全、文件更新丢失等文件同步问题。

③信息内容合规性误判。通过调研发现，部分人员使用云存储服务存储的信息往往出现误判问题，发生资源误判删除或误判分享的比例达15%及以上。虽然该比例与以上安全问题相比略低，但其反映的信息资源云存储的内容应用障碍值得关注。用户需要通过合法途径获得、存储的信息资源合规性如果出现

误判而遭到无差别的删除和封禁，则会对云存储资源的安全利用带来不可恢复的损失。信息资源误判具有明显的领域差异。因而需要进行细化处理。云存储平台内容监管需要对用户存储的资源进行内容合规性判断，以防止违规资源的存储和传播。另外，由于误判导致的不合理信息删除同样会带来损失，无异于资源破坏，因而也应全面应对。现有云存储平台采用的内容合规性判断策略应全面考虑信息资源特点和不同用户群的合规存储需求，采用科学的合规性判断规则，提高判断的准确率，以保障信息存储的完整性和安全性。

④信息泄露担忧。通过对科研人员实际使用中的安全问题进行调查，发现科研人员对云服务商的信心不足易引发其对隐私泄露的担忧。虽然不少用户实际使用中并未发生或发现存储信息泄露问题，但仍有 73%的使用者表示担心。在安全担忧调查中，48%以上的人员表示信息泄露问题是影响其不使用或谨慎使用云存储服务的主要因素。造成对云存储服务信心不足及信息泄露担忧的原因包括以下几点：一是用户对个人云存储服务和互联网服务的安全风险不明确；二是云服务商制定的服务协议包含了较多边界模糊的条款；此外信息泄露事件责任模糊，用户无法通过安全协议满足其安全保障诉求。

通过调查信息资源云存储服务应用，发现制约用户应用云存储服务的安全因素是多方面的，以文件损坏、文件同步更新、信息内容合规性误判、信息泄露等问题最为突出。因此需要从云存储技术、实现策略、认证监管等方面出发，优化云存储服务，实现云存储服务的安全应用目标。

8.2.2 用户云存储信息安全结构

随着云存储技术的发展，数字信息云存储组织与利用也处于新的变革中。用户信息资源云存储不仅能方便用户存储所需的个性化信息，而且可以实现多渠道信息融合利用的目标，同时还能节约成本，便于对数字信息资源的有效利用。然而，云存储中的数字信息资源安全也面临着诸多挑战，当前安全已成为用户云存储服务应用进一步发展的关键。云存储环境下数字资源的开放和共享所涉及的权益保护问题，使其安全问题变得更加复杂和突出。因此，有必要对用户信息云存储服务和利用的安全性进行全面分析，对用户信息云存储安全保障进行系统保障。

在用户信息安全保障框架下，基于云存储平台和系统的基本结构决定用户信息云存储安全的层次结构。对数字信息资源服务机构来说，其面临的安全问题是如何确认和保证用户存储资源的安全，其基本要求从总体上可以通过 SLA 安全等级协议方式来满足。对用户而言，其个人信息的安全依赖于云服务安全保障体系。基于此，云存储的安全层次可分为用户访问层、云服务应用接口层、基础设施层、虚拟化层、数据中心层，如图 8-1 所示。

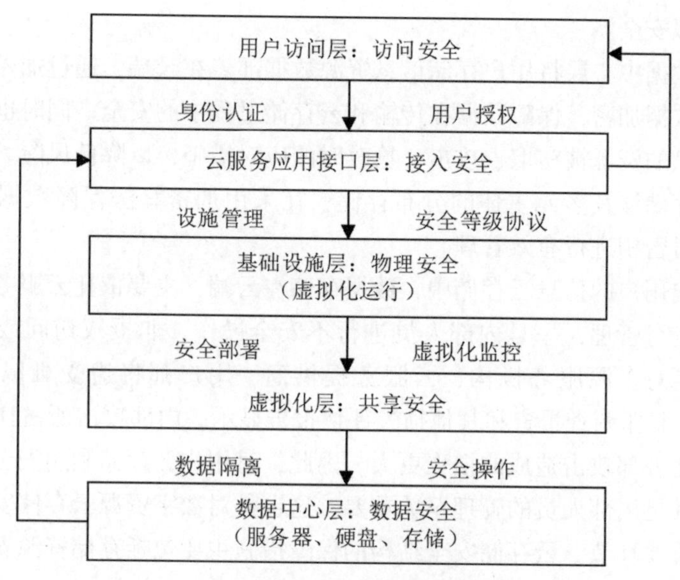

图 8-1　云存储安全层次结构

数字信息资源云存储服务应用安全保障着重解决以下问题：

①在访问层对用户实行身份认证和访问授权控制。云存储环境下数字信息存储服务面对的应用系统具有开放性，用户数量庞大，其安全管理包括对所有用户账号、身份认证、存取授权进行有效管理等，其操作审计的难度也因此而加大。因此，需要进行用户安全管理，其中涉及用户身份管理、认证与授权管理等多个方面。

②在应用接口层实现网络虚拟化，需要从多租户网络拓扑结构出发，针对不同云存储服务模式进行网络安全部署。在 SDN 架构中，底层基础设施和存储网络服务的应用程序被抽象化，需构建具有弹性的可信网络，利用可信网络实现面向用户的信息传输安全保障，防范信息资源数据传输的安全风险。

③基础设备层主要是设施的物理安全问题。通过设置物理安全边界保护基础设施安全，对安全域实行物理访问控制。物理安全管理模块涉及软硬件基础设施、安全域管理、物理环境安全等。在安全保障中，应面向用户进行整体服务架构。

④在虚拟化层实现多租户环境下软件和数据的共享安全。虚拟化云计算资源安全管理在分布环境下进行，需要为用户提供可靠的安全部署模式，实现以虚拟机监视器为基础的安全隔离、虚拟化内部监控和虚拟化外部监管，从多方面保障虚拟安全。

⑤在数据中心层将用户存储信息资源数据部署在云端，通过加密技术可在迁移前对数据加密，保障数据在传输和云存储过程中的安全。同时也要提供用户存储信息的资源被窃取、攻击、篡改时的应对措施，以降低风险。由于数字信息资源存储涉及多元主体的分布存储，在采用加密算法保障数据安全的同时，还需对密钥进行有效管理。

在面向用户的信息云存储中，数据存储在云端，主要依托云服务提供商的内部人员进行管理，一旦内部人员进行不安全操作、非授权访问或恶意攻击时，数字信息资源服务机构、云服务提供商、用户都将遭受难以估计的损失。① 有关犯罪调查报告和其他损失评估报告显示，内部攻击所占比例呈上升趋势，且比外部攻击造成的损失更大。因此，对用户云存储利用安全来说，人员管理尤其是内部人员的管理至关重要，这也是对数字资源云存储安全实现全面保障的重要环节。云存储安全结构的保障措施主要包括存储资源安全保障和过程安全保障。

用户云存储信息安全管理的目标是保障云存储平台和系统基础设施的正常运行，以及云存储平台中资源的安全。为实现该目标，可以在网络安全管理的基础商部署相应设施(如防火墙、入侵检测系统、入侵防护系统、漏洞扫描和防病毒等)，同时在系统运行过程中实施全面安全质量管控。

用户使用存储信息资源的安全保障主要通过用户访问控制和身份权限管理来实现，由数字信息资源服务机构和云服务提供方共同管理、协同负责。数字信息资源服务机构负责用户身份准入信息和访问权限管理，控制数字信息资源的服务对象和可操作范围。云服务提供方根据数字资源服务机构提供的用户信息，通过技术操作以确保访问控制和权限安全。同时，以云存储服务提供方内部组织结构为基础，建立统一的用户身份管理视图，为用户的账号管理、访问控制、认证授权和安全审计提供可靠数据支持。

过程安全保障主要指信息资源机构对云服务的选择和对用户资源云存储过程的监管。对云服务提供方的选择，主要考虑云存储平台和服务模式能否满足

---

① 不只是无间道——真实的内部威胁程度_ 企业安全-中关村在线[EB/OL]. [2017-06-29]. http://safe.zol.com.cn/180/1804831.html.

用户的资源安全保障需要，包括云存储服务应具有的安全能力、数字信息资源机构对其运行监管的接受程度和提供监管接口的能力，以及云存储服务的可持续性和服务安全等级协议等方面。对数字信息资源云存储过程的监管需明确安全分工和各主体职责，注重对数字信息资源云存储各个环节和过程的控制，适时对安全保障进行评估，及时处理安全事故等。

按照安全策略和网络连接规则进行统一管理，在于保障虚拟存储信息安全管理措施的全面落实。对此，在云存储服务中应对云存储平台进行周期性安全测试，从而发现缺陷，并将缺陷带来的影响降到最低。其中，补丁管理是保障云存储平台安全运行的关键措施之一，可有效应对随时变化的环境影响，其前提是要注意及时性、严密性和有效性。

8.2.3 用户云存储信息安全保障的规范化实现

数字信息资源服务机构期望通过云存储平台实现面向用户的数字信息资源的开放存取和共享。由于数字信息资源的传输、存储、处理等离不开网络，资源和用户的数据均存储在云端，针对云数据面临的诸多存储安全问题，维护云平台上信息资源的安全就显得尤为重要。

(1)云存储平台安全规范

在面向用户的服务中，云存储平台的数据来源于用户群，如果云存储平台发生服务不可用的状况，造成的影响将远超传统信息系统的影响。其中：服务终端的威胁可能来自云存储平台和系统；系统内部的威胁主要是云平台和系统自身可靠性、安全性和可用性问题；系统外部的威胁主要是人员行为造成的威胁。

用户云存储信息服务平台的基本安全规范包括云存储平台构建和运行使用的安全规范。云存储平台可通过定级、安全备案、等级测评和监督检查等措施落实安全等级保护责任。① 在这一制度前提下，按云存储平台的组织和运行应根据基本的安全保障原则进行安全规范的落实。在日常管理中，拟进行云计算环境下的数字资源云存储平台安全定级评定，明确云计算中心的安全保护等级和基于等级的安全保障实施。

面向用户的云平台建设应满足信息系统安全等级保护基本要求，对于数字信息资源云存储平台来说，也应该遵循该要求。在平台安全规范中，数字信息资源存储平台应加强云存储平台的物理安全、网络安全、虚拟安全规范的建

---

① 吴旭. 云计算环境下的信任管理技术[M]. 北京：北京邮电大学出版社，2015.

设；在管理上加强对信息、用户和环境的维护管理。

数字信息资源云存储平台的基本安全规范一方面要符合信息系统安全防护的一般性要求；另一方面，需要按标准指南对云环境下的存储安全进行规范。因此，可以将这两个要求结合起来作为信息资源云存储平台安全体系的构建依据，同时针对云技术环境下的测评要求和指南对云存储平台进行等级测定。

数字信息资源云存储平台使用的安全规范应包括云存储平台及系统的设备规范、接口规范、云平台架构及软件规范、云平台运行安全规范等。对用户的信息资源云存储安全标准和具体的细节规定，在执行规范时应借鉴相关平台、系统的安全标准进行不断完善。按统一的基本原则规范，数字信息资源云存储平台应从源头上控制云存储资源、用户与服务的安全风险，实现云存储平台和安全操作的标准化。

在数字信息资源存储在云平台中，云服务提供方通过云平台提供数字信息资源服务，用户通过云存储平台和系统实现数字信息资源的访问和利用，从一定程度上可以认为云存储平台是实现数字信息资源云存储的核心和关键。从总体上看，安全规范直接关系到云存储平台能否正常运行，是云服务提供商、数字信息资源机构实现云存储服务的前提，因此安全规范是云存储安全管理的基本准则。

(2)云存储安全管控规范

安全管控是保障云平台安全的重要条件。云存储安全管控依据规范原则对云平台运行的物理安全和虚拟安全进行保障。在这一过程中，首先需要分析会面临的安全威胁，其次有针对性地实施安全保障措施，维护云平台和系统的信息安全、用户安全和环境安全，最后实现云平台运行与信息存储服务的安全保障。

在基于安全管控的数字信息资源云存储平台安全保障中，物理安全、虚拟安全和使用安全是保障云存储平台安全运行最为重要的三个方面(见表8-3)。物理安全为云平台的正常运行提供实体设备支撑，虚拟安全为云存储平台的正常运行提供技术和系统支撑，使用安全为云存储平台使用中的数据提供可靠保障，这三个方面相辅相成。

在云存储平台运行安全中，物理安全是容易被忽略的部分，往往也是引发大部分故障的原因。Sage Research 的一项研究表明，高达80%的安全问题都归结于物理安全。① 由此可见，物理安全是云存储安全的起点，也是云存储平

---

① 物理层入侵是数据中心安全面临的较大威胁-IT168 数据中心专区[EB/OL].[2017-06-20]. http://datacenter.it168.com/a2009/0604/583/000000583140.shtml.

台运行和保障的重要基础。

表 8-3 数字信息资源云存储平台运行安全及其管控

平台安全问题	平台运行安全管控
物理安全包括网络自然环境和设施安全、平台构建硬件安全、分布式文件数据安全、物理攻击防范安全、管理误操作安全、电磁干扰防护安全等方面安全。	物理安全管控包括自然灾害的影响防范、设施突发事故中的安全转换、数据硬件设施管理、物理攻击监控、外部干扰的全面检测与控制等。
虚拟安全包括虚拟系统结构安全，分布虚拟机创建与调用安全，虚拟化攻击影响、拒绝服务安全，虚拟数据篡改、窃取安全等。	虚拟安全管控包括设定虚拟安全边界、控制虚拟运行节点、清理虚拟运行隐患、适时虚拟攻击应对、防范数据窃取和篡改、实行虚拟机安全隔离等。
使用安全包括平台使用中的数据资源安全、用户信息安全、平台维护数据安全、运行日志管理安全、身份认证安全、权限安全、平台使用审计安全、平台使用对环境安全影响等。	使用安全管控包括平台存储信息通信安全管控、平台使用协议管控、用户访问控制管控、平台信息资源下载安全控制、平台使用稳定性保障、基于安全规则的安全使用管理、使用风险识别与应对等。

在云存储平台和系统中，各种设备、网络线路、媒体数据以及存储介质等都是物理安全保护的对象，其安全性直接决定了云存储系统的保密性、完整性和可用性。对于云存储介质来说，不仅要保障介质本身的安全性，还要保障介质数据的安全，防止数据信息被破坏。

虚拟化是实现数字信息资源云存储的大规模、高性能、可扩展、动态组合和面向庞大用户群体服务的关键技术。虚拟化环境使云计算和云存储成为可能，但支撑和改善云存储环境的新技术的出现，也带来了新的安全挑战。加之虚拟机的窃取和篡改、拒绝服务攻击等问题，给云存储造成重大的影响。① 因此，在安全保障中应针对这些问题进行有效的监控和防范。在虚拟化环境中，

① Xie X, Wang W. Rootkit Detection on Virtual Machines Through Deep Information Extraction at Hypervisor-level[J]. Communications and Network Security, 2013, 411(6): 498-503.

虚拟机间的隔离程度是虚拟化平台的安全性指标之一。① 应通过隔离机制，保障虚拟机独立运行、互不干扰。存储信息资源虚拟安全可以通过对虚拟机系统的有效监控，及时发现不安全因素，保障虚拟机系统的安全运行，从而保障云存储平台运行的虚拟安全。

云存储平台使用安全主要涉及两个方面，一是维护云存储平台中信息和资源本身；二是对用户访问行为的监管和控制，以保证用户对云存储平台资源安全使用的合法性。对这两个方面的安全管控，可根据云存储平台上的信息类型来进行。区别于云存储平台上的其他信息资源，云存储平台上的个人信息需要专门集中地进行存储和管理，在强化其安全等级的基础上，对云存储平台上的用户信息进行组织。考虑到海量访问认证请求和复杂用户权限管理的问题，可采用基于多种安全凭证的身份认证方式和基于单点登录的联合身份认证技术进行授权管理。

(3)云存储安全监测与管理规范

云存储服务平台的通信基于互联网，其通信网络一部分是数字信息资源云服务平台内部的通信网络，另一部分是云服务平台和外部环境的通信网络。云服务平台的通信网络直接关系到用户对平台访问及平台使用的安全性。同时，云存储平台环境的安全直接关系到云存储平台的安全应用。因此，有必要对云存储平台的网络环境进行监测，以确保云存储平台和系统的正常运行。

数字信息资源云存储服务的安全监管需通过数字资源云存储过程中的全程信息安全监测来实现，包括对信息安全相关活动的数据采集，寻求合理的安全监管方案。以此出发，在安全监测框架下，实现安全事故预警与响应，以数字信息资源云存储服务中信息资源安全事故防范为目的，在预测基础上进行事故的防范与控制。

①安全监测过程。用户云存储服务应用中的数字资源安全监测主要是对云信息系统和云服务过程中的安全事件数据进行采集、分析和报告，其内容涉及信息资源平台用户、应用程序和系统等。② 在监测中，需要将收集的云信息安全数据进行汇集，为数字信息资源云存储安全事件的评估提供量化依据，以便

---

① Wen Y, Liu B, Wang H M. A Safe Virtual Execution Environment Based on the Local Virtualization Technology[J]. Computer Engineering & Science, 2008, 31(3): 154-162.

② Gogouvitis S V, Alexandrou V, Mavrogeorgi N, et al. A Monitoring Mechanism for Storage Clouds[C]//International Conference on Cloud & Green Computing, 2012.

将安全事件控制在合理范围内。

②安全监测内容。数字信息资源云存储服务中的安全监测，存在于数字信息资源云存储服务的整个过程中。云存储平台信息资源安全监测的内容是对云存储平台和系统可用性的监测，目的是监控云存储平台和系统是否处于正常运行状态，通过分析云存储平台和系统的工作过程和状态，对可用性进行评测，以此来判断云存储平台和系统的可用性。此外，安全监测还包括云存储平台和系统的可维护性和可靠性测评。其中，可维护性主要指云存储平台和系统具有的被修复和被修改的能力，可靠性指云存储平台正常运行的概率。

③安全风险监测。数字信息资源云存储安全风险监测，包括风险识别、量化处理和风险评估。在进行风险测评时，首先必须识别数字信息资源云服务所具有的不同风险，其次有针对性地设计监测项目，最后按量化的风险要素计算风险度，风险度可作为数字信息资源机构的安全管控依据，以此来提高用户存储数字资源的安全性。

数字信息资源云存储服务中的安全监管实施建立在风险管理和安全监测基础上。云存储服务中的监管可引入第三方监管机制，以协同的方式进行全面监管和响应。

数字信息资源云存储涉及数字资源、云存储平台系统、云存储服务的可用性以及云存储服务中用户操作安全问题。由于数字信息资源云存储安全保障涉及云服务提供方、数字信息资源机构和用户主体，因此数字信息资源机构和相关方应依靠协议对数字信息资源云存储过程的安全进行全面监督和管理。

数字信息资源机构将其拥有的数字信息资源存储服务交由云服务提供方进行管理的同时，意味着数字信息资源机构对数字资源控制权的部分转移，数字信息资源的安全保障很大程度上也逐渐由云服务提供方决定。在这种背景下，需要考虑引入可信的第三方机构，对数字资源云存储过程中的云服务提供方以及数字资源云存储平台和系统进行全面监督，其中可信的第三方机构和数字信息资源机构的合作至关重要。通过第三方数字信息资源机构可发现云服务提供方在安全协议内容和安全保障中的履行问题。同时，可信的第三方机构也可将监管过程中所发现的安全问题反馈给数字信息资源机构和云服务提供方，然后在可信的第三方机构督促下，及时采取针对性的安全保障措施应对云存储服务的安全风险。

需要特别关注的是，引入的第三方监管机构必须是“可信”的，这就需要建立完善的、合理的、可操作的可信第三方监管机构选择制度，构建合理的评估指标体系，对待定的第三方监管机构进行可信度评估。只有这样，才能保证云存储服务的有效监管。

数字信息资源云存储服务是面向用户的平台服务，数字信息资源服务机构正从多方面拓展基于云存储的服务业务，因此，构建数字信息资源云存储安全保障系统十分重要。面对这一现实问题，应从安全层次结构、保障关系和过程出发，按数字信息资源机构、云服务方、用户和环境的交互关系，在协议基础上进行云存储安全的规范，在面向服务的发展中进一步完善。

8.3 社会网络中的用户信息交互安全保障

基于网络的社会交往和信息交流已成为数字信息服务社会化组织的主流形式之一，不仅体现在网络社区服务的开展和“互联网+”业务的发展上，而且存在于用户与网络平台的智能交互上。与服务发展同步，用户信息交互安全已成为不可回避的现实问题，因此有必要从用户身份安全、用户行为信息安全和用户知识产权信息安全角度，进行全面安全保障的组织。

8.3.1 网络交互中的用户身份信息安全保障

在交互式信息服务环境下，用户的信息服务利用过程也伴随着信息交流过程。比如在咨询服务中，服务人员需要通过与用户的交互了解其咨询要求和基本状况，在此基础上才能通过信息分析，向用户提供决策参考咨询信息。在这一过程中，用户提供的基本要求和状态信息，以及咨询人员向用户提供的结果信息，对用户而言都属于用户隐私信息的范畴，泄露之后会对用户造成伤害，甚至带来不良后果。因此，在服务过程中，必须要保障用户信息的安全，用户的这一权利也得到了社会的普遍认可。

在隐私含义的界定上，1890 年美国法学 Samuel D. Warren 和 Louis D. Brandeis 在《论隐私权》(刊于《哈佛法律评论》)中进行了明确界定，将其视为自然人所享有与社会公众的利益无关且不愿被其他组织或个体知晓的个人信息保护权。这一界定也逐渐得到了世界各国与国际组织的普遍认同。

然而，关于网络环境下产生的属于用户的网络隐私权，迄今为止仍未形成一致看法。有些学者认为，其是指公民在网络上的隐私数据、隐私空间和网络生活受到法律保护的权利，要禁止他人非法侵扰、传播或利用。随着数字信息技术和智能技术的发展，互联网与人们的日常生活深度融合，这既为人们带来巨大便利，同时也增加了交互信息保护的复杂性。网络环境所具有的开放性、交互性、虚拟性、匿名性的特点，提出了以身份信息安全为核心的用户交互信息安全保障要求。

目前，利用互联网进行隐私披露、公开、传播的现象越来越普遍。这些现象出现的原因是多方面的，其中包括受商业利益的驱动。与普通的隐私侵犯相比，网络隐私侵犯的手段更加多样化，包括个人信息过度采集、私人信息非法获取、隐私数据非法使用、隐私信息非法泄露、隐私信息非法交易等。由于互联网技术特点的影响，网络隐私权侵犯具有形式多样化、主体多元化、手段智能化、隐蔽化和受害客体扩大化和特点，因而必须全面应对。

社会网络环境下，用户通过网络社区进行知识获取、交流和利用变得越来越频繁。① 其中，知识社区发展在推进知识创新的同时，也提出了社区中用户信息安全保障的问题。用户通过在社区中注册账号，上传并分享自身信息的同时，也可以通过有偿或无偿的方式获取他人信息并进行交互传播。在整个过程中，用户的相关信息必然面临着各种安全威胁。首先，用户通过注册获得访问社区的权限，并将其身份信息存储于社区用户数据库之中，如果缺少必要的安全管理措施或采用的安全措施不当，用户的信息将会被非法获取，从而危及用户的安全。其次，属于用户个人的数据和知识成果等，在网络环境下其知识产权保护难度大，需要采取有效措施。由此可见，这些问题不仅阻碍了用户的信息交互，而且影响着网络社区服务的进一步发展。因此，在网络交互中应将隐私保护作为服务开展的前提条件来对待。

为确保网络社区中的用户安全，实现用户网络交互的全面安全保障，拟从用户身份安全出发，构建网络用户安全全面保障体系，具体包括基于深度防御的用户身份安全保障和基于生命周期的用户隐私安全保障。

深度防御是美国国家安全局为实现有效的信息安全保障提出的一种新型安全保障策略，其核心是采用多层次的纵深的安全措施来保障用户信息安全。② 用户身份安全保障是为了实现用户在网络活动中的身份识别，以对用户权益进行维护的重要环节。按深度防御和多重防护要求，可进行基于深度防御的网络社区用户身份安全保障构架，如图 8-2 所示。在用户身份安全保障过程中，拟

---

① 贺小光，兰讽. 网络社区研究综述——从信息交流到知识共享[J]. 情报科学，2011(8)：1268-1272.

② Dauch K, Hovak A, Nestler R. Information Assurance Using a Defense In-Depth Strategy[C]// Conference For Homeland Security, CATCH'09, Cybersecurity Applications & Technology, IEEE, 2009: 267-272.

采用层层深入的多层防护方案，进行用户身份认证、用户账户安全管理、用户异常检测和用户身份信息恢复。其中，多重用户身份认证及用户账户安全管理是针对用户认证及数据管理采取的被动防御保护措施；用户账户异常检测通过及时发现用户身份面临的安全威胁，及时提醒用户并采取相应措施，从而避免用户身份遭到破坏；用户身份信息恢复则是针对用户账户已经遭到破坏的情况，采用合理的恢复方案及时恢复用户身份信息，从而避免危害的扩大。

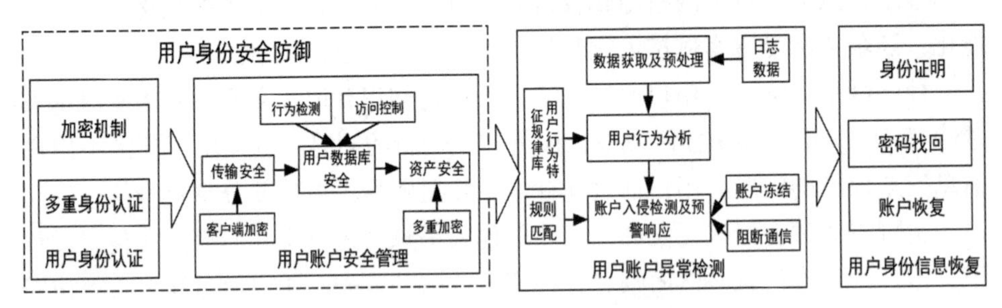

图 8-2　基于深度防御的用户身份安全保障

①用户身份认证。访问控制技术是提供有效、安全的资源访问的身份保障手段，旨在让不同需求的用户通过统一的方式获得访问授权，而防止非授权用户访问。在这一构架下，一般采用集中式的数字身份保障和认证方式。① 网络社区中，访问控制是用户身份安全保障的首要环节，在于帮助服务提供方确认用户身份的真实性、合法性，使服务在用户注册账户时完成对不同用户的授权，同时通过用户提交登录信息验证其身份。

此前的网络社区多采用“用户名+密码”的单点登录认证方式，这种简单的认证方式难以应对攻击者合力破解用户密码的风险。② 对于某些涉及敏感信息的社区，如患者医疗社区，用户的账户信息泄露会对其造成难以预测的不利影响。为保证用户身份安全，在使用“用户名+密码”对用户身份进行认证时，应根据社区内用户信息的保密要求设定不同严格程度的认证策略。对于保密要求高，在密码设置强度、复杂度上应提出相应的要求，如规定最小密码长度等。另外，可采用多重身份认证机制，如生物认证技术、动态电子口令系统认证方

① 房梁，殷丽华，郭云川，等. 基于属性的访问控制关键技术研究综述[J]. 计算机学报，2017，40(7)：1680-1698.

② Radha V，Reddy D H. A Survey on Single Sign-On Techniques [J]. Procedia Technology，2012，4(11)：134-139.

式、基于智能卡的认证方式等，以进一步完善用户身份信息的认证，从而保证用户在网络活动中的身份安全。

②用户账户安全管理。在网络社区中，可通过必要的技术措施将用户账户信息加以处理后集中存储到数据库中进行统一管理。其关键在于用户数据的安全管理，不仅包括用户登录密码、账户注册等身份信息，同时也包括用户上传的资料和资产的安全管理。针对用户数据泄露、丢失、篡改等情况，在进行用户数据库管理维护时，应采用多层安全保障机制，以保障用户数据安全。首先，对于涉及用户隐私等敏感数据，为防止其被外部恶意人员窃取，需要采用客户端加密方式，在数据上传之前就完成加密，从而保障用户数据的安全传输和存储；其次，用户在申请账户数据更改时，为保证其安全性，可通过监测用户行为进行安全风险识别，如登录的地址、硬件设备是否为常用等，如果出现异常，需要更为详细的身份认证，如采用密保认证、动态口令等来识别用户身份；最后，当用户账户中存在支付问题时，其用户资产安全也应成为用户账号管理的重要部分，可通过进一步加密处理进行用户资产保护。

③用户账户异常检测。网络环境下，用户面临着各方面的安全威胁，因此需要对用户安全进行实时监测，以便及时发现异常并作出预警响应。其中，账户异常检测的基本思路是，由于用户的正常活动一般具有一定的规律，如果用户在某一个时间段的行为不符合这些规律，那么表明用户的账户很可能遭到攻击。基于这一思路，用户账户异常检测可以分为用户数据获取及预处理、用户行为分析、入侵检测及预警响应三个阶段。在用户数据获取及预处理阶段，进行用户日常行为数据采集，为用户行为分析提供数据准备，需要获取的数据包括用户的行为日志、用户登录时间、用户登录 IP 地址及设备号、内部人员工作日志等，主要通过网络日志、实时捕捉等方法获取；这些数据具有不同的格式及属性特征，因此需要对其进行规范化处理，具体包括数据清洗、格式标准化、去除噪声数据等。用户行为分析在获取用户行为数据的基础上进行，需要对用户的行为特征进行提取。一般情况下，网络社区中用户行为特征多选取用户在社区内经常关注的内容、访问时段特点、登录位置等数据，根据用户的历史数据进行整合和融合处理，从而形成用户行为特征规律库。入侵检测及预警响应阶段，将实时监测到的用户行为数据与用户行为规律库中的行为规律进行比对，如果出现异常情况，则进入用户账户安全预警程序，其内容包括将结果反馈给用户，要求用户进行更加详细的身份认证，否则将采取账户数据及资产冻结、阻断通信等应急保护措施。

④用户身份信息恢复。可能由于用户自身原因或受到外界攻击，如用户账

户密码遗失、身份认证失效、账户劫持等，需要重新认证用户身份的有效性，进行用户身份信息恢复。恢复用户身份信息的方式需符合其在注册时提供的身份唯一性认可条件，如注册时填写的密保问题及答案、用户提供的终端验证和重置密码等。网络服务方在收到用户身份信息恢复的请求后，根据其提供的证明进行判断，恢复并更新用户的身份信息。这一阶段是通过设立合理的用户身份信息恢复程序来实现的，以将用户账户被攻击后的负面影响降到最低，尽量减少造成的损失。

用户网络交互中的身份信息安全保障，不仅是为了保障用户身份的真实、安全和有效，维护用户合规进行网络交互活动的权利，而且在于保障用户身份信息不受侵犯和用户网络交互中的身份安全。因此在用户身份信息安全保障中，应强化安全规则的完善和身份安全管理的合规性。

8.3.2 用户行为安全保障

在面向用户的个性化服务中，用户行为数据的采集、分析与挖掘已成为推荐服务、知识链接和关联的必要环节，然而过度的用户行为数据采集和开发利用，必然涉及用户隐私和用户安全。在机器学习、智能交互和神经网络服务中，用户和智能系统已融为一体，因而智能服务对用户的替代也会带来深层次的安全隐患。由此可见，在面向用户服务和智能交互发展的同时，必须对用户行为和数据进行全过程保护和利用控制。

网络交互中的用户行为数据的合规采集和利用是一个普遍存在的关注问题，其交互信息存在于服务过程之中，这一情况在跨系统协同参考咨询服务中同样有着充分的体现。其中所涉及的环节包括用户提问的接收、分解以及用户的访问跟踪等。

在用户提问接受中，用户提问信息的输入、提问预处理和协调咨询分派，通过相应的机制将提问和回答进行有机关联，其中的行为信息存在着泄露的风险。

成员资料库用于记录加入系统的服务成员单位的特征资料，成员资料包含咨询、主题范围、服务用户的信息、地理区域等，这方面信息的扩散也将引发权益侵犯问题。

知识库系统用来存储各地信息服务系统用户的信息需求、提问及用于提问解答的熟即可，提供信息用户和咨询人员随时查询；其组织也应有明确的安全边界。

问题解答中，对接收的问题进行分配、排序或转发，回答成员的互联回答信息应得到有效控制。

从流程上看，用户提问交互和行为信息客观地存在于系统之中，从而提出了用户交互行为信息安全利用问题。

在网络交互中，用户隐私信息既包括个人身份信息和使用行为信息，也包括其提供或发布的相关信息，如虚拟科研团队内部的沟通记录。从生命周期角度看，用户隐私信息主要经历采集、存储、开发/利用、销毁四个阶段。在不同的生命周期阶段，其安全需求和安全保障的技术都有较为显著的区别，如图8-3所示。

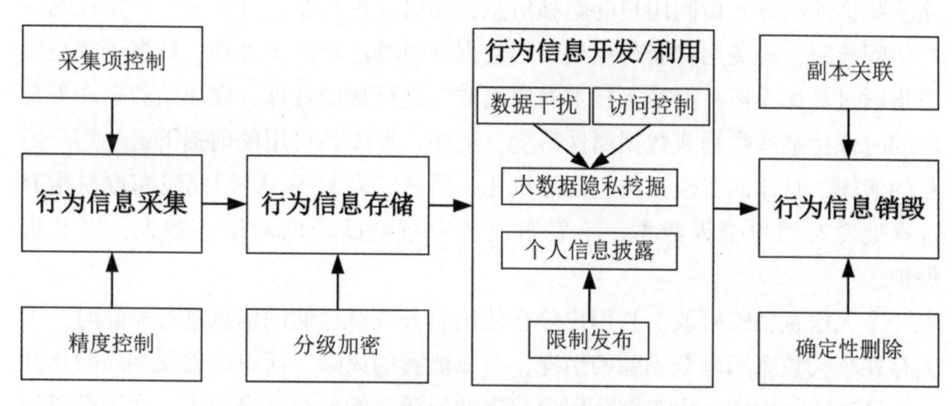

图8-3　基于生命周期的用户个人信息安全保护

个人信息采集阶段。对用户信息的采集既包括用户注册时的个人信息采集，也包括用户在网络活动中的行为记录采集。用户在注册账户时，需要提供必要的身份信息，完成用户身份认证，同时认可《使用协议》，其中包含隐私政策或隐私声明，规定收集到的用户信息的类型和范围，同时对用户数据的使用限制及共享等情况进行规定。为保护用户的个人信息不被泄露，可以基于采集项控制和采集精度控制策略，从源头上进行保障。所谓采集项控制是指在进行采集前对拟采集的用户隐私信息项目进行分析，在国家法律法规和强制性安全标准的框架下，采集必要的隐私信息。采集精度控制是指在进行用户个人信息采集时，在能满足应用要求的前提下，尽量降低对用户个人信息的精确性要求，从而降低个人信息泄露后受到伤害的风险。

个人信息存储阶段。存储阶段可以根据用户的实际需求有选择地进行分级加密，从而在保障需求的情况下保障个人信息安全。对于保密性需求高的个人信息，需要采用加密存储技术，以提高其安全保障能力。对于保密性要求较低的敏感信息，可以在其应用较为频繁的阶段，采用明文存储的方式，以兼顾数据加工处理的效果；而一旦其进入低频应用阶段，则可以考虑将其加密存储。

个人信息开发/利用阶段。对于用户所披露的信息，可以方便地借助大数据分析方法进行数据挖掘，从看似无关的零散数据中挖掘出用户个人信息，因而难免造成用户隐私的泄露。为保证信息开发/利用阶段的用户信息安全，可以采用访问控制及数据干扰技术来应对大数据隐私挖掘威胁，利用限制发布技术对社区披露的用户信息进行控制，从而保障用户个人信息和隐私安全。在访问控制中，可以采取基于角色的访问控制机制，限制非授权用户通过直接访问系统数据库的方式访问用户的隐私信息，同时在授权服务过程中，严格控制用户访问权限，避免用户获得全量用户数据并对其进行挖掘处理。数据干扰技术是指通过添加噪声、交换等技术对原始数据进行扰动处理，使原始数据在失真的同时保持某些数据或数据属性不变，从而在保障其可用的前提下避免用户隐私的泄露，具体的实现方法包括随机化、阻塞、凝聚等。① 限制发布则是指有选择地发布用户个人数据，不发布或者发布精度较低的敏感数据，以实现保护。

个人信息销毁阶段。当用户停止使用服务或对存储的信息进行删除时，可能存在个人数据不完全删除的情况，造成泄露的风险。简单的数据删除操作并不能彻底销毁数据，由于部分用户共享的资源可能存在多个副本，在进行资源销毁的过程中，虽然删除了原文件，但仍可能存在其他并未删除的副本数据，导致数据销毁不彻底，其他用户就可能在用户不可知的情况下获取其隐私信息。并且，用户的个人信息只要在网络中留下痕迹，就很难“被遗忘”，也不利于用户个人隐私的保障。因此需要采用可信删除技术确保数据无法恢复，删除包括备份数据和系统运行过程中产生的相关数据在内的所有数据，以实现用户数据的保护。②

值得指出的是，任何安全保障技术都不是绝对可靠的，用户个人信息被采集之后，就不会处于绝对安全的状态，直至其达到生命周期的最后阶段——销毁。因此，为保障用户的信息安全，需要加强用户个人信息的生命周期管理，

---

① Yang P, Gui X L, An J, et al. A Retrievable Data Perturbation Method Used in Privacy-Preserving in Cloud Computing[J]. Wireless Communication Over Zigbee for Automotive Inclination Measurement China Communications, 2014, 11(8): 73-84.

② 熊金波，沈薇薇，黄阳群，等. 云环境下的数据多副本安全共享与关联删除方案[J]. 通信学报，2015，36(s1)：136-140.

合理界定行为信息处于哪个生命周期阶段，并在其到达销毁阶段时，及时对其进行清除。

8.3.3　用户信息安全传播和知识产权保护

为保障网络中用户的知识产权安全，需要建立针对网络交互环境的知识产权保护机制，目前的数字所有权管理方法多是采取一系列的技术手段如加密、防拷贝技术等，阻止数字资源的非法复制和传播，其本质上是一种通过权威管理机构授权的权限管理方案。用户上传到网络中的资源往往并没有经过专门的认证及技术保护，有些甚至尚未体现其价值，部分用户往往缺乏相关的维权意识和手段，造成网络活动中用户知识产权保护困难。因此在进行网络用户知识产权保护实施时，拟从用户安全传播和知识产权服务组织两方面进行，如图8-4所示。

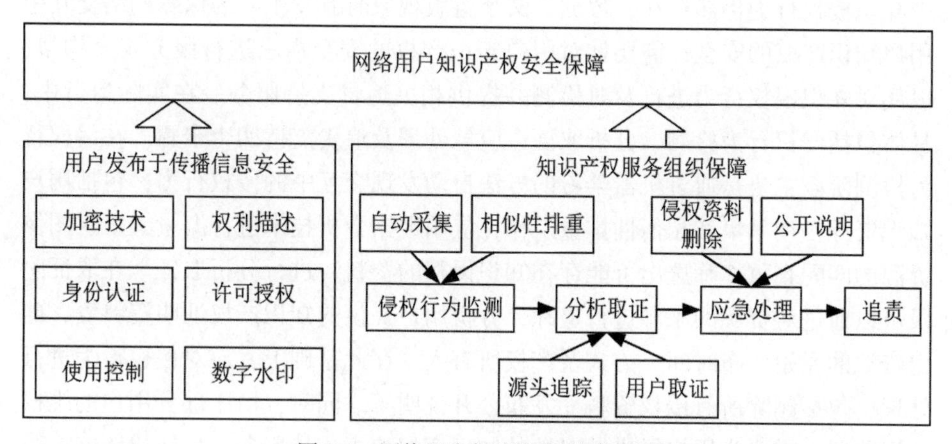

图8-4　网络用户知识产权保障实施

数字信息资源易于传播、复制，使得其侵权现象更为严重，一旦其他方获取了电子全文就可以任意进行传播，被侵权人的发现、举证就会存在一定的困难，因此不利于用户知识产权的维护。为保障网络交互中用户共享的知识资源不被他人盗取、冒用，需应用多种技术手段，保证知识资源的安全传播及利用。网络服务提供商需要在对数字内容进行分类处理的基础上，采用加密技术、权利描述、许可授权、使用控制、数字水印技术进行用户知识产权保护。产权保护中的加密是指通过使用加密技术加密数字内容，以保证数字内容在传播、存储过程中的机密性。权利描述在于对用户可使用数字资源的权利确认，包括用户可使用的时间、频次、设备等，一般通过特定的权利描述语言进行描述，如 Lucscript、ODRL 等，另外，描述中的许可证记录是一种切实可行的方式，在于通过为用户颁发许可证而实现安全控制的目标。许可证不仅包括用户的权利描述，而且包括相关资源的解密密钥，常用的许可授权包括基于设备的授权、基于域密钥的授权等。使用控制保证授权用户在权利描述范围内使用资源，既需要保证未授权用户不能使用数字资源，也需要控制授权用户不能超出使用权利的范围。数字水印技术是在资源的原始内容中隐蔽地嵌入版权所有者的信息，从而实现版权的所有权验证或侵权追踪。① 由于部分资源对信息的完整性要求很高，如医疗社区中的数字影像等，为避免在嵌入数字水印的过程中造成信息失真，需要采用无损数字水印技术。② 此外，还须禁止资源的大批量下载行为，以在源头上控制用户获取资源的规模。

尽管网络服务为维护用户知识产权提供了一系列技术支持，但在运行过程中知识侵权行为仍然存在，数据、文字盗版现象时有发生。为保障网络交互中用户知识产权的安全，需要针对用户知识产权的安全需求进行服务安全构架，以便对知识侵权行为进行及时检测并提供相关追责支持服务。在实际运行中，具体包括侵权行为检测、分析取证、应急处理及追责支持四个步骤。在侵权行为检测阶段主要是通过机器学习的方法自动发现交互中的侵权行为，包括用户知识资源自动采集和相似性排重工作，应用数据分析技术进行海量文字、图像资源的匹配查重，筛选出可能存在知识侵权的资料，进行分析取证。在取证阶段可以通过对资源的来源进行追踪，分析用户提供的知识产权证明资料等，确定资源的原始发布时间、方式及产权所有人。在此基础上，应对侵权行为进行处理，包括删除所有侵权资料、发布公开说明等。同时，由于部分用户的维权意识薄弱，需要为用户提供针对性的知识产权追责支持服务，如法律咨询、律师联系、赔偿等服务，帮助用户维护自身的权益。

用户信息安全保障是网络交互服务的基本条件，不同的用户对提供的知识服务要求各异，但在利用服务过程中保证自身安全的需求都是一致的。基于此，有必要对网络用户安全全面保障进行更深层次的解析，以确立基于深度防御的用户身份安全保障、基于生命周期的用户隐私安全保障及用户知识安全传

① 阳广元，邓进. 2007—2011 年国内基于数字水印的版权保护研究综述[J]. 图书情报工作，2013(s2)：46-49.

② Choi K C，Pun C M. Robust Lossless Digital Watermarking Using Integer Transform with Bit Plane Manipulation[J]. Multimedia Tools and Applications，2015：1-25.

播和知识产权服务组织构架。

网络环境下面向社会化共享的信息传播与利用，是用户从单个机构或个人走向公众共用的过程，其突出的是公众共用，而知识产权是面向个人智力劳动成果保护的立法，是个人或单个机构的合法权益保护。这两者之间必然存在矛盾，而大规模用户的知识获取与利用又使网络知识产权问题复杂化。由此，需要通过有效措施缓解这种矛盾，从而改善网络信息资源安全传播与利用整体上的安全。对此，拟采用协议的方式进行用户知识产权保护规范。按知识共享协议的知识产权保护模式，允许信息资源拥有者根据相关条款自主选择不同类型资源的知识保护策略。通过知识共享协议，产权拥有者可以选择不同的组合进行授权，以约束不同程度的信息传播和利用。

8.4 数字信息云服务中的用户隐私保护

云服务平台的基础架构决定了在隐私保护方面限制，这是因为用户数据存在所有者无法掌控的平台上。这说明，云计算服务在给用户带来便利的同时，服务中所存在的不足也将危及机构和普通用户的信息安全。针对这一客观存在着的现实，有必要从服务基础建设和信息安全角度，进行云服务中的用户隐私保护和有效的安全维护。

8.4.1 云环境下用户信息安全交互与隐私保护

数字信息云服务的发展和社会化应用，不仅在于服务的便捷和高效，而且在于服务与用户的安全交互和隐私保护的同步实现。云平台服务的前提是，能够有效保护用户在云计算环境中的安全。当前，有关云计算的调查反应，安全仍是被主要关注的重要问题，大约75%的人表示他们担心云计算安全问题(包括隐私安全)。隐私安全问题是云计算发展的主要障碍之一，2012年美国政府公布了的隐私人权法案，倡导在使用私人信息时将更多的控制权交给用户；欧盟所提出的一项关于被遗忘的权力的法案，规定用户有权要求清除他们的个人数据。

云计算、大数据时代个人隐私保护涉及以下问题：在数据存储的过程中对个人隐私有可能造成的侵犯；由于云服务中用户无法知道数据确切的存放位置，因而对其个人数据采集、存储、使用、分享无法有效控制；可能因不同国家的法律规定而造成个人信息保护法律冲突问题，也可能产生数据混同和数据丢失；在用户数据传输的过程中对个人隐私权造成的侵犯等。云环境下数据传输与服务趋于开放和多元化，传统物理区域隔离已无法有效保证远距离数据传输与应用安全，电磁泄漏和窃取已成为更加突出的安全威胁。在数据处理的过程中，云服务部署的虚拟技术、基础设施和加密措施的失效，也可能产生新的用户安全风险。大规模的数据处理需要完备的访问控制和身份认证管理，以避免未经授权的数据访问，但云服务资源动态共享的模式无疑增加了这种管理的难度；同时，账户劫持、攻击、身份伪装、认证失效、密钥丢失等都可能威胁用户数据安全。在数据销毁的过程中对个人隐私权造成的侵权包括不能彻底销毁的数据，云服务可能的数据备份以及公权力对个人隐私信息的处置影响，虽然各国法律通常会规定服务的用户数据存留期限，并强制要求服务商提供明文的可用数据，但在实践中较少受原则的约束，因而隐私保护的冲突也是云服务需要考虑的用户风险点。这说明，在云计算和大数据时代，各国需要切实加强用户信息和个人隐私保护。

数字信息服务的核心目标是提供安全可靠的数据交互和网络利用，由于云环境下用户的数据不是存储在本地，而是存储在远程服务器中，这增加了用户数据保护的隐忧，其中涉及云平台用户隐私安全问题、用户端安全和服务调用中的安全问题。

在用户端隐私安全安全问题应对中，由于云计算是现有互联网技术的升级，当终端接入互联网后即可与云互联互通，如果终端没有有效的防护措施必然引发对用户隐私的侵犯。其关键在于，云中的应用能够通过互联网访问终端中的数据，常见的如一些商业公司通过获取用户云存储数据或通过植入木马程序实现控制，隐私问题因此而成为用户能否接收云服务的关键问题。如果不能有效取得用户隐私和安全信赖，云访问将无法面向用户展开，用户也不会放心地将数据存入数据中心。

对于云服务调用的隐私安全，英国电信将云计算视为一种能以服务形式提供给用户的设施利用，包括网络、系统平台以及运行其中的各类应用。虽然用户调用云计算服务可以像直接调用本地资源一样方便，但实际这些服务是通过网络传输的。如果服务出现问题用户也将无能为力，因为数据都存放在云中，云服务调用过程中面临的隐私问题主要包括用户隐私信息被非法攻击，非法修改、破坏以及数据包被非法窃取和盗用等。因而，云服务的用户隐私数据安全稳定调用以及网络传输的合规是云服务健康发展的又一个重要问题。

云服务平台端隐私安全涉及多方面的问题，如在未经用户许可的情况下，服务方将部分在线文档和用户个人数据进行共享。面对这一问题，Gartner 发布的《云计算安全风险评估》的报告中将其归为特权用户的接入、可审查性、数据位置、数据隔离等方面的问题。从报告列出的风险中可以看出，云计算的隐私安全问题大部分集中在服务器端。数据安全和隐私危机，使得依靠计算机或网络的物理边界进行的安全保障不再适用，因而需要针对云服务平台端隐私权问题进行专门应对。

云环境下用户信息安全中的隐私保护在网络社区活动中的存在更加普遍，网络社区平台服务在为用户创造开放化的无障碍交流服务的同时，随之而引发的用户隐私安全问题应同步解决。如学术网络作为一个信息交流和知识共享的平台，隐私安全风险主要包括信息安全保障技术缺陷和用户个人信息滥用引发的隐私泄露困扰等。在大数据时代，数据挖掘、可视化等技术的广泛应用，进一步加深了用户隐私泄露危害的程度，使隐私安全成为最具争议性的问题之一。据中国互联网协会 2016 年发布的《中国网民权益保护调查报告》显示，网民最重视的权益是隐私权，然而 54%的网民认为个人信息泄露严重，84%的网民亲身感受到了由于个人信息泄露带来的不良影响。① Nosko 等发现，用户个人信息均可能在用户未授权的情况下被获取，即使少量个人信息的泄露也可能导致难以控制的隐私安全风险发生。Madhusudhan 研究发现，用户信息披露过程中备受信息安全和隐私安全的困扰，隐私安全问题已成为制约用户使用社交网络的重要因素之一。

为了减少用户对隐私安全的担忧，社交网络通过隐私政策声明未经用户允许，不能收集、使用用户个人信息或将用户个人信息提供给第三方。但用户发布信息和共享信息的行为是其隐私泄露的直接原因，因此从用户角度出发的分析是衡量用户隐私保护状况的最有效的方法。以下以科学网博客为例，对科学网博客用户在发布、共享信息过程中的隐私权限设置情况进行分析，以获取社交网络用户隐私关注的主题以及用户特征对其隐私保护的影响。

对用户隐私保护的分析，从以下几方面展开：

①用户隐私的表达。Külcü 等根据用户对某类信息的隐私权限设置情况进行了归纳性分析，将整体值作为用户的隐私值对待。由于社交网络用户的隐私受诸多因素影响，因而可通过隐私向量来表达，同时考虑到不同隐私影响因子的权重不同，采用 CRITIC 算法可计算不同隐私影响因子的权重，加权后的隐私向量被视为用户的隐私值。

②用户隐私保护与用户相关属性之间的关系分析。基于问答社区中的用户

① 中国互联网协会. 中国网民权益保护调查报告 2016[EB/OL]. [2018-09-04]. http://www.isc.org.cn/zxzx/xhdt/listinfo-33759.html.

隐私权限设置分析其隐私保护情况，可以依据用户的隐私保护程度对问答信息进行隐私保护设置。在网络信息进行隐私保护设置基础上可进一步明确用户之间隐私保护的关联关系。① 另外，可进一步分析用户交互时限、公开信息状况、社区关注程度、数量因子之间的关联，通过相关性分析对用户隐私值与其基本属性的相关性加以确认。

③用户隐私保护的演变分析。用户个人数据的交互量和用户隐私关注的变化相互关联，根据个人信息公开程度数据分析，用户的隐私敏感度与用户隐私保护之间的关联关系具有现实性，用户隐私关注呈现的正相关关系说明，随着网络社区交互的扩展，隐私影响日益显著，因而应进行专门的处置。

④用户隐私保护对其信息行为的影响。从个人层面研究用户隐私保护与自我披露的关系，以及用户隐私设置行为和位置披露的关系分析，旨在反映用户的隐私关注和隐私状况。结果显示，用户对隐私的关注度越高，个人信息共享的意图和行为就越弱，采用隐私保护措施的意图和行为也越强。

通过用户隐私值及其隐私保护情况的相关分析，可以看出，用户在不同程度上对其个人信息进行了隐私保护处理，例如学术网络社区中87%的用户进行了隐私权限保护设置，这是因为身份标识信息的过分披露可能会对用户隐私安全产生重要影响。② 由于可以通过对个人数据进行挖掘来获取用户的特征信息，因此在信息交互中应反映用户沟通的意愿和隐私保护意识。根据隐私收益理论，当用户感知其隐私收益(指用户披露个人信息后所获取的个人荣誉等对个人有利的结果)大于隐私支出(指用户信息共享时因个人信息泄露所存在的潜在损失)时，用户会进行个人信息披露；而当用户感知其隐私收益小于隐私之处时，用户会对个人信息进行隐私保护。用户对各类型信息的披露情况说明，在网络社区活动和用户交互中，应避免用户对隐私影响的片面认知，在交互行为规范的基础上提高隐私保护和安全意识。

8.4.2 网络用户交互中的隐私关注

网络用户的隐私关注在用户安全与隐私保护中具有主导性作用，数字网络

---

① Kayes I, Kourtellis N, Bonchi F, et al. Privacy Concerns vs. User Behavior in Community Question Answering[C]// Proceedings of the 2015 IEEE/ACM International Conference on Advances in Social Networks Analysis and Mining, NewYork: ACM Press, 2015: 681-688.

② Kosinski M, Stillwell D, Graepel T. Private Traits and Attributes are Predictable From Digital Records of Human Behavior[J]. Proceedings of the National Academy of Sciences of the United States of America, 2013, 110(15): 5802-5805.

环境下，用户的个人信息和行为信息等可能被网站或第三方通过跟踪技术或数据挖掘技术获取，因此增加了用户隐私信息泄露的风险。国家互联网应急中心(CNCERT)发布的《中国互联网网络安全报告》指出，由于互联网传统边界的消失和互联网黑色产业链的利益驱动，网站数据和个人信息泄露日益加剧，对政治、经济、社会的影响逐步加深，甚至侵犯了个人生命安全。① 从总体上看，用户隐私问题主要包括用户在社交类应用上公开的信息被非法窃取、安全漏洞造成用户个人信息被非法占有、应用服务商被非法攻击。中国互联网协会(Internet Society of China)发布的《中国网民权益保护调查报告》显示，网民对隐私权益的认可度远高于其他权益，2014 年 87.5%的网民认为"隐私权"是用户最重要的权益，该比例 2015 年为 90.5%，2016 年为 92%，2017 年为 93.5%，2018 年为 94.5%，2019 年为 96%，呈逐年上升趋势。报告同时显示个人信息泄露对网民造成的经济损失和时间损失。

由于各种在线服务需对用户信息进行收集，加之一些不法人员以非法手段对用户个人信息的刻意收集，使用户隐私信息泄露风险提高，引起了用户的普遍关注。基于此，应从虚拟社区用户隐私关注和隐私关注对用户行为产生的影响出发，进行用户隐私保护的组织，其目的在于完善用户隐私保护机制，促进虚拟信息共享安全组织。

隐私关注是用户对涉及个人事项、私密事项等隐私情境的一种主观感受和认知体现，用于揭示在不同影响因素作用下，用户的主观意愿和隐私保护期望。不同隐私情境下，隐私关注影响因素模型的构建和具体影响因素的分析会有所不同，以下从这两方面进行分析。

H. Galanxhi-Janaqi 等从隐私关注影响因素的范围层面，结合宏观层面隐私关注影响因素(法律/法规、社会规范、市场、架构/技术)模型与 Adams 的微观层面隐私关注感知因素(信息敏感度、信息接受者、信息使用)模型，提出了一个隐私关注影响因素综合性框架。② D. J. Kim 等基于认知因素(信息质量、隐私保护感知、安全保护感知)、影响因素(声誉)、经历因素(熟悉程度)和个性因素(个人倾向)四个方面对电子商务环境下用户隐私关注影响做

① 国家互联网应急中心 .2016 年中国互联网网络安全报告[EB/OL].[2017-06-12]. http://202.114.96.204/cache/4/03/cert.org.cn/e1f9cd575010e0edb665cbd08e8e1afb/2016_cncert_report.pdf.

② Galanxhi-Janaqi H, Nah F F H. U-commerce: Emerging Trends and Research Issues [J]. Industrial Management & Data Systems, 2004, 104 (9): 744-755.

了系统性分析。① 据此，可以从制度因素、隐私倾向、个人活动、社群影响出发分析移动互联网隐私关注的形成。

网络交互，既包括物理上分散、逻辑上集中的信息交互，又包括通过虚拟社区平台的信息发布、交流与交互利用。因此，影响虚拟用户隐私的因素可以归纳为信息用户的感知和社区平台作用等，具体包括信息内容、信任关系信息敏感度、感知信任、感知风险、隐私政策等。在图 8-5 所示的影响因素中，信息因素决定了用户隐私关注对象、信息敏感度；感知因素关系到用户隐私关注的认知与感受，包括感知信任、感知风险；平台因素反映了用户所在的虚拟环境对用户隐私关注的影响，包括网站声誉、隐私政策环境等。

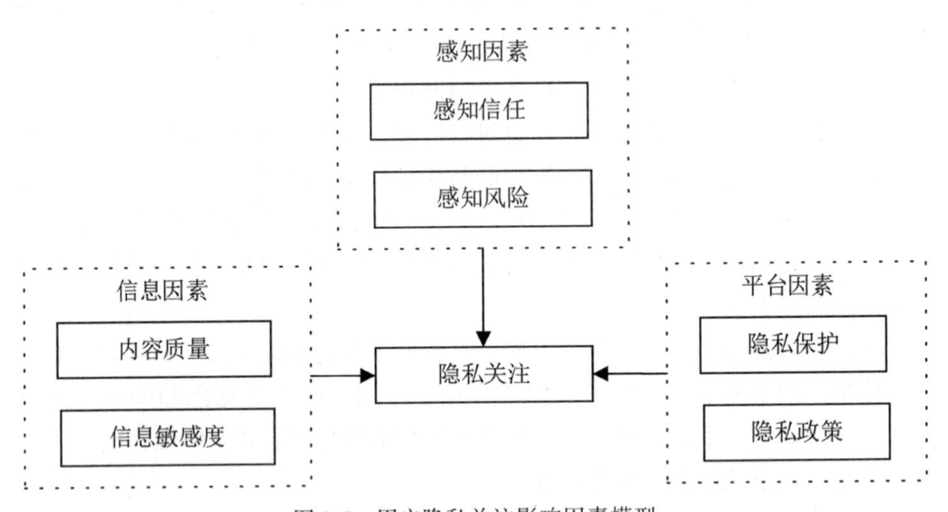

图 8-5 用户隐私关注影响因素模型

依据对虚拟社区用户隐私关注影响因素的分类，可以从信息因素、感知因素、平台因素三个方面进行关联分析。信息内容是虚拟服务的组织前提，也是决定用户交互中隐私保护的核心因素，信息敏感度影响用户对虚拟社区的安全体验以及使用，其信任关系则直接关系到隐私感知。

信息敏感性在特定情境下决定用户对某类型敏感信息的感知隐私忧虑，从而反映用户对隐私的关注程度。这里的敏感信息是指使用不当、未经授权而被

① Kim D J, Ferrin D L, Rao H R. A Trust-based Consumer Decision-making Model in Electronic Commerce: The Role of Trust, Perceived Risk, and Their Antecedents [J]. Decision Support Systems, 2008, 44 (2): 544-564.

传播或修改的信息，以及不利于个人依法享有隐私权的信息。对于虚拟社区用户而言，敏感信息是指用户不愿公开的与敏感属性相关的信息，如个人身份信息，反映用户心理特征或用户偏好的信息(如个人倾向等)，以及用户掌握的重要信息(如尚未发表的科研成果、科研数据等)。互联网用户在披露不同类型的敏感信息时表现出不同的隐私关注度，用户通常在披露在线行为信息中，对涉及切身利益的敏感信息的隐私关注水平最高。其中，认知取向、身份识别、位置信息会引起用户的特别隐私关注，对于注册网站时提供的不同类型数据表现出不同程度的隐私关注。① 事实上，因为敏感信息一旦被共享很可能会对信息主体造成危害，因此披露或被收集信息的敏感度决定用户隐私关注的态度，并且信息敏感度越高，用户就更加关注信息泄露或误用带来的潜在危害，用户隐私关注程度也就越高。

主观感知是指用户对某类信息隐私的一种主观意识。用户隐私关注不仅与客观因素有关，也与用户主观感知因素相关。同时，用户感知信任、感知风险对其隐私关注产生重要影响。②

感知信任。感知信任是指用户对网络环境、相关网络成员能够保护其隐私安全的相信程度体现，反映用户对信息隐私的信任关注。虚拟社区用户感知信任取决于两个方面：其一，虚拟社区可信并有能力保护用户隐私安全；其二，虚拟社区其他用户行为可靠。从作用关系上看，信任能够降低用户的隐私关注程度，建立用户对网络平台的信任必然能够降低用户对隐私问题的担忧，并使用户相信网络平台不会为了达到自己的目的而将其所提供的个人信息非授权使用，因此用户会更乐意提供个人信息。事实上，用户在数据处理和安全性监管有效的网络环境中进行交互时会更信任平台运营者，从而降低其隐私关注程度。通过对社交平台的调查发现，用户滥用数据会使用户感到隐私威胁，平台用户的背景也会影响用户的隐私关注。由此可见，将信任作为隐私关注与信息披露之间的调节变量具有参考意义，这是因为信任能够有效缓解隐私关注对信息披露的影响。如果将信任作为隐私关注与信息披露行为的中间变量，隐私关

① Tang Jih-Hsin, Lin Yi-Jen. Websites, Data Types and Information Privacy Concerns: A Contingency Model [J]. Telematics and Informatics, 2017, 34 (7): 1274-128.

② Ozdemi R Z D, Smith H J, Benamati J H. Antecedents and Outcomes of Information Privacy Concerns in a Peer Context: An Exploratory Study [J]. European Journal of Information Systems, 2017, 26 (6): 642-660.

注显著影响信任关系，进而影响用户信息披露行为。①

感知风险。感知风险是指由于不法行为或信息不恰当使用，使用户在披露个人信息时感知到的可能造成的损失，这是对隐私披露的后果及其发生的可能性的一种不确定性反应。虚拟社区中存在的隐私风险主要由用户个人信息、行为信息、用户发布的信息等被他人非法访问、获取、使用所引发，或者是用户接收到他人或平台提供的不安全信息而出现的个人隐私披露。这说明，隐私风险不仅来源于组织，也来源于个人。研究表明，风险感知可促使用户产生隐私忧虑，而感知风险又与隐私关注直接关联。另一方面，用户感知脆弱性对用户的隐私关注的影响，表现为当用户感知隐私风险增大时，其隐私关注程度也会随之加大；即用户感知风险越大，尤其是用户认为个人信息被第三方获取或不合理使用时，其隐私关注程度会更高。社交环境下用户个人隐私风险增加时，也将导致用户隐私关注度的提高。相反，虚拟社区用户的隐私控制感知增强时，其风险感知就会降低，进而降低个人隐私关注程度。

平台因素。虚拟社区为了完成用户注册或向用户提供个性化服务需要采集不同的用户信息，对这些用户信息加以分析可获取用户行为模式、偏好等隐私信息，甚至可以获取详细身份信息。如果虚拟社区经营者对其进行非法利用，将会严重影响用户隐私安全。因此虚拟社区信誉、隐私政策等因素时影响用户隐私关注的又一个重要方面，用户对不同类型的网站平台因而表现出不同的隐私关注水平。②

信誉因素。信誉是指公众对服务的认可和信任反映，也是用户价值的反映，反映了服务的公信力。从隐私保护的角度，反映用户隐私保护信任以及用户隐私安全协议履行的程度。用户对隐私关注除了信息因素和用户感知隐私外，也受到社会机制的影响。其中信誉的建立包括多个方面，尊重用户隐私是其中之一。具有良好信誉的网络平台由于其良好的道德标准信誉，使平台有能力承诺保护用户隐私。在信息过载或难以决策的情况下，信誉对用户消除不确定性，减少隐私关注具有重要作用。实践证明，网络平台信誉越高，用户对网络平台能够关心用户利益而不会对其造成损害的相信程度就越高，从而必然减少隐私顾虑，降低其隐私关注程度，即如果一个网络平台具有良好的用户隐私

---

① 王雪芬，赵宇翔，朱庆华. 社交媒体环境下的用户隐私关注研究现状[J]. 情报学报，2015，34（12）：1322-1334.

② Tang Jih-Hsin，Lin Yi-Jen. Websites，Data Types and Information Privacy Concerns：A Contingency Model [J]. Telematics and Informatics，2017，34（7）：1274-128.

保护责任感，用户会降低对该平台的隐私关注度。

隐私政策。隐私政策即用户使用虚拟社区服务时该社区对用户信息的采集、使用、共享、保存等所采取的整体措施，其目的是提高用户信息保护的透明度，以缓解用户的隐私问题。用户在有隐私安全保障的情况下公开其个人信息或发布信息的意愿会更强，对隐私的关注也会降低。大数据环境下隐私安全对策因而处于至关重要的位置。隐私政策的完善能够降低用户自我披露的信息忧虑，这说明隐私政策在于通过影响用户感知隐私风险来影响其隐私关注程度。从总体上看，更加明确的隐私政策通过增加用户对信息安全的信心，降低用户对隐私关注的程度。

8.4.3 基于隐私关注的用户信息安全保护

隐私关注是用户行为的重要前因变量，隐私关注通过用户心理活动对用户行为产生影响，其影响可以通过隐私计算来分析。具体而言，在不同影响因素的作用下，用户会权衡其预期隐私保护级别，通过隐私计算形成不同程度的隐私关注，进而决定其隐私行为。其中，用户隐私感知反映了用户披露个人信息后所带来的信息需求和安全需求满足结果；感知隐私使用户规避信息共享时因个人信息泄露或接收不可靠信息的潜在损失。当用户感知充分且合理时，用户便会进行合理隐私保护条件下的信息披露或信息接收。

虚拟社区用户隐私关注对其行为的影响主要表现在信息披露行为和信息采纳行为两个方面。隐私关注对用户信息披露行为的影响表现为用户在披露信息时对隐私安全的担忧，隐私关注较高的用户主动披露隐私的行为会明显减少，隐私的关注度越高，用户隐私披露意愿就越低。① 另外，用户的隐私关注会减弱其信息共享行为。由于隐私关注水平的提高，用户会因担心信息泄露而拒绝提供个人信息，甚至不太可能使用在线服务和批量信息采纳，还有可能采取一些隐私保护措施，以至于使用加强隐私保护的工具来防止个人信息被他人收集，如使用匿名来掩饰 IP 地址、反垃圾邮件过滤器等。这说明，用户隐私关注增加时，他们所采取的防御性保护行为也会增加，甚至会披露一些虚假信息。隐私关注对用户采纳行为的影响表明，在隐私关注的过程中，应注重适度关注，从而避免过度关注的情况发生，以消除互联网环境下用户隐私关注的负

① Alashoo R T, Han S, Joseph R C. Familiarity with Bigdata, Privacy Concerns, and Self-disclosure Accuracy in Social Networking Websites: An APCO Model [J]. Communications of the Association for Information Systems, 2017(41): 62-96.

向影响。①

鉴于隐私关注对用户行为的影响，在感知信任和感知风险的调节作用下，用户偏好是影响隐私关注的又一个基本因素。与此同时，隐私关注并不会直接影响用户的在线披露行为，但其显著影响用户行为的是基于隐私关注的隐私保护和隐私信息安全保障机制。虚拟社区所具有的群体性、公众性和社会性提出了基于个人信息交互的用户群体隐私关注的影响问题。由此可见，大数据背景下基于群体隐私关注的用户隐私保护具有重要性。

大数据云计算环境下，用户隐私关注集中反映在隐私信息的内容和平台因素作用下的数字信息服务安全上。从内容上看，用户隐私保护和信息需求客观存在(例如科学网注册过程中需要提供的身份信息和个人信息)，这种存在不仅出于管理需要，而且是服务组织中不可缺失的。因此，如何合理地进行用户隐私和个人信息保护，确保服务系统平台的安全运行，便成为用户隐私关注的焦点。尽管用户隐私感知和关注具有程度上的差异，但其内容却具有一致性，主要包括身份信息和个人信息两个方面，涉及用户服务利用和交互活动环节。从信息安全保障机制上看，应进行规则化、全程化的隐私保护和用户个人信息安全维护。

在一定权限范围内登录平台的主体包括云服务提供者、维护人员和服务使用者等。对于云服务来说，保证用户的数据不被破坏和非法窃取是一项基本任务，其中运维人员负责云服务平台中数据的存储安全和备份。在维护过程中，运维人员需要登录客户的系统，云服务方需要保证用户身份能被识别并安全登录。由于用户遍布于互联网之中，用户总数、在线数总处于不断变化之中，这就要求进行用户认证、隐私权限控制、访问审计和攻击防护，在保证用户登录权限的同时，按用户隐私关注结构进行用户身份和个人信息安全的维护。在用户隐私保护中，云服务机制决定了云内部的处理过程和用户隐私数据的存储位置，如果发生安全问题，用户无法准确知晓数据所面临的情况。为了充分保证用户身份和个人数据的安全，拟选择可信第三方对云服务进行隐私和安全监管。同时，云计算访问提供商需要遵守隐私法规，提供完整的隐私保护支持。

隐私权保护问题是云计算发展所面临的一个挑战。全球互联网背景下，利用单一的方法保护隐私权已难以实现用户安全目标，因而必须建立一个完善的体系，从多个方面进行隐私保护。其中，技术、规则和监管是隐私保护的三个

① 魏红硕. 移动互联网用户隐私关注与采纳行为研究[D]. 北京：北京邮电大学，2014.

基本方面。

①完善用户隐私与个人信息安全规则。云计算环境下的隐私权属于网络隐私权，因而网络隐私权的法律法规能有效保护云计算环境下的隐私权。目前，我国有关隐私权保护的法律法规还较为滞后，主要是通过名誉权等进行隐私权的间接保护。从总体上看，互联网虽然早已成为人们生活中不可缺少的部分，按《互联网电子公告服务管理规定》，服务提供者应对上网用户的个人信息保密，未经上网用户同意不得向他人泄露。《全国人大常委关于维护互联网安全的决定》对侵犯公民通信自由和通信秘密的，强调应依法追究刑事责任。在用户隐私保护和个人信息安全维护上，为了满足互联网中的隐私保护和用户个人信息安全需求，需要更好地保护网络隐私权，明确隐私权的法律地位，加强有关隐私权的立法，建立一个有效、完善的网络隐私权保护体系。

②运用隐私增强技术。隐私增强技术(Privacy Enhancing Technologies, PETs)，是指用来加强或者保护个人隐私的技术，主要包括安全在线访问、隐私管理工具、匿名工具以及用户数据保护技术和手段等。如 IBM 公司为提高云计算环境的安全性并确保数据保密性，推出了 Tivoli 和 Proventia。在云环境下用户网络隐私权保护的相关技术中，传统技术在一定程度上起到了重要作用，这些传统技术主要包括安全控制策略、安全认证机制和加密机制。其访问控制策略使得网络资源在使用及访问过程中得到相应的保护，而针对用户身份信息和隐私的全面保护机制有待进一步完善，主要包括用户信息目录安全控制、网络权限控制、入网访问控制等。在个人信息传播中，加密机制仍然是一种可行的方式，通过加密算法使明文生成不易被解析的密文，从而防止明文泄露，该方法的可靠性、有效性与解密难度息息相关，主要包括非对称密钥加密体制与对称密钥加密等。除了传统网络隐私保护技术外，目前相关的隐私保护技术还包括数据干扰技术、数据加密技术等。

③第三方监管的组织。设立以政府部门主导的第三方监管机构是实现用户隐私保护监管的有效手段，第三方监管机构的主要作用是监督管理以及对云服务用户安全评估等。在云服务商提供的云服务用户安全监管中，服务等级协议(Service Level Agreement, SLA)框架下的用户隐私与信息安全监管是一种行之有效的方式，能够明确各参与方的责任与权利。一方面，服务等级协议对保证服务安全质量具有有效性；另一方面，服务等级协议明确了用户的信息安全权益。监管机构为保障服务提供商及用户的各种权利与利益，可以对云服务进行多方面监督，尤其是有损于用户安全的行为，可对违规行为主体方予以合法处理。云计算涉及信息服务与管理的各个领域，具有巨大的潜力与广阔的应用前

景，但鉴于云计算环境下数据对服务器和网络的依赖性，各种隐私问题尤其是服务器端隐私问题趋于突出。如果用户数据无法有效、安全地转移到云系统来进行完整保护，就会使用户对云计算应用的隐私保密性及安全性产生质疑，进而导致云服务利用的障碍。由此可见，对云计算的安全及隐私问题应进行全面应对，以期更好地解决用户隐私和信息安全保护中的问题。

④强化用户的信息安全意识。互联网的开放性和用户利用网络服务的交互性，提出了强化用户安全意识的问题。例如，科研人员隐私关注和保密意识淡薄有可能引发科研泄密，其涉密项目研究、涉密实验信息难以得到有效保护，从而造成涉密信息的泄露。针对这一情况，需要强化保密管理，严格遵守有关保密规定。同时做好参与涉密任务人员的保密监管，签订保密承诺书，使其了解各项保密制度，知悉并履行保密义务，遵守保密纪律，确保秘密安全。在预防科研机构科研泄密事件的发生中，应按基本流程对是否涉密进行判别，确定涉密事项的密级、保密期限和知悉范围，从源头上消除隐患。

9 基于等级协议的网络信息服务安全保障与认证管控

云环境下数字信息资源服务所具有的多元主体特征和基于等级协议的服务组织架构，决定了协同服务的安全机制和安全保障规范。在这一背景下，需要进行基于等级协议的云服务安全监管、安全责任划分、信任关系确立，以及面向服务链的安全认证评估。

9.1 基于协议的数字信息资源服务与安全构架

云环境下数字信息资源服务建立在信息资源机构和云服务方之间的安全等级协议基础之上，因而需要围绕服务等级协议构建有效的服务和安全保障体系，推进基于等级协议的安全保障、安全质量控制与安全监管的全面实现。

9.1.1 数字信息资源服务体系构成

数字信息资源服务由内容供应方、信息资源机构、内容服务提供方和辅助方等节点构成。由于各节点实体又是独立的主体，有效进行数字信息服务链各主体的协同便成为服务链运行的关键。因此，为实现数字信息服务的有序组织和整体安全，必须将各节点实体有效集成起来，使各节点共享信息、同步计划、协调一致，以便为终端用户提供快捷、高效、安全的服务。

根据服务链的基本结构，可以展示其中的基本关联关系，① 以数字图书馆

① Huang S H, Sheoran S K, Keskar H. Computer-assisted Supply Chain Configuration Based on Supply Chain Operations Reference (SCOR) Model [J]. Computers & Industrial Engineering, 2005, 48(2): 377-394.

服务链架构为例可进行如下展示。

数字图书馆服务链主要由内容供应方、数字图书馆联盟、内容服务提供方和辅助方(第三方)等节点构成:

内容供应方。内容供应方位于服务链的上游(Up-stream),向数字图书馆提供各种类型的载体内容,是内容的生产或制作方,包括出版机构、专业数据库生产方和各种形式的内容提供方等。

数字图书馆联盟。数字图书馆联盟(DLAs)作为服务链的核心层,是数字内容制作和内容组织、存储与服务的主体,数字图书馆联盟分布式协作模式决定了联盟服务的组织构架。

内容服务提供方。内容服务提供方位于服务链的下游(Down-stream),在数字图书馆中将数字内容按照用户需求的方式向用户提供和展示。

辅助方。数字图书馆服务链的辅助方包括第三服务方、监管机构等,第三服务方主要指数字图书馆的技术支持方,负责系统的序化运行管理。

数字图书馆服务链是一种将服务节点连接成整体的增值服务链。内容服务流是供应方提供的内容经数字图书馆的加工、组织,以适当的形式提供给用户的流程,数字图书馆服务链作为一个整体来向用户提供所需要的信息内容。系统的有效运行是数字图书馆服务满足用户需求的保证。数字图书馆服务链将数字图书馆、内容提供方、监管机构和第三方服务机构整合起来,通过服务集成构造统一的信息服务系统,形成与传统图书馆不同的组织形态和服务模式。

面向服务的体系结构(Service-Oriented Architecture, SOA)是一种基于应用服务总线等关键对象集成的系统构架。SOA 作为一种组件,将应用程序的功能单元通过接口进行融合。接口采用关联方式进行定义,由于具有功能完整的平台、硬软件和系统资源,从而保证了基于服务链的服务开展。

与传统的构架模式类似,SOA 是一种体系构架,而非具体的软件。其应用在于实现系统的快速构建与应用集成。SOA 能够在实践中取得发展的两个重要因素是其灵活性与业务关联性,这两个因素使其成为解决需求与 IT 能力矛盾的最佳方案。

简言之,SOA 将应用转换为可以重用的服务,从而达到基于服务的快速组合与重用响应需求变化的目的。相对于组件,SOA 提升了重用的层次,能够支持更粗粒度的重用。SOA 的构架是标准化的、松耦合的、可重用的服务组织构架。首先,SOA 通过提供可重用的服务,能够提高 IT 和业务整合效率,进而提升产品交付效率;其次,SOA 能够使 IT 产品更符合业务发展的需求;最后,SOA 能够屏蔽 IT 产品的底层技术的复杂性。

SOA形成于XML和Web服务环境，由此也带来了XML和Web服务应用方式的变革。数字技术条件下，SOA一般基于XML和Web服务进行实现。此外，需要全面安全保障、可靠消息传递、策略管理和审计系统等支持，以更高效地开展工作。SOA体系结构如图9-1所示。

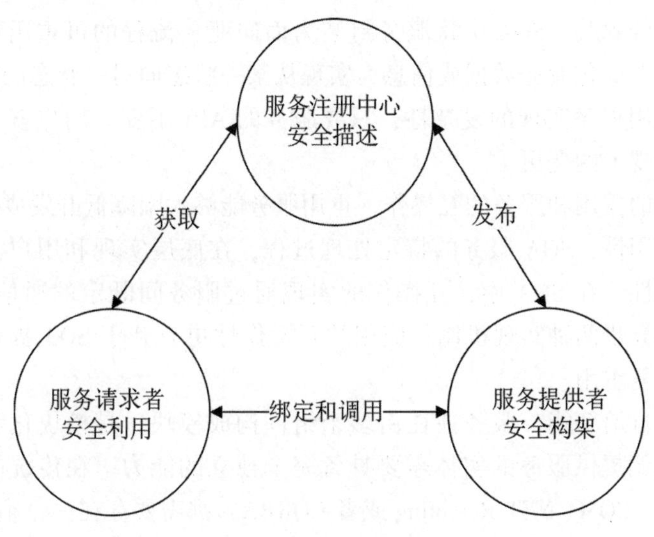

图9-1 SOA体系构成

SOA中的角色包括服务请求者、服务提供者和服务注册中心，SOA中的每个实体都扮演其中的一个或多个角色。其中，服务请求者可以是应用程序、软件模块或者另一个服务。在运行中，它首先在注册中心发起对服务的查询，之后通过串行绑定服务接口规范执行其功能。服务提供者通过网络进行寻址的功能，其功能在于接受与执行服务使用者的请求。在实现上，它需要将自己提供的服务和接口规范发布到注册服务中心，从而便于服务请求者发现和访问。服务注册中心的作用是为服务发现提供支持，包含一个存储可用服务的数据库，允许服务请求者在中心进行服务提供者接口的搜寻。由此可见，基于SOA的体系构架安全存在于相应的环节之中。

SOA中包含发布、发现、绑定和调用三种操作，这些操作定义了角色之间的契约。其中，发布操作是指为了实现服务的可访问，对服务按照一定的规范进行描述并发布到注册中心；发现操作是指服务请求者通过在注册中心采用一定的方法进行服务的查找，以定位所需的服务；绑定和调用是指服务请求者在选择所需服务的基础上，按照接口的要求进行服务的安全调用。

SOA 构架所包括的服务可以通过接口供外部使用者调用。服务描述用于指定服务使用者与提供者的交互方式，包括服务请求、响应格式，以及前提条件、后置条件或服务质量级别。

与其他的软件构架相比，SOA 具有如下几个特征：

①服务的封装。SOA 中将服务封装为面向业务流程的可重用组件的应用函数。它能够简化业务数据或信息，实现从某一状态向另一状态的转变。封装能够屏蔽应用程序实现的复杂性，只要服务的 API 不变，用户就无须关心服务在具体实现上的变更。

②服务的重用和服务的互操作。重用服务能够大幅降低开发成本，为实现服务的可重用性，SOA 服务的特定处理过程，在底层实现和用户需求的变更上保持独立性。在 SOA 中，互操作的实现通过服务间既定的通信协议进行，包括同步和异步两种实现机制；应用的互操作性更有利于 SOA 提供的服务在多个场合反复重用。

③服务自治功能。服务往往由多个组件构成模块，是模块化和自包的结果。SOA 强调提供服务的实体需要具备完全独立的能力。在传统的组件技术中，如 EJB、COM、.NET Remoting 或者 CORBA，都需要存在一个宿主(Host 或者 Server)用于存放和管理功能实体；当宿主本身或其他功能模块出现问题时，在该宿主上运行的其他服务都会受到影响。对此，SOA 因而十分强调实体的恢复和自我管理能力，常用的自我恢复技术在 SOA 中起着重要作用，如事务处理(Transaction)、冗余部署(Redundant Deployment)、消息队列(Message Queue)和集群系统(Cluster)等。

④服务之间的松耦合。松耦合性意味着服务请求者可以不知道服务实现的技术细节，如采用了何种程序设计语言、哪种平台等。服务请求者一般通过消息调用进行操作，请求消息和响应，而非采用 API 和文件格式。这种松耦合特征使软件能够在不影响另一端的情况下进行改变。在极端情形下，服务提供者可以进行替换，同时又不会对服务请求者造成影响。这种操作是真实可靠的，只要新代码支持原有的通信协议即可。

⑤服务位置透明。SOA 服务面向业务需求而开发，要对需求的变化及时作出响应，即敏捷设计响应。同时，在实现业务与服务的分离中，使服务设计与部署透明，即用户不必知道响应所需服务的位置，甚至不必知道哪个服务响应了自身的请求便可进行利用。

⑦ 标准化的接口。Web 服务的特征使得应用服务能够通过标准化接口进

行提供，使其能够基于标准化传输方式（如 http、JMS）或采用标准化协议（SOAP）进行资源调用。因而采用 Web 服务或 XML 来创建 SOA 应用，会使其具有更好的通用性。

由于 SOA 通过网络对松耦合应用组件进行组合、分布式部署和使用架构，所采用的标准服务接口具有以下优点：

编码灵活性。SOA 架构能实现基于模块化的底层服务，采用不同方式进行组合创建高层服务，从而实现重用目标。此外，由于服务使用者与提供者不直接交互，这种实现方式本身也具有较强的灵活性。

开发人员角色明确。能够结合不同人员的业务专长，针对性地进行业务流程部署和工作任务划分，以更好地分配资源。

支持多用户类型。通过精确定义的服务接口以及对 Web 服务、XML 标准的支持，能够支持多种类型的用户访问，包括 PDA 等新型接入终端。

更高的可用性。由于采用了开放标准接口，而且服务提供者与使用者之间是松耦合关系，因此具有更高的维护性和可用性。

更好的伸缩性。其伸缩性的实现是基于服务的设计，开发和部署的架构模型具有现实性，其服务提供者能够彼此独立地进行调整，以满足用户的不同需求。

9.1.2 面向 SOA 的基础安全保障结构

ESB（Enterprise Service Bus）是 SOA 架构的关键支持技术，从来源上看，它是传统的中间件技术与 Web 服务、XML 等技术结合的产物。其提供的连接中枢是构建神经系统必不可少的元素。ESB 的出现使软件架构发生了较大变化，与传统中间件产品相比，不仅能够提供更加廉价的解决方案，还可以消除应用间的技术差异，实现不同应用服务器间的协同，以及服务间的通信与整合。从功能角度看，ESB 提供文档导向和事件驱动两种处理模式，以及分布式运行机制，能够支持基于内容的过滤和路由，具备传输复杂数据的能力，还可以提供标准接口。

ESB 可以被看作预先组织的 SOA 实现，包含了 SOA 分层目标必需的各种基础功能组件。它是一类逻辑体系结构组件，提供与 SOA 原则相一致的集成基础安全架构。SOA 架构原则上要求使用与实现分离的接口，强调位置的透明性及可互操作的通信协议，支持粗粒度和可重用的服务。ESB 作为分布式的异构基础架构，提供了相应的管理方法和互操作功能。所有一切，决定了基础构架的安全保障结构。

ESB的功能主要包括：服务交互、安全性控制、通信和消息处理、建模、服务质量和级别管理、基础架构智能、管理和自治等。它支持在异构环境中进行服务互操作、消息通信和基于事件的交互，并且具有合适的服务级别和可管控性。其功能结构及安全结构如图9-2所示。

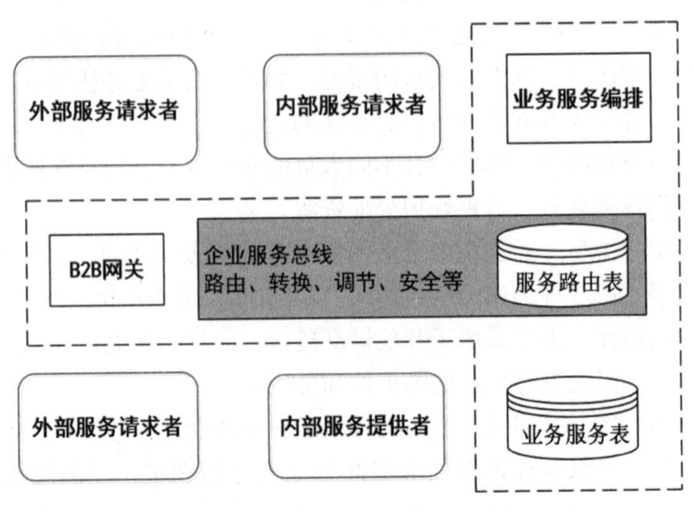

图9-2 ESB功能结构与安全结构

数字信息资源服务链是由数字信息资源服务联盟和内容服务提供方组成的典型的分布式系统，其目的是满足用户的需求，为用户提供一站式服务。数字信息资源服务链各构成节点是独立的实体，其信息处理平台、数据存储结构等往往是不同的，因此适合于异构环境和业务集成的服务与安全整体构架具有重要性。根据SOA的架构模式，数字信息服务的集成安全架构如图9-3所示。

如图9-3所示，基于SOA的数字信息服务集成安全主体包括服务联盟、内容服务方和注册中心，其安全环节存在于三个方面的协同服务组织之中。

①数字学术资源服务联盟安全构架。在数字信息资源服务链集成框架中，数字信息资源服务机构的联盟成员为内容组织者和服务提供者(Service Provider)。数字信息资源服务系统将内容服务封装成Web服务构件，并在服务注册平台上发布。其中，服务组件被转换为WSDL文档，文档则描述了系统功能和调用方法，然后通过UDDIAPI发布到UDDI注册服务器上，以便服务请求者(Service Requestor)能够及时访问。在这一过程中，安全保障与业务

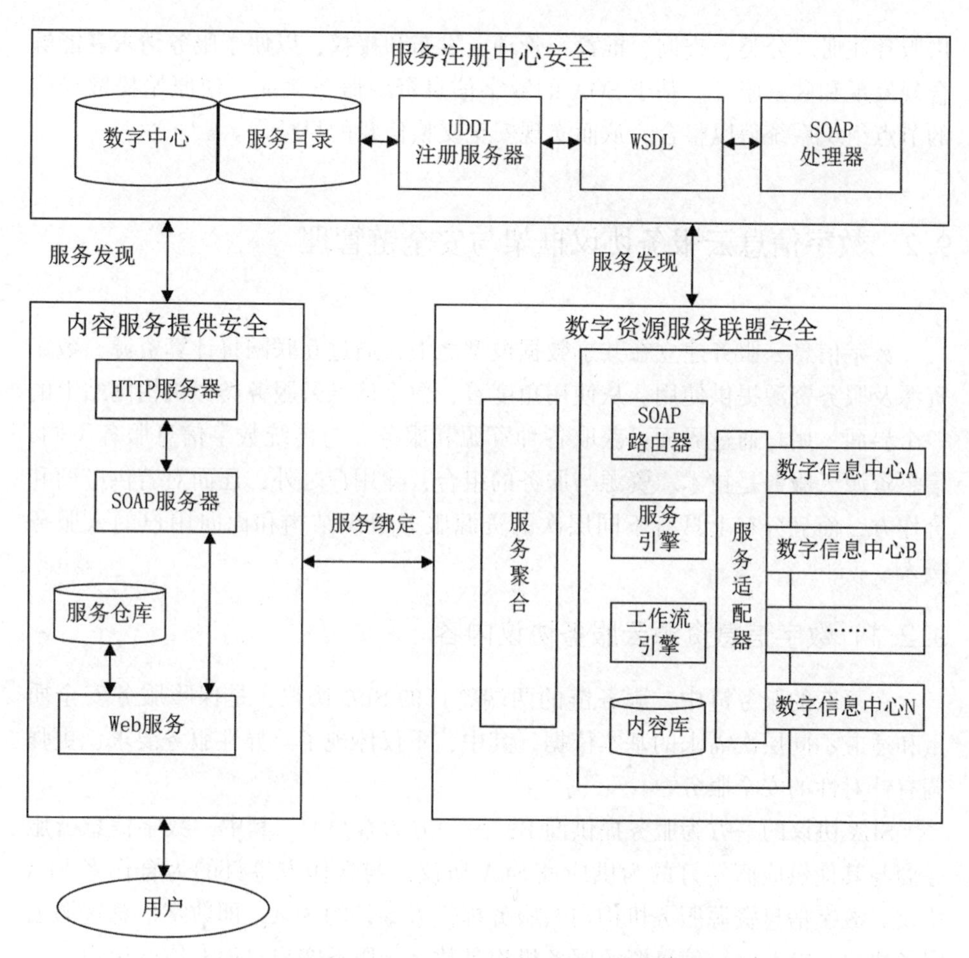

图 9-3　基于 SOA 的数字信息服务集成安全框架

流程环节紧密融合为一体。

②内容服务提供商。内容服务提供商通过平台进行展示，根据用户需求，通过各种渠道将数字平台中的数字内容提供给用户。在数字信息资源服务集成框架中，内容服务提供商安全体现在整个关联活动之中，即内容服务提供按安全规范依据用户需求向注册中心提交请求，进行服务的发现及服务描述的获取；在获得授权后，数字信息资源服务机构绑定和调用服务，以此保证用户安全。

③服务注册中心安全构架。在数字信息资源服务链集成框架中，需要在数字资源服务层面中设立服务注册中心(Service Registry)。服务注册中心安全提

供服务注册、分类、查询、推荐、管理、发布和授权，以便于服务请求者能够合规发现和共享服务。基于SOA的数字信息资源服务集成，使原始松散异构的节点组织系统得以整合，从而实现安全交换信息的目标。

9.2　数字信息云服务协议框架与安全链管理

数字信息云服务建立在共享数据模型之上，通过互联网将计算资源、数字资源及服务资源提供使用。从使用角度看，数字信息云服务类似机构网站上的一个界面，用户通过界面可获取各种资源和服务。与传统数字信息服务不同，信息资源云服务是技术、资源与服务的组合，除用户之外，还面对着供应商和合作方，而且分布上具有不同层次的资源服务组织结构和面向用户的云服务接入。

9.2.1　数字信息资源云服务协议内容

在复杂的服务链中，服务链的两端签订的SLA协议，是保障服务安全质量和适应不同层次需求的基本依据。其中，不仅体现了差异性服务要求，更强调有针对性的安全服务。

SLA协议的一方为服务提供商P，另一方为客户C。其中，数字信息云服务商与其他供应商签订的为供应商SLA协议；与合作方签订的为合作者SLA协议。数字信息资源服务机构与云服务提供方签订的SLA，即数字信息资源云服务协议。SLA中，信息资源服务机构是数字云服务客户，而非终端用户。

因此，数字信息资源云服务等级协议(Service Level Agreement for Academic Resource Cloud，SLA)是信息资源机构与云服务方围绕服务内容、安全质量、双方职责、违约赔偿细则签订的协议。对于云服务方而言，此处的客户系指信息资源服务机构。信息资源云服务协议既包含了SLA协议的通用内容，在实现上又体现了数字信息云服务安全等级及云服务与客户间的关系。

信息资源云服务，如ExLibris Alma、OCLC WMS、Serial Solutions Intota、Innovative Interfaces Sierra、VTLS Open Skies、Kuali OLE等，在服务组织中，相应的云服务方都会提供相关的SLA条款和协议。其SLA协议主要从用户角度阐述自身在服务质量保障与安全方面的责任，通过详细说明评价参数、监测方法以及出现安全问题的弥补办法进行保障。因此，可以ExLibris Alma和OCLC的WMS为例，从信息资源云SLA的内容、质量参数、服务等级、业务关系等出发，明确 SLA 在保障服务质量与安全中的作用。

根据 ITU-T 的 SLA 模型，信息资源云 SLA 协议的内容应涵盖参与方、权责、服务定义三个方面的内容。信息资源云服务的签订方是云服务商和信息资源服务机构，信息资源服务机构通过采购云服务资源，开展面向用户的内容服务。信息资源服务机构向用户提供的信息服务，以云服务协议为依托进行组织。例如，OCLC 云服务 WMS 的 SLA 协议，明确指出 WMS 是基于订购的服务。SLA 协议签订方为机构(Institute)，在机构购买 WMS 时，与 OCLC 签订服务协议，包括 SLA 相关条款和使用规定约束。其中，SLA 协议规定 OCLC 所提供的托管服务安全质量水平、等级和性能，以支持服务器、计算机设施、软件及服务的安全操作。① 该 SLA 协议的权责包括四个方面：服务稳定性承诺，即保障服务在合同周期内是可用的；响应速度承诺，即承诺在高峰时期的事务响应时间；补偿措施，在没有履行服务协议时给予的补偿方式；系统管理，包括监控、维护和变更控制，监控内容包括异常事件、超荷负载等，通过多种监控技术为服务提供网络支持、应用程序和服务器。

根据协议，数字信息资源云 SLA 协议满足云计算环境的要求，因为协议对服务等级进行了细化，比之前的协议更具有普遍性，除了服务性能针对性更强外，在服务内容也有新的变化，体现了云服务适应数字化和智能环境的可靠性和安全性。

由于数字信息资源云平台具有虚拟化和分布式的特点，客户无须实质接触资源实体，也不需要资源的存储位置，便可以利用相应的服务。SLA 所规定的条款和事项对此都进行了详细说明，因而有利于实现彼此信任。提供方对 SLA 中的有关规定的执行，使提供的服务更有针对性和安全性，从而使服务客户方的效率得以提高。

在保证安全服务质量方面，为了反映服务质量参数，供应商应采用服务可用性标准，其前提是服务是可以访问的。在 SLA 中将服务可用性作为质量参数设置，是为了实现“服务总是可访问”这一标准目标。SLA 的质量参数计算办法不仅能够反映出客户感知到的服务质量水平，而且能够反映出提供商保证服务质量的能力。为了保证供应商和用户服务质量的一致性，可采用 SLA 质量参数标准进行监测和计量。例如 OCLC WMS 和 ExLibris Alma，在 SLA 中详

① SOCCD：Contract with eNamix for Quality Assurance Service[EB/OL]. [2013-08-26]. The Agenda of the Board of Turstees Meeting at the South Orange County Community College District，https://www.socccd.edu/documents/BoardAgendaAug13OCR.pdf.

细阐述质量参数及其计算办法。

WMS 和 Alma 的质量参数，在计算方法上虽然有所不同，但都体现了各自的服务环境和安全质量保障的准则。因而，采用统一性的标准，对数字信息资源云服务的安全质量参数、质量水平以及计算方法进行规定，是行业组织应该面对的问题。

9.2.2 数字信息资源云服务 SLA 安全链管理

由于协议各方的合作，数字信息资源云服务提供统一的资源安全等级，从而满足信息服务的组织需求，实现资源的充分利用。在这一环境下，信息资源机构按需进行服务架构，通过与云服务提供方的协议合作，以保障面向用户的云服务及安全目标的实现。

在 SLA 的协议中，存在着对服务质量与安全等级的要求，因此需要在云服务链中进行基于等级协议的服务质量和安全监管。在实施中，对质量参数计算、检测应有相应的行业标准规定。在 SLA 中，对质量参数计算方法、检测方法以及对用户承诺的质量目标值应有相应的等级规范。例如，SLA 保证的服务质量体现在 WMS 的可用性上，其测量可用性参数以每月正常运行时间为准，99.8%是 OCLC 承诺的质量目标。一旦在实际过程中，服务质量等级低于正常值，则产生服务降级。根据服务降级产生的原因，来判定用户获得的赔偿额度。

基于 SLA 安全质量保障以事件描述和响应时间作为依据，以此确定安全质量等级，所作的等级区分从服务可用、模块可安全操作、关键性能指标、非性能安全事件的发生以及安全响应功能等方面进行规定。

从总体上看，数字信息资源云 SLA 的服务安全等级主要反映在两个方面：一方面是数字信息资源云服务提供商，给予客户的不同等级确认；另一方面是按照服务安全质量要求来确定等级。如发生服务降级，则依据降级的程度或故障事件的严重性来确定事件的响应等级处理。

数字信息资源云服务在信息资源服务机构于云计算服务方和网络服务提供方协同基础上进行，在信息资源机构的主导下，提供面向用户的云资源利用。对于信息资源服务组织而言，其目标客户是终端用户，这一用户群体才是数字信息资源云服务的最终用户。用户作为数字信息资源云服务安全质量的感知实体，使用数字信息资源云服务的行为必然影响提供方的服务安全质量。在数字信息资源云服务过程中，服务于用户的流程，涉及上下游多个供应商和数字信息资源机构的合作，为了保障服务质量与安全，服务提供方签订的 SLA，以及由此而建立的相互依赖关系，构成了有序的SLA服务链，如图9-4所示。

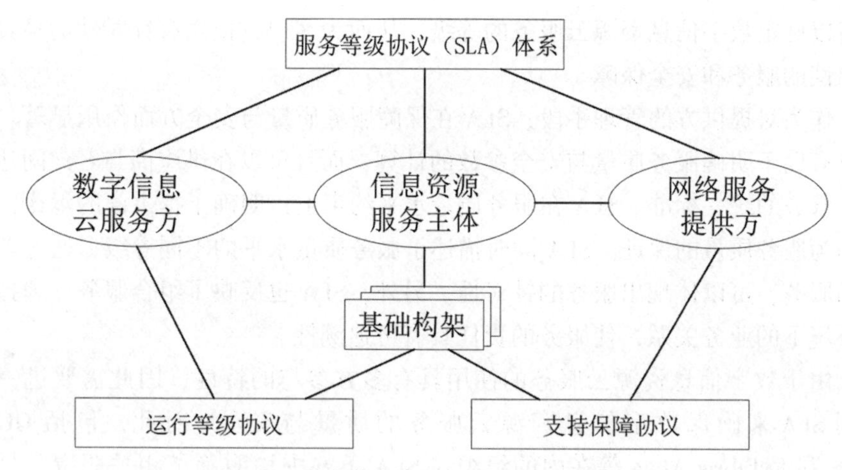

图9-4　数字信息资源云服务的SLA协议

图9-4所示的数字信息资源云服务链上流动的是数字信息和服务，而数字信息资源云服务的SLA关联的则是服务的序化组织安全，其中基于安全责任和服务质量的保证处于关键位置。鉴于服务组织和安全质量关系，图9-4构建了一个基于SLA的组织体系；按服务等级协议原则，确立了以信息资源服务主体机构为中心的相关方构架。在协议框架下，服务链中的各方共同实现基于等级协议的资源管理、服务运行和安全质量目标。在服务链安全质量监测中，基于协议的服务质量应是可计量的。对于数字信息资源云服务提供商，当其将相关服务提供给信息资源服务机构时，应履行提供方的角色。而当其购买另外的第三方服务要素时，便是客户的角色。在角色多重性、身份多变且相互关联繁杂的交互环境中，某一环节的服务安全质量出现偏差，必然会牵连到其他相关服务的用户。为保证服务质量和安全有效评估，应有相应的追溯机制，使各方保持整体上的一致和环节上的协调。因此，其中的SLA起到了与质量安全参数互为关联的保障作用。在实现中，拟将客户要求的质量参数和提供商的性能参数准确地相互匹配，并在与之相应的SLA中进行有效定义，以便保证提供商与客户之间的一致性。

服务业务关系协调是职责要求与服务质量保证的基础。在数字信息资源云服务中，不同角色间由于复杂、多变的业务关系而相互关联。但在SLA链环境下，各角色的职责可以清晰而明确的定义，因而基于SLA链的服务质量与安全的责任保障具有可行性。由此可见，数字信息资源云服务与其他服务具有类似之处，可以由提供方依照客户方的要求、规模等内外因素，与客户方共同协商以确定数字信息资源云服务的等级，从而为客户方提供有针对性的且具有差异性的服务和安全保障。

作为对提供方的管理手段，SLA 在保障服务质量与安全方面作用显著。它不仅有助于明确服务质量与安全参数的计算，而且可以在供应商与客户间达成评价服务的统一标准。SLA 在服务质量水平约束上，明确了提供商的承诺，以此作为服务质量的保证。SLA 同时描述了服务质量水平的不同等级，通过差异化的服务，可以体现出服务的针对性。另外，SLA 也反映了组合服务、虚拟服务环境下的业务关系，使服务的责任具有可追溯性。

由于数字信息资源云服务的使用具有多方参与的特性，因此需要进一步利用 SLA 来确保数字信息资源云服务的质量与安全。对此，包括 OCLC WMS 和 ExLibris Alma 等在内的组织在 SLA 条款中均明确了相关职责、具体的服务等级、服务质量参数以及服务质量的监测等，且形成了共识和统一规范，因而用户的服务质量和安全水平可以有实质性保障。当前，拟进一步规范信息资源云 SLA 内容，使数字信息资源云服务在保证服务质量与安全上取得进一步发展。

9.3 基于服务等级的云服务安全管控

信息安全等级保护的核心是适度保护，即在安全保障中关注安全保障成本与收益，这一点在云计算环境中依然适用。因此在云计算环境下信息资源安全保障的组织中，仍然需要实现等级保护机制。

9.3.1 不同云服务模式下的安全部署与安全监测

对于不同的云服务，模式和服务链结构差异决定了不同的安全责任关系，这就要求对于不同安全等级要求的信息资源进行差异化的安全保障。按《信息安全等级保护管理办法》中对信息系统安全等级的划分原则，可明确其对应的安全保障能力要求；在此基础上，进行具体安全保障措施的规划和实施。与传统 IT 环境类似，云计算环境下信息系统安全保障同样需要综合采用技术和管理措施，因此在进行安全保障规划时，需要从安全技术和管理两个角度进行，对于传统 IT 环境下已经存在的安全威胁和脆弱性，可以参照《信息系统安全等级保护基本要求》中对应的安全等级要求进行安全措施的部署。

对于不同安全等级要求的信息服务，在云计算部署上应采用不同的模式。基于此，信息资源服务主体应针对不同安全等级采用不同的部署模式。进行信息资源安全等级划分和云计算部署模式选择，可参考《信息安全技术云计算服务安全指南》中的相关规则。根据业务可能的影响范围和程度进行服务质量与安全监测，将业务等级划分为一般业务、重要业务和关键业务。其中，一般业务是指出现中断时不会影响机构的核心任务，对用户的影响范围、程度有限；重要业务是指一旦受到干扰，会对机构运转和对外服务产生较大影响，造成损失；关键业务是指一旦受到干扰或中断，将对机构运转、对外服务产生严重影响，从而影响信息安全的全局。基于此，可以在信息服务和业务分类的基础上，确定云计算安全部署策略。承载公开信息的一般业务可以优先采用社会化的公共云服务；重要业务和承载敏感信息的一般业务，最好采用私有云服务；关键业务系统暂不采用社会化云计算服务，但可以考虑采用自有私有云服务。

探测系统是网络操作和服务供应商监控和管理服务和安全质量的工具。安全探测器可以放置在网络中的任一节点，因此比基于网络要素或其他数据源的监测系统具有更大的灵活性。物理网络中，有源探测器可以注入通信业务，如同终端用户一样向服务器发出请求，通常用于提供一个端到端的视图。另一方面，无源探测器可以从不同的服务中提供协议等级上的网络安全视图。

安全探测器创建了一个针对所有服务的监控工具，这些服务使系统能够评价服务安全质量并能关联来自不同度量标准的服务监测。从整体上看，安全探测器提供如下功能：实时网络监控通过持续的监控网络要素和质量参数分析进行，探测网络中的故障并分析其影响；通过细节探测器获得的通信数据，进行网络运行性能测评；使用细节控制探测器监控通信状态，防止客户和合作伙伴滥用；性能管理探测参数，对智能网络平台及故障进行统计，为实时响应提供数据。

基于探测器的系统在系统网络中的特定节点配置探测器，探测器产生的信息在这些节点接收，以便于远程站点管理。另外，对远程站点的监测发送至中心系统进行处理、分组和关联，同时实现远程站点数据在中心系统数据中的整合。这种架构包括的远程探测器有两种：一种是支持无源网接口的无源探测器，另一种是生成端到端的有源探测器。网络探测器实体在不产生干扰的前提下，采集客户使用服务的相关数据，为操作者提供完整的自我测试功能，其服务测试可用于服务质量报告。

无源探测器收集网络中生成的通信传输数据，通过设置在网络中的非侵入探测器进行处置。网络监控数据作为反映任一服务的详细记录，用以反映用户体验和服务使用状况，生成实时事件警示数据。

有源探测器能够进行端到端的测试，可用于获取质量指标度量数据。有源探测器通常用于监督供应商提供的服务，在一个通用目标数据库中生成记录。这些记录包括执行测试的类型、受影响的服务、事故参数等；测试的分部结果和全局结果，以及执行测试数据，与来自客户的服务数据相互匹配，从而为服务质量安全响应提供依据。

数字信息资源云服务质量与安全保障应全面符合协议要求，以此获得相关方和用户的信任。云服务质量和安全监管具有相互之间的关联性，在于提供保证数字信息资源信任的安全数据。

将云服务质量监控和数字信息资源安全监控的内部流程整合到一起需要周密的设计和计划。一般情况下，现有的数字信息资源服务监控往往限于外部的有限的接口。因此，数字信息资源云服务需要使用服务链监控方式。在具体实施中将其设计成能够区分云服务等级和信息资源网络服务等级的体系；在监控过程中需要以一种恰当的方法对安全质量等级作出反应，从而确保云服务面向数字信息资源组织的开展，即通过服务安全等级，达到数字信息资源服务安全质量目标。

为提供 KPI 和 KQI 度量数据，可在系统中使用标准工具来保证与 SLA 的一致性，确保度量过程本身不会因对系统增加负载而影响系统环境。如果第一个服务的 KQI 指标由第二个服务的相关 KPI 或 KQI 数据来确定，那么第三个服务的信息就需要实时获取，这样才能得到第一个服务的正确测量结果。这样做可以预防错位的情况出现，以获取和存储完整的信息。因此，基于 SLA 的监测应当以适合服务的速率持续，以保证纠正行动的及时和可靠。

基于 SLA 协议的信息服务质量与安全保障，按 SLA 的一致性监测结果进行。对于 SLA 等级协议来说，数据表示和说明应当是清晰和简明的，与 SLA 的一致性应当是清晰的，而不是隐藏在大量的数据之中。对于服务而言，安全质量性能相关数据需要在服务监测中获取。这些数据的整合形成了相应的 KQI 指标数据，同时经进一步组合形成反映服务关键性能的 KQI 数据，如图 9-5 所示。

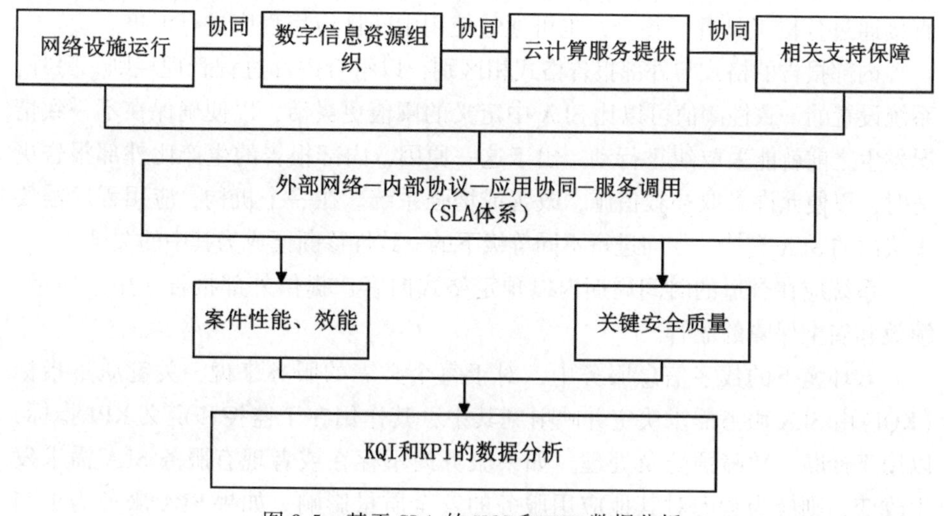

图 9-5 基于 SLA 的 KQI 和 KPI 数据分析

图 9-5 反映了基于 SLA 的信息资源云服务关键质量和数据，从一致性上显示了安全服务的指标。其测试指标作为服务监控的依据，应用于信息资源云服务全程管理之中。

9.3.2 SLA 监控和报告流程

通过数字信息资源云服务关键绩效指标(KPI)和关键质量指标(KQI)，服务效能和质量安全数据被收集整理为能生成诊断结果的报告。其测量包括用户满意度、基于客户机的监测、基于服务器和基于网络的监测。SLA 框架下，测量数据通过服务节点传递和使用。运行中，系统需要实时收集信息以便主动预防故障发生。实时或离线的带时间标记的数据，应与其他带时间标记的数据关联，同步获得综合性能信息。同时，系统也能将离线聚集的信息与其他聚集的数据相关联，为反应式管理提供应对依据。在这一过程中，区分性能事件和性能参数是其中的关键，这是因为：如果事件是发生在影响服务 KQI 的瞬时，事件影响可通过软中断或中断机制报告，也可能由服务的灾难性推断得出。

报告中，参数通过一系列测量获得，这些度量以定义好的标准进行，如平均响应时间和效率等。

系统整理 SLA 性能数据，在于形成内部报告。内部报告在于内部诊断中生成客户报告，用于诊断系统性能。对于不同 SLA 下的 KQI 和 KPI 数据，可直接通过分析工具进行整合，也可通过使用中间件应用程序进行汇集。

内部报告的格式与外部报告格式相区别，以符合内部过程管理规则。另外，系统设置的一致性阈值可以比 SLA 中定义的阈值更灵活，以便确保在不一致情况发生之前就能采取纠正行动。出于这一原因，内部报告的生产比外部报告更适时，以便允许采取补救措施，改善或增强系统。在一个机构，应用程序需要多层次的 SLA 支持，如何进行不同等级下的一致性诊断便成为其中的关键。

系统应在合适的时间周期内以预定格式向客户提供外部报告，用于质量、绩效和安全保障的监管。

云环境下的数字信息服务中，对于每个必需的服务来说，关键质量指标(KQI)由 SLA 服务需求决定并映射到其中，其作用在于监控和定义 KPI 指标，以用于诊断、故障预防及处理。如果服务尚不存在或者现有服务 SLA 需求发生改变，则应当考虑对其他应用服务的安全质量影响。如果 SLA 服务需求与其他应用程序定义的需求产生冲突，那么必须通过升级管理来解决冲突。在决策制定中，服务生命周期应作为一个整体需求来考虑。在实际监测中，应确保 KPI 指标能够在必要的时间周期内以不影响服务的方式进行测量。由于考虑到了所有这些因素，对所有相关服务都可以重复这个过程，直到所有的冲突都能解决或者是所有相关的 SLA 都得以实现。

SLA 的形式取决于协议中的实体关系，包括数字信息资源云供应商、第三方机构和客户间的关联与交互关系。因而，SLA 也是一个各自定义期望值的两个组织之间共同拥有的协议，它同时定义了当背离这些期望值情况发生时应采取的措施。多方面要素决定了 SLA 的具体形式，SLA 可能作为一个单独的合同，也可以是大合同的一个部分。如果为新服务，可以在 SLA 中加入附件而不必对 SLA 主体内容重新商谈。在这种情况下，SLA 应适当地为首次服务做出规定：

在协议中，需要反映 SLA 协议中的利益相关方，主要是对 SLA 需求以及所提供的应用或服务说明，包括应用程序的 KQI 指标以及服务 KPI 如何支持 KQI 的解析。在服务部分，描述服务逻辑及接口位置以及详细描述服务的其他相关信息；职责部分主要明确客户以及供应商各方的职责，即双方的责任和期望；细节部分描述 KPI 指标参数，显示可接受的性能等级、不一致等级和超出规范的条件。

对于特定环境下的 SLA，需要详尽的内容。由升级或日常维护导致的停运可能是必要的，但需要相应的参数描述。例如，如果信息资源机构和云供应商间的 SLA 就要分别定义不同的异常及其响应。

对于采样和报告，SLA 定义了 KPI 作为一致性测量指标的度量频率以及以报告形式的提交频率。类似地，异常事件如警报、陷阱等的报告也具有不同的机制，因此规定从客户到供应商的异常事件报告频率是必要的。采样报告应与 SLA 文件一致，应包含在 SLA 文件中。如果 SLA 性能数据需要实时或近实时地确定 KQI 或 KPI 性能指标，那么这些数据的格式、接口以及接口的支持程序、可用性、完整性和机密性需要被定义。

处罚部分，应详细描述不一致性的处罚内容，如损失费用、损失收入的赔偿和终止费用等。对 SLA 可能产生的纠纷需加以说明，包括说明问题解决的细节。在变更需求部分，对于如何处理 SLA 的需求变更应有详细描述，对变更需求的通告也要做出限定。终止这部分，主要说明终止 SLA 的理由以及终止通告期和所有相关成本；应考虑 SLA 是否应终止、继续或重新商定等问题。相关法律部分主要是详细描述 SLA 中涉及的相关法律以及有关的司法权解释。机密性部分主要强调 SLA 中的各个方面的保密规定和要求。在责任限制部分，为了明晰界定 SLA 的故障结果的承担方，需对赔偿和责任进行说明，明确承担责任的主体。

9.3.3　监控代理与响应

云环境下的数字信息服务安全质量监测与控制，在 SLA 基础上可采用第三方代理方式进行。在安全质量监控中，按协议明确的参数进行事件管理组件与支持事件的关联，过滤以降低潜在的事件溢出。事件过滤和关联策略定义执行过程和关联策略，同时将所有相关事件连接到一个给定的根事件中，使其能在指定的时间间隔内响应。其结果是，只要根事件是向前执行的，则进行管理上的报警。

服务测试和管理接口具有重要性。如果服务没有合适的测试来提供响应，服务将是不可管理的。在外部管理系统应用中，集中式性能监控可以在动态、分布式环境中进行。在集中式性能监控中，对性能监控组件进行关联和处理是其中的关键，可通过对虚拟结构上的监控进行部署。

通过事件管理监控器的监控组件配置，当在可配置的监控时间间隔内阈值被超出时，便会发出警报。阈值和时间间隔内，可根据监控的不同属性来配置。当一个属性有多个阈值时，它就能够发出多个不同级别的警报。另外，在没有纠正措施的情况下，属性值可能会继续超过阈值，产生更多的警报，或者提高警报级别。

在代理测试设备使用中应防止安全事故的出现，以确保测试设备的安全。为实现软件映射的完整性，应对安装的软件进行认证。如果认证失败，安装就不能执行。另外，嵌入测试设备驱动的数据访问和控制，通过接口和消息获得。

在故障管理在于对服务中的故障进行分析和响应。这些故障可能是暂时性的，也可能是长期存在的。暂时性的故障发生时如果不超过阈值就不予报警。一些暂时性的故障可在服务中自动纠正，而其他的故障则需要不同级别的管理服务来解决，通过主动提供的警报信息或日志分析来确定。

故障管理分析和过滤故障中报告故障的原因尤为重要。当所有故障被记录时，应解决故障管理器生成故障细节和所有相关处理的故障单。例如，服务资源失效可选择使用备用资源，但失效资源仍需修复。每个服务都应有一个能追踪服务故障的途径，使故障能实时地、方便地被排除。

一般而言，不同的服务诊断能够鉴别需要处理的不同服务，如在网络发生故障时，则通过配置备用网络解决相关问题。容错服务是指在系统存在故障的情况下，进行管控来保持系统运转的过程。对于容错服务而言，必须能够探测、诊断、遏制、限制、标记、弥补故障，并能使系统从故障中恢复，即必须具备自管理能力。

故障隔离是确定造成故障的原因或者锁定故障组件的过程。在对比测试中，故障隔离需要并行运行。在设计良好的容错服务中，故障在影响到服务之前就应得到遏制。然而，由于存在残余故障，可能会留下一部分不可用的服务。如果并发故障发生，服务可能由于资源的某种损失而无法处理，其恢复进程应能达到服务的组织要求。如果一个故障发生且仅限于一个组件，服务就有必要做出反应，以均衡故障组件的输出。当一个服务完全失效时，恢复可能需要重启服务，因而可采用基于服务定义的恢复进程重启方式进行配置。配置管理器可能指派一个服务来恢复这些设计，从而适应恢复需求环境。

数字信息云服务安全响应管控系统应具有易管理性。易管理性包括可用性、可扩展性、性能优化、可靠性、风险管理、业务连续性和变更管理等方面。一个系统被管理得越频繁，每个管理操作涉及的步骤就越多，或者每个管理步骤需要的时间就越多，系统的易管理性也就越差。对此，应通过适当的服务组合来适应环境，在服务策略上进行优化实现。同时，服务应根据KPI指标，提升组件性能。当服务给出一套支持管理能力的管理操作后，服务会变得易于管理。管理操作除了提供策略管理之外，还提供监控、控制和报告等功能。在响应易管理时，应强化服务接口支持管理的能力，包括监控、诊断和处置等。虽然管理能力的提升能使服务变得易于管理，但需要在与服务相关的管理策略中作出定义。因此管理策略用于定义管理服务的权限。当服务在良好定义的管理环境中操作时，服务的易管理性和可操作性便可得到必然的体现。

为满足服务安全目标，管理生态系统的支持是运行中所必需。在一个管理生态系统中，至少有一个代理管理角色。代理管理者通过与被代理者之间的连接相互作用，来促进性能的优化。

可操作性是指在系统运行中执行预定功能的性能，包括可靠性、可维护性、可保障性、灵活性、安全性和可用性。在监控代理服务中，应按以下环节进行：使用服务开发工具，通过创建一个新服务、改进现有服务或在服务中封装一个现有的应用程序；创建服务，在注册服务中对管理能力和接口进行说明；与其他服务进行交互，同时提供协议使用保障。

安全质量监管是数字信息资源安全保障的又一个重要环节，安全质量保障应围绕等级协议中的用户安全体验和实际安全效果展开，在全程质量管理中确保协议的有效实施。

9.4 信息资源云服务安全信任与评估

云计算环境下的数字信息资源云服务链节点组织，除了信息资源机构和云服务供应商外，还包括网络信息资源提供者。由于节点组织处于云环境下的虚拟化分布之中，这就使得虚假信息服务成为可能。因此，数字信息资源云服务中各节点组织间的信任关系是有效获取、透明访问、发布和共享信息的保障。因此，围绕节点环节的安全认证与管控处于重要位置。

9.4.1 基于服务链的数字信息资源云服务安全信任机制

信任(Trust)关系的确立可以追溯到早期，在经济社会不断发展的今天，信任理论关系的建立存在于各行业之中。Marsh 通过对信任的形式化研究，在多 Agent 系统情景下揭示了基于信任的合作机制。① Blazz 等人在互联网安全中提出信任管理问题，且在分布式系统中构建了信任运行机制。②

① Marsh S P. Formalising Trust as a Computational Concept[J]. University of Stirling, 1999.

② Blaze M, Feigenbaum J, Lacy J. Decentralized Trust Management[J]. Procs. of IEEE Conf. security & Privacy, 1996, 30(1): 164-173.

在服务链管理不断拓展的今天，“信任”作为组织协作的必要性基础，是服务链成员之间相互合作的前提。在信任关系构建中，Beth 等人在建立信任管理模型过程中进行了信任关系的量化表示。① Josang 等人提出了主观逻辑信任模型，运用证据、概念空间，以三元组(b，d，u)分析信任关系。② 基于关系认知，信任是以前的认知和经验体现，而信誉则来源于其外部评价，据此可以计算一种信任值。基于信任的不定性因素，可运用模糊理论来设定相应的可信度。实践表明，模糊推理方法运用于信任模型中是可行的。按照 S. Schmidt 等人的理论，在得到判断结果的基础上，运用隶属函数可得到对应的模糊集合，再通过计算便可得到关联方的可信度。为解决数据非完整和信息不确定的问题，邓聚龙运用灰色系统理论研究信任机制。同时，在灰色系统信任中，可以得到不同层级的信任区域。另外，主观信任模型的提出，实现了基于灰关联度计算的综合信任值展示。

在云计算环境下，信息服务的管理方式是开放的、分布式的，而不再是以往那种集中的、封闭的管理方式。对此，国内外进行了相关研究，取得了相应的成果，如围绕互联网环境的终端用户、服务运营商和数据拥有者进行信任关系展示，以及建立的一种服务信任评估模型。同时，按照分类评价数据可得到对服务的直接信任度和推荐信任度。胡春华等人提出了一种信任生成树的云服务组织方法，将服务提供者与请求者的交互行为经演化后形成信任关系，从而使主体间的可信程度达到相应级别，形成对外云服务集合，使服务组合在可信场景中。③ 另外，一种基于证据理论的云计算信任模型，运用传递和聚合仿真等方式证明信任的不确定性。

SLA 协议以及基于等级协议的服务组织与安全保障，以信任关系的确立为基础，用户与数字信息资源机构之间、信息资源机构与云服务方之间、信息资源服务与网络设施和技术支持之间，皆以信任关系的建立为前提。云计算环境下信息服务链信任关系具有动态性、多层性、多层次、多等级特征。

在云计算环境下，数字信息服务的开展需要确立基于服务链单元结构的稳定信任协作关系，然而由于环境的变化和外界因素的影响，信任结构往往随之

---

① Beth T，Borcherding M，Klein B，et al. Valuation of Trust in Open Networks[C]// European Symposium on Research in Computer Security，1994.

② Josang A. A Logic for Uncertain Probabilities[J]. International Journal of Uncertainty，Fuzziness and Knowledge-Based Systems，2001，9(3)：279-311.

③ 胡春华，刘济波，刘建勋. 云计算环境下基于信任演化及集合的服务选择[J]. 通信学报，2011，32(7)：71-79.

变化，这就需要在动态环境下保持信任关系的稳定，使信任处于稳定状态，以保证服务链上的各成员能够在 SLA 框架下进行更好的协同。

由于信任受多方面因素的影响，因而具有多重性，涉及技术组织和管控的各个方面。对此，应进行区分属性的要素信息评估与认证。在云计算环境下的评估中，如果不能有效地得到基于一个单位的某一特性的多种属性综合评估数据，那么评估主体的可信度也无从认证。所以，对服务链上的服务提供者的可信度评估要基于相应的属性数据来进行。

云环境下复杂、多样的信任需求，决定了多层次的信任关系和多等级的信任结构。对此，拟在等级协议框架下进行信任认证和等级协议中信任关系的确定。随着环境的变化，信任评估值必然发生动态变化。因此，在云计算大规模开放的环境下，需要着重解决多层级、多等级的信任评估和关系认证问题。

根据服务链关系，可以进行数字信息协同服务信任评估模型构建，主要围绕信任的描述、信任关系的评估和基于信任关系的协议保障进行设计。

云环境下服务链信任关系的确立和认证中，信任描述、信任关系评估和信任进化处于关键位置。

①信任的描述。信任描述围绕信息资源机构、云计算服务方、技术支持和网络运行服务方的信任合作关系进行，针对云计算环境下服务链各方信任关系的归纳和展示。由于信任的动态性，描述应适应信息流量大、速度快等特点，由此可引入云计算节点组织属性评价指标来衡量各节点信任状态，以对数据进行规范化表示，从而避免评价的不合理。

②信任关系评估。信任关系评估在相应的信任模型基础上进行，基于信任关系评估的认证处于重要位置。因此，应通过云计算环境下节点组织信任证据的分析，构建信任结构模型，确定各层次相应信任证据权值。其中，评估依据则来源于信任的测评值，可利用灰色系统算法构建权矩阵量，从而得到信任评估值。

③信任的进化。信任值随着服务的进行是不断变化的，这里引入基于双滑动窗口的信任值更新和处理机制。首先构建时间校正函数，通过对窗口的初始化及确定窗口滑动条件，及时对信任信息关系进行认证，以此作为登记协议的依据，在服务链组织中进行确认。

9.4.2　云环境下信息服务链信任评估认证

对服务链中的内容服务提供方信任度进行综合评估，首先采用 AHP 计算行为信任证据的组合权重，然后利用灰色系统评估方法进行定性与定量相结合的分析与比较。一般情况下，评估中的证据相对权重不会发生改变，因而可以按基础数值随着时间的积累计算信任度。

云环境下的数字信息服务特点是按需提供，与服务信任行为表现直接相关，若服务交互行为在合理范围内，则被认为是可信的，即可以在云服务平台中提供所需要的服务支持。反过来，如果服务方之间出现了失信等行为，则实体被认为是不可信的，云服务平台将停止相应的服务，并按照协议对其进行相应的惩罚。

云计算环境下的数字信息资源服务链中各服务提供方都在云端，是“虚拟的”，服务提供方所提供服务和内容的真实性无法得到有效保证。为规避数字信息资源云服务提供方之间的信任风险，针对信任模型的缺陷，将层次分析法(Analytic Hierarchy Process，AHP)与灰色评估法相结合，可进行基于灰色AHP的数字信息资源服务提供方信任评估。

鉴于信息服务链中的多目标主体信息关系，可将一个复杂的多目标主体视为一个系统来对待，将服务链信任目标分解为多个节点信任目标，进而进行基于多目标约束的信任层次划分，通过定性指标模糊量化方法计算出层次单排序(权数)和总排序，作为评估依据。在分析过程中，层次分析法由于其简单、灵活、实用的特性，进行系统因素之间的比较具有可行性。使用层次分析法进行分析时，可分为四个步骤：分析系统各信任对象之间的关系，将影响信任的要素层次化，进而构建系统的递阶层次结构；在此基础上，将同一个层次中的各个元素按确定的准则进行比较，构造比较判断矩阵；由判断矩阵计算被比较元素对于该准则的相对权重；对信任度进行计算并对服务链中各节点信任进行确认。

针对云计算环境下数字信息资源用户需求动态性、信息广泛性和时效性要求按服务链节点之间的信任关联内容，可以从内容质量信任、协同服务信任和安全保障信任出发，进行证据的采集和处理；在此基础上按层次分析原则和信任证据因素进行基于层次数据的综合分析与评估，如图9-6所示。

基于灰色AHP的信任评估模型，其的过程如下：首先，采集并确认环境下数字信息资源关联方信任证据，构建信任层次结构，利用AHP方法计算信任证据的组合权重；其次，在此基础上将各方信任证据的确认值作为信任度计算评估依据，利用灰色算法进行信任证据的评估权重处理和信任度计算；最后，计算AHP的综合信任评估值。

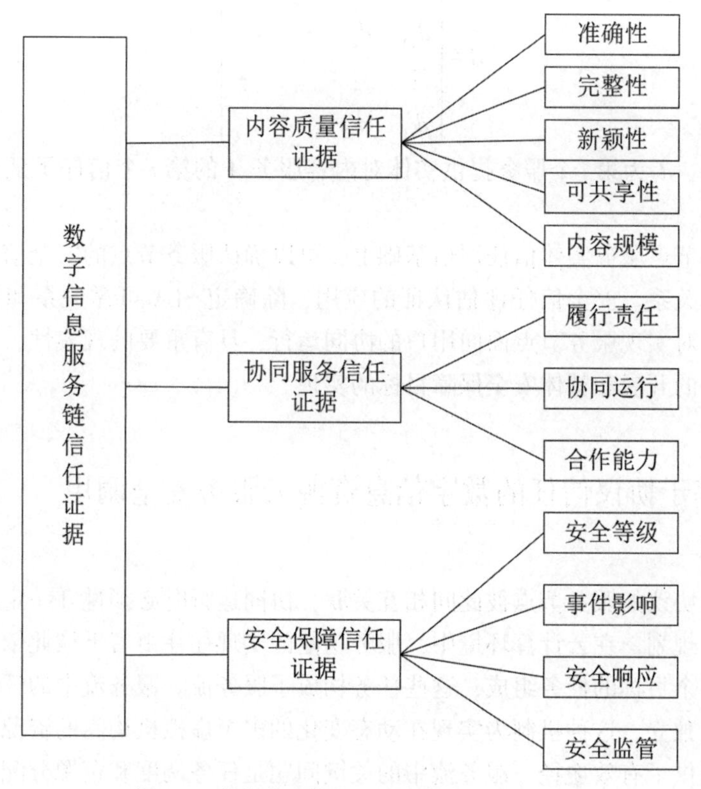

图 9-6 数字信息资源云服务信任证据区分

由于证据表达形式的多样性，为了计算的方便，需要对证据表达进行规范化处理，可将数据按照某种比例进行大小缩放，使之落入一个特定的区间，如采用证据规范化表示方法，将规范后的数据值区间设在 0.0~1.0，这样有利于数据处理和对比。

证据的相对权重是以云环境下数字信息资源服务提供方评价指标体系的 AHP 信任模型为基础来计算的，如按 1—9 级。通过两两成对比较，建立判断矩阵，按下层元素对上层元素的相对权重进行计算，按底层元素相对于目标的权重进行信任证据的权重处理。

在信息服务的信任节点评估中，可进行基于矩阵的求解。假设待评估节点实体 A 的邻居节点有 j 个服务提供实体，对于 i 个信任子证据进行信任评估，其信任证据评估矩阵 R 为：

$$R=\begin{bmatrix} d_{11} & d_{12} & \dots & d_{1j} \\ d_{21} & d_{22} & \cdots & d_{2j} \\ \vdots & \vdots & & \vdots \\ d_{i1} & d_{i2} & \cdots & d_{ij} \end{bmatrix}$$

其中，d_{ij}为第 j 个服务提供实体对内容服务 A 的第 i 个信任子证据的推荐信任值。

在各节点服务实体信任评估基础上，可以确认服务节点的安全信任等级及安全信任关系。安全信任评估认证的应用，除确定 SLA 可靠关系和保障协议履行外，对实现服务节点面向用户的协同运行，具有重要的现实性，它直接关系到服务的开展和整体安全保障目标的实现。

9.5 基于协议信任的数字信息资源云服务安全调用

基于协议的服务节点彼此间相互关联，协同运行时必须遵守一定时序约束任务组合规划。在云计算环境中，服务功能的实现往往由若干彼此依赖并能共同完成某个目标的任务组成，这些任务构成了服务流。服务流中的任务彼此关联和相互独立，这种机制为实现在动态变化的多个虚拟机构间的资源共享和应用协同提供了有效途径。服务流中的关键问题是任务调度和资源分配，因而应对云平台中的服务流调度进行安全确认。

9.5.1 等级协议框架下的信息资源云服务安全调用可信模型

服务流可以用有向无环图(Directed Acyclic Graph，DAG)或类似功能的环图表示，由此构成了基本的序化组织关系。目前服务流调度策略主要是基于图的关系实现，即通过对关键区间可靠度进行保障，在限定期限内确保服务流的可信执行。在服务节点信任基础上，可进行自适应服务流调度。在实现过程中，可针对用户完成时间和安全性需求建立相应的准则，以更好地适应现实环境。

云计算的主要特点之一就是向用户提供其所需要的服务(Quality of Service，QoS)，这也是用户服务所强调的重点。针对 QoS 需求的调度算法主要考虑时间和费用两个方面，例如 Buyya 等人为确定截止期(Budget/Deadline)约束时间，提出的调度算法适用于独立任务集的优化需要。另外，针对大量服务流调度算法可以用 DAG 结构进行。同时可通过提升服务可靠性来提高 QoS

的质量，通过将信任机制引入服务流调度以提高调度的有效性。

传统服务流调度算法的局限性在于：绝大部分的服务流调度模型是从微观角度针对单服务流下的任务进行资源匹配，在资源完全虚拟化的云服务应用中，由于云服务提供商屏蔽了服务实现的细节，用户方的调度管理无法直接将微观任务与实际资源进行绑定；而以任务集为单位的申请和分配则比较合理，在应用中能够更方便地保证执行。通常情况下，服务调度模型的优化目标往往局限于考虑最小化完成时间、最小化成本等，但用户的质量要求都是复杂而全面的，因此应考虑适应性问题。另外，传统服务流调度无法满足不同用户对服务的差异化需求，对于用户定制中的信任和其他安全需求也应予以重视。

为保障服务流调度更好地满足云用户的 QoS 差异化需求，在服务流调度策略上可以嵌入基于信任的可定制云服务流调度算法。在处置中，进行以用户为单位的多服务流调度和单服务流调度；设计可定制的服务流调度算法。实践表明，服务流调度算法在确保调度安全、缩短服务流执行时间和提高用户满意度上具有重要性。

数字服务流以完成云用户的特定目标为前提，在彼此间存在依赖关系的任务序化流基础上形成。如果用 $CWF=\{g_0, g_1, g_2, \cdots, g_{k-1}\}$ 表示服务流的集合，$k=|CWF|$ 代表竞争云资源的服务流数目，那么第 i 个服务流 $g_i(i\in[0, k-1])$，又可以进一步表示为 $g_i=\{gID, gUID, gTLimit, gCLimit, gEBW, gEStorage, gDAG\}$ 关系。

其中：*gID* 表示服务流编号；*gUID* 表示服务流隶属的用户编号；*gTLimit* 表示服务流的时间期限；*gCLimit* 表示限额；*gEBW* 表示期望值；*gEStorage* 表示不期望的容量；*gDAG* 表示服务流中任务之间的关系构成。

gDAG 可以进一步表征为 $gDAG=\{T, E\}$。其中，T 为属于该服务流的任务集合，E 为有向边集合，表示任务之间的执行顺序及数据依赖关系，$\forall(T_i, T_j)$ 表示任务 i 执行完后才能执行任务 j 的序化关系。其基本架构如图 9-7 所示。

提供商即云服务供应商，负责提供云计算服务、完成服务流所需各种资源的所有者；$P=\{p_0, p_1, p_2, \cdots, p_{k-1}\}$ 表示提供商集合，第 i 个提供商 $p_i(i\in[0, k-1])$ 可以表示为 $pi=\{pID, pName, pHonest, pResourceSet\}$。

其中：*pID* 表示提供商在云系统中的唯一编号；*pName* 表示提供商名称；*pHonest* 表示提供商的诚信度；*pResourceSet* 表示提供商所拥有的资源集。

$pResourceSet=\{r_0, r_1, r_2, \cdots, r_{m-1}\}$ 的含义是属于同一个提供商的资源集合。其中第 j 个资源又可以进一步表示为 $r_j=\{rID, rRelia, rCap\}$。其中：*rID* 表

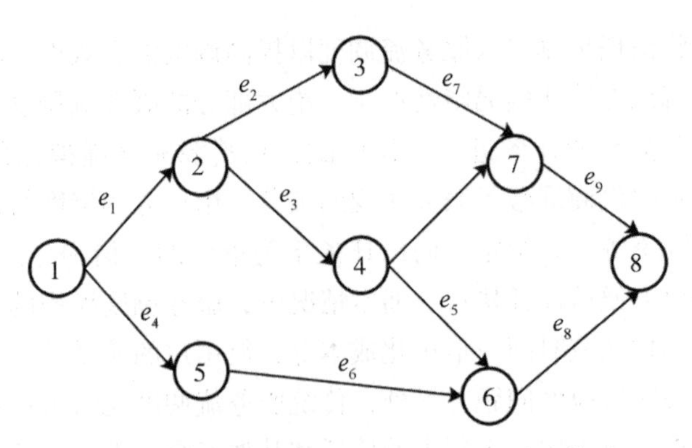

图 9-7　单服务流中表达任务关系的 DAG 模型

示资源编号；*rRelia* 表示服务可靠性；*rCap* 表示资源的性能。使用维向量来表征资源性能：计算能力 *rComp*；网络传输能力 *rBW*；存储能力 *rStor*。

云计算服务通过互联网实现服务功能，因此服务带宽、响应时间、服务可靠性安全性、服务成本等都是评估云服务质量 QoS 的参数，因而通过需求模型和提供模型来反映云用户 QoS 需求和云服务 QoS 提供。

云用户 QoS 需求模型(Cloud Qos Request Model，RQos)用于展示用户在请求云服务时对服务质量的要求，包括完成时间、带宽、存储容量、资源可靠性和相关要求，通过 QoS 需求向量 $RQoS=\{time, BW, storage, reliable, cost\}$ 来表示。

云服务 QoS 提供模型(Cloud QoS Provision Model，PQos)通过相关参数表示云服务资源质量，包括资源提供的平均计算能力、平均带宽、最大可用存储量、服务稳定度、单位传输费用等。

云环境中的资源调度可区分为宏观和微观两个层面：宏观调度以云用户为单位实现云资源的多服务流调度；微观调度实现任务与调用资源的绑定和单服务流调度。以云用户为单位进行服务申请和资源分配的多服务流调度模型如图 9-8 所示。

首先，云用户以及需要运行的服务流集合，需要向可信第三方平台提出服务申请；在收到申请后，服务方的用户调度中心根据云系统当前的资源负载结合用户申请，为用户和提供商进行绑定，绑定调度的结果随即通知用户和提供商。用户在收到服务调度中心的通知后，使用方的信任管理器对提供方进行信任评估，根据评估结果进行安全质量保障。单服务流调度发生在提供商一方。提供商接收到多个用户的服务流执行请求时，首先会基于服务偏好对服务流进

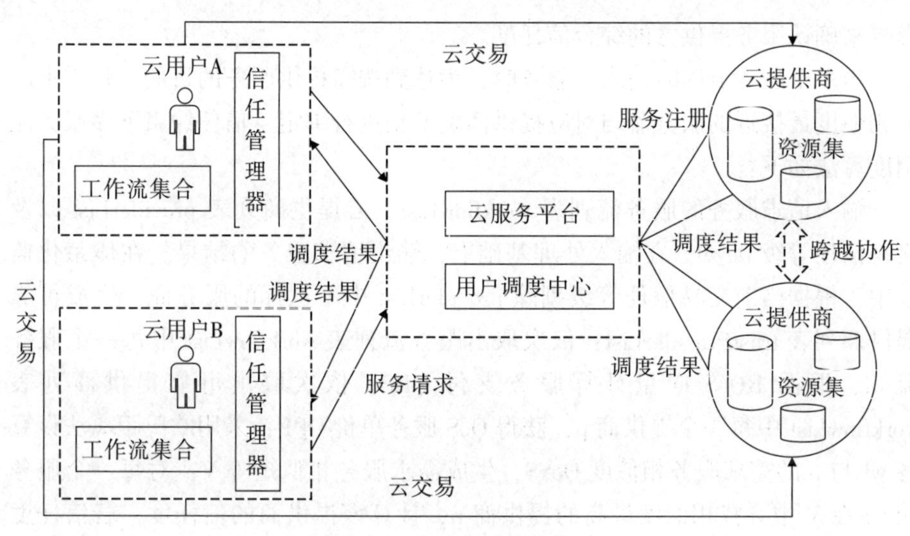

图 9-8　多服务流调度模型

行分类，从而对不同类别的服务流给予不同的调度策略。图 9-9 为单服务流调度模型。

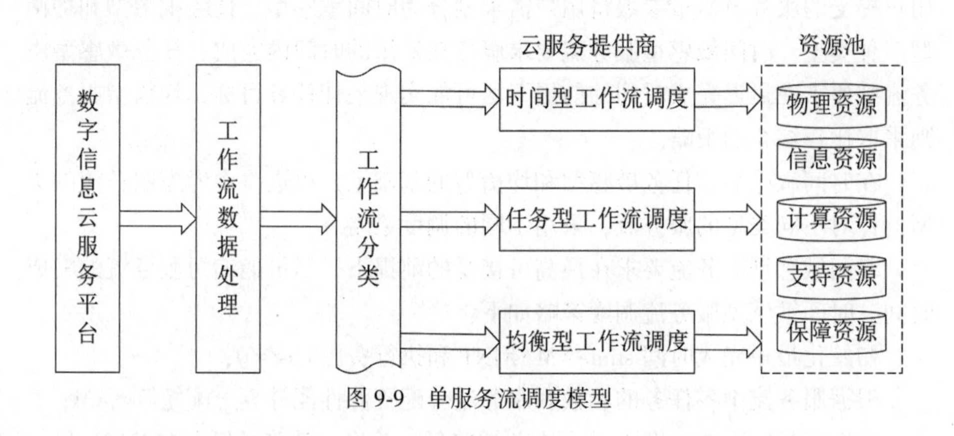

图 9-9　单服务流调度模型

9.5.2　基于信任的服务调用实现

在安全信任框架下，多服务流调度针对云服务整体资源的申请和分配，位于云服务流调度的上层，实现服务流与虚拟资源集的绑定，在获得服务流 QoS 需求的基础上进行调度组织。

在服务信任计算上，可在模糊综合评估基础上，按直接信任与间接信任的影响来确认服务提供方的综合信任度。

当多个服务流同时请求云服务时，为达到按需提供服务的目的，将需求服务相似度最接近的服务流与对应提供商资源集进行绑定。信任约束下多服务流调度算法如下：

输入请求服务的服务流列表 workflowList、云提供商列表 providerList 以及交易信任等级 tlevel。在输入处理基础上，输出请求服务的结果。在体系化监管中，根据当前交易信任等级剔除 providerList 中不达标的服务商，生成可靠提供商列表 trustProviderList；依次取出服务流列表 workflowList 中每一个服务流 wf，根据 RQoS 向量计算服务支付 QBP；依次取出可靠提供商列表 workflowList 中每一个提供商 p，获得 QoS 服务单价 QPP；采用欧氏距离法计算各 wf 与 p 的需求服务相似度 QoSS，生成需求服务相似矩阵 V；对每一个服务流 wf 在 V 中寻找相似度最高的提供商 p，计算该提供商的信任度，若信任度高于服务流的可信需求，完成 wf 与 p 的绑定。

单服务流调度从微观层面实现服务资源与服务任务的绑定。

根据用户的偏好可进行服务流分类，以满足不同用户对云服务的个性化要求。针对 QoS 优化的目标，在单服务流完成时间和费用约束的前提下，根据用户提交的服务流质量参数将用户需求划分为时间敏感型、任务敏感型和均衡型三种类型。时间敏感型服务流要求服务在最短的时间内完成；任务敏感型服务流则要求在最迟完成时间的前提下尽可能实现最佳任务目标；均衡型服务流则采取比较综合的策略。

在时间敏感型、任务敏感型和均衡型的基础上，可进一步考虑服务流的类型，针对不同类型的服务流，采用不同的调度策略。

时间敏感型服务流要求在最高可接受的前提下，尽可能缩短服务流的完成时间。时间敏感型服务流调度策略如下：

初始化最短完成时间 stime = MAXINT 和执行费用 cost = 0；

根据服务流中各任务的参数和服务流分配资源性能计算分配矩阵 SAM；

根据服务流的 DAG 图找到所有关键路径，并将关键路径保存在 KeyPathList 中；

若 KeyPathList 非空，则取出一条关键路径，根据 SAM 将关键路径上的关键任务分配到具备最短完成时间的资源上，由此生成分配矩阵 AM；

根据 AM 计算总执行消耗和最终完成时间，如难以实现则修改为本次调度的最终完成时间；

构建 CTAR 矩阵，即关键任务在其他资源上执行时的费用/时间校正比矩阵，将任务按照 CTAR 降序排列；

依照 CTAR 矩阵中的次序，依次取出任务，并将该任务重新调度到次优完成时间的资源上；

在资源重分配后，计算新的最终完成时间和资源消耗的变化值，若判断不成立即进行调整，同时更新最短完成时间；

返回服务流的最短完成时间 stime 和任务，进行资源分配关系的确立。

任务敏感型服务流在保证服务流在截止时间之前完成的前提下，要求尽可能压缩其执行成本。任务敏感型服务流调度的策略如下：

初始化最小执行费用 scost = MAXINT 和服务流完成时间 time = 0；

根据服务流中各任务的参数和本服务流已分配的资源性能计算分配矩阵 SAM；

根据 SAM 矩阵，将服务流中的任务分配到拥有最低开销的资源上，生成分配矩阵 AM；

根据 AM，计算当前的总执行费用和完成时间；

计算任务在分配到更昂贵但执行速度更快的资源上的时间/费用校正比矩阵 TCAR，并将任务按照 TCAR 中比值的降序排列；

依照 TCAR 中的次序，将任务重新分配到费用高但完成时间短的资源上以缩短最终完成时间；

在资源重分配之后，计算新的执行成本和总的时间缩减值。若时间的缩减值仍然无法满足截至当前完成时间与截止时间的差额，则继续任务资源分配。

对于综合型，可以采用时间型和任务型相结合的方式，进行满足两方面条件的综合平衡，以取得最佳的效果。

9.5.3 信息资源云服务安全中的可信管理

由于信息资源服务主体的资源特征和安全需求具有共性要求，因此云计算服务的组织应在安全保障上进行统一的可信认证，以提升信息资源安全保障能力。同时，面向用户的信息资源云计算应用应进行可信云计算认证，以保障服务各方权益和有序化利用环境。

在技术实现上，云服务既可以基于自有数据中心构建，也可以基于社会化公有云的服务进行构建。在基于 IaaS 公有云的信息资源 PaaS 和 SaaS 云服务实现中，其构架包括社会化 IaaS 公有云模块、面向信息资源的 PaaS 服务、SaaS 服务以及相应的安全组件。其中：社会化 IaaS 公有云作为构建面向信息资源 PaaS 和 SaaS 云服务的基础，其自身的安全对 PaaS 和 SaaS 云服务安全至关重要，因此在选择云服务时需要选择通过可信云服务认证的云服务主体。另外，为了进一步提升服务的安全性，可以基于多个 IaaS 云服务进行 PaaS 和 SaaS 云服务构建，这样彼此之间可以互为备份，避免单个云服务出现安全事故时整个服务中断，同时也可以避免云服务商锁定问题。信息资源的 PaaS 云服务，既可以作为独立的服务主体开展服务，也可以作为 SaaS 服务构建的基础。在构建此类服务时，除了满足信息资源服务主体的功能需求外，还需要满足其基本的安全保障需求。与此同时，在进行 SaaS 云服务组织时，既可以针对信息资源服务主体形成 SaaS 云服务整体解决方案，也可以将各类服务需求做成独立的模块，以便于信息资源服务主体的个性化定制。与 PaaS 服务类似，在进行 SaaS 服务构建时，需要针对信息资源的特点和服务的安全需求，进行基本的安全保障措施部署。面向信息资源的安全组件，往往保障要求高，只依靠 PaaS 和 SaaS 云服务内嵌的基础安全保障措施无法达到其安全保障要求，因此提出了增强型安全保障工具的需求。在面向信息用户的云服务组织中，也需要提供一些防护能力更强的安全云服务组件，如 DDoS 防御、数据加密、访问控制等，以供信息资源服务主体根据需要灵活定制，如图 9-11 所示。

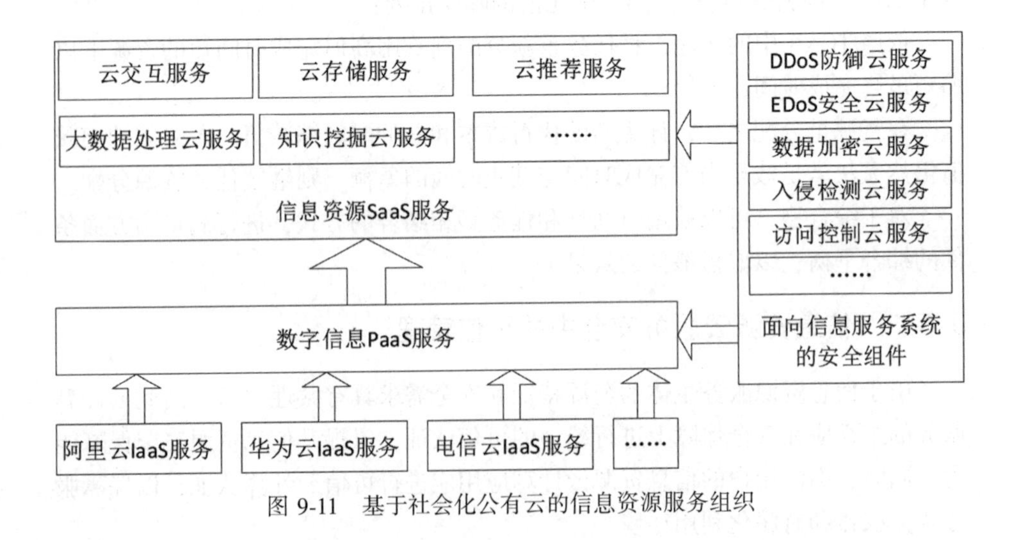

图 9-11　基于社会化公有云的信息资源服务组织

可信云服务认证在于规范云服务组织与利用，通过建立客户及云服务商的信任关系，减少云服务选择的盲目性，有效规避安全风险，取得良好的安全质量性能。基于此，国家工信部汇同数据中心联盟等行业自治组织开展了可信云服务认证，取得了多方面成效。

面向信息资源服务主体的应用需求，当前的可信云服务认证存在两个方面的不足：其一，当前的认证对象主要集中于 IaaS 云服务和云存储等 SaaS 云服务，对 PaaS 和 SaaS 云服务的覆盖拟进一步扩展；其二，认证主要是面向通用云计算应用的认证，拟进一步强调面向信息资源的针对性。为更好地服务信息资源服务主体，既需要拓展当前的可信云认证的覆盖，完善 PaaS 和 SaaS 云服务的可信认证标准，也需要全面开展面向信息资源的可信云服务认证。

为推进面向信息资源的可信云服务认证，需要健全信息安全认证体制，同时发挥第三方考评机构的作用。专门的机构可负责这一项工作，其职责包括主持进行可信云服务认证标准体系建设；对认证考评的结果进行审核，对通过审核的云服务商颁发可信云服务证书；对认证考评机构资质进行审核，建立准入机制并对其进行监督。信息资源行业组织的职责在于协助进行可信云服务认证标准体系建设，进行行业内认证的组织。

面向信息资源的可信云服务认证的实施是基于通用的可信云服务认证标准进行的，即只有通过工信部主导的可信云服务认证的云服务商才有资格成为信息资源可信云服务的认证对象。其实现流程为：首先，基于工信部主导的可信云服务认证结果，信息资源行业组织可以获得进行考评认证的云服务商及服务列表；其次，根据拟认证云服务的不同类型，将其分配给合适的第三方考评机构；再次，第三方考评机构根据信息资源可信云服务认证标准对其进行评测，将结果进行规范化提供；最后，国家专门机构对认证结果进行审核，并对通过考评的云服务方颁发可信云服务证书。

此外，值得指出的是，在颁发可信云服务证书之后，还需要对云服务方进行持续监管，确保其云服务质量与安全的稳定性。其监控方式包括要求云服务方定期提供与可信认证标准相关的运行数据用于周期性审核；同时定期由第三方考评机构对其进行考评，考评合格则将其可信云服务证书的有效期进行延长，否则将其进行注销。

10　数字信息服务与网络安全保障的社会监督

互联网背景下的数字信息服务与安全保障具有开放性和跨行业的特征，以数字网络和大数据智能技术广泛应用为前提的信息服务社会化组织机制得以形成。从全局来看，信息服务的社会化发展决定了服务与安全保障监督的社会组织模式。从网络信息组织结构、服务体系和安全保障机制看，拟着重于监督组织、安全管理、权益保障和技术应用上的实现。

10.1　数字信息服务的网络化发展与监督体系构建

社会对信息的需求以及信息服务所依托的环境与技术变迁是信息服务业的发展基础。全球化背景下我国的信息服务经过长期发展，已经形成了一个多层次的，包括科技、经济、文化等各类信息在内的，面向各类用户的信息服务完整的社会体系，由此提出了信息服务的社会化监督体系发展与监督实施问题。

10.1.1　信息服务组织与监督的社会化模式

信息服务与其他行业一样也需要监督。信息对用户作用的特殊性和信息服务的知识性、创造性与风险性，决定了信息服务监督的特殊效能和作用。同时，信息服务的社会机制决定了服务监督的基本内容和组织模式。随着社会信息化以及由此引发的信息服务社会化与产业化，有效实施信息服务的全方位监督已成为关系社会发展全局的一大问题。

在以部门、系统为主体的信息服务模式中，其服务监督在部门或系统内部进行，监督活动被视为服务管理的一个方面。在我国信息服务监督中，长期以来科技信息服务监督由国家科技管理部门组织实施，即通过部门按管理要求进行服务质量、资源利用等方面的监督；经济信息服务的监督由国家经济管理部门在系统内实现，主要对经济信息的来源、数据的可靠性和信息利用进行监督；其他专门性信息服务，由于以各专业系统为主体进行组织，其监督均纳入相应的专业管理体系，实现以业务为依托的监督。在这一体制下，我国的图书馆文献信息服务由文化部进行总体控制，按图书馆所属系统区别公共图书馆、专业图书馆、部门图书馆和单位图书馆来进行监督。此外，研究院所、学校、企业和其他事业单位的信息服务，基本上由各单位管理，按各自所属的系统、部门实施服务监督。显然，这种监督与我国1956年以来，直至20世纪90年代的信息服务体制、体系和利用形态相一致。在长期的发展中，尽管服务监督内容不断扩展，其组织形式随着信息服务体制的改革而不断优化，然而从信息服务业组织模式上看，服务监督则正处于相对封闭的以部门和系统为主体的监督向社会化监督的变革之中。

从网络信息资源的社会化共建关系角度看，以部门和系统为主体的信息服务监督已难以适应数字信息服务开放组织的需要，因而具有以下缺陷：

①缺乏统一管理和协调。与信息服务的部门化组织相适应，信息服务的监督由各系统主管部门自行组织，系统之间缺乏有效的监督沟通，从而导致监督标准与监督内容的差异。

②在以部门、系统为主体的信息服务体系中，服务监督机构往往从属于业务管理部门，这种自我监督的信息服务组织体制使监督职能受到多方面限制，难以达到完整而有效的监督效果。在部门或系统内部，这一锚段多依赖行政管理和干预的手段加以解决。

③分散监督具有较强的部门特性，针对各部门信息服务所进行的监督存在部门、系统之间的差异，难以在社会范围内实行统一的标准，解决具有共性的监督问题。

④信息服务与安全监督的内容由服务中的各种基本关系所决定，我国的信息服务监督主要从管理角度围绕传统的信息服务业来展开，因而监督的内容和体系基本上与传统的信息服务业务及其基本关系相对应，在网络信息服务业务不断拓展的今天，这种状况应进行根本上的改变。

以上情况说明，在网络信息服务社会化、产业化的发展过程中，传统的监督体制与模式已无法适应现代信息服务业的发展需要。同时，社会的技术安全监督部门和其他监督部门也难以在现有职责范围内实施对信息服务业的有效监督，由此提出了信息服务与安全保障的社会化监督问题。

社会信息化和用户信息需求与服务利用的社会化，不仅导致了数字信息服务的社会化，而且确立了信息服务业作为一种行业的社会体系，其信息服务的管理与监督已突破封闭模式，转而形成开放化、社会化的服务管理与安全监督体制。

随着科技与经济的迅速发展，社会化信息服务取得了全面进展，呈现出与社会信息化和全球化相适应的发展格局。事业型信息服务部门的改革和产业型信息服务实体的发展，意味着包括信息资源开发、组织、提供和信息保障在内的社会化信息服务体系正在进一步完善。与此同时，社会化信息服务由于依托网络经济，其产业化程度迅速提高，从而形成了以信息服务产业和网络市场发展为标志的数字信息服务业体制。

数字信息服务业新的发展机制的形成以及以技术为基础、以需求为导向的数字信息网络建设与应用，对服务与安全管理提出了新的挑战。服务资源开发、质量控制、污染防治以及各方面权益保护，有待实现有效的协调与监督。只有监督有效，才可能在处理各种现实问题中促进社会化信息服务的有序开展。

在以信息服务开放化、市场化与高技术化为标志和以需求为导向的行业发展中，由于缺乏与之相适应的社会监督，因而信息服务中所提供的信息不实、不全、不规范，用户权益受损，信息安全问题以及网络污染和网络犯罪处理不力的现象难以避免。这说明，包括网络信息服务在内的数字信息服务与安全的社会监督必须同步开展。

从部门监督为主体向社会监督为主体的信息服务的变革，并不是目前部门、系统监督的局部变革，而是确立新的社会体制。这种改变必须解决目前监督中的问题，克服传统信息服务监督的缺陷。因此，相对于以部门、系统为主体的管理与监督，信息服务的社会监督具有以下特性：

①开放性。信息服务的社会管理与安全监督必然打破部门和系统的界限，而与信息资源的社会化共享和信息服务的开放化体系相适应。这一模式是封闭式模式的彻底变革，是信息服务社会化发展的需要。

②行业性。随着信息服务的市场化和数字信息经济的兴起，网络信息服务业已成为社会瞩目的关系科技、经济和其他行业发展全局的行业。与信息服务业的行业机制和结构相适应，其社会监督随之带有明显的行业性质。这一特性由网络信息服务行业活动与市场运营所决定。

③系统性。网络信息服务随着需求的多样化和全方位发展，其业务组织涉及信息资源的深层开发，信息技术的全面利用和服务业务的全面开拓；与传统的分散管理与监督相比较，数字信息服务监督不仅涉及社会的各个方面，而且

与社会各部门联系密切，具有全面、系统的特点。

④适应性。网络信息服务与安全监督的适应性是指符合国际通用的技术标准，某一国家的信息资源组织、开发体系、体制与办法必须适应国际信息化环境，监督的适应性从根本上由信息服务体系的变革所决定。

10.1.2 信息服务社会化监督目标要求与原则

网络信息资源组织与开发的社会化是社会进步和信息经济与信息服务行业发展的必然结果，其社会化发展目标、要求和组织原则由社会及其网络信息服务业机制所决定。

(1)社会管理和监督目标要求

信息资源组织与开发的社会化管理监督是指在社会范围内，在国家行政部门的监控和管理下，根据客观的标准、规定和准则，通过相关机构、组织和社会公众对信息资源组织、开发与利用过程及相关主体进行检查、评价和约束的社会化工作。信息资源组织与开发的社会监督的实施，旨在通过规范化、制度化和强制性的手段，按客观、公正的标准对信息资源组织与开发活动进行有效组织；以确保社会化信息服务安全而有序的开展。在社会信息化和知识经济快速增长的时代，信息服务业已成为关系其他行业发展的基础性行业，对其实施有效的社会监督又是发展社会经济、科技与文化的重要保障。可见，网络信息资源组织与开发的社会管理与监督，应从社会发展全局出发加以组织，由此确定其社会目标。

信息资源组织与开发的社会监督的总目标是，实现信息资源社会化组织与开发的规范化、高效化，不断提高信息安全质量和服务效益，促进信息资源在社会范围内充分而合理的利用，在实践中强化社会各方约束信息行为的意识，以有利于数字信息资源的社会化共享和安全利用。就当前情况而论，网络信息资源组织与开发的社会监督目标要求可以大致概括为如下几个方面：

①维持正常的秩序。信息资源组织与开发的社会化开展要求在一定规则的约束下规范各有关方面的行为，这就需要按规则组织其活动，限制违规行为的发生，以建立信息资源组织开发与服务的市场经营秩序、利用秩序和正常的管理秩序，防止实施中的混乱和无政府现象的发生。

②解决信息资源组织开发、服务与利用中所存在的纠纷。部门内部的纠纷通过内部管理来解决，社会化实施中服务者与用户之间的纠纷则需要通过社会仲裁管制来解决。这些纠纷诸如信息有误导致的用户利益受损、服务行业中的

不正当竞争、服务者或用户所拥有的信息资源被他人不正当占有、服务技术达不到规范要求等，对这些问题和矛盾，要通过社会监督加以解决。

③保护社会信息环境和社会共享的信息资源安全。基于现代通信与信息处理技术的全球化网络发展和普及使用，为信息跨越时空的自由发布创造了条件，在促进用户交流的同时使得信息安全难以控制，信息污染越来越严重。在信息服务组织中，有害信息、污染信息的传播不仅直接有损于社会，而且直接影响信息资源的开发与利用。因此，净化环境、防止污染、保护资源与服务安全已成为监督的又一基本要求。

④依法惩处信息犯罪活动。在社会的信息化发展中，与网络"信息"有关的犯罪行为越来越突出，如证券市场中上市公司信息的不正当披露，网络中的攻击行为，对国家秘密的侵犯，对他人知识、信息产权的非法占有等。其中与信息服务有关的犯罪占相当大的比例，这就要求通过服务监督，依法惩处信息犯罪活动，防范由信息技术发展所引发的新的技术犯罪。

(2)社会化监督原则

网络信息资源组织与开发必须坚持正确的组织原则。从客观上看，实施社会化监督，应在组织原则上考虑涉及社会信息活动的基本方面和基本的社会关系，解决这些问题的基本思想便是社会化监督的坚持。

①公开原则。以数字信息技术和网络通信技术为依托的网络化信息资源组织、开发，以及基于资源开放利用的共享需求的形成，使得需求促动下的服务开放化、公开化已成为数字信息服务业的发展主流。信息资源组织管理社会化，从客观上确立了对服务公开监督原则。只有公开，才可能适应信息服务安全发展的环境。信息服务的公开监督指在一国公开、在国际上实行各国监督的国际性协调。

②公平原则。网络信息服务内容的丰富、服务对象的多元、服务结构的复杂，意味着实施监督主体和接受客体之间的联系越来越密切，从某种程度上说已呈现出错综复杂的关系网络。例如，信息资源机构既是面向访问者开展服务的服务者，同时在信息资源组织中又是利用相关网络服务的用户。如果某一问题引发纠纷，很可能涉及多方权益和责任问题，在监督处理中稍有不当，便很难做到公平。可见，在监督中必须将"公平"原则放在突出位置。

③法制原则。不断完善信息立法和信息服务立法是我国学术界和实际工作部门讨论较多的一大问题。在社会化信息资源组织与开发中，其监督的基本依据和准则是信息法律，这是我们讨论社会监督的基本出发点。坚持法制原则，

实施监督的要点是，根据国家法律建立信息服务法制体系，确立在法律基础上的法制监督体系，实施对执法者的有效监督，以便在法律原则上解决基本的监督问题。另外，法制监督中的又一重要问题是法律有效性和适用范围，保证监督基本问题的解决应有法可依。

④利益原则。信息服务与安全保障必须以维护有关各方的正当权益为前提，这一前提便是我们所说的利益原则。如果脱离利益，其监督将失去其应有的社会作用与功能。利益原则集中反映在国家信息安全和国家利益的维护、用户接受服务中正当权益的保护、服务者开展服务的基本权利以及用户与服务者之外的第三方不受因服务而引起的不正当侵犯的保障。只有在监督中坚持各方正当权益和权利的维护，才可能体现网络信息资源的社会有益性，据此，利益原则应贯穿于工作的始终。

⑤系统原则。社会化的监督是一项系统性很强的工作，不仅涉及信息资源组织与开发各业务的过程，而且涉及各有关方面的主体与客体。这就要求在建立社会体系中，考虑多方面社会因素的影响，从全局出发处理各种专业或局部问题，寻求对社会发展最有利的社会监督体系与监督措施。

⑥发展原则。网络信息服务与安全的社会管理、监督体系一旦形成，在一定时期内应具有稳定性，但这并不意味着监督将永远不变。事实上，随着新的信息服务技术手段的出现，由需求变革引发的新的信息服务业务的产生和利用关系的变化，必然导致原有监督内容、关系和体系的变化，从而提出构建新的社会监督体系或改革原有监督办法的问题。面对这一情况，监督必须立足于未来的社会发展，使之具有对未来的适应性。

10.1.3 网络信息服务与安全监督体系构建

信息服务的社会化发展中各种基本矛盾的解决，最终将落实到网络信息资源组织与开发的社会监督体系的构建上。其体系构建一是其内容和体系的确立，二是对监督实施的组织。

(1)社会管理与监督内容和体系

网络信息服务与安全监督涉及面广，其基本内容既包括对有关各方及其行为的监督，又包括对服务过程和业务的监督。其中重要的一点是，必须从信息服务的社会管理与组织体制出发进行科学的组织。基于这一考虑，我们从信息服务业务出发对监督的内容和体系进行归纳。

①主体信息安全行为监督。网络信息服务与安全保障中的主体是指服务组

织者、提供者和服务使用者；客体是指数字信息资源、网络和服务系统。主体既包括公益性信息服务的承担部门及人员，又包括信息服务市场及产业化信息服务的提供者和各类用户。概括地说，主体如果存在有损于国家信息资源的社会共享、不正当服务经营、违反正常信息使用秩序、影响他人等行为，理应受到约束和制裁；用户如果有损于公益性服务的组织、有碍服务业务的正常开展或触犯法规也应受到管制。所有这些行为应受社会监督，只有主体行为合规才可能保障信息及设施安全。

②技术与质量监督。技术与质量监督既相互联系，又存在一定的区别。一方面，网络信息服务与安全技术的先进性和手段的可靠性直接影响信息的传递、处理和提供，关系到服务质量和安全；另一方面，质量问题又不单纯是一个技术问题，除技术外，它还与业务人员的责任、服务水平和素质等方面因素有关。然而，从技术的角度看，其产品可以通过技术质量分析加以认证。因此，在信息服务监督中，可以通过技术监督部门对服务的分析，发现服务质量与安全问题，继而进行惩处来解决信息服务的技术质量问题。

③信息资源市场监督与价格监督。在信息化发展中，进入市场的网络信息资源与服务增长迅速，已成为信息服务的一大主体。市场与价格监督的要点，一是监督进入市场各方的市场竞争与经营业务，防止不正当竞争和非法垄断信息服务及其产品的现象发生；二是监督及其产品服务的价格，使定价规范、合理，防止价格欺骗、不适当提价、压价和扰乱信息服务市场发展的经营发生。同时，价格监督还必须与市场管制相结合，通过价格控制，维护市场、促进社会化信息服务产业的发展。市场与价格监督，从环节上看，不仅包括市场定价与介入过程，还包括市场竞争、经营的后果。

④各方权益保护监督。网络信息服务与安全监督必须以维护国家利益、保护国家安全，保证服务组织者与经营者开展正常业务为原则，同时保证用户安全享受公益性和市场化信息服务的权利。具体而言，它包括信息服务资源所有权保护监督、国家安全和国家利益保护监督，信息服务业务组织权益保护监督，社会公益性信息资源共享权保护监督，信息服务中知识产权保护监督、信息服务合法利用权益保护以及用户和行业的自律性监督权益等。在权益保护监督中，必须弄清各种权益的发生关系及其相互影响，从社会全局出发进行组织。

⑤其他监督。信息服务与安全的社会监督还包括其他一些问题的解决，它不仅涉及国内，还涉及国际交往。从网络所提供的服务看，由于网上活动难以控制，从而提出了网络环境下的数字信息服务的监控问题。这一问题的解决，

必须通过综合渠道，在行政部门集中控制下进行业务监督。另外，专业性信息服务(如金融咨询服务)，由于与其相应的产业不可分割，必须将其与相关行业监督相结合，保持相关行业的主体监督地位。这两个方面的问题说明，信息服务监督必须与社会总体监督和相关部门监督相结合，从总体上进行协调。

(2)网络信息服务与安全的社会监督结构

网络信息服务与安全的社会监督必须从社会全局出发进行组织。我国长期以来形成了以管理为主，除部门、系统监督外，由政府部门负责的集中监督体系。欧美国家和其他一些国家，社会监督则呈现多元化的结构，即政府、行业和用户共同参与监督。在现代信息服务业发展中，我国发展所面临的国际化环境以及服务产业发展的需要，开放化的社会监督体制应在发挥原有优势的基础上进行变革。事实上，在信息发展中我国的社会化管理监督体系不断完善。从客观上看，我国信息服务与安全的社会监督可以归为政府管控下的信息服务的社会监督体制，它包括政府、用户与行业和公众监督三大主体，以此为基础，可分为行政监督、法律监督、用户监督、行业监督和舆论监督。

①行政监督。行政监督包括信息服务机构的认证、审批和注册中的监督，以及基于网络信息资源组织与开发的服务业务开展中的行政监督。在服务与安全监督中，信息服务政策、法规的执行监督处于重要位置。长期以来，我国承担行政监督的机构主要是各系统的行政主管部门国家技术监督局系统、物价管理部门等。对信息服务的监督往往依赖于相应的业务管理部门进行。在社会化发展中，行政监督的不完备性应得到进一步改变，在调整各有关行政部门职权的基础上，构建整体化行政监督体系。

②法律监督。法律是社会运行的基石，信息法律是组织和利用资源与信息服务的基本准则，法律的强制性和法律对服务行为的约束是组织社会化服务与安全的根本保证。法律监督具有严格性、客观性、规范性、稳定性的特点。对于信息服务与安全而言，严格意义上的法律监督不仅从根本上维护信息法制秩序，而且从制度上保护各方的合法权益。信息法律体现了国家意志，因而是其他方面监督的出发点。资源组织与开发法律监督中的一个重要问题是明确监督的主体、客体，规定各方面的法律关系，确定有效的监督保障体系。

③用户监督。用户监督是指用户或用户组织在法律允许的范围内，对信息资源组织与开发质量和利用信息服务的后果进行评价与衡量，以便在利益受损的情况下通过有效途径或方式进行自我保护的一种监督，如消费者协会就属于用户进行商品及服务消费的权益监督与保护组织。相对而言，信息用户监督的

社会化程度有限，有关这方面的监督需要在信息服务社会化发展中得到进一步完善。

④行业监督。行业监督随着信息服务业的发展而发展，其基本的监督组织形式为信息服务方面的行业协会或相应的组织监督。行业监督通过行业协会(或相应组织)的规则与制度进行监督、约束、协调和控制。信息服务行业监督的内容包括服务行业市场监督、服务业务监督、行业合作监督等。一些发达国家的行业协会在监督中的作用是十分突出的，任何经营实体的业务活动都必须得到行业的认可，他们将监督视为行业的生命线。这一成功的经验值得我们借鉴。

⑤舆论监督。舆论监督是以信息服务与安全的社会道德规范、法律规范和国家利益的维护基础的社会监督行为，正确的舆论也是对信息服务监督主体的一种监督。通过舆论，不正确和不正当的行为受到谴责，正当的道德行为受到鼓励。因此，有效的舆论监督是社会文明的产物。信息服务舆论监督包括在政策、法律范围内的新闻舆论监督和公众舆论监督。其目的在于防止不道德行为发生，促使信息资源组织与开发服务健康发展。

以上各方面监督既分工、又合作，从而形成了政府主导下的社会化信息服务监督体系，其制度保障构成了网络信息资源组织与开发的重要社会基础。在信息服务的社会化发展中加强这一基础建设是十分重要的。

10.2 网络信息安全管理与监督

云环境下的信息安全监督在权益保障基础上进行，安全监督基础上的法制化管理是实现信息安全保障与服务同步发展的基本保证。网络信息资源安全体系构建与全面安全保障实施，决定了基本的构架和实现策略。信息资源安全保障与监督的法制化管理建立在有效的制度框架基础之上，其制度建设与安全保障的法制化组织应具有科学而完善的组织机制。云环境下信息组织与利用关系和各要素的交互作用是必须面对的基本问题，因此需要从机制上进行监管与治理的社会化推进。

10.2.1 网络信息安全要素及其交互作用

为确立信息安全保障机制，首先需要对影响安全的要素及各要素间的交互作用关系进行分析。数字网络环境下，安全威胁、安全脆弱性和安全措施三类因素与信息安全直接相关。安全主体、安全对象和社会环境之间的影响最终体现在交互作用上，其交互作用关系如图 10-1 所示。

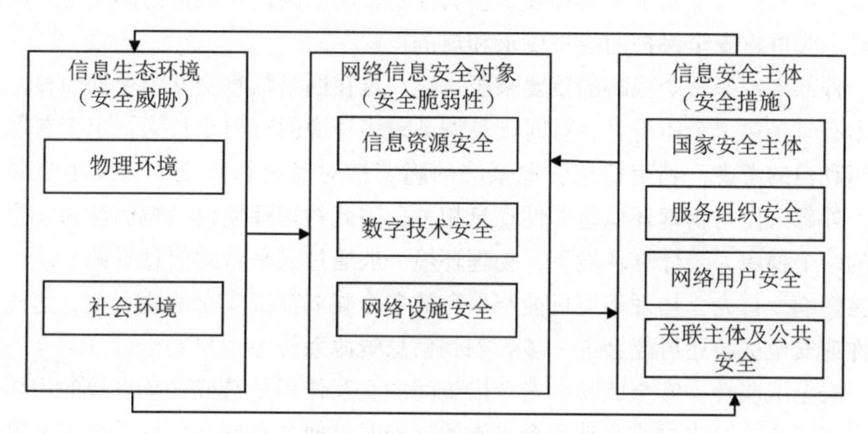

图 10-1 网络信息安全结构要素的关联作用

如图 10-1 所示，信息生态环境由物理环境和社会环境构成，其生态直接影响到网络信息安全对象和安全主体，如网络攻击和物理风险的产生。同时，网络安全所包含的信息环境、数字技术和基础设施的脆弱性直接关系到安全事件的发生；作为信息安全核心的国家信息安全、公共安全、信息服务组织与用户安全，其保障措施决定了网络信息安全的整体状态和效应。

从安全保障主体与安全脆弱性、安全威胁、安全措施间的交互关系看，安全保障主体可能是安全脆弱性和安全威胁的来源，也是安全措施的实施主体：①无论是云服务商还是信息服务主体，其活动都可能引发安全事故，如安全组织能力不足、安全制度不健全或执行不得力、安全意识不强等，另外还包括由信息资源服务主体与云服务商间协同机制不健全所导致的安全保障缺陷；②信息资源服务主体和相关服务方可能管理不到位、越权或滥用，尤其是云计算环境下云服务商拥有的权限，可能对网络信息安全产生直接的影响；③任何安全措施都是由安全保障主体实施的，但在云环境下，针对云平台或云计算服务的安全措施由云服务商来实施，针对资源数据的安全措施一般由资源服务主体来实施，这种非均衡管理往往引发相应的安全风险。

从安全保障对象与安全脆弱性、安全威胁、安全措施间的相互关系看，安全保障对象是安全脆弱性的主要来源，也影响着安全威胁。其中，安全保障对象特征及安全需求决定了哪些环节可能成为攻击者利用的弱点，体现为安全保障上的脆弱性；各机构的信息资源安全威胁应对和保障措施往往出于自身的考虑，缺乏规范性和完整性，同时安全监测的欠缺难以满足整体安全目标的实现要求，从而扩大了安全威胁和安全脆弱性的影响。因此在推进协同安全保障的同时，应进行安全保护的统一要求和规范。

外部入侵是安全威胁的重要来源，这一点在网络信息交互中更加明显。其攻击有时是单个个体行为，有时则是调动较多资源的有组织行为，出于获取不正当利益的考虑，利用信息资源系统的脆弱性对其进行攻击。从发生机制上看，外部入侵与物理环境脆弱性息息相关，因此物理环境也是脆弱性和安全威胁的一个根源。云计算环境下，物理环境一般通过云平台对信息资源系统产生间接影响。首先，物理环境可能与平台的多个脆弱性或安全威胁有关，这些脆弱性或安全威胁还可能会进一步影响到信息资源系统与用户安全。

安全脆弱性、安全威胁和安全措施间的交互作用是造成安全事故的主要原因。当安全威胁绕过或突破安全措施的保护时，便会对网络信息系统安全造成危害或引发安全事故。通过安全措施对脆弱性进行加固，可以使得攻击者无机可寻；或者通过安全措施，使其无法突破防御。

信息安全保障实施中，需要进一步追溯脆弱性和安全威胁的源头，从而采取更具针对性的措施。从安全保障时机看，可以在安全攻击发生前采取措施进行预防，避免安全事故的发生；需要考虑安全攻击时，需要采取措施保障信息资源不遭受永久性损害。从保障手段看，应以防御为主，应对为辅。对于已知的脆弱性和安全威胁，一般是先行安全防御，从而提高安全保障的效果。但由于部分脆弱性或安全威胁的防御成本过高或缺乏合适的防御机制，此时应对其进行监控，待其出现安全问题时再进行动态应对。由于云计算以及信息服务主体的业务处于不断拓展之中，因此可能会有新的脆弱性和安全威胁出现，对于此类威胁同样需要采取监控和动态应对措施。

在网络信息安全部署中，需要将安全措施的实施和监督嵌入信息资源组织与服务流程，实现二者的融合，从而确保不存在安全监管盲区。由此就形成的网络信息活动全程化安全保障机制，即在安全保障中覆盖信息资源组织开发利用的全过程，从而实现其全面保障和全程监管。此外，在安全保障组织与监督上，需要贯彻深度防御原则，通过多层次、立体化防御措施的部署来加大安全攻击的难度。

信息安全等级保护理论的核心思想是适度保护，即在安全保障中关注安全保障成本与效益，因此在网络环境下信息安全保障的组织中仍然需要推进等级保护机制。

网络信息资源服务主体可以基于《信息安全等级保护管理办法》对信息安全等级的划分原则，对各个信息资源系统进行等级划分，同时依据国家标准《信息系统安全等级保护基本要求》明确其对应的安全保障能力。在此基础上，进行安全保障的实现和监督。与IT环境一样，数字网络下的信息安全保障同样需要综合采用技术和管理措施。在进行安全保障规划时，需要从安全技术和管理两个角度进行安排，同时注重二者间的监管协同。对于信息系统已经存在的安全威胁和脆弱性，参照《信息系统安全等级保护基本要求》中对应安全等级的要求进行安全措施的落实。对于云计算环境下新出现的安全威胁和脆弱性，需要根据安全保障的规范要求进行防御监管。

对于不同安全等级的信息资源部署，应采用不同的规范模式。例如，云计算的部署模式主要包括公有云、私有云和混合云，其中公有云在可扩展性、运维成本、资源利用率、可选择范围等方面更具优势，而私有云则在安全性与现有业务系统的集成等方面更为适用。基于此，信息云服务主体应该针对不同安全等级采用不同的云安全部署与监管模式，从而形成基于混合云的整体部署。

在进行信息资源安全等级划分和安全模式选择时，可以将非涉密信息区分为敏感信息和公开信息。其中，敏感信息是指不涉及国家机密，但与国家安全、社会稳定、经济发展以及企业组织和社会公众利益密切相关的信息，这些信息一旦泄露、丢失、滥用、篡改或未授权发布都可能损害国家、社会、企业、公众的合法利益；公开信息则是敏感信息外的非涉密信息，可以进行开放化的部署与监督。另外，对涉密信息安全监管，应在国家安全条例和监督准则基础上进行。信息资源服务安全，既包括保障信息服务的完整性、可用性，也包括确保信息服务的开展不会威胁到国家、社会安全。因而需要实现对信息服务链环节的全面监督，确保信息在生命周期中的各个环节安全，具体可采取的监督措施包括采集项控制、采集精度控制、数据加密、数据干扰、限制发布和可信删除等。

10.2.2 基于深度防御的信息资源安全保障监督

在多点防御和多重防御的基础上，可构建基于深度防御策略的信息安全监督机制。其构架从三个方面进行信息安全保障，以实现信息资源的全方位、立体化安全防护：一是由外及内的多层次防护监督体系，拟从网络和基础设施、多租户资源共享环境下的虚拟化边界、基于虚拟化的计算环境三个方面进行安全防护；二是自下而上的多层次防护体系，从云计算平台层、信息资源系统基础设施层、信息服务组织应用层三个层次上进行安全防护监督安排，按照信息资源的处理流程进行存储、开发利用、服务及用户安全监督；三是纵向深入的多层次防护体系，从威胁和脆弱性防御、监控预警和响应、灾备和恢复三个方面进行安全防御和监督。安全保障与监督实现中，每一道防御体系的构建都需要注重人员、操作和技术的协同，强调人员协同的主体作用。

①由外及内的多层次防护体系监督。这种多层次防护体系是针对 IT 环境下信息系统具有明确安全边界的情况提出的，尽管在云计算环境下，信息资源系统并不存在固定的安全边界，但其仍然适用。这主要是因为基于网络云平台的信息资源系统是存在逻辑边界的，且其赖以存在的基础平台是有固定的安全边界的，因此这种由外及内的多层次防护体系仍然适用。具体而言，大数据网络环境下，网络基础设施除了包括骨干网络、无线网络、VPN 网络外，还包括云平台内各虚拟机构成的网络。云计算平台的边界不仅包括云平台各数据中心的物理边界，而且具有与网络相连接的逻辑边界。同时，面向多租用户的虚拟化边界，虚拟化的计算环境同时也包括各类云计算平台硬、软件，以及系统数据资源。从安全构架上看，网络基础设施、云平台区域边界、面向多用户的虚拟化边界、虚拟化计算环境安全位于最外层，云平台区域边界处于中间层，面向多租户资源共享的虚拟化边界处于内层。当这三个安全域受到攻击时，有必要进行分层应对，由此提出了多层安全防护与保障监督的规范要求。

②自下而上的多层次防护监督。自下而上的层次防护中，任何一个层次遭到攻击都有可能直接影响到信息安全。因此，这种层次划分方式在于准确地确定防护位置，以实现全方位的维护及监督。平台物理资源层安全对应的是平台硬件和物理环境的安全，其物理环境和硬件的损坏可能直接导致数据的丢失；平台资源组织和控制层安全对应的是资源虚拟化安全及虚拟机调度安全，其遭到安全攻攻击同样会直接导致整个信息资源系统的崩溃；信息资源系统和数据层安全对应的是基于云平台的信息资源系统应用程序及相关数据的安全，针对这一层次的安全攻击属于直接攻击，也是最常见的攻击方式。构建自底而上的多层次防护体系有助于从系统架构和业务流程环节进行安全措施的针对性部署，从而避免将任何的薄弱性直接暴露出来，实现信息安全的全方位保障。

③纵向深入的多层次防御体系。从层层防护的角度来看，安全措施可以从三个方面进行部署：脆弱性保护、监控预警和响应、灾备和恢复。其中，脆弱性保护根据信息安全需求，针对已经发现的脆弱性(包括信息资源系统的脆弱性和安全保障措施的脆弱性)采取保护措施，从而消除脆弱性或者使其攻击的

难度加大。这些防御措施属于预先布置的保护策略，其监督在于监控预警和响应机制的效能，以便及时发现安全威胁，及时提示安全主体，以根据预先设置的响应方案进行响应或者由安全保障主体主导采取针对措施，从而避免系统或数据的实质性损害。从防护与监督融合上看，这类安全保障机制属于主动防御机制。灾备和恢复机制则是为了防止安全攻击穿透前两道防线，对系统造成不可恢复的损害，从而导致业务中断或数据资源遭受永久性损失，以便通过合理的恢复机制将服务中断的负面影响降到最低。通过三道防御监督，可以避免信息资源遭到无法挽回的损失。

以上三个角度分别从某一个方面构建了防御监督体系，其相互之间可以互为补充，从而实现信息安全的全方位、立体化防护目标。

数字网络和云计算环境下，信息资源面临着大量的未知安全风险，需要人员介入处理安全攻击，因此要构建预警与响应机制，通过实施和监督及时发现正在进行的安全攻击，在信息安全遭受实质性损害之前做出合理应对。

信息资源安全预警机制的目标是及时发现正在进行的安全攻击，包括用户和内部账户异常、资源异常、服务和资源加工应用程序异常的监控，以便及时做出预警。为实现这一目标，需要采用实时入侵检测技术构建预警机制。云计算环境下，由于存在着大量的未知入侵方式，因此信息资源系统的入侵检测应以异常检测为主，同时整合误用检测以改善入侵检测的效果。在检测和安全响应的实现上，应建立相应的安全响应监督机制，其处理流程如图 10-2 所示。

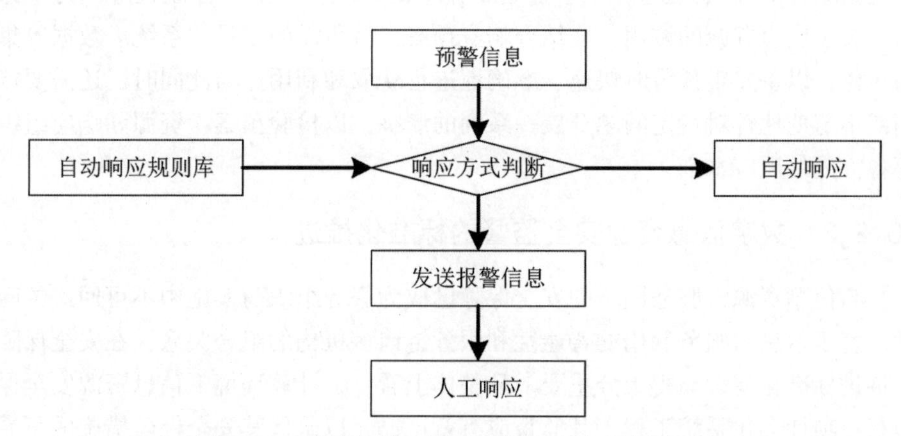

图 10-2　云计算环境下信息资源安全响应监督机制

在接收到预警信息之后，安全监管系统需要对其做进一步判断，如果已有相关应对措施，则采用自动响应机制对其进行处理，否则需要向相关人员发送报警信息，并由其进一步采取抑制攻击的措施。

①自动响应。自动响应模式下，系统按照预先配置的策略针对预警信息直接做出反应，以阻断攻击过程，或者以其他方式影响、制约攻击。云环境下的安全监管针对的是网络异常和云服务异常，在监测中对所产生的安全隐患进行分类预警。其安全措施包括对于用户信息泄露的预警，采取通知用户、重新认证或多因素认证、通知防阻断、禁止主机网络连接等方式进行处置。这种响应模式的优点是不需要人员参与，具有效率高、反应快的特点，对于频繁发生的安全事件效果显著；其缺点是由于机械性的规则响应，有可能导致一定概率的误判，从而对安全体验造成影响。因此，在响应中可辅助其他手段。

②人员响应。人员响应是指系统不直接对预警做出反应，而是将安全故障信息直接报告给相关部门人员，由其决定需要采取的措施。这一模式主要针对的是自动响应规则库无法涵盖的人为攻击、自动响应模式无法抑制的攻击、资源或系统异常导致的安全预警。由于这种响应机制面对是复杂的安全攻击，因此其响应措施也多种多样，其中包括规则修改、漏洞检测、服务关闭、系统备份等。这种模式的效果不仅受技术方案与能力的影响，而且受管理因素的影响。从管理监督上看，人员响应的顺利实施需要做好以下工作：响应预案确定，根据以往的安全事故或可能出现的安全事件定制一系列响应处理流程，其流程不仅应包括技术方面的处理方案(如优先检查和修改哪些关键配置、做好哪些数据备份等)，也包括响应监管工作中的处理流程、责任流程等。另一方面，关于应急资源的调用，应结合响应预案，将所需的工具、系统、数据等集为一体，以备发生预警时快速、准确地进行获取和利用。与此同时，还需要定期或不定期地针对特定问题开展一系列的演练，以检验预案、资源和响应组织等各方面的反应水准。

10.2.3 数字信息资源安全监督的标准化推进

与信息资源云服务同步的安全保障已成为服务组织与实施中不可回避的问题。鉴于信息云服务利用的普遍性和服务链诸多机构的组合关系，在安全保障中推进标准化建设显得十分重要。从整体上看，云计算环境下信息资源安全保障是一项社会化系统工程，其监督应有章可循，以确保其安全保障措施的可靠性。其中，信息安全标准一直是我国信息安全保障体系的重要组成部分，其实践发展为我国信息资源云安全保障的全面实现提供组织基础。同时，云安全标准作为衡量云服务用户安全目标与云服务提供安全能力的标尺，对信息资源安全监督有着重要支撑作用。①

目前，国内外诸多标准化研究组织在开展云计算安全标准方面的工作。美国国家标准与技术研究院为云计算的高效应用提供标准服务，专注于为政府提供云计算安全相关策略与技术路线，先后提出《云计算标准路线图》《云计算参考体系架构》等。ISO/IEC JTC1/SC27 的云安全标准化推进主要集中在安全监督评估、身份管理与隐私保护、安全技术与机制、信息安全管理体系、安全控制与服务等方面：信息安全技术领域的《供应商关系的信息安全》，内含云服务安全技术指南；信息安全管理领域的《基于 ISO/IEC27002 的云计算服务的信息安全控制措施使用规则》着重于云计算环境下信息安全管理的解决；身份管理与隐私技术领域的《基于 ISO/IEC 27018 公共云计算服务的数据保护控制措施实用规则》确立了基本的规则。②

云安全联盟重点关注云计算环境下最佳安全方法的确定，被广泛认可的《云计算关键安全指南》提出了架构、治理和实施规则。③ 我国云计算标准的研究正处于与国际标准融合的阶段，2012 年成立的全国信息安全标准化委员会云计算标准工作组，负责我国的云计算标准化工作，涉及云安全框架、云安全技术、云安全服务和云安全管理四个部分。全国信息安全标准化技术委员会(SAC/TC260)已完成《信息安全技术云计算服务安全指南》和《信息安全技术云计算服务安全能力要求》标准。

从云安全标准实施看，国内外的标准化组织主要集中于云安全机构、安全管理等基础、通用的标准。各国主要关注与指导如何保障政府部门云计算安全，行业标准化协会关注云计算安全技术和互操作性。信息资源云服务安全标准需要从监督上进行构架。

(1)信息资源安全审查标准化

云计算环境下信息资源安全是国家信息安全的重要组成部分，我国面向国家安全以及公共利益的保障，形成了监督中的网络审查制度。在审查中，将云计算纳入网络审查的范围内，通过云安全审查对云计算平台以及信息资源安全

① 王惠莅，杨晨，杨建军. 云计算安全和标准研究 [J]. 信息技术与标准化，2012(5)：16-19.

② 颜斌. 云计算安全相关标准研究现状初探[J]. 信息安全与通信保密，2012(11)：66-68.

③ CSA. Security Guidance for Critical Areas of Focus in Cloud Computing (V 3.0) [EB/OL]. [2017-05-27]. https://cloudsecurityalliance.org/guidance/csaguide.v3.0.pdf.

提供保障。云安全审查标准是推动云计算环境下信息资源安全审查的重要依据。① 目前，我国云计算服务安全审查监督制度仍在不断的完善之中，参考美国联邦政府的云计算服务安全审查制度 FedRAMP，通过建立云安全基线进行安全审查。② 我国在借鉴国际安全审查经验的同时，构建和完善了云服务提供商的安全审查依据，制定了《信息安全技术云计算服务安全能力要求》标准。③

云计算环境下信息资源建设要求信息资源机构在面向公众的共享服务组织中，将信息资源数据迁移到云端存储。为保障云计算环境下信息资源数据的安全，需要云服务提供方对信息资源服务机构提供的云服务进行安全审查。云计算环境下信息资源建设参与的信息资源服务机构众多，为避免各信息资源服务机构重复审查的出现，拟由国家管理部门进行统一的安全监督审查；由信息资源服务机构参与，在参照相应规范的基础上构建云安全基线。由云计算环境下信息资源建设的管理部门或委托的第三方评估机构，对云平台提供的服务进行评估，并根据评估结果对服务提供商进行安全审查；安全审查结果可对信息资源机构公开，以减少重复审查，提高云安全审查的效率。

《信息安全技术云计算服务安全能力要求》对云服务提供商提出应具备基本安全能力的要求，其内容涉及云计算平台用户信息以及业务信息的安全。这一标准的制定和执行，对云计算环境下信息资源安全保障具有重要意义。④ 在《信息安全技术云计算服务安全能力要求》的基础上，可明确云服务提供商的安全审查的具体要求，见表 10-1。

表 10-1 云服务提供商的安全能力要求

安全要求	安全要求描述
系统开发与供应链安全	开发云计算平台对其提供保护和资源配置，对供应商进行安全管理
系统与通信维护	保护云计算平台以及网络通信安全

① 高林. 关于云安全审查国家标准制定的思考[J]. 中国信息安全，2014(6)：104-105.

② 顾伟，刘振宇. 英美网络安全审查机制及其启示[J]. 信息安全与通信保密，2017(3)：72-78.

③ 何明，沈军. 云计算安全测评体系研究[J]. 电信科学，2017，30(Z2)：99-103.

④ 云计算服务安全能力要求[EB/OL]. [2017-06-10]. http://wenku.baidu.com/view/3e5d836b19e8b8f67d1cb95e.html? from=search.

续表

安全要求	安全要求描述
访问控制	进行用户身份标识及鉴别，确定授权用户的可执行操作和使用功能
配置管理	对云平台进行安全配置管理
运营维护	定期维护云计算平台设施、软件、技术、工具，并进行记录
应急响应与云灾备	为云平台制定应急响应计划、事件处理计划，确保灾备恢复能力
合规审计	根据安全需求和客户要求，开展相应的合规审计
风险评估与持续监测	对云计算平台进行风险评估，并进行持续安全监测
人员管理	确保与云业务和用户数据接触的相关人员履行其安全责任，对违反规定的人员进行处理
物理与环境保护	确保机房位置，机房设计、控制等符合相关要求

云计算环境下信息资源安全审查需要在云安全审查的通用标准上进行拓展，针对安全保障的需要建立规范。云计算环境下信息资源云存储的数据安全问题、用户隐私保护、跨云认证、知识产权保护等关键的信息安全问题等需要得到进一步确认，以确立符合实际和具有可操作性的云计算环境下信息资源安全审查的安全基线。

(2)信息资源安全责任划分标准化

安全责任划分是信息资源安全监督的一个重要方面，云计算环境下信息资源安全建设以及云服务安全保障实施，一般由云用户和云服务提供者基于协议的形式对其中的安全问题以及相应的责任进行约定。目前基于SLA的服务等级协议虽然可以起到相应的约束作用，但是在实际执行过程中，云服务提供商往往无法达到预期的服务质量要求。① 由于云计算环境下的调查取证困难，因而云安全责任认定往往难以有效进行。在实施云计算环境下信息资源安全保障的过程中，需要与云服务提供商在相关标准框架下进一步明确信息安全责任。

① 何明，沈军. 云计算安全测评体系研究[J]. 电信科学，2017，30(Z2)：99-103.

云计算环境下安全责任的划分与云计算服务模式密切相关，如 SaaS、PaaS、IaaS 用户承担的安全管理责任就各不相同。① 在不同的服务模式下，安全责任的边界和内容也不一样，越接近 IaaS 云用户承担的安全责任越大。

在 SaaS 中，云服务商需要承担物理资源层、资源抽象和控制层、操作系统、应用程序等的相关责任，用户需要承担自身数据安全、客户端安全等的相关责任。在 PaaS 中，云服务商需要承担物理资源层、资源抽象和控制层、操作系统、开发平台等的相关责任，用户则需要承担应用部署及管理，以及 SaaS 中用户应承担的相关责任。在 IaaS 中，云服务商需要承担物理资源层、资源抽象和控制层等的相关责任，用户需要承担操作系统部署及管理，以及 PaaS、SaaS 中用户应承担的相关责任。目前，云服务提供商之间的协同合作已经成为一种趋势，为提高竞争力、优化资源配置，越来越多的云服务提供商采用其他供应商提供的产品与服务，如 SaaS、PaaS 服务提供商可能依赖于 IaaS 服务提供商的基础资源服务。在这种情况下，安全保障也需要云供应链中其他服务提供商的参与。因此，云计算安全措施的实施责任有四类，如表 10-2 所示。

表 10-2　云计算安全措施的实施责任

责　任	描　　述
云服务提供商责任	在 PaaS 中，云服务提供商对云平台及相关工具进行维护
云用户责任	在 IaaS 中，云用户需要承担操作系统部署及管理
云服务提供商与云用户共同承担责任	制定应急响应、防护计划等由云服务提供商与云用户协商确定，共同承担责任
第三方承担责任	云服务提供商采用第三方提供商提供的软硬件服务，对风险进行转移，由第三方提供商承担相应的责任

云服务提供商所提供的云平台满足安全标准并不意味着云服务提供商的安全能力达到合同的要求，一般而言需第三方审计机构对云服务提供商进行测评

① 林闯，苏文博，孟坤，等. 云计算安全：架构、机制与模型评价[J]. 计算机学报，2013，36(9)：1765-1784.

监督，测评结果可以作为云用户选择云服务提供商的参考。① 当云用户通过评估选定了云服务提供商，需要云服务提供商对其信息安全保障进行申明，使云用户迁移到云端的数据受到合理的保护。

云计算环境下信息资源安全面临诸多新的、复杂的问题，这就需要在现有信息安全标准和云计算安全标准基础上，围绕信息资源云系统监督的安全标准体系，进行安全审查标准构建和安全责任划分标准的完善。

10.3 网络信息服务中的权益保护与监督

任何一项社会化服务都必须以满足相应的社会需求为前提，从而使服务接受、利用者受益。其中，网络信息服务承担者在社会、公众及用户获益的情况下，获取社会效益和经济效益，从而确立行业发展的社会地位。可见，信息服务中各有关方面的权益保护至关重要。由于信息服务中有关方面的权益既有一致性，又有着相互矛盾，甚至冲突的一面，这就要求在权益保护中实施有效的保护监督。

10.3.1 网络信息服务中的基本关系及权益保护确认

网络信息服务的关联主体包括服务提供者、服务利用者、第三方和国家管理部门。同时，信息服务还与相关的产业部门及事业机构发生业务联系，用户之间同样存在着服务共享与资源共用的关系。如何协调这些关系、确保各方的正当权益，直接关系信息服务的社会和经济效益。

网络信息服务中各方权益的确认，是开展服务和实施权益保护监督的依据。根据服务的社会组织机制和服务目标、任务与发展定位，其权益分配必然按服务中各方面的主体进行，以此构成相互联系和制约的权益分配体系。

(1)服务承担、提供者的基本权益

服务承担和提供者，包括从事公益性和产业化信息服务的部门、实体和各类业务机构。信息服务承担、提供者以实现信息服务的社会效益与经济效益为

---

① Patel A, Taghavi M, Bakhtiyari K, et al. An Intrusion Detection and Prevention System in Cloud Computing: A Systematic Review[J]. Journal of Network and Computer Applications, 2013, 36(1): 25-41.

前提，通过社会各方面信息需求的满足，实现社会化信息服务的存在与发展价值。在这一前提下，服务的承担、提供者应具有开发信息服务、取得其社会地位以及获取自身利益的基本权利。按开展信息服务的基本条件和基本的权利分配关系，信息服务承担、提供者的权益主要有如下几个方面：

①开展网络信息服务的资源利用权和技术享用权。信息服务包括信息资源的开发、组织、存储、交流和提供多方面利用的业务。虽然信息服务的业务丰富，各种业务之间也存在着一定的差异，但在信息资源的利用上是共同的，其共同之处是各种服务必然以社会信息资源的利用为前提，即信息资源的利用必须作为信息服务承担和提供者的基本权利加以保障。与此同时，在资源利用与信息传递、交流中，信息技术的充分利用是其关键，网络信息服务必须以现代信息技术的享用为基础。因此，信息技术的享用是数字信息服务承担和提供者的又一基本的社会权益。

②网络信息服务承担和提供者的产权。网络信息服务已成为一种基本的社会服务，是社会行业中的一大部门。信息服务业存在于社会行业之中的基本条件是对其产业地位的社会认可，即确认并保护其产业主体的产权。网络信息服务的产权主要包括两个部分：一是信息服务主体对自己生产的信息服务产品和服务本身所拥有的产权；二是信息服务主体对所创造的或专有的信息服务技术的产权。信息服务生产本身所具有的知识性与创造性决定了这两方面的产权从总体上属于知识产权的范畴，可视为一种有别于其他活动的基本产权。

③网络信息服务的运营权。网络信息服务运营权是社会对信息服务承担、提供者从事信息服务产业的法律认可和承认，只有具备运营权，信息服务才可能实现产业化。在知识经济与社会信息化发展中，信息服务产业的发展往往被视为反映社会发达程度的一个重要标志。可见，其运营权的认证具有十分重要的社会意义。另外，信息服务所提供的产品具有影响其他行业的作用，科学研究、企业经营、金融流通、文化艺术等行业的存在与发展，从客观上以社会化信息服务的利用为基础。从这些行业经营需要上看，必须确认信息服务的经营权益。

(2) 网络信息用户的基本权益

虽然各类用户的信息服务需求与利用状况不同，同类用户的信息需求也存在着一定的个性差异，但是他们对服务享有、利用的基本权利却是一致的，各类用户均以通过服务利用获得特定的效益为目标。根据信息对用户的作用原理，网络信息服务用户的基本权益可以按服务需求与利用过程环节来划分，归纳起来，主要指用户对服务的利用权，通过服务获取效益的权利以及用户隐私的保护权等。

①用户对网络信息服务的利用权。根据国家法律和促进社会发展的公益原则，用户对公益性信息服务的利用是一种必要的社会权利，然而这种利用又以维护国家利益、社会安定和不损害他人利益为前提。因此，它是一种由信息服务业务范围和用户范围所决定的公益信息服务利用权，即在该范围内用户所具有的服务享有权。根据产业化信息服务的效用原则，在确保国家利益和他人不受侵犯的前提下，用户对产业化信息服务的利用是又一种必要的社会权利，它以信息服务公平、合理的市场化、开放化利用为基础。

②通过服务获取效益的权利。用户对信息服务的需求与利用是以效益为基础的，是用户对实现自身的某一目标所引发的一种服务利用行为。无论是公益性信息服务，还是产业化信息服务，其用户效益必须得到保障。这里需要指出的是，用户对信息服务的利用效益是一个复杂的问题，它不仅涉及服务本身，还由用户自身的素质、状况等因素决定，而且信息服务还具有风险性。因此，对效益原则的理解应是，排除用户自身因素和风险性因素外，用户通过服务获取效益的权利。

③用户隐私保护权利。从某种意义上说，用户利用网络信息服务的过程又是一个特殊的网络信息交流过程，如咨询服务中，咨询服务人员必须了解用户的咨询要求和用户的状况，才能通过信息分析，提供用户参考的决策咨询信息。在这一活动中，无论是用户提供的基本要求和状态信息，还是“服务”提供用户的结果信息，都具有一定的排他性，如果泄露将造成对用户的伤害，甚至带来不良的后果。可见，在此类服务中，用户必须具有对其隐私的保护权，这种权利也必须得到社会的认可。

(3)与网络信息服务有关的政府和公众的权利

信息服务在一定的社会环境下进行，它是一种在社会信息组织和约束基础上的规范服务，而不是无政府、无社会状态的随意性服务。信息服务以社会受益为原则，这意味着，不仅接受服务的用户受益，而且国家、社会和公众利益也必须在服务中体现，即任何一种服务，只要违背了社会和公众的利益，有损于政府或他人，都是不可取的。社会和公众利益，在社会组织中集中体现在政府权力和他人权利的确认和保护上。

①国家利益的维护权利。对国家利益的维护，政府和公众都有权利，只要某一项服务损害国家利益，政府和公众都有权制止。值得强调的是，在服务

中，政府对国家利益的维护权与公众对国家和社会利益维护的权利形式是不同的。政府的权利主要是对信息服务的管制权、监督权、处理权等，而公众则是在政策法律范围内的舆论权、投诉权、制止权等。这两方面的权利集中起来，其基本作用是对国家利益与安全的维护、社会道德的维护、信息秩序维护及社会公众根本利益保障等。

②政府对网络信息服务业的调控、管理和监督权利。政府对信息服务业的调控、管理与监督是信息服务业健康发展和信息服务业的社会与经济效益实现的基本保障，其调控包括行业结构调控、投入调控、资源调控等，管理包括公益性服务与市场化服务管理两方面，对信息服务的监督则是政府强制性约束信息服务有关各主体和客体的根本保证。政府的权利通过政府信息政策的颁布、执行与检查，信息服务立法、司法、监督，以及通过行政手段进行服务管理来实现。

③与网络信息信息服务有关的他人权利。信息服务承担者、提供者和用户对信息服务的利用都必须以不损害第三方的正当利益为前提，否则这一服务必须制止。在网络信息服务中，有许多针对第三方的不正当"信息服务"的存在，如在企业竞争信息服务中的不正当咨询服务。这些服务，如果从法律、道德上违背了第三方的社会利益，势必导致严重的后果。在他方利益保护中，一是应注意他方正当权益的确认；二是确认中必须以基本的社会准则为依据。

10.3.2 信息服务权益保护的核心与监督

网络信息服务中的权益涉及面广，其保护可以按服务者、用户、政府和公众等多方面的主体权益保护来组织。然而，这种组织，由于其内人分散、主体多元，在实施保护与监督中难以有效进行和控制。因此，拟从信息服务各主体的权益关系和相互关联的作用出发，在利用现有社会保障与监督体系对其实施保护的基础上，从关联角度突出信息服务权益保护的基本方面和核心内容，以涉及社会各方面的基本问题解决为前提，进行信息服务权益保护的组织。

基于综合考虑，对于已包括或涉及信息服务权益保护的现有体系，存在完善问题；对于特殊问题的解决，应突出核心与重点。我们着重要考虑的是后者；对于前者，可以通过保护、监督体系的加强来进行。

(1)网络信息服务产权保护与监督

网络信息服务产权保护以保护服务承担者和提供者的知识产权为主，由于信息服务中存在着用户与服务者之间的信息交往和知识交流，同时受产权保护的还有用户因利用信息服务而向服务者提供的涉及其知识产权的信息所有权。

如果用户受保护的知识产权一旦被第三者占有，有可能受到产权侵害。在信息服务者和用户的知识产权保护中，用户的知识产权保护虽然处于被动的次要地位，然而也是信息服务产权保护的一个重要组成部分。

网络信息服务产权保护的依据是知识产权法，我国目前的有关法律包括专利法、著作权法等。这些法律对信息服务产权保护的内容主要有信息服务技术专利保护和有关信息服务产品的著作权保护。此外，有关服务商标保护也可以沿用商标法的有关条款。然而，仅凭目前的知识产权法对信息服务产权进行保护是不够的，由于信息服务是一项创造性劳动，而针对用户需求开展的每一项服务不可能都具备专利法、著作权法中规定的保护条件而受到这些法律的保护。这说明，服务中著作权、专利权以外的创造性知识权益必须得到认可，因此存在着信息服务产权保护法律建设问题，即在现有法律环境和条件下完善信息服务产权保护法律，建立其保护体系。

从权益保护监督的角度看，网络信息服务产权保护与监督内容应扩展到信息服务者与用户对有关服务所拥有的一切知识权益。如果服务者和用户知识被第三者不适当占有将造成当事方的损失或伤害，那么他们的知识权益必须受到保护，其保护应受到各方面监督。

(2)网络信息资源共享与保护的监督

信息资源共享与信息资源保护是一个问题的两个基本方面。一方面，面向公众的信息服务以信息资源的共享为基础，以信息资源的有效开发和利用为目标，因此一定范围内的信息资源共享是充分发挥信息服务作用与效能，最大限度地实现公共信息保障的基本条件。另一方面，数字信息资源必须受到保护，其保护要点：一是保护信息资源免受污染，控制有害信息通过各种渠道对有益信息的侵入；二是控制信息服务范围之外的主体对有关信息资源的不适当占有和破坏。

对于网络信息资源共享，在信息化程度高的国家一般更强调其社会基础。例如，美国在信息服务组织中就存在自由法规，试图以打破对资源的垄断为目标，制定一整套有利于信息社会化存取、开发和利用的共享制度，并且以信息自由法规的形式规范共享实施与监督。信息资源共享及其监督的法律，从社会发展上看，其主要问题是，确立共享范围和主体及形式，进行信息资源保护规范，在条件允许的范围内将共享监督纳入信息服务监督法律体系。

对于网络信息资源保护的监督，我国和世界其他国家都予以了高度重视，其保护内容包括国家拥有的自然信息资源的保护、二次开发信息资源的保护、信息服务系统资源(包括信息传递与网络)保护、信息环境资源保护等。目前，在信息资源保护中，安全保障的监督问题客观存在，监督主体的分散性直接影响到资源保护的有效性和信息服务优势的发挥。

(3)国家与公众利益保障监督

国家安全、利益以及社会公众利益的保障是信息服务社会化的一项基本要求，任何一项服务，如果在局部上有益于用户，而在全局上有碍国家和公众，甚至损害国家利益，都是不可取的，应在社会范围内取缔。国际信息化环境下，各国愈来愈重视国际化信息服务对国家和公众的影响，纷纷采取监督控制措施，以确保国家和公众的根本利益。

国家与公众利益保障的内容包括：涉及国家安全的信息保密，涉及国家利益的国家拥有的信息资源及技术的控制保护，信息服务及其利用中的犯罪监控与惩处，社会公众信息利益的保护等。

国家安全与利益以及公众利益保障及其监督具有强制性的特点，其关键是法律法规的制定、执行与监督。目前，国内外关于这方面的法律、法规，诸如《中华人民共和国国家安全法》、《中华人民共和国保守国家秘密法》、计算机联网条例、《中华人民共和国商业秘密法》、数据库管理法规、数据通信安全法规等，所涉及的是信息犯罪问题。在信息服务中如何有效地按法律条款进行服务监督，以及针对社会发展完善监督体系，是服务监督的又一重点。

10.3.3 信息服务中权益保护监督的实施

网络信息服务中各方面权益的维护与保护，需要建立完整的权益保障监督体系。构建这一体系的结伴思路是，在完善权益保护法律、法规，加强公众、信息服务者和用户权益保护意识，建立权益保护监督体系。在此前提下，采用可行的监督办法，实施社会化监督方案，以保证法律、法规保护的强制性和有效性。

(1)网络信息服务中权益保护监督的社会体系

网络信息服务中的权益保护涉及社会各部门，关系社会发展的全局，因此必须由政府组织、采取各部门协调方式，建立社会化的监督系统，实施综合监督、法制管理的策略。根据这一原则，可以构建如图 10-3 所示的信息服务权益保护监督系统。

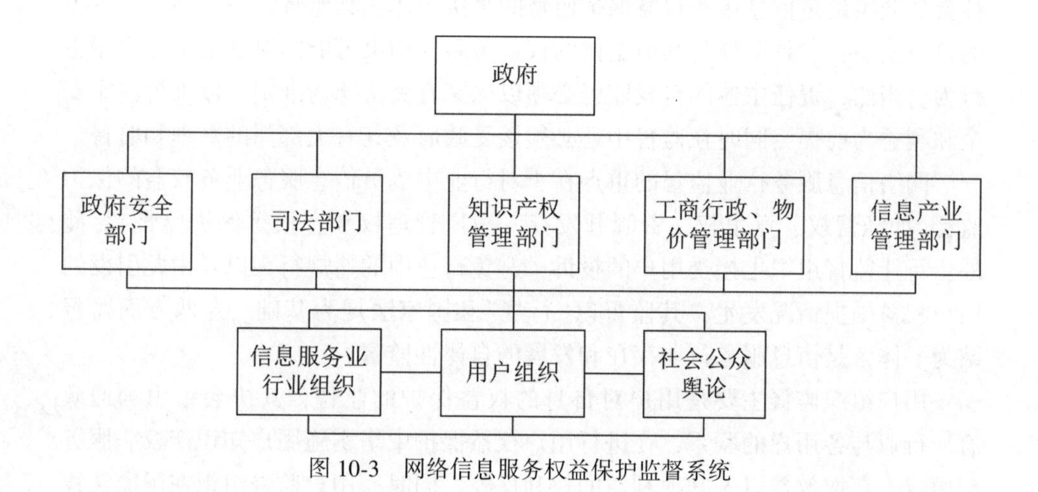

图 10-3 网络信息服务权益保护监督系统

如图 10-3 所示，政府在权益保护监督中居主导地位，其基本作用在于制定信息服务政策，规定权益监督的目标、内容、主体与客体，从国家利益和社会发展角度出发组织制定信息权益保护法律、法规。政府各有关负责监督的部门主要有国家安全部门、司法部门、知识产权管理部门、工商行政管理部门、物价管理部门和信息产业管理部门。这些部门按监督的分工和业务范围履行各自的权益保护监督职责。

在政府各部门分工中，信息产业管理部门作为信息服务业务管理部门，为保证服务业务的开展和社会与经济效益的发挥，其监督职责在于根据服务发展和服务业务中各方基本权益的分配，进行开展服务业所必需的权益监督，利用行政手段直接控制信息服务行业运作中各种侵权行为的发生，同时负责信息服务权益保护监督沟通与协调工作，履行作为政府部门的相应职责。

政府部门中的国家安全部门负责国家信息安全与利益维护监督；司法部门在负责以法律手段维护社会信息秩序的同时，负责各种信息侵权行为的法律处理，从司法程序和执行上维护法律所赋予信息服务各方的权利和实际权益；知识产权管理部门在确定信息服务中知识产权的基础上，按规范提供知识产权侵权的鉴别与评判准则，实施专业化监督；工商行政管理部门、物价管理部门从信息服务行业管理角度进行服务资格审查、服务过程监督和包括多种权益在内的服务结果监督。此外，与权益监督业务相关的政府部门还包括技术监督部门等，这些部门从所涉及问题的鉴别中提供权益是否受到侵犯的依据。

图 10-3 中的信息服务行业组织、用户组织（如信息服务消费者协会等）和

社会公众舆论是信息服务权益保护监督的直接主体。其监督，一是维护各主体的自身权益；二是明晰与其他主体的权益关系，约束可能的对其他主体的侵犯行为。当然，责任主体的自我监督必须以国家有关法律为准则，以维护国家安全和利益为前提，同时在监督中还必须接受政府及其有关部门的管理和监督。

网络信息服务行业监督的重点在于对行业中成员信息服务业务权益的保护监督(如经营权、竞争权、资源开发权、用户管理权和产权等保护监督)。此外，行业监督组织也接受用户的投诉，避免行业中的违规行为以及由此引发的用户权益受损情况发生，其监督以“行规”和国家法规为基础。这两方面监督结为一体，是信息服务行业存在和发展的自律性监督。

用户组织监督主要是用户对自身的权益保护的监督，其协会组织沟通政府、行业与各用户的联系，在进行用户权益保护中华实施用户知识产权、服务利用权、获取效益以及其他利益的权利保障。同时，用户监督组织在国家法律基础上进行，负有监督用户是否触犯国家、公众利益的责任。

公众和舆论对网络信息服务权益的监督旨在维护国家、公众和社会各方面的利益，以法律、道德为基础进行服务者、用户与他人利益保护的监督。它是以上各方面监督的社会基础，是进行综合监督的保证。

(2)网络信息服务权益保护监督的完善

信息服务的社会化，各国在服务社会化程度、规模、效益以及新技术利用上存在着一定的差距。我国的发展优势与国情决定了实施信息服务权益保护监督的针对性。如何认识其特殊性，解决我国信息服务权益保护监督中的客观矛盾，是当前进行信息服务社会化管理中有待解决的问题。

我国网络信息服务权益保护监督的矛盾，主要体现在以下一些现实问题上：

①信息服务权益保护监督体系尚不完备，因权益问题引起的纠纷较为普遍。我国信息服务业的发展，特别是产业化信息咨询服务、网络服务和技术市场信息服务的迅速发展，既带来社会与经济效益的同时，也出现了日益增多的纠纷，如技术交易中信息提供有可能造成的权益侵害、因欺诈引起的权益冲突等。对这些问题的解决，应有一套行之有效的针对性很强的办法，目前往往限于沿用相关法律条款，由相关部门予以一定程度上的解决。

②对信息资源占有、分配与享有权益的保护缺乏更具针对性的监督方法，从而导致资源利用的不合理。例如，在产业化信息公司发展中，一些以营利为目的的服务实体往往不适当占有国家信息资源，使国家、公众与用户利益受

损，而公司却从中谋取不应获取的利润。对这一现象，按照现有的监督办法，还不能从根本上解决。

信息服务有关方的权益保护法规缺乏系统性，致使监督处于分散状态。信息服务权保护的法律依据是目前国家颁布的相关法律，其法律执行与监督主体应进一步明确，各部门依法进行权益保护的社会法律意识有待加强，以保证社会监督的有效开展。

针对以上现实问题和信息服务也社会化发展的需要，考虑到国际信息化环境的要求，我国信息权益保护监督的实施采取以下措施：

在信息服务的社会监督体系中突出权益监督的内容，将权益监督与服务技术质量监督和市场监督相结合，确立以基本权益保护为基础的全方位信息服务监督的组织思路。

信息服务权益保护监督必须以政府为主导，以法律为准则，因此应迅速建立和完善其权益保护法律监督体制，明确法律主体与客体的基本关系。

将信息服务权益保护监督体系的建立纳入网络安全与信息化中的信息服务组织战略中考虑，以便在信息化时代充分保障国家信息安全和国家利益。

建立可操作性的信息服务权益监督的社会体制，在理论研究的基础上将其实践化，在实践中确立解决目前主要矛盾的基本原则。

加强权益保护监督的处理，对侵权者，特别是损害国家和公众利益的组织或成员予以法律和规章上的惩处，以此优化社会的权益保护意识，制止、防止侵权行为的发生。

10.4　网络信息资源组织与开发的技术质量监督模式

在以知识创新为标志的科技与经济发展中，进行网络信息资源组织与开发的全面质量控制与监督，作为信息服务社会监督的一项重要内容，理应得到各方面的重视。因此，对于信息服务的技术质量监督应从技术质量认证、监督体系以及技术质量监督后处理出发进行系统性分析，以利于多方面现实问题的解决。

10.4.1　网络信息资源组织与开发的技术质量认证

网络信息资源组织与开发的质量和技术具有不可分割的联系，网络信息资源组织与开发的知识性与创造性决定了服务技术和服务人员的创造性劳动对信息质量的综合影响。因此，可以采用与技术产品质量认证类似的方法，从技术角度对信息的质量进行认证，在此基础上实施对网络信息资源组织与开发质量的监控。

(1)网络信息资源的技术质量认证标准与技术质量评估的标准化

网络信息服务是在一定范围内针对一定用户的需求进行的，用户无疑是认证与评价网信息资源技术质量的主体，然而用户的个体差异致使技术质量因人、因地而异，即难以用统一的尺度衡量信息资源客观技术质量的优劣。这说明，技术质量认证需要有一个相对统一的标准。

鉴于信息服务面向用户的特征，其标准的制订应从用户出发，将用户的"评定"视为信息服务质量的基本测量，同时注意将用户对信息服务的技术质量认证与专业标准认证相结合，建立一套可行的客观技术质量认证标准。

网络信息资源技术质量认证标准与工业品相比具有特殊性，网络信息资源组织与开发质量，最终将体现在网络信息的质量上。从技术质量评价角度看，其特征主要包括以下几个方面：

①多变性与复杂性。信息技术质量并非某种单一的技术质量，它具有"硬"技术的支持以及与"软"应用结合的特点，其技术组合具有多样性，服务环节具有复杂性，且不同类型服务之间的差别很大，因此必须在多变的技术与信息环境中针对复杂的服务制定认证标准。

②作用的滞后性。物质性商品的技术质量一般可以在获取商品之时通过相应的技术检测手段来认证；信息资源商品的技术质量，除一部分(如服务的技术形式、服务手段和服务针对性等)可以即时认证外，服务对用户的作用往往需要通过过程分析来解决。这里存在着认证滞后问题。

③效用的模糊性。评价信息质量的效用不是直接的，而是评价作用于科研、开发、管理、经营和其他用户的信息利用效益，即通过用户吸收、消化其内涵信息的分析，间接评价信息发挥的作用。整个过程的质量，不仅与信息服务本身有关，而且与用户及其环境因素有关，二者之间的"模糊"关系决定了信息技术质量认证的模糊性。

④内在因素的重要性。内在因素在服务的技术质量认证中是重要的，如服务人员的潜在素质、服务所依赖的信息源、服务的技术环境等，这些因素从不同方面影响着信息资源服务的技术质量。内在因素的作用带来了标准制定的困难，因而存在着内在隐性因素的显化问题，即用可评价的指标显示内在因素的外部作用结果。

基于以上特征，在制定网络信息资源质量技术质量认证标准时，理应将结果与过程相结合、定性评价与定量评价结合、即时评价与后果评价结合、专家评价与用户评价结合和采用多因素分析的认证方法建立其技术质量认证标准，在按标准所进行的评价中，通过多种实践实现信息技术质量认证的标准化。

(2)信息资源技术质量认证指标的确立

信息资源组织与开发范围属于社会服务的范畴，对于服务的技术质量认证，ISO在其发布的关于质量管理和质量保证的系列标准(ISO9000)中进行了说明。它的基本原则是，使用户对服务的认证与服务组织的专业标准相一致。① 据此，ISO将包括信息服务在内的社会化服务的质量评价按三个方面进行：服务技术设施、服务能力、服务人员素质、服务条件和材料消耗；服务提供的过程、时效和作用；服务的方便性、适用性、可信性、准确性、完整性，以及服务信用和用户沟通渠道。

ISO关于制定服务行业技术质量评价与认证标准的基本办法具有普遍性。对于我国网络信息服务的技术质量认证来说，可以在ISO通用标准的基础上，结合我国的具体情况建立我国的信息服务技术质量认证体系，在大的原则上组织社会化的技术质量认证与监督。

网络信息服务技术质量认证指标体系应充分反映信息资源组织与开发技术条件与设施质量、过程质量和服务效用质量。对于指标体系的建立可以采用目前普遍适用的层次分析法(AMP法)，将以上三方面基本内容在目标层中反映出来，然后逐一分解制定相应的评价、认证准则，最后形成详细的指标体系。

值得指出的是，在国家技术质量认证指标体系中，各层指标应可以量化，其量化指标可以根据不同情况加权处理，最终衡量总体技术质量。同时，考虑到不同类型信息服务的不同要求、特征以及不同地域和不同信息环境下的不同情况，其层次及指标体系可作针对性调整，以使其适应不同的服务业务及服务条件和要求。另外，技术质量认证指标体系应随着社会信息环境的变化、信息技术的进步、社会结构与用户需求的变革而调整，这一工作应视为信息服务技术质量认证的日常工作。其变更后的标准在通过一定程序的认可后及时发布。

---

① ISO 90004-2标准译文[J]. 世界标准信息，1995(7)：1-11.

10.4.2 以信息资源技术质量认证为基础的技术质量监督

信息资源的技术质量标准是对信息服务实施技术质量管理与监督的客观依据和准则，对其实施监督应立足于认证标准，在规范主体与客体的前提下组织系统化的监督实施。

进行信息资源技术质量监督，首先应明确监督的主体和客体。信息资源技术质量监督的主体是监督的承担者和执行者，监督的客体是信息服务承担者所提供的服务。监督的主体和客体在实施监督中相互关联和制约，二者的沟通和整合是社会化信息服务技术质量的基本保障。

信息资源技术质量监督围绕服务业务展开，在监督中各主体的结合是有机的。作为监督组织机构的政府管理部门、业务部门、行业组织和用户组织，围绕信息资源组织与开发技术质量监督业务各司其监督职能，在分工协作和依托行政、法律与公众监督的基础上构建全方位的技术质量监督系统。

(1)信息资源技术质量的行政监督

信息资源技术质量的行政监督由政府部门承担，对于我国，其相关的管理机构承担着信息资源组织与开发的技术质量监督任务，主要机构包括信息产业部的管理监督机构，有关部委的信息服务管理机构、国家技术监督机构以及工商行政管理机构等。

行政监督的基本任务主要有：

进行信息资源组织与开发基本技术条件的认可，通过开发形式、结构、人员、技术等必备条件的认证，确认服务机构开展服务业务的资格，在业务进行中，进行跟踪监督与审查，实施行政监控。

对信息资源组织与开发的业务进行行政管理与监督，对服务中的技术环节和过程进行评价，确认业务水准，通过监督进行宏观管理。

对信息网络资源组织与开发服务效果及其社会影响进行行政监督，接受用户及舆论对信息服务技术质量的监督意见，评价服务效果，裁决服务中的质量争议与投诉。

在网络信息服务组织中，将信息技术质量监督纳入行政管理的范围具有现实性，其专门监督职能应得到有效发挥。政府主管业务部门主要对信息服务的基本技术条件及机构、人员的资格进行审查与认证，以此出发对其实施监督。另外，我国的信息服务技术质量的行政管理体系尚不完善，各管理部门的监督职能不太明确，其规范性有待进一步提高。同时，目前以部门为主的内部技术质量监督体系难以适应信息服务的社会化发展需要，因此应在信息服务发展中同步推进行政监督的社会化。

(2)信息资源组织与开发技术质量的法律监督

利用法律手段进行信息资源的技术质量监督已成为开放化、社会化和网络化信息服务技术质量监督的主流。在我国已颁布的法律中，目前还没有关于信息资源组织与开发技术质量监督的专项法律，其原则性的条款可以部分采用相关的《消费者权益保障法》和《产品质量法》等。因此，信息资源技术质量监督的专门法律有待颁布和实施。

信息资源组织与开发服务作为一种知识性服务商品，其技术质量直接关系到服务的可用性。质量低劣的信息服务对用户来说是有害的，如决策信息服务，如果存在技术质量问题将直接引起用户决策失误，造成难以预见的损失。鉴于信息服务技术质量的重要性，在服务技术质量监督与保障法律制定中，应明确规定用户对享有服务的质量保证与监督权利，规定服务技术质量的监督办法和法律惩处办法，规定法律的实施原则和适用范围。

资源组织与开发的技术质量的法律监督的主要目的，不仅在于惩处因技术质量问题引发的责任者，而且在于通过法律的强制性作用，通过宣传强化范服务者、用户和管理、监督部门的法律意识，达到以法律为准则自觉约束各自的行为和利用法律监督的作用，提高信息资源组织与开发技术质量的目的。

(3)信息资源组织与开发技术质量的行业监督

行业组织的技术质量认证与监督，作为成功的实践经验，已得到国际社会的认可。一些国家的信息服务行业协会的专业覆盖相对完整，例如，美国涉及网络信息咨询服务的行业组织就有咨询工程师协会(ACEC)、管理咨询工程师协会(ACME)、管理咨询协会(AMC)和专门管理咨询顾问委员会(SPMC)等。除美国以外，德国咨询业协会(BDV)、英国咨询企业协会(BCB)等协会也具有相当的规模。这些专业信息服务的行业性组织独立于政府，是政府、公众、用户和本行业成员之间的联系桥梁，具有行业组织资格认证、业务监督、社会公关、用户联络和与政府间管理沟通的责任。其中，实行行业监督是一项基本的工作。

在信息服务行业协会履行的监督职责中，信息资源组织与开发技术质量的监督是一项基本监督业务。它包括行业技术资格与条件的认可、从业的技术质量监督、用户因质量引发的投诉、行业技术质量的法律诉讼等。这些国家的经验表明，行业的共同利益和业务监督管理的需要决定了它的存在价值。

与一些国家相比，我国的行业自律性监督组织发展较晚，随着信息服务的社会化和行业的发展，建立和完善独立于政府的行业组织势在必行。处于转型期的我国信息服务业，行业监督的组织应在改革中发展。

(4)信息资源组织与开发技术质量的用户监督

用户监督是指用户在信息资源与服务利用中，因“技术质量”引起利益受损或造成后果时，进行投诉并通过行政、法律、行业组织澄清事实，维护自身利益的一种监督。用户监督分为两种形式：一是个体用户的投诉与监督；二是通过用户组织的监督。这两种形式的监督在世界各国具有通用性，由此可见，用户个体监督与用户组织监督相互协调而发展，具有重要性。对于我国，社会意义上的专门性用户监督尚未形成体系，目前的用户组织(如“消费者协会”)一般作为商品消费组织而存在，对于信息服务消费的技术质量投诉主要由用户通过行政和法律手段进行。随着信息服务业务的发展，用户的组织行为监督体系有待进一步完善。

在用户监督中，用户对信息资源组织与开发技术质量的评价是实行监督的主观依据。在接受信息服务中，用户对服务的技术质量有其期望值(预期质量)，如果用户所接受的服务质量与预期质量之间存在差距，很可能产生监督投诉。显然，这一情况下的投诉难免存在主观因素的影响。针对这一情况，在用户监督中，应强调从用户角度建立客观的“技术质量监督”评估体系，要求用户从利用信息组织与开发服务过程中所感知的服务技术质量和利用信息服务的技术效果出发来评估服务质量，以期达到用户监督客观化的目的。可见，在用户监督中，用户组织和行政管理部门存在着对用户监督的管理问题。

如果某一信息服务的用户，对于其他服务用户而言是第三者，那么该用户亦可作为公众的一员参与舆论监督。基于这一事实，在用户监督中，辅以舆论监督是可行的。

10.4.3 信息服务技术质量监督中的后处理

信息组织与开发技术质量监督是评价服务、发现问题、认证技术质量、得出结论的过程，结论一经得出便要进行相应的处理。这一工作，我们称之为信息资源组织与开发技术质量监督的后处理工作。

在信息资源组织与开发技术质量监督的后处理工作中，对负技术质量责任的机构或人员应受到相应的惩处，对于受损用户，应得到相当的补偿。另外，信息技术质量监督的后处理还包括对信息机构开展服务业务的技术资格认证，以此为据对不合格的服务机构或业务实体提出取消资格或整顿的处理意见，作出惩处决定。

(1)用户的信息资源组织与开发技术质量问题投诉及个案监督处理

用户利用信息服务过程中，因资源组织与开发服务的技术质量问题引起后果并造成损失者，一经发现或经用户投诉都应进行调查、取证、评判，继而通过一定的监督程序，由监督主管部门提出处理意见。在社会化信息服务中，其投诉监督和处理应实现规范化、制度化，以便通过个案处理，确保用户利益，维持正常的服务技术质量管理秩序，提高信息服务的整体技术质量水平。

对个案技术质量监督处理的方式包括服务部门与用户的协商处理、政府行政管理部门和行业处理和法制处理方式。

①服务部门与用户协商处理。协商处理是信息部门和用户通过对服务技术质量的认证，针对因质量问题出现的后果，采用双方商讨的方式达成一致协议后对网络信息资源组织与开发质量的处理(包括重新提供服务、改进服务的技术质量、赔偿用户损失、对技术质量责任人进行处罚等)。协商处理过程中，用户直接向服务提供者提出要求，向其技术质量监督部门反映情况，直接向服务者索取“补偿”；服务者因而也将用户监督作为强化服务业内部技术质量管理的有力措施。

协商处理作为一项日常的业务管理与监督工作，必须有一套完整的制度作保证，在信息服务行业中必须有专门的部门接受用户的技术质量投诉、负责认证、协商和处理。这一工作的开展不仅从根本上保证了服务的技术质量和用户享受服务并获取效益的权利，而且有助于树立服务者良好的外部形象，有利于用户市场的开拓和技术业务发展。

协商处理的社会影响和作用表明，它必须在政府行政管理下，在国家信息政策和法律原则的基础上进行。在此前提下，服务部门和用户具有一定的处理灵活性，信息服务承担者可以以此出发寻求合适的途径，有针对性地解决技术质量纠纷。

②行政管理部门和行业组织处理。网络信息服务的行政管理部门(包括政府有关的业务主管部门、技术监督部门、工商行政管理部门、物价部门等)对信息资源组织与开发服务技术质量的监督与处理，以及服务行业组织的监督与处理是信息服务行业开展高质量信息服务的重要保证。这些部门对技术质量的

监督与处理有着明确的分工，在监督与处理中各司其职、相互配合、成为一体。

一般说来，业务管理部门主要从宏观上管理与监督本系统的信息服务，督促所属的服务实体或机构处理技术质量问题；汇同国家技术监督部门和处理本系统突出的服务技术质量问题，对于营利性经营实体的服务，协同工商行政管理部门进行处理。国家技术监督部门和工商行政部门行使行政处理的权力，从主体上负责处理影响较大的技术质量问题，接受用户组织的投诉，针对问题，做出处理并负责实施。

信息服务行业组织的处理是对本行业(如协会)成员涉及用户投诉质量问题的处理，包括督促有关成员改进服务技术质量、向用户赔偿损失等，以及与行政管理部门配合处理行业内的问题。

③信息资源组织与开发技术质量的法制处理。法制处理是对信息服务技术质量问题处理的最高形式，处理的是涉及面广、影响深远和损害社会公众与国家利益的重大的服务技术质量问题。法制处理的目的在于：一是通过法律的强制作用，惩处在信息服务技术质量方面的违法者，保证用户及当事人的责任赔偿，从根本上维护国家利益和正常的信息服务技术质量监督的社会秩序，确保监督在法制上的实施；二是通过法律范围内的强制处理、宣传技术质量法律，提高信息服务从业者的法律意识和用户与社会公众的法律监督意识。

(2)网络信息资源组织与开发的技术资质审查与处理

网络信息服务业中许多行业(如计算机系统集成、网络安全咨询业、中介服务业、数据商服务等)的从业、执业者应具备基本的从业和执业资格，其中技术资质是一项基本的认证和审查内容，技术质量监督中的从业、执业者技术资格审查和处理作为一项基本的工作应得到足够的重视。

网络信息资源组织与开发服务从业、执业者资格认证中的技术监督包括从业、执业人员及机构的从业、执业技术资格审批监督和资质获得后从业、执业过程中的技术质量监督两个方面。在国内外，行业从业和执业资格认证并不是一劳永逸的，对于那些已具备资格的从业者，如果服务的技术质量低劣，甚至造成重大的社会影响和损失者，则应做出整顿，直至取消从业、执业资质的处理。在资质认证、审批与管理工作中，服务的技术质量监督及其后处理是其中的一个重要环节。

值得指出的是，网络信息资源组织与开发服务业的各行业因管理体制和业务范围的差异，其资质审批有着不同的模式。其中，公益性服务机构(如图书馆，国家、省市和部门的信息中心)由主管部门设置并配备人员，其资质审查包含在行政管理与监督之中，这些服务机构及其人员的从业、执业资质监督也在管理的基础上进行；对于产业化服务机构(如信息咨询组织、中介组织及云服务经营者等)，其资质审批则需要专门部门通过专门的管理监督程序进行。

网络信息资源组织与开发服务从业和执业资质审查与认证大致分为两种模式，这两种形式是政府部门审查制和协会会员制。

①政府部门审查制。在这一制度下，信息资源组织与开发服务从业者(有的限于执业人员)的资质认证必须经过行政部门，通过行政部门审批后才具备相应的从业资质。例如：咨询服务的从业、执业资质的认证，目前在法国必须通过由政府部门组织的严格考试，经筛选评定；美国虽然对一般的信息咨询人员没有特殊的执业资质要求，但在工程、法律、医疗、技术、会计等专业性较强的咨询领域实行了严格的执业资格制度，其人员必须具备政府专门认可、颁发的资质证书。

②协会会员制。会员制是指网络信息资源组织与开发服务从业、执业资质，由行业协会负责认定的制度。一般说来，申请者必须首先是其个人会员制行业协会的成员，然后才能在协会认可下取得执业资质。如英国的咨询业就是如此，在英国要取得咨询业的执业资质，必须具备大学学历和10年左右的专业工作经历，首先取得相关专业学会会员资质，然后根据不同专业的情况，经过专门的考试才能成为正式的咨询业执业人员。在这种体制下，协会负责执业的技术监督与资质认证和处理。我国网络信息资源组织与开发服务从业、执业的资质认证与监督管理制度可进一步健全，目前应由政府部门进行资质审查和认证应得到进一步深化与拓展。

10.5　网络信息服务的价格监督

网络信息服务市场价格的合理化和规范化的市场价格行为，不仅是产业化信息服务价值充分实现的社会需要，而且是以需求和市场为导向的信息服务业的发展需要。网络信息服务业的迅速发展，市场化经营比例的扩大以及我国新型服务体制的转型，价格行为与价格监督已成为社会关注的一大焦点。在网络信息服务和信息市场发展中，价格的不规范，价格与价值、价格与市场脱节，以及价格垄断、歧视和不正当竞争行为时有发生，有必要对信息服务价格监督及价格行为进行控制。

10.5.1 网络信息服务市场中的不正当价格行为及其危害

在国内外网络信息服务市场中往往存在着价格垄断、价格歧视、价格欺诈、恶性竞争等一系列不正当价格行为，这些行为直接影响着信息服务价值的实现、市场发育和信息充分而合理的社会利用。

(1)价格垄断

价格垄断是信息服务经营者为获取高额利润，凭借垄断地位或"协议"的制定和执行，由自己把持价格的行为。价格垄断具有以下几种基本形式：

①自然垄断。自然垄断是指信息服务生产、经营者凭借他人无法拥有、掌握的信息技术诀窍，且在这种技术呈现出规模报酬递增效应时，进行信息服务及其产品生产、经营的一种垄断行为。在这一情况下，进入市场的其他经营者无法与之进行价格与服务竞争，从而出现少数经营者垄断大市场的局面。如网络信息服务业中的某些特殊硬、软件服务商行为就是典型的自然垄断行为。

②法律垄断。基于独创技术的有些网络信息服务的经营权是由法律所规定和保护的，如专利权和著作权就是法律特许的垄断权，许多创造型信息服务产品，如美国微软的视窗操作系统、其内容和技术的独创性受专利法保护，微软正是凭借其知识产权进行市场和价格垄断。这里应该强调的是，法律保护是在一定时期和一定范围内、针对特定的服务进行的，如果超出了保护范围，其垄断行为便是不正当的。

③行政垄断。行政垄断是指国家利用行政手段限制网络信息服务的某些企业进入某经营领域，而对允许进入的企业保护经营的一种垄断经营行为。由于受行政管理、控制和保护，其网络经营具有特殊性。这种垄断在社会发展中是必要的，然而必须控制在一定的范围内。超出国家利益的行政垄断对社会发展是不利的。

④行为垄断。行为垄断由少数经营者共同进行，例如两个或两个以上具有竞争关系的经营者，为避免价格竞争对双方的影响而采取协同方式共同确定、坚守协议价格，以求通过控制范围产品的供给量，达到稳定在高价位经营产品与范围，从而谋求利益的行为就是典型的行为垄断。行为垄断到一定程度将造成信息服务业发展的障碍，因而是一种危害用户的经营行为。

(2)价格歧视与价格欺诈

价格歧视与价格欺诈是两种相关的不正当价格行为，它的存在将极大地损害信息服务市场、公众和用户的利益。

①价格歧视。价格歧视是指网络信息服务经营者将相同的服务商品在不同用户之间实行不同价格的价格行为。价格歧视分为两类：一类是直接的价格歧视，即经营者将质量同等级和内容的服务及其产品对不同的买主直接定以不同的价格；另一类是间接价格歧视，这种歧视不直接表现为价格的不同，而表现为付给买主佣金，向某些买主提供特殊的优惠服务等。信息服务的价格歧视造成了用户享有信息服务的不公平和价格的混乱，有碍于服务社会效益的提高。同时如果买主是服务中间商，其价格差异将导致不同待遇买主之间的经销成本差异，由此产生服务竞争的不平等性。

②价格欺诈。网络信息服务中的价格欺诈即欺诈性价格表示，是经营者进行欺诈交易的行为。它表现为虚假降价、价外加价、变相提价、模糊定价、随意定价等，其目的是用直接改变价格的方式欺骗购买者。价格欺诈还包括在价格不变的情况下，降低信息服务的质量、减少服务内容或以其他方式减少服务成本，谋取不正当利益的行为。价格欺诈具有欺骗性和人为性，是一种典型的违背信息服务公平经营原则的经营活动，它将直接导致市场秩序混乱，影响价格机制的发挥和正常服务的开展。

(3)不正当价格竞争

网络信息服务中的正当价格竞争是允许的，它作为经营者的一种有效经营手段，其有效应用有助于市场发展，这种竞争是在国家政策、法律范围之内，接受市场管理部门的监控的一种正常竞争。不正当价格竞争与之相反，它是经营者为谋求市场份额所采取的违背市场规律，通过价格方式确立自己的优势，迫使竞争对手退出市场，然后随意提价、牟取暴利的行为。

不正当价格竞争的形式有两种：一是区域性削价销售，即服务商为挤垮竞争对手而选择特定区域进行压价销售服务，直到竞争对手被挤出该区域市场被迫与本方达成某种妥协协议为止；二是低于成本倾销，待网络信息服务市场被本方完全占领或控制后，任意抬价，将那些违背价值规律的谋利。

网络信息服务中的不正当价格竞争对社会和用户是极其有害的，其恶劣影响表现在对信息服务行业、用户和社会的损害，如果不加限制，必然产生严重后果。

不正当价格竞争不仅挤垮了发展中的竞争对手，阻碍了信息服务业的多元化发展和各方优势的发挥。而且对于赢得竞争的经营者来说，由于一定时期价格战对经营的影响，其获利能力下降，必然阻碍对新的信息技术的开发和生产服务资金的投入，这对信息服务行业的发展是有害的。

不正当竞争对用户和社会的影响在于，用户虽然在低价倾销和不适当区域性压价销售中获益，然而一旦不正当价格竞争的经营主体控制了市场，其随意违背价值规律的抬价行为最终使用户长期受损。同时，其他服务者的退出和获利经营者对市场的控制必然扰乱正常的市场环境和秩序，损害信息服务业的社会化发展和信息服务经济的增长。

10.5.2 网络信息服务不正当价格行为成因

网络信息资源组织与开发服务的不正当价格行为应该受到制裁，只有进行处置才能控制有害的价格行为的发生。其中，进行制裁和控制的前提是对信息服务价格行为及其价格实施社会监督。从监督过程、环节和程序上看，其基点是对信息服务不正当价格行为进行分析，针对行为的形成因素进行监督控制，从中寻求价控制的基本依据。

(1) 网络信息服务市场中不正当价格行为关系

从信息对社会的作用和信息服务的平均化经营和价格管理上看，信息服务市场中不正当价格的成因主要在以下几个方面：

①信息不对称性导致信息市场中卖方的不正当价格行为。在网络信息服务市场中，市场交易中的受方(用户、信息服务中间商等)由于市场信息占有的不完备，往往难以判断信息服务提供方所提供的服务质量和价格的合理性，而信息网络资源组织开发服务提供方却能凭借业务经营优势，详尽占有对方信息，从而导致信息占有的不对称性。这种不对称使市场交易在很大程度上受控于拥有较多信息的服务提供者，从而使充分掌握信息的一方在交易中得到超常的利益。

从实质上看，网络信息服务市场中的信息不对称使信息供方拥有较多的信息优势，而需方则处于信息劣势下的被支配状态。信息网络资源组织开发服务需方从供方所获取的信息，往往来源于供方的信息发布，难以对其价值、价格的合理性做出判断。这种不充分条件下的买方行为往往由卖方诱导，从而产生有利于卖方的价格市场。可见，信息不对称性从客观上为网络信息组织与开发服务经营者的不正当价格行为提供了客观上的便利。

②信息服务市场管理不完善，使得服务价格缺乏有效控制。网络信息服务的管理不够完善和管理的分散性，导致对价格监控不力。其一，缺乏有效的监控标准；其二，缺乏集中控制的监督体制。网络信息服务价格的分散管理为行

政性价格垄断和其他不正当价格行为的产生提供了便利。

在网络信息资源服务业中，对于网络自然形成的垄断服务行业或出于国家安全考虑直接由国家行政部门管理的信息服务来说，政府业务主管部门的管理是重要的，但是如果这种管理脱离了工商行政、物价管理与技术监督部门的监控，则很容易形成不合理的自然价格垄断和行政价格垄断，很可能脱离社会物价管理与市场监督管理的轨道，造成市场混乱。因此，国家部门和政府业务管理与行政管理的协调是极其重要的。

信息化环境下，我国的信息服务处于全球化开放的发展之中，对于信息服务市场价格的全面管理与监督应引起足够的重视。政府技术监督、工商、物价部门的管理与监督对信息服务业来说，应更具针对性和管理上的完整性。其中，应着重于违背规律的不合理交易定价的行为处理，以及不正当价格行为处置。

③信息服务价格法制建设相对滞后。从总体上看，长期以来，往往习惯于用行政手段协调控制价格，约束价格行为，处理其中的矛盾，这在一定程度上延缓了价格法制建设的进程。在这一环境下，对于信息服务价格法制建设显得滞后，因而应着重于网络信息服务市场发展与价格法制管理的同步。

在专业性强的网络信息组织与开发服务中，对于存在比较普遍的暴利价格、价格欺诈行为，往往以行政处罚代替法律制裁，致使不正当价格行为禁而不止，从而影响了行业正常的价格秩序和各方面的价格利益。信息服务价格法制管理在网络信息服务中的作用尤为突出，法律对政策的互补作用，在信息服务价格监督中应得到充分体现，以进行价格政策与法律监督之间的协同。

④用户自我保护和行业监督意识的加强。用户的自我保护在一定程度上影响了服务上的不正当价格行为。目前的消费者协会多属于综合性消费者组织，在物质性商品消费中的作用是显著的，但对于信息服务这样的知识性服务来说，很难通过综合组织进行服务价格、质量与用户权益保障监督。所以，用户对网络信息服务商品价格的监督往往以特定行为方式进行，从而难以适应社会化信息服务市场的发展和国际化信息服务业务的开展。用户意识和用户组织监督力度，需要得到进一步的强化。

另外，网络信息服务业行业组织尚不健全，在服务业务经营中，行业组织对成员的价格约束是一个薄弱环节。行业自律性价格监督的不完善，这也是行业内恶性价格竞争和价格欺诈等不正当行为滋生的行业因素。

上述原因对网络信息组织与开发服务不正当价格行为的影响是多方面的，以多层面影响到信息服务市场的价格秩序，一定程度尚束缚了行业的发展。

(2)网络信息服务价格监督的主体与客体构成

信息服务价格监督的基本依据应包括两方面：一是信息服务价值、价格规律和价格形成机制；二是根据不正当价格行为产生的社会因素而制定的行政法律规定。这两方面相互作用，构成了信息服务价格监督与管理的总原则。

在网络信息服务价格监督总原则支配下，监督体系构成的关键问题是规范监督的主体与客体行为。网络信息服务价格监督的主体是指拥有价格监督权力并能有效履行价格监督职责的机构，即信息服务价格监督的执行者，其职能在于针对不正当价格与价格行为进行监管。同时，在价格形成的诸多因素中，应寻求控制其形成的主导机制，明确实施社会监督的依据。据此，我们将网络信息服务价格监督的主体定为国家管理与监督部门、社会监督机构和信息服务行业监督机构。

国家管理与监督部门是政府对信息服务价格进行监督的主体。国家价格监管部门负责价格管理和综合平衡，行使规定的价格管理和监督职权；各级政府物价部门既是价格管理的专门行政机构，又是各地开展价格监督检查工作的领导和执行机构。从理论上，这些机构理应对信息服务价格进行全面监督，但事实上，我国物价部门的监督重点是有形商品的生产与交易。对于信息服务价格，政府监督主体呈多元化结构，监督职责由政府的信息服务业务主管部门、相关机构和物价部门共同承担。从发展上看，拟将政府监督定位于国家物价管理监督部门为主体，各业务主管部门参与的价格监督体系，以便做到监督的集中统一。

社会监督机构作为信息服务价格监督的社会化主体，按价格形成机制和定价规则进行价格事务咨询组织和协同监督。这种多元化的社会主体互相配合、分工协作，在行使各自的监督职权基础上，融为一体。其中，社会监督机构的工作在政府部门指导下在价格规律基础上展开。

网络信息服务经营者既是经营服务的主体，也具有对自身的价格自律性监督的职责。按行政、法制和社会监督的要求和规范，信息服务机构应审视本身的价格及其价格行为，在确保价格实施可行性的基础上，自觉维护社会价格秩序，在监督同行行为中寻求行业发展的空间。

网络信息服务价格监督的客体作为被监督的对象，包括各类网络信息服务经营者。网络信息服务经营者是价格行为的主导者，理应作为监督的对象，离开对其价格及其行为的监督，任何监督都无实质内容可言。国家价格主管部门和信息服务业务主管部门，作为监督的执行者，在其行政监督、法律监督的实施中，理应受“执法”监督。一方面，国家部门作为监督主体要发挥其价格监督职能；另一方面，其价格管理和监督行为的合法性、有效性应接受社会公众的监督。由此可见，信息服务价格监督的主体和客体之间存在一种互动关系，它们在相互监督中共同确保信息服务市场公平、合理的价格交易和符合社会规范的价格秩序。

10.5.3 网络信息服务价格监督的社会实施

网络信息服务价格监督的实质是对信息服务价格的形成和价格实施进行全面监控和管制，其目的是打击价格违法行为，制止不正当价格行为的发生，确保信息服务市场公平、合理地运作，维护国家、公众和用户的价格利益。正因为如此，价格监督对于信息服务价格的形成和价格运作，具有事前约束和运行控制的双重作用。这一基本作用体现在信息服务价格监督的基本层面上。因此，按基本要求和监督层面实施全面价格监督是可行的。

(1)信息服务价格监督的基本层面

网络信息服务价格监督的基点在于按信息服务的价值、价格机制和克服信息不对称作用的负效应原则，对信息服务价格制定、经营者价格行为和管理者的价格控制进行社会监督。这三个方面的工作构成价格监督的基本层面。

①信息服务价格制定监督。网络信息服务价格制定监督的内容包括：以信息服务价格制定是否符合价值规律为依据，保证信息服务价格接近其价值，即在价值范围内监督价格的制定与管理；以信息服务成本定价为依据，将价格控制在成本允许的范围内，使之符合市场定价原则；以国家价格政策和法律为准则，监督信息服务价格管理中政策、法律的执行，确保政策控制和法律约束下的正常价格秩序。关于这一问题的解决，各国的经验值得相应借鉴。

②信息服务经营者价格行为的监督。对网络信息组织与开发服务经营者价格行为的监督，其目的在于在信息服务市场中建立一套完整的价格行为规范准则。具体说来，要求在信息服务中约束经营者的价格行为，坚持公平原则，监督不正当价格行为和采用不公平方式进行不正常价格竞争的行为；坚持合理原则，监督价格歧视和暴利行为；坚持公开原则，监督利用隐蔽的方法进行价格欺诈的活动。

③信息服务价格管理者的监督。国家主管部门(包括价格管理和网络信息服务业务管理部门)对网络信息服务市场及价格的管理直接关系到信息服务价格的公正性和合理性，因此行政管理机构也应受到监督。具体说来，对价格管

理部门的监督包括：管理部门的价格监督和管理是否有效；管理部门是否客观地接受经营者、用户及公众的监督。

在以上三个层面的监督中，价格制定的监督解决基本的定价原则和价格行为准则问题，对国家管理部门和经营者的监督则从价格行为方面和管理价格方面进行价格行为的约束，从而确立完整的社会化网络信息服务价格监督体系。

(2) 网络信息服务价格监督策略

网络信息服务的价格监督是市场经济中价格监督和信息服务社会监督中的一个有待加强的工作。在数字化信息服务业快速发展中，服务价格体系的完备和有效的价格监督更显得必要。鉴于政府在调控信息服务市场中的主导作用，其服务价格监督必然是政府主导下的多元化社会监督模式。在这一模式中，完善其监督机制，实施正确的策略是十分重要的。从总体上看，解决的重点包括以下几方面：

①信息服务价格监督的体制改革。针对网络信息服务价格分散监督的状况，在信息服务市场化发展的同时，应同步着手信息服务价格监督体制的改革，确立以政府为主导，行业、用户和社会工作监督相互协调的多层面、多元化社会监督体制。其中，政府主导拟根据信息服务的特殊性和价格监督的社会化与专门性特点，以物价、工商部门为主体，在完善其信息服务价格监督业务的基础上，将信息服务主管部门的管理纳入社会监督体系，改变自管自监的局面。由于有政府主导为前提，行业、用户和社会公众的结合可以在社会化实施上得到保障。

②通过制定相关政策引导信息服务行业进行价格自律。在进行网络信息服务价格监督的同时，政府部门应将服务价格政策纳入信息政策建设的轨道，在改革中明确信息服务价格监督的主体、客体和要达到的监督目标；同时，规范社会化的服务价格监督行为，引导信息服务行业进行价格自律。在具体问题处理上，从政策角度明确信息服务价格自然垄断、法律垄断和行政垄断的监督原则。在监督政策的实施中，注意利用公众和用户监督的途径，创造执行政策的社会环境。

③完善信息服务价格法律及法律监督体系。我国政府颁布的《价格法》明确规定，县级以上各级人民政府价格主管部门是价格法律法规执行的主体，负责对价格违法行为依法进行监督和处理。借鉴国际上的经验，我国在完善价格法律的同时，应建立完整的信息价格法律执法体系和完整的法律监督制度，实现专门化、社会化、高效化的法律监督目标。

④对网络信息服务价格实施严格的政府监控。互联网基础设施服务的自然垄断性，对国家制定和社会发展具有直接的影响，服务价格组成的综合性与复杂性，同时决定了价格监督的全局性。对于网络信息资源组织与开发这一全局性问题，必须由政府的专门部门进行管理和监督，以达到合理控制的目的。只有这些全局性问题得到全面解决，社会化全方位的网络信息服务价格监督才可能完备。

⑤加强信息服务价格监督的国际合作。网络信息服务的国际化发展是一种必然趋势，国际竞争与合作的格局业已形成，我国利用国际服务的范围和业务也随之拓展，同时我国的网络信息资源组织与开发服务也存在面向国际市场的问题。这说明，我国对信息服务价格的监督不仅需要面对国内服务，而且需要面对国际交往与贸易价格问题。因此，有必要将服务价格监督置于面向国际信息服务的发展之中，以利于正常价格秩序的建立和我国国家利益的维护。

参 考 文 献

[1]胡昌平. 国家创新发展中的信息服务跨系统协同组织[M]. 武汉：武汉大学出版社，2017.

[2]初景利. 网络用户与网络信息服务[M]. 北京：海洋出版社，2018.

[3]封化民，孙宝云. 网络安全治理新格局[M]. 北京：国家行政学院出版社，2018.

[4]何晓庆，王圣洁，张雅晴，等. 数字信息资源长期保存研究[M]. 成都：四川大学出版社，2018.

[5]胡昌平. 面向用户的信息资源整合与服务[M]. 武汉：武汉大学出版社，2007.

[6]陈启安，滕达，申强. 网络空间安全技术基础[M]. 厦门：厦门大学出版社，2017.

[7]胡建伟. 网络安全与保密(第2版)[M]. 西安：西安电子科技大学出版社，2018.

[8]焦海洋. 学术信息开放存取法律问题研究[M]. 北京：中国法制出版社，2019.

[9]刘准钆. 不确定数据信任分类与融合[M]. 北京：科学出版社，2016.

[10]唐跃平，赵伟峰，谷麦征. 科技信息云服务及军事应用[M]. 北京：国防工业出版社，2015.

[11]吴旭. 云计算环境下的信任管理技术[M]. 北京：北京邮电大学出版社，2015.

[12]谢永江. 网络安全法学[M]. 北京：北京邮电大学出版社，2017.

[13]巴钟杰. 云计算环境下的去中心化身份验证研究和实现[D]. 广州：中山大学，2014.

[14]韩宝国. 宽带网络、信息服务与中国经济增长[D]. 上海：上海社会科学

院，2015.
[15]李经纬. 云计算中数据外包安全的关键问题研究[D]. 天津：南开大学，2014.
[16]林鑫. 云计算环境下国家学术信息资源安全保障机制与体制研究[D]. 武汉：武汉大学，2016.
[17]陆健健. 网络时代的中国信息安全问题研究[D]. 南京：南京大学，2017.
[18]宋文龙. 欧盟网络安全治理研究[D]. 北京：外交学院，2017.
[19]陶小木. 网络空间供应链信息安全风险识别及投资应对策略研究[D]. 重庆：重庆交通大学，2019.
[20]王思源. 论网络服务提供者的安全保障义务[D]. 北京：对外经济贸易大学，2018.
[21]王中华. 云存储服务的若干安全机制研究[D]. 北京：北京交通大学，2016.
[22]张赛. 云计算中支持属性撤销的策略隐藏与层次化访问控制[D]. 南京：南京邮电大学，2016.
[23]张志辉. 云服务信息安全质量评估若干关键技术研究[D]. 北京：北京邮电大学，2018.
[24]周昕. 信息生态视角下网络平台构建机理及运行效率评价研究[D]. 长春：吉林大学，2016.
[25]周旭华. 加密搜索和数据完整性检测及其云存储安全中的应用[D]. 上海：上海交通大学，2014.
[26]曾建勋，丁遒劲. 基于语义的国家科技信息发现服务体系研究[J]. 中国图书馆学报，2017，43(4)：51-62.
[27]陈果，吴微，肖璐. 知识共聚：领域分析视角下的知识聚合模式[J]. 图书情报工作，2018，62(8)：115-122.
[28]高继平，丁堃，潘云涛，袁军鹏. 知识关联研究述评[J]. 情报理论与实践，2015，38(8)：135-140.
[29]高劲松，马倩倩，周习曼，梁艳琪. 文献知识元语义链接的图式存储研究[J]. 情报科学，2015，33(1)：126-131.
[30]龚俭，臧小东，苏琪，胡晓艳，徐杰. 网络安全态势感知综述[J]. 软件学报，2017，28(4)：1010-1026.
[31]顾建强，梅姝娥，仲伟俊. 信息安全外包激励契约设计[J]. 系统工程理论与实践，2016，36(2)：392-399.

[32]洪汉舒，孙知信. 基于云计算的大数据存储安全的研究[J]. 南京邮电大学学报(自然科学版)，2014，34(4)：26-32，56.
[33]华中生，魏江，周伟华，杨翼，章魏. 网络环境下服务科学与创新管理研究展望[J]. 中国管理科学，2018，26(2)：186-196.
[34]纪明宇，王晨龙，安翔，牟伟晔. 面向智能客服的句子相似度计算方法[J]. 计算机工程与应用，2019，55(13)：123-128.
[35]李晓，解辉，李立杰. 基于Word2vec的句子语义相似度计算研究[J]. 计算机科学，2017，44(9)：256-260.
[36]李晓方. 激励设计与知识共享——百度内容开放平台知识共享制度研究[J]. 科学学研究，2015，33(2)：272-278，312.
[37]李晓钟，陈涵乐，张小蒂. 信息产业与制造业融合的绩效研究——基于浙江省的数据[J]. 中国软科学，2017(1)：22-30.
[38]李欣苗，陈云. 基于特征选择和倾向分析联合优化的UGC情感自动识别方法[J]. 管理工程学报，2019，33(2)：61-71.
[39]李宗富. 信息生态视角下政务微信信息服务模式与服务质量评价研究[D]. 长春：吉林大学，2017.
[40]刘冰，宋漫莉. 网络环境中用户信息期望与信息质量关系实证研究[J]. 情报资料工作，2013(4)：73-77.
[41]刘剑，苏璞睿，杨珉，和亮，张源，朱雪阳，林惠民. 软件与网络安全研究综述[J]. 软件学报，2018，29(1)：42-68.
[42]刘效武，王慧强，吕宏武，禹继国，张淑雯. 网络安全态势认知融合感控模型[J]. 软件学报，2016，27(8)：2099-2114.
[43]刘永，张春慧. 分众分类的特点与应用策略研究[J]. 情报科学，2015，33(6)：11-14.
[44]卢小宾，王建亚. 云计算采纳行为研究现状分析[J]. 中国图书馆学报，2015，41(1)：92-111.
[45]吕苗，金淳，韩庆平. 基于情境化用户偏好的协同过滤推荐模型[J]. 系统工程理论与实践，2016，36(12)：3244-3254.
[46]马捷，蒲泓宇，张云开，慎镛乐. 基于关联数据的政府智慧服务框架与信息协同机制[J]. 情报理论与实践，2018，41(11)：20-26.
[47]马茜，谷峪，张天成，于戈. 一种基于数据质量的异构多源多模态感知数据获取方法[J]. 计算机学报，2013，36(10)：2120-2131.
[48]潘玮，牟冬梅，李茵，刘鹏. 关键词共现方法识别领域研究热点过程中的

数据清洗方法[J]. 图书情报工作，2017，61(7)：111-117.
[49]彭敏，姚亚兰，谢倩倩. 基于带注意力机制CNN的联合知识表示模型[J]. 中文信息学报，2019，33(2)：51-58.
[50]彭张林，张强，杨善林. 综合评价理论与方法研究综述[J]. 中国管理科学，2015，23(S1)：245-256.
[51]彭长根，丁红发，朱义杰，田有亮，符祖峰. 隐私保护的信息熵模型及其度量方法[J]. 软件学报，2016，27(8)：1891-1903.
[52]饶官军，古天龙，常亮. 基于相似性负采样的知识图谱嵌入[J]. 智能系统学报，2020，15(2)：218-226.
[53]任磊，任明仑. 基于学习与协同效应的云制造任务动态双边匹模型[J]. 中国管理科学，2018，26(7)：63-70.
[54]任树怀，盛兴军. 大学图书馆学习共享空间：协同与交互式学习环境的构建[J]. 大学图书馆学报，2008(5)：25-29.
[55]孙晓琳，金淳，马琳，王文波. 云制造环境下基于本体和模糊QoS的供应商匹配方法[J]. 中国管理科学，2018，26(1)：128-138.
[56]索传军，盖双双. 知识元的内涵、结构与描述模型研究[J]. 中国图书馆学报，2018，44(4)：54-72.
[57]田蓉，唐义. 国外公共数字文化资源整合中的资源组织方式研究[J]. 情报资料工作，2016(6)：68-74.
[58]王会勇，论兵，张晓明，等. 基于联合知识表示学习的多模态实体对齐[J]. 控制与决策，2020，35(12)：2855-2864.
[59]翁岳暄. 云计算问责视角下的合同问题与服务等级协议[J]. 网络法律评论，2012，15(2)：142-150.
[60]徐宝祥，叶培华. 知识表示的方法研究[J]. 情报科学，2007(5)：690-694.
[61]许风，戚湧. 基于贝叶斯网络的互联网协同治理研究[J]. 管理学报，2017，14(11)：1718-1727.
[62]杨学成，许紫媛. 从数据治理到数据共治——以英国开放数据研究所为案例的质性研究[J]. 管理评论，2020，32(12)：307-319.
[63]于薇. 面向科研信息资源整合的元数据协同方法研究[J]. 现代情报，2017，37(8)：74-79，84.
[64]翟姗姗，许鑫，夏立新. 融合链接分析和内容分析视角的主题门户网站信息组织研究——以国际组织WHO为例[J]. 情报学报，2017，36(8)：

821-833.

[65]张蕾，崔勇，刘静，江勇，吴建平. 机器学习在网络空间安全研究中的应用[J]. 计算机学报，2018，41(9)：1943-1975.

[66]张倩，邓小昭. 偶遇信息利用研究文献综述[J]. 图书情报工作，2014，58(20)：138-144.

[67]张晓林. 数字化信息组织的结构与技术(一)[J]. 大学图书馆学报，2004(1)：9-14

[68]赵京胜，朱巧明，周国栋，张丽. 自动关键词抽取研究综述[J]. 软件学报，2017，28(9)：2431-2449.

[69]朱艳丽，杨小平，王良. Trans RD：一种不对等特征的知识图谱嵌入表示模型[J]. 中文信息学报，2019，33(11)：73-82.

[70]Bettini C，Riboni D. Privacy protection in pervasive systems[M]. Elsevier Science Publishers B. V.，2015.

[71]Khalid Adam I H，Fakhreldin M A I，Jasni M Z. Big data analysis and storage[M]. Human-Computer Interaction. Theory，Design，Development and Practice. Springer International Publishing，2015.

[72]Kumar N，Shobha，Jain S C. Efficient data deduplication for big data storage systems [M]. Progress in Advanced Computing and Intelligent Engineering，2019.

[73]Nalepa G J. Rules as a knowledge representation paradigm[M]. Modeling with Rules Using Semantic Knowledge Engineering，2018.

[74]P. Venkata，Krishna，Sasikumar，Gurumoorthy，Mohammad S，Obaidat. Social network forensics，cyber security，and machine learning [M]. Singapore：Springer，2019.

[75]Parcell J，Tonsor G. Information and market institutions[M]. US Programs Affecting Food and Agricultural Marketing. New York：Springer，2013.

[76]Adhikari A，Dutta B，Dutta A. An intrinsic information content-based semantic similarity measure considering the disjoint common subsumers of concepts of an ontology[J]. Journal of the Association for Information ence & Technology，2018.

[77]Ahmed E，Lee W B，Eric T. The impact of knowledge management systems on innovation：An empirical investigation in Kuwait [J]. Vine Journal of Information & Knowledge Management Systems，2018.

[78] Akkurt M. Innovations in user services at sabanc university information center [J]. Customer Service in Academic Libraries, 2016: 83-101.

[79] Batet M, David Sánchez, Valls A. An ontology-based measure to compute semantic similarity in biomedicine [J]. Journal of Biomedical Informatics, 2011, 44(1): 118-125.

[80] Batet M, David Sánchez. Leveraging synonymy and polysemy to improve semantic similarity assessments based on intrinsic information content [J]. Artificial Intelligence Review, 2020, 53(3).

[81] Benedikt M, Grau B C, Kostylev E V. Logical foundations of information disclosure in ontology-based data integration[J]. Artificial Intelligence, 2018, 262(SEP.): 52-95.

[82] Blei D M, NG A Y, Jordan M I. Latent dirichlet allocation[J]. Journal of Machine Learning Research, 2003, 3(4/5): 993-1022.

[83] Bocchi E, Drago I, Mellia M. Personal cloud storage benchmarks and comparison[J]. IEEE Transactions on Cloud Computing, 2015, 99(99): 1.

[84] Chanshik Lim, Minsu Kang, Sangjun Lee. Design and implementation of a collaborative team-based cloud storage system [J]. Journal of Supercomputing, 2016.

[85] Dong Y, Zhu R, Tian Q. A scenario interaction-centered conceptual information model for ux design of user-oriented product-service system [J]. Procedia CIRP, 2019(83): 335-338.

[86] Duque A, Stevenson M, Martinez-Romo J. Co-occurrence graphs for word sense disambiguation in the biomedical domain [J]. Artificial Intelligence in Medicine, 2018, 87(5): 9-19.

[87] Enr Quez F, Troyano J A, L Pez-Solazt. Anapproach to the use of word embeddings in anopinion classification task [J]. Expert Systems with Applications, 2016(66): 1-6.

[88] Ghaisani A P, Handayani P W, Munajat Q. Users' motivation in sharing information on social media [J]. Procedia Computer Science, 2017(124): 530-535.

[89] Gokul P P, Akhil B K, Shiva K K M, Sentence similarity detection in Malayalamlanguage using cosine similarity [C]//2nd IEEE International Conference on Recent Trends in Electronics, Information & Communication

Technology, 2017: 221-225.

[90] He Ming, Du Xiangkun, Wang Bo. Representation learning of knowledge graphs via fine-grained relation description combinations[J]. IEEE Access, 2019(7): 26466-26473.

[91] He Y, Chen J. User location privacy protection mechanism for location-based services[J]. Digital Communications and Networks, 2020.

[92] I-Ching, Hsu, Feng-Qi. SAaaS: a cloud computing service model using semantic-based agent[J]. Expert Systems, 2015.

[93] Jeffrey Putnam. Modeling and simulation of computer networks and systems: methodologies and applications[J]. Computing Reviews, 2016.

[94] Ji X, Ritter A, Yen P Y. Using Ontology-based Semantic Similarity to Facilitate the Article Screening Process for Systematic Reviews[J]. Journal of Biomedical Informatics, 2017, 69: 33-42.

[95] Jozwik K M, Kriegeskorte N, Mur M. Visual features as stepping stones toward semantics: Explaining object similarity in IT and perception with non-negative least squares[J]. Neuropsychologia, 2016, 83(6): 201-226.

[96] Juras R, Johnson D, Riley P. Evaluating the Impact of a Free SMS Information Service on Family-Planning Knowledge and Behavior in Kenya [J]. 2014.

[97] Kir H, Erdogan N. A knowledge-intensive adaptive business process management framework[J]. Information Systems, 2020(95).

[98] Kosinski M, Stillwell D, Graepel T. Private traits and attributes are predictable from digital records of human behavior[J]. Proceedings of the National Academy of Sciences of the United States of America, 2013, 110 (15): 5802-5805.

[99] Kumar R, Goyal R. On cloud security requirements, threats, vulnerabilities and countermeasures: A survey[J]. Computer Science Review, 2019.

[100] Lastra-Diaz J J, Garcia-Serrano A, Batet M. HESML: A scalable ontology-based semantic similarity measures library with a set of reproducible experiments and a replication dataset[J]. Information Systems, 2017, 66: 97-118.

[101] Lu-Xing Y, Pengdeng L, Xiaofan Y. A risk management approach to defending against the advanced persistent threat[J]. IEEE Transactions on

Dependable & Secure Computing, 2018: 1-1.
[102] Mcinnes B T, Pedersen T. Evaluating semantic similarity and relatedness over the semantic grouping of clinical term pairs[J]. Journal of Biomedical Informatics, 2015(54): 329-336.
[103] Pablo, Alejandro, Quezada-Sarmiento. Knowledge representation model for bodies of knowledge based on design patterns and hierarchical graphs[J]. Computing in Science & Engineering, 2018, 22(2): 55-63.
[104] Shu-Bo, Zhang, Jian-Huang. Semantic similarity measurement between gene ontology terms based on exclusively inherited shared information[J]. Gene, 2015, 558(1): 108-117.
[105] Tang Jih-Hsin, Lin Yi-Jen. Websites, data types and information privacy concerns: a contingency model [J]. Telematics and Informatics, 2017, 34(7): 1274-128.
[106] Valarmathi R, Sheela T. Differed service broker scheduling for data centres in cloud environment[J]. Computer Communications, 2019(146).
[107] Wood T, Ramakrishnan K K, Shenoy P. Enterprise-ready virtual cloud pools: Vision, opportunities and challenges[J]. The Computer Journal, 2012, 55(8): 995-1004.